단계별로 차근차근 배우는 핸드니트 가이드

KNITTING...

취미에서 창업까지

무한한 가능성에 도전하는
21세기 패 | 션 | 트 | 렌 | 드

최근 국내 대형 할인점의 DIY (Do It Yourself) 매장의 규모가 나날이 커지고 있습니다.
이는 취미와 예술에 관한 사람들의 관심이 점점 높아지고 있다는 것이며 그만큼 문화적인 성장
욕구가 크다는 것을 의미합니다. 이런 변화에 맞추어 이제 손뜨개는 적극적인 취미 생활의
아이템으로써, 생활 미술과 실용 공예의 한 분야로 재조명을 받는 시대로 접어들고 있습니다.

손뜨개는 순수 손으로 하는 수작업이기 때문에 공장에서 생산되는 기계 편물과는 달리
대량 생산이 힘들고 표준화가 어렵다는 한계를 안고 있는 것이 사실입니다. 때문에 국내 손뜨개의
역사는 130여년이라는 짧지 않은 시간을 담보하고 있음에도 불구하고 아직 손뜨개 초기의 시스템에
의존하고 있는 상황입니다. 그러나 이런 부정적 측면의 역발상으로, 손뜨개는 다품종 소량생산이
가능한 일인점포 창업이나 맞춤업 창업, DIY시장까지 폭넓은 생산기반을 가질 수 있다는 장점이
부각되고 있습니다.

21세기 패션 업계의 변화 트렌드 중 가장 두드러지는 것은 다품종 소량생산 체제로, 손으로 하는
수작업의 난이도에 따라 그만큼의 가격 가치가 상승되고 있습니다. 이는 핸드니트의 성장력에 대한
잠재력을 나타내는 것이며 실제적으로도 최근 핸드니트의 성장은 수직 상승세를 보이고 있습니다.

그러나 현재, 니트 디자이너의 현실은 기능적인 측면은 배제된 채, 양적인 성장만을 했다고 해도
과언이 아닙니다. 때문에 체계화된 이론교육을 비롯하여, 기능적인 측면까지도 병행할 수 있는
교육 및 제도 마련이 시급한 것 역시 현실입니다.

이에 (사) 한국손뜨개협회는 니트 디자이너 양성 과정 및 니트 디자이너 자격제도를 도입하여,
양질의 니트 디자이너 양성에 앞장서고자 합니다. 이러한 사업의 일환으로 〈니트 교과서〉가
기획되었습니다. 이 책에는 걸음마 단계의 초급부터 중급, 고급, 응용편까지 핸드니트의 모든 것이
담겨 있습니다. 〈니트 교과서〉는 취미·실용서로서의 역할은 물론 나아가 니트 디자이너로
성장하고자 하는 모든 분들께 훌륭한 벗이 되어 드릴 것입니다. 또한 이는 핸드 니트의 성장에
한 획을 긋는 중요한 지침서가 될 것임을 확신합니다.

사단법인 한국손뜨개협회

① 대바늘뜨기

2 코바늘뜨기

③ 기계편물뜨기

④ 뜨기 실전편

대바늘뜨기

1

대바늘뜨기의 기본 기법을 익힌 다음, 실물 제작에 필요한 주요
기술을 심화시키는 단계를 통해 직접 작품을 제작할 수 있다.

1단계 *대바늘뜨기의 기호와 기본 뜨개 기법을 익힌다.

2단계 *배색, 주머니, 단춧구멍 등 의상 디자인에 필요한 디테일한 기법을 배운다.

3단계 *게이지 산출 방법을 이해한다.
*기본 네크라인과 칼라뜨기를 익히고 직접 도안을 제작, 응용해
디자인을 할 수 있다.

편물의 이해

세계 편물의 역사

손뜨개(Knitting)의 유래

'손뜨개'를 뜻하는 Knitting이라는 말은 고대 산스크리트 어인 Nahyati에서 온 색슨(Saxon)어의 니탄(Cnyttan)에서 유래되었다. 이는 'to knot'라는 의미로 '매듭을 매다.', '손으로 직물 또는 피복을 만든다.'는 뜻을 가지고 있다. 뜨개를 이용하여 제작한 천을 편물(knitted fabric)이라 하며 이는 실의 코(루프, loop)를 서로 엮어서 만든 것을 말한다.

편물의 역사

씨실과 날실 두 가닥의 실이 직각으로 교차하면서 만들어진 직물(woven fabric)과 달리 편물은 한 가닥의 실로 만든다. 인류 역사상 편물의 출현은 직물보다 늦은 것으로 알려져 있다. 처음에는 수렵용이나 어로용으로 사용하였다고 추정하며, 의복에 사용된 것은 7세기경 고대 이집트 시대로, 샌들용의 짧은 양말을 만든 것이 처음이었다. 1,000여 년 전 영국의 기록에서도 니트호즈(Knite-hose, 편물 양말), Knutte, Knet 등의 낱말이 발견되었다.

현재의 편물에 가까운 것은 페루, 아프리카, 유럽 각지에서 발견된 콥트인(人)이 뜬 모자에서 찾아볼 수 있다. 편물은 이집트에서 유럽 각지에 전파되었으나 현재와 같은 뜨개바늘로 뜨는 수편물은 13세기에 이탈리아에서 처음으로 시작되었다. 이는 14~15세기에 피렌체나 파리에 편물 길드가 결성될 때까지 보급되었다.

수편물의 기계화

수편물의 기계화가 시도된 것은 16세기 말, 1589년 영국의 목사 윌리암 리(William Lee)가 발로 밟아서 뜨는 양말 편기를 발명한 것이 그 시초다. 윌리암 리(William Lee)의 양말 편기는 수편에 비해 10배 정도의 생산속도를 가지고 있었다. 그러나 당시의 보수적인 영국인들은 손뜨개만을 고집하여 이 기계를 외면하였고, 윌리암 리(William Lee)는 이 기계를 가지고 프랑스에 건너가 헨리 4세의 지원을 받아 1590년 프랑스에 세계 최초의 기계식 편물 공장을 세웠다.

이후 산업혁명의 영향으로 영국을 중심으로 편물기계가 개량되어 점차 보편화되었으며, 1758년 리브 편기, 1775년 트리코트 편기가 영국에서 발명되었다. 프랑스에서는 1804년 자카드 편기, 1816년 원형 편기를 거쳐 1816년 비어드 바늘에 의한 원형 편기가 개발되었다.

1849년을 시작으로 약 50년간은 근대 편물기의 황금기였다. 래치 바늘을 이용한 원형 편기, 밀라니즈 편기, 미국의 횡편기, 라셀 편기, 자동 양말기, 자동 리브 편기 등이 줄지어 등장하였다.

◈◈ 편물의 발달

기계화에 눌려 일시적으로 쇠퇴할 수밖에 없었던 수편물은 19세기에 이르러 레이스 뜨기의 유행과 함께 부활되어 내의뿐만 아니라 외출복까지도 뜨게 되었다. 1930년에는 파리 패션계에 편물이 등장하기 시작하였고, 1936년에는 스위스에서 파섭의 수편기계가 발명되어 다시 수편물은 눈부신 발달을 보였다.

제2차 세계대전 무렵에는 수동기(手動機)에 의한 스웨터 제조가 붐을 이뤘고, 1962년 이후 편물기계는 자동기(自動機)시대로 옮겨지고, 합성섬유의 개발과 함께 환편기(丸編機) 니트가 *제포개발(製布開發)의 주류로 주목을 받아 왔다.

이때까지 니트는 부피가 커진 벌키 아웃웨어(bulky outwear)로서 겨울에만 입었지만, 파인 게이지(fine gauge)의 사용이 가능해지자 4

계절 의복, 즉 슈트, 드레스, 코트, 스포츠웨어 등 다양한 종류의 니트 제품이 나오게 되었다.

또 내의, 스웨터의 총칭인 메리야스를 대신하여 니트웨어라는 말을 사용하게 되었다. 그리고 이를 제작하기 위한 인공 소재의 개발과 기계기술의 발달로 편물은 직물에 비해 짧은 기간에 종류와 용도가 확대되고, 패션의 한 형태로서 그 가치를 인정받기 시작했다.

◈◈ 20세기 편물의 완성기

20세기에 접어들면서 급성장한 전자산업과 더불어 전자기술이 편기에 도입, 혁신적인 진보가 이루어졌다. 1931년 전자식 자카드 편기에 대한 미국 특허(프랑스)를 시작으로 전자식 편기에 대한 관심이 높아졌으며, 전자식 환편기(1963)와 전자식 횡편기(1975)도 독일에서 발명되었다.

최근에는 컴퓨터 기술의 도입으로 하이테크 편기가 속속 개발되고 있으며, 이는 고품질, 고생산성, 다품종 소량생산, 고부가가치화, 인력 감축, 신상품 개발 등의 효과를 가져 오는 계기가 되었다. 이 외에도 컴퓨터 제어에 의한 주변기기의 발달로 문양이 다양해지고 수정하거나 조절하기가 훨씬 쉬워졌으며, 화면으로 재현해보거나 문양을 데이터베이스화하는 것도 가능하게 되었다.

제포란? 실을 뽑아내 방사, 염색, 가공 등의 과정을 거쳐 제품을 만들어 내는 과정.

우리나라 편물의 역사와 의의

우리나라 편물의 탄생

우리나라에 유럽 편물이 처음 도입된 것은 조선시대 말기인 1870년 무렵으로 기독교 전파와 함께 선교사에 의해 양말 짜는 기술이 전해지면서 수공업 양말제조가 시작되었다. 이후 1919년 개성 송도고등보통학교에 자동양말기계가 도입되어 수공업에서 기계화로 바뀌게 되었다.

1933년에는 평양에 속옷 뜨기 기계시설을 갖춘 공장이 처음으로 설립되었으며, 이를 계기로 차차 전국 곳곳에 양말 공장과 메리야스 공장이 설립되었다. 그 후 1957년에는 경메리야스 기계인 트리코 및 라셀 편기가 도입되어 경메리야스 천을 생산하기 시작하면서 획기적인 발전을 이룩하게 되었다. 그 이후 여러 가지 새로운 편물기계가 자체적으로 창안, 개발되어 외국과 대등한 기계편물 기술의 발달이 이루어졌다.

1970년대 후반, 가내수공업으로 제조된 편물들은 일본이나 유럽 등지에 수출되면서 한국의 주요 수출품목 중 하나가 되었다. 또한 이 당시 각 동네마다 편물 기계들을 이용한 맞춤 전문점이 생길 정도로 붐을 일으켰으며, 이로 인해 손재주가 뛰어난 여성들 사이에서는 편물 가게 창업 열풍이 뜨거웠다.

수편물의 상업적 가치

영국 어부들에 의해서 시작된 손뜨개는 전 세계적으로 도안(무늬도안)을 공용으로 쓰고 있다. 또한 기본적인 도안만 읽을 수 있다면 누구나 개인의 취향에 맞게 색상과 디자인을 가미하여 새로운 디자인을 탄생시킬 수 있다.

하지만 이런 손뜨개의 특성은 약점이 되기도 한다. 손으로 하는 작업이기 때문에 각 뜨기의 방법에 따라, 뜨는 사람의 솜씨에 따라, 각각의 소재의 특성 및 성분에 따라 똑같은 작품이 나올 수 없기 때문이다. 비록 똑같이 따라한다 하더라도 말이다. 편물의 이러한 특성 때문에 대량 생산이 어렵고, 이는 근현대 산업화 시대에서는 치명적인 약점이었다.

대량 생산의 체계를 갖추려면 제품과 도안의 데이터베이스화와 표준화가 이루어져야 한다. 또한 각 개인의 편차를 최대한 줄이기 위해 표준화된 규약에 따라 게이지를 산출하고 소재의 특성에 맞게 편물을 계산하여 작품을 진행하면 최소한의 편차로 다량의 상품을 만들어 낼 수 있을 것이다. 이런 문제점을 해결하지 못하면 가격 경쟁력을 잃게 된다.

하지만 실제로 이 모든 것을 갖추는 데에는 어려움이 있으며, 이러한 특성 때문에 1970년대 후반부터 수출 품목으로서 수편물의 가치는 점차 감소하기 시작했다.

수편물 교육의 필요성

2000년대에 이르러서 경제가 발전하고 생활에 여유가 생기면서 취미 및 생활 미술과 실용 공예로서 수편물이 재조명을 받기 시작했다. 편물 교육 환경도 달라졌다. 과거에는 지인으로부터 주먹구구식으로 배우거나 손뜨개 전문점이나 문화센터 등에서 손뜨개 방법이나 기술을 배우는 것이 대부분이었다. 하지만 최근 들어 편물 교육을 체계화하려는 시도가 다각도로 이루어지고 있다.

작품에 개성과 예술성을 부여하고 구현하는 것은 개개인의 몫이지만 그렇게 되기까지의 교육에는 체계가 있어야 한다. 또한 편물 계산법을 습득할 수 있는 이론공부와 실기공부를 병행할 수 있는 환경이 마련되어야 한다.

✳✳✳ 우리나라 편물이 나아갈 방향

2000년도 이후 수편물은 공산품처럼 상품을 제작·판매하는 차원이 아니라 개성과 감각을 살릴 수 있는 수공예로 인식되고 있다. 따라서 나만의 스타일을 추구하는 마니아층의 욕구를 충족시키는 취미이자 실용적인 공예로 발전해 나가고 있다.

정보화 시대의 흐름에 맞는 사이버 교육 강좌가 생기는가 하면 전자상거래가 활성화되면서 손뜨개를 직접 하거나 손뜨개 작품을 구매하는 마니아층이 형성되고 있는 것이다. 또한

니트 옷은 투박하며 여러 번 재활용하는 알뜰함을 상징하던 어머니 세대와는 달리, 패션 트렌드로 자리매김하고 있다.

손뜨개는 두 손과 바늘만을 가지고, 편물계산과 무늬도안을 기본으로 원단이라 할 수 있는 편물조직을 만들고, 개개인의 감각과 실력으로 마무리까지 할 수 있어 완성의 기쁨까지 느낄 수 있는 종합예술이다.

실제로도 현재 우리나라의 손뜨개는 생산과 경제 활동의 의미에서 한걸음 나아가 정서 및 문화적인 측면에서 아름다움을 추구하고, 새로운 것을 창조하고자 하는 인간의 기본 욕구를 충족시키는 예술 활동으로써 진화하고 있다.

손뜨개는 핵가족화되어 잃어버린 가족간의 정과 사랑을 다시 한 번 느끼게 해주는 역할은 물론 손재주가 뛰어난 한국 여성들의 솜씨를 전 세계에 널리 알리는 데도 중요한 역할을 할 것이다.

손뜨개를 널리 보급함으로써, 한국인의 섬세한 솜씨와 한국의 우수한 문화 보급에 절대적인 역할을 하게 될 것으로 확신한다.

➤➤ 편물의 재료

✳✳✳ 원료에 의한 분류

1. 모섬유

모섬유의 원료는 면양이다. 면양의 털인 양모는 생선비늘 같은 스케일이 발달되어 있으며, *권축이 발달되어 있어 곱슬곱슬한 모양을 가지고 있다. 섬유 중에서 흡습성이 가장 크지만, 표면은 물을 튀기는 성질을 가지고 있다.

모섬유는 강도는 약하지만, 보온성이 좋고, 위생적이며 구김이 잘 생기지 않아 이상적인 의복 재료이다. 계절에 관계없이 거의 모든 용도에 쓰이지만, 줄어드는 성질이 있어서 세탁할 때 주의해야 하며 드라이클리닝이 안전하다.

a. 캐시미어 (Cashmere)

인도, 중국, 중앙아시아, 이란, 터키, 몽고가

권축이란? 곱슬털을 말한다. 모섬유는 곱슬털이어서 실과 옷감을 만들기 쉽고 함기량이 많아 보온성을 좋게 한다.

주산지인 캐시미어 산양은 기후 변화가 심한 지역에서 즉, 겨울의 심한 추위와 여름의 혹심한 더위 속에서 사육되므로 기후에 대한 내구성이 가장 강한 섬유이며, 백색, 회색, 자주색, 갈색, 흑색 등의 색상을 가지고 있다.

캐시미어섬유는 실크와 함께 동물성 섬유 중에서 가장 섬세한 성질을 지니고 있으며, 촉감이 밍크같이 부드러워 우아한 느낌을 나타낼 수 있어서 최고급품으로 분류된다. 생사와 교직한 벨루어(velour)는 특히 고급 직물이다.

b. 모헤어(Mohair)

모헤어섬유는 보통 앙고라 산양의 털로 만든 것이다. 터키, 미국, 남아프리카가 세계의 3대 생산지이며, 이곳에서 생산되는 원료는 양질의 것으로 색깔이 희고 부드러운 촉감을 지니고 있으며 실크같이 우아하고 화려한 광택이 특징이다.

굵기에 따라 용도가 다르며 벨벳과 안감에서부터 카펫에 이르기까지 다양하게 사용되고 있다. 하지만 모헤어는 습기에 약하기 때문에 비가 오는 날에는 착용을 삼가는 것이 좋다.

c. 알파카(Alpaca)

낙타류의 라마(llama)족에 속하는 동물로서 그 털을 알파카라고 한다. 남미, 페루 중남부와 볼리비아 등지에 분포하며 해발 3,600m 고지에 서식한다.

특징은 갈색, 회색, 담다갈색, 담황색, 백색 등 여러가지 색이 있으며 자연적인 색을 그대로 이용한다.

알파카는 기후 변화에 내구성이 강하고, 매우 가볍고 안전성을 가지며, 더러움을 잘 타지 않는다. 특히 아름다운 광택과 부드러운 촉감을 지니며 고른 섬도로 여러 종류의 고급 편사의 원료로 많이 쓰인다.

d. 앙고라(Angora)

앙고라 산양처럼 길고 흰 털을 갖고 있는 토끼털을 재료로 한 앙고라는 중국, 프랑스, 체코 슬로바키아 등지가 주산지이다. 비단 같은 광톤으로 염색했을 때 색이 아름다워서 직물, 니트, 모자, 목도리, 장갑 등에 많이 사용된다. 방적에는 20~80%의 양모, 면, 실크 등과 혼방된다.

2. 면섬유

면섬유 중에서 가장 오랜된 역사를 가지고 있는 것이 인도 면이다. 4,000년의 역사를 가지고 있고 중국과 우리나라를 비롯, 세계 여러 나라로 전래되었다. 품질은 중하급에 해당되며 양모와 혼방하여 사용하기도 한다.

면섬유의 원료는 목화씨에 붙어 있는 솜이다. 목화씨에는 1만 개의 섬유가 있고 그 중 장섬유(린트-lint)는 방적용으로 쓰이고, 단섬유(린터-linter)는 인견등의 가공품에 쓰인다.

면섬유는 가장 많이 사용되는 섬유로서 포플린, 광목, 옥양목, 융, 데님, 코듀로이, 타월, 소창, 우단 등의 면직물이 있다.

면섬유는 흡습·흡수성이 좋고, 젖은 상태에서 강도와 신도가 증대되며, 내열성과 내일광성이 강하다. 그러나 탄성회복률이 낮아 수축되기 쉬운 성질을 갖는다.

3. 마섬유

아마는 방적섬유 중 가장 오랜된 것으로 마섬유를 대표한다. 원산지는 동양이며 고대 이집트에서 많이 사용된 것으로 추측된다. 마섬유는 줄기에 있는 긴 세포를 추려서 만든 인피섬유이며 성분은 목면과 같은 섬유소이다.

마섬유는 젖었을 때 강도가 커지며, 흡수성, 방수성, 통기성이 커서 여름 옷감으로 많이 사용된다. 그러나 보온성이 적어 차가운 느낌을 주며, 탄력성이 없어 구김이 잘 가고 부스러지는 성질이 있다.

4. 견섬유

견은 누에고치에서 뽑아낸 실로 피브로인과 세리신으로 이루어져 있으며 집 누에고치(가잠견)와 들 누에고치(야잠견)가 있다.

견섬유는 탄성회복률이 양모 다음으로 우수하고, 보온성이 좋다. 그러나 젖으면 강도가 저하되고, 자외선에 오래 노출되면 누렇게 되는 성질이 있다.

5. 합성섬유

합성 고분자에서 용융식, 건식, 습식 방사법에 의해 만들어지는 합성섬유는 섬유를 형성하고 있는 고분자가 유기 화학적으로 합성되어 방사된 것을 필요에 따라 가공한 것이다. 섬유를 합성하는데 그 중합도는 섬유의 성질을 좌우하며 중합도를 높일수록 방적성이 좋아진다.

우리나라에서 주로 쓰이는 합성섬유는 폴리아미드계섬유, 폴리에스테르계섬유, 폴리비닐알코올계섬유, 폴리비닐클로라이드계섬유(PVC), 폴리아크릴계섬유 등이다.

이 중 폴리아크릴계섬유는 섬유 중에서 가장 다양한 섬유로 나일론, 폴리에스테르와 함께 3대 합성섬유로 꼽히고 있다. 원료는 카바이드이며 인견, 아세테이트, 나일론 등의 스프 또는 면, 양모의 파일직으로 두꺼운 외투감, 양탄자, 편물용 실을 만든다.

이 섬유는 보온성이 크고, 동물성 섬유의 성질과 비슷하여 모섬유의 질감을 내는 특성을 갖고 있다.

6. 특수섬유

특수섬유에는 광물성 섬유로 석면이나 금속사, 초자섬유 등과 유리섬유 등이 있다. 테이프, 종이, 가죽, 필름, 금속, 비닐파이프 등의 신소재는 조형예술의 소재로서 많이 활용되기도 하며 패션 소재로도 활용, 소재 선택의 폭을 넓혀주고 있다.

❈❈ 편사의 구조에 의한 분류

편사는 메리야스감이나 메리야스 제품을 만들 때 쓰이며, 메리야스 공장이나 양말 공장에 보내는 실과 가정에서의 수편물, 기계편물용 실 등 용도에 따라서 실의 꼬임에 약간의 차이가 있다.

a. **실의 꼬임** 방향에 따라서 S꼬임은 우연사, Z 꼬임은 좌연사라고 한다.

b. **꼬임의 강약** 1m간의 꼬임수가 300회 이하이면 약연사, 300~1,000회 이면 보통 연사, 1,000~3,000회 이상이면 강연사라고 한다.

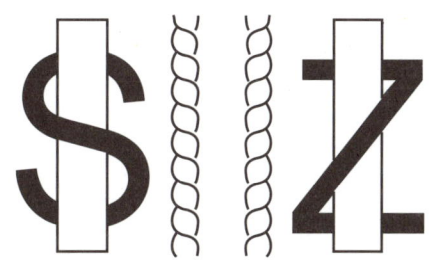

c. 섬유의 길이 견, 마, 모와 같이 짧은 섬유를 모아 만든 방적사와 화학섬유를 일정한 길이로 만든 스프사를 단섬유라 한다.

✖✖ 형태에 의한 분류

보통 형태의 것과 변화를 준 것으로 분류되며, 보통 형태의 것은 대개 그 굵기에 따라 극세사(극히 가는실), 세사(가는실), 준세사(약간 가는실), 중사(중실), 준태사(약간 굵은실), 태사(굵은실), 극태사(극히 굵은실) 등으로 구분한다.

a. 세사류 춘추복용 외에 많은 제품이 사용되며, 디자인에 따라 적당한 원사의 굵기를 조절할 수 있어 이용범위가 넓다.

b. 중사류 여자용, 아동용, 남자용으로 수편기에 사용되는 원사로 소품에 이르기까지 가장 많이 사용된다.

c. 태사류 여자용, 신사용, 아동용, 소품 등 여러 종류의 방한용에 사용된다.

d. 극태사류 손뜨개에 주로 사용된다.

이외에도 길이, 원료와 품질, 방적, 가공 등에 변화를 줌으로써 색상이나 형태를 자유롭게 변형해 다양한 실을 만들 수 있다.

1. 부클레 얀(boucle yarn)

1가닥은 당기고, 1가닥은 늦추어서 꼬여진 상태의 실로 꼬임을 강하게 했을 때 뭉쳐진 작은 매듭 같은 것이 실 전체에 고르게 있다. 짜인 조직은 직물 같은 느낌이다.

2. 네프 얀(nep yarn)

곱슬 마디와 멍울 같은 것이 굵게 되어 심이 되는 실과 함께 꼬인 것으로, *홈스펀(home spun) 같은 느낌을 준다. 네프에도 여러가지 크기가 있으며, 색상 조합에 의해 여러 가지로 변화된 뜨개지를 얻을 수 있다.

3. 루프 얀(loop yarn)

표면에 고리 모양의 실과 합사된 모사이다.

4. 플레이크 얀(flake yarn)

질기고 유연한 끈으로 굵은 것은 수렵용으로 쓰였으며, 가는 것은 견이나 마섬유로 만들어 국가 서류의 봉인용으로도 사용되었다.

5. 리본 얀(ribbon yarn)

리본 테이프의 형태로 테이프의 너비와 리본의 소재에 따라 여러 가지 분위기를 연출 할 수 있다.

● 실의 굵기와 바늘의 종류

실의 굵기			바늘의 종류		
실의 명칭	단사번수	단사수	대바늘	코바늘	아프간 바늘
극세사	32번	2올	0~1호(2m)	0~2호(레이스바늘)	0~1호
세사	23번	2올	0~1호(2.5m)	0~3호(레이스바늘)	0~2호
준세사	20번	4올	1~2호(3m)	2~3호	1~3호
중세사	16번	4올	1~3호(3.5~4m)	2~4호	2~4호
준태사	10번	4올	3~5호(4.5m)	4~6호	3~5호
태사	6번	4올	6~8호(5m)	6~8호	6~8호
극태사	3번	3올	8호 이상(10m이상)	10호 이상	8호 이상

6. 슬러브 얀(slub yarn)
　실 자체에 굵은 부분과 가는 부분이 섞여 있다.

7. 트위드 얀(tweed yarn)
　색색의 실이 합사된 실로 스웨터에서 투피스까지 이용할 수 있는 범위가 넓다.

8. 모헤어 얀(mohair yarn)
　털 길이가 긴 실로 뜨개지 표면에 모피같이 털의 형태가 생긴다.

9. 라메 얀(lame yarn)
　실의 굵기가 굵은 것과 가는 것이 있으며, 소재로는 금사, 은사 등 각종의 금속사가 있다.

>> 편물의 손질

 세탁법

　양모 섬유의 경우 물의 온도나 알칼리 계통의 세제에 민감히게 반응하여 줄어드는 성질을 가지고 있다. 양모 섬유를 축소시키지 않고 원형대로 손질하기 위해서는 물의 온도, 세제의 선택, 취급방법, 건조방법에 주의해야 한다.

1. 세탁물의 온도
　30~10℃ 정도가 적당하여 처음에서 마지막까지 같은 온도를 유지해주는 것이 좋다.

2. 세탁방법
　세제는 알코올계 중성세제를 사용해야 하며 세탁 시 손상이 생길 수 있으므로 비벼서 빨거나 비틀어 짜지 않는다. 또 물 속에 오래 담가 두면 줄어드는 성질이 있기 때문에 빨리 물기를 제거하고 마른 수건으로 감싸 물기를 빼낸다. 편물을 세탁 전의 형태로 잘 정돈하고 통풍이 잘되는 그늘에서 채반 같은 것에 펴서 건조시키는 것이 좋다.

다리기

　원래의 형태를 유지하기에는 스팀 다리미를 사용하는 것이 좋다. 스팀은 적당한 온도와 수분을 유지, 짜인 조직이 곱게 자리를 잡도록 한다.
　다림질을 할 때는 편물의 안쪽을 겉으로 하여 편평하게 두고 헝겊을 덮고 스팀을 주면서 가볍게 천천히 다린다. 이때 스팀이 편물 전체에 골고루 가도록 하며 편물의 코가 눌리지 않도록 편물에서 다리미를 살짝 띄워서 다림질을 한다.

바늘과 도구 살펴보기

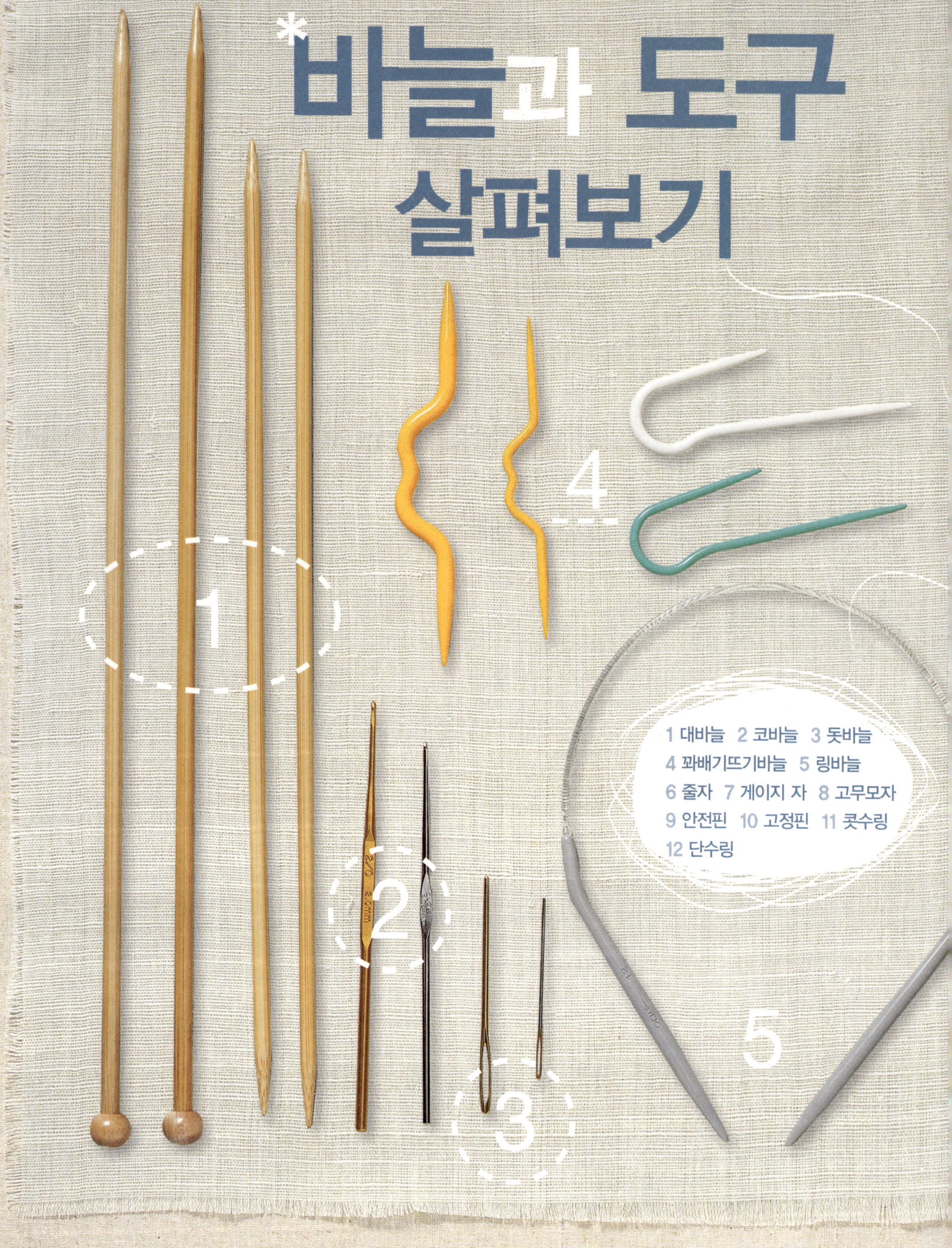

1

2

3

4

5

1 대바늘 2 코바늘 3 돗바늘
4 꽈배기뜨기바늘 5 링바늘
6 줄자 7 게이지 자 8 고무모자
9 안전핀 10 고정핀 11 콧수링
12 단수링

각 도구의 사용방법 및 설명

◆◆◆◆◆ 바늘 ◆◆◆◆◆

대바늘 긴 것과 짧은 것이 있으며 한쪽 끝을 막아 놓은 것이 있다. 주로 대나무 재질의 대바늘을 사용하지만 최근에는 경금속제나 플라스틱제도 사용한다. 크기는 0호부터 15호까지 있으며, 그 이상은 바늘의 직경을 측정하여 8mm, 10mm, 12mm, 15mm, 18mm, 20mm 등이 있다. 번호가 높아질수록 굵어진다.

구슬이 붙어 있는 2개짜리 바늘은 평뜨기에서 왕복할 때 사용하며 4개짜리 대바늘은 원으로 뜰 때 사용된다. 그러므로 뜨는 편물에 따라 길이, 굵기, 재질 등을 구별하여 사용해야 한다. 대바늘인 경우 끝이 지나치게 뾰족하거나 반대로 너무 무딘 것은 사용하기 힘들다.

경금속제나 플라스틱의 경우는 익숙지 않으면 코가 미끄러지기 쉽고, 대바늘에 비해 무겁다는 단점이 있지만 굵은 바늘로 느슨하게 뜨고 싶을 때는 대바늘보다 편리하다.

코바늘 끝이 갈고리 모양으로 된 바늘로, 갈고리의 부분이 매끈해서 뜨기 쉬운 것, 잡기 쉬운 것을 선택해야 한다. 굵기의 규격은 바늘 지름의 굵기가 2mm인 것이 2/0호로 표기되며 굵은 것은 7mm, 8mm, 10mm 12mm로 표기되어 있다. 2/0호보다 굵은 것을 '뜨개 바늘', 0호보다 가는 것을 '레이스 바늘'이라고 한다. 뜨개 바늘은 숫자가 커질수록 굵고, 레이스 바늘은 숫자가 커질수록 가늘어진다. 한쪽 편에만 갈고리가 붙어 있는 것이 많은데 양쪽에 호수가 다른 갈고리가 있는 것도 있다.

돗바늘 두 쪽을 합해 꿰맬 경우 실 끝의 마무리, 털실 자수 등에 사용한다. 15번이 가장 많이 사용되며 바늘 끝은 동그스름한 것이 사용하기 좋고, 털실의 굵기에 따라 바늘 굵기를 결정한다.

링바늘 2개의 바늘 끝에 비닐 줄이 연결되어 있는 형태의 바늘이다. 호수는 0, 1, 2, 3, 4, 6, 8, 10호(2~10mm)가 있으며 대바늘의 호수와 마찬가지 굵기다. 코수가 많은 것을 뜨는 경우나 둥글게 통으로 뜰 경우에는 매우 편리하지만, 코수가 적을 때는 뜨기 힘들므로 코수가 많을 때 사용하도록 한다. 또한 휴대하기 편해 이동 시에도 유용하다.

꽈배기 뜨기 바늘 실뭉치가 빠지지 않도록 중앙에 굴곡이 들어 있다. 플라스틱제 금속제가 있으며 꽈배기뜨기 등 교차뜨기 시 코를 잡아 두는 데 사용한다. 뜨개바늘과 비슷한 굵기를 선택한다.

◆◆◆◆◆ 그 밖의 도구 ◆◆◆◆◆

안전핀 코가 풀리는 것을 방지하기 위한 핀으로 스웨터의 칼라를 연결하는 곳이나 어깨 쪽의 코를 짜지 않고 놓아 둘 때 이 핀에 옮겨 두면 코가 빠지지 않아 좋다.

고정핀 털실로 뜬 천에 맞도록 바늘 끝이 둥글게 되어 있는 뜨개질용 바늘이다. 몇솔기를 붙일 때나 소매 붙일 때, 칼라 달 때 등에 필요하다.

고무모자 고무로 된 것으로 대바늘 끝에 끼워 코가 빠지지 않도록 하는데 사용한다. 뜨다 만 편물을 보관할 때 이 고무모자를 꽂아 놓으면 코가 빠지지 않아 유용하다.

줄자, 자 자는 노트용으로 30cm, 편물용으로는 50cm 길이의 자가 필요하며 줄자도 준비해 두는 것이 좋다.

다리미 온도 조절을 할 수 있는 보통 가정용 다리미이면 충분하다. 순모의 경우는 증기를 뿜으며 다릴 수 있는 스팀다리미가 좋고 합성섬유는 온도 조절이 까다로우므로 온도 조절이 가능한 것을 선택한다. 마지막 손질하는 방법에 따라서 완성된 편물이 달라 보이므로 마지막 마무리가 중요하다.

가위 올이 상하는 것을 막기 위해서는 잘 드는 것을 선택한다. 실을 끊을 때 주로 사용하는 것이기 때문에 큰 것보다는 작은 것을 선택한다.

게이지자 가로·세로 10cm로 표기되어 뜨개조직에 올려 놓고 콧수 단수를 셀 수 있다.

단수 표시 링 단을 표시할 때 쓴다. 옷핀 형태와 링 형태, 두 가지 종류가 있다.

콧수 표시 링 콧수를 표시할 때 쓴다. 바늘에 끼워서 사용한다.

1
chapter

초급 과정

학습목표

☑ 대바늘뜨기 기호를 익힌다.
☑ 대바늘뜨기의 기본 뜨개 기법을 익힌다.
☑ 게이지 내는 법을 이해한다.

대바늘 초급 단계에서 익혀야 할 과정

도안기호 익히기
게이지 정의와 시험 뜨기
코 만들기, 코 늘리기 · 줄이기
코 줍는 법
옆선 · 코 · 단 잇기
어깨선 잇기

초급 뜨개 기법 익히기

 **겉뜨기**

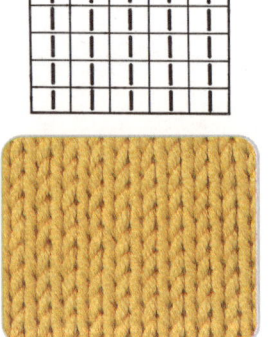

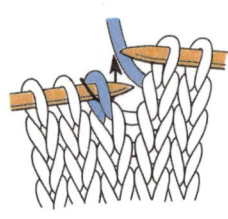
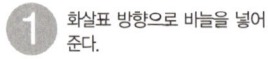
① 화살표 방향으로 바늘을 넣어 준다.

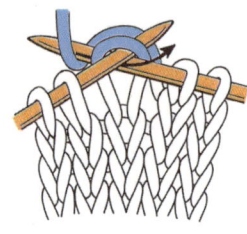
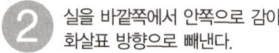
② 실을 바깥쪽에서 안쪽으로 감아 화살표 방향으로 빼낸다.

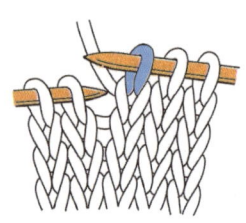
③ 완성된 모습.

 **안뜨기**

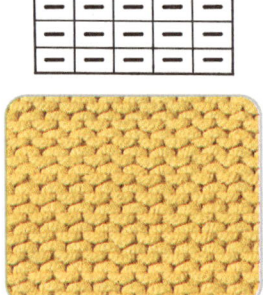

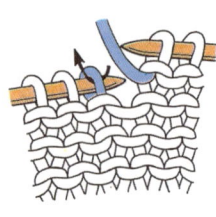
① 화살표 방향으로 바늘을 넣어 준다.

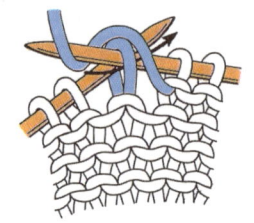
② 실을 바깥쪽에서 안쪽으로 감아서 화살표 방향으로 빼낸다.

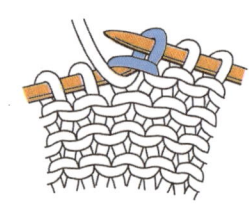
③ 완성된 모습.

바늘비우기

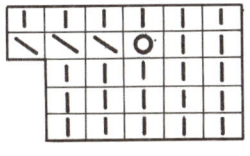

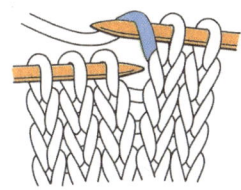

① 그림과 같이 바늘의 안쪽에서 바깥쪽으로 실을 걸쳐 준다.

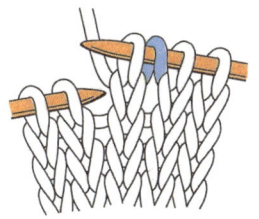

② 실이 걸쳐진 상태로 다음 코를 겉뜨기로 뜬다.

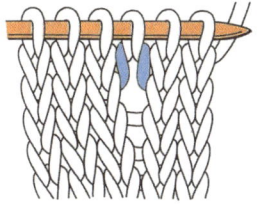

③ 완성된 모습.

오른코 겹치기

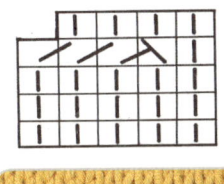

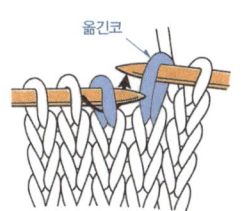

옮긴코

① 뜨지 않고 1코를 화살표 방향으로 빼 그냥 옮긴다. 그 다음코를 겉뜨기로 뜬다.

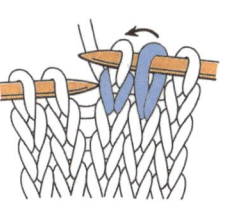

② 오른쪽 바늘에 옮긴 코를 덮어 씌운다.

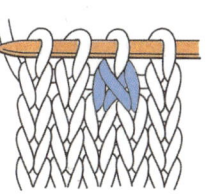

③ 완성된 모습.

왼코 겹치기

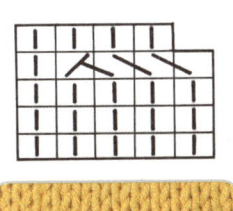

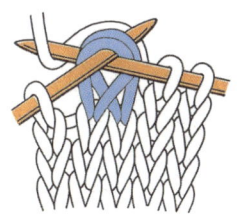

① 그림과 같이 겉뜨기 방향으로 2코를 한꺼번에 모아 뜬다.

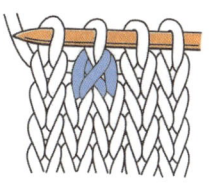

② 완성된 모습.

안뜨기의 경우

안뜨기 방향으로 2코를 한꺼번에 모아서 뜬다.

중심3코 모아뜨기

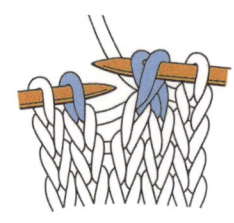

덮어씌운 코

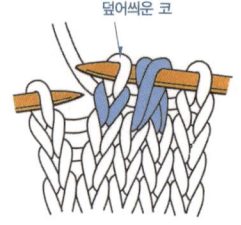

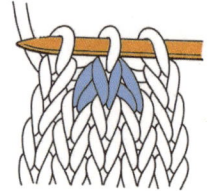

① 오른쪽 바늘에 2코를 그림과 같이 옮긴다.

② 3째 코를 겉뜨기로 뜬 후 옮겨 놓은 2코를 덮어씌운다.

③ 완성된 모습.

오른코 중심3코 모아뜨기

옮기기

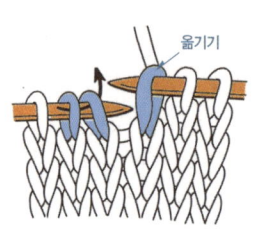

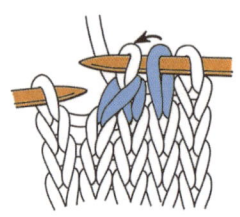

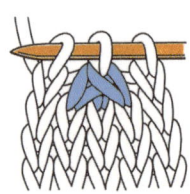

① 오른쪽 바늘에 1코를 옮겨 놓은 다음 2코를 한꺼번에 화살표 방향으로 넣어 겉뜨기로 뜬다.

② 옮겨 놓은 1코를 덮어씌운다.

③ 완성된 모습.

왼코 중심3코 모아뜨기

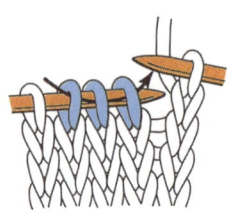

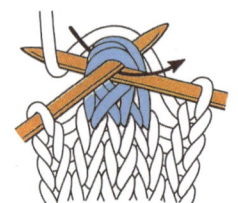

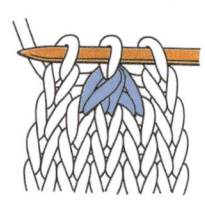

① 3코를 화살표 방향으로 한꺼번에 꿰어 준다.

② 실을 걸어 3코를 한꺼번에 겉뜨기로 뜬다.

③ 완성된 모습.

오른코 교차뜨기

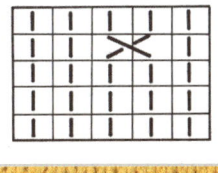

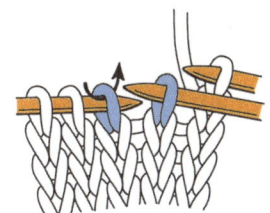

1 옮김바늘에 1코를 옮겨 앞쪽으로 놓은 다음, 다음 코를 겉뜨기로 뜬다.

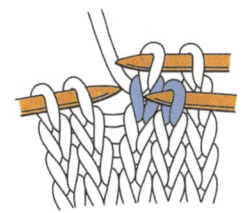

2 옮겨 놓았던 코를 다시 왼쪽 바늘에 옮겨 놓고 겉뜨기로 뜬다.

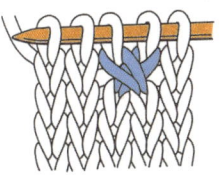

3 완성된 모습.

왼코 교차뜨기

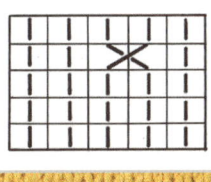

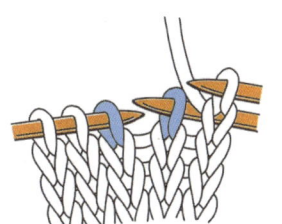

1 옮김바늘에 1코를 옮겨 뒤쪽에 놓은 다음, 그 다음 코를 겉뜨기로 뜬다.

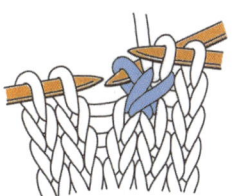

2 옮겨 놓았던 코를 다시 왼쪽 바늘에 옮겨 놓고 겉뜨기로 뜬다.

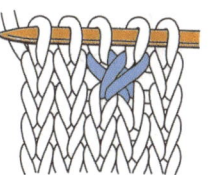

3 완성된 모습.

오른코 늘리기

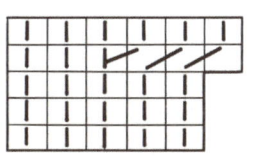

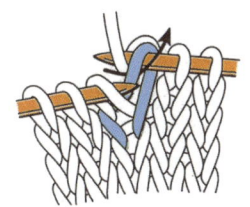

1 그림과 같이 왼쪽 코의 1단 아래의 코를 끌어올려 오른쪽 바늘에 걸어 준 다음 겉뜨기로 뜬다.

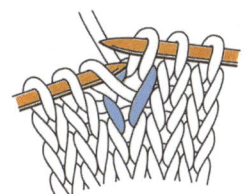

2 남은 코를 겉뜨기로 뜬다.

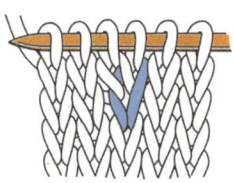

3 완성된 모습.

왼코 늘리기

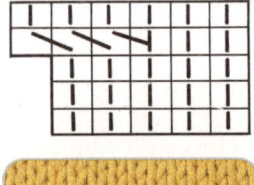

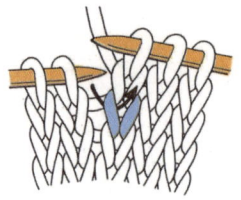

① 오른쪽 코의 2단 아래의 코를 끌어 올려 왼쪽 바늘에 걸어 준다.

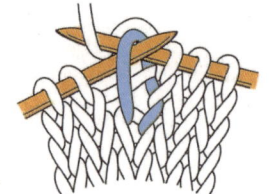

② 겉뜨기로 뜬다.

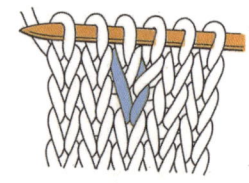

③ 완성된 모습.

걸러뜨기

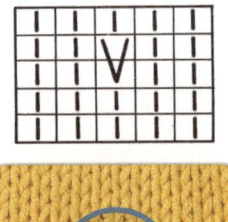

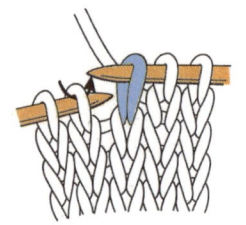

① 겉뜨기 뜨는 방법으로 1코를 오른쪽 바늘로 옮긴 다음 코를 겉뜨기로 뜬다.

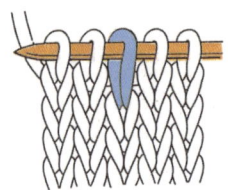

② 완성된 모습.

안코로 뜨는 경우

안뜨기 방법으로 1코를 왼쪽 바늘로 옮겨 놓고 다음 코를 안뜨기로 뜬다.

3코 만들기

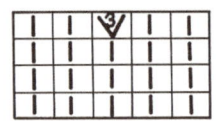

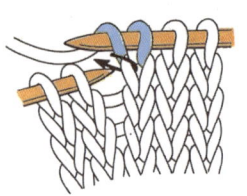

① 겉뜨기로 1코를 뜨고 그림과 같이 안쪽에서 겉쪽으로 실을 바늘에 걸쳐 준 다음, 뜬 코에 다시 바늘을 넣어 준다.

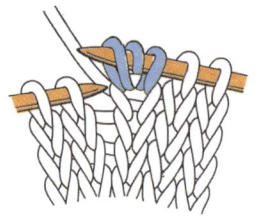

② 3코로 만들어 겉뜨기로 뜬다.

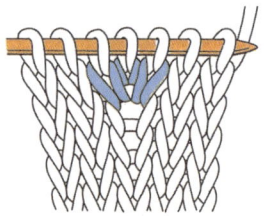

③ 완성된 모습.

걸쳐뜨기

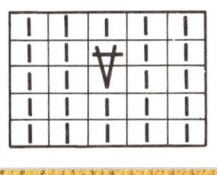

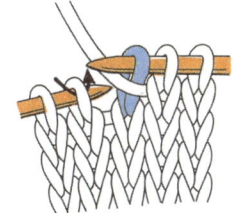

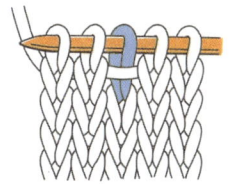

1 1코를 오른쪽 바늘로 옮긴 다음, 실을 앞으로 걸쳐 놓고 다음 코를 겉뜨기로 뜬다.

2 완성된 모습.

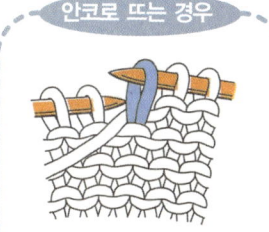

안코로 뜨는 경우

실을 뒤쪽으로 놓고 1코를 오른쪽 바늘로 옮긴 다음, 다음 코를 안뜨기로 뜬다.

끌어올리기

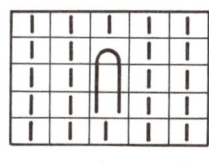

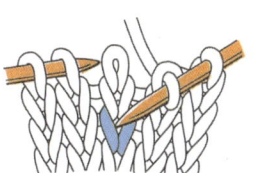

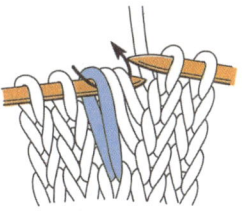

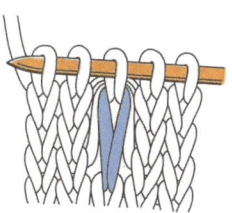

1 끌어올리는 코에 바늘을 넣어 위 2단의 코를 풀어낸다.

2 3단의 코를 한꺼번에 겉뜨기로 뜬다.

3 완성된 모습.

꼬아올리기

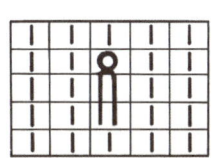

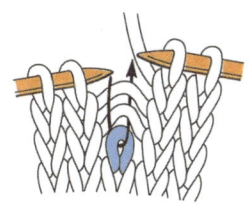

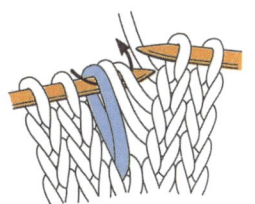

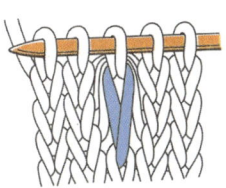

1 끌어올린 단의 코를 푼 다음 그림과 같이 화살표 방향으로 코를 꼬아서 끌어올린다.

2 3단의 코를 한꺼번에 겉뜨기로 뜬다.

3 완성된 모습.

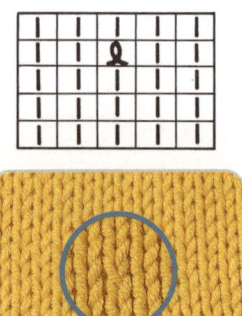

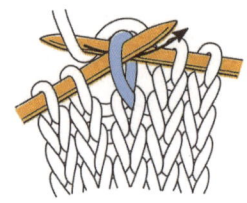

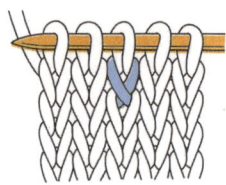

① 그림과 같이 코를 꼬아 바늘에
걸어 준 다음 겉뜨기로 뜬다.

② 완성된 모습.

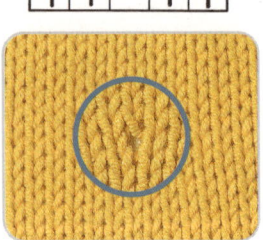

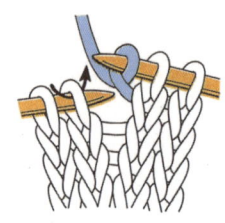

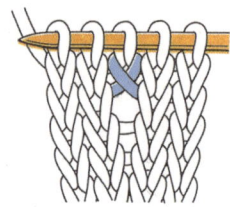

① 그림과 같이 실을 꼬아서 오른쪽
바늘에 걸어 준 후 다음 코를
겉뜨기로 뜬다.

② 완성된 모습.

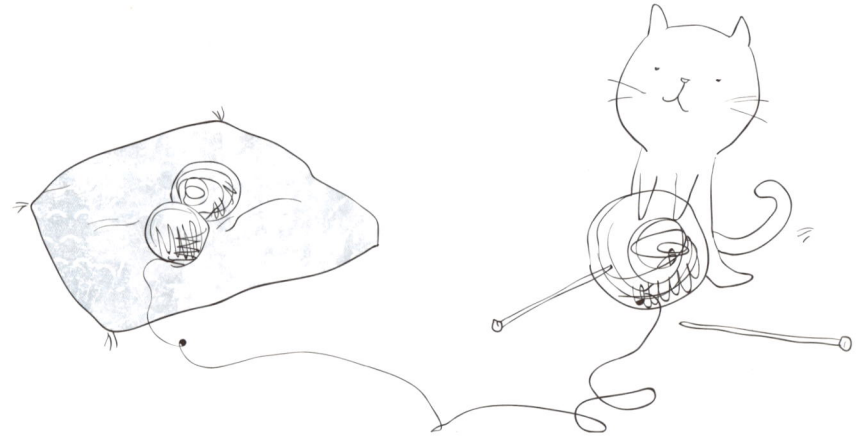

2 기본적인 편물의 모양

메리야스뜨기

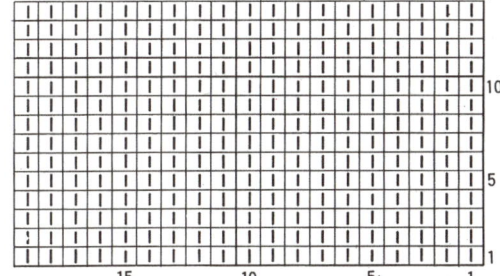

대바늘뜨기의 가장 기본적인 겉코로 옆으로 신축성이 있다. 되돌아뜨기는 겉뜨기 1단, 안뜨기 1단을 되풀이하여 뜬다. 일정한 패턴을 가지고 있어 잘못 뜬 것이 금방 드러나기 쉬우므로 실의 당기는 정도에 주의하고 뜰 때는 코를 고르게 뜬다.

안메리야스뜨기

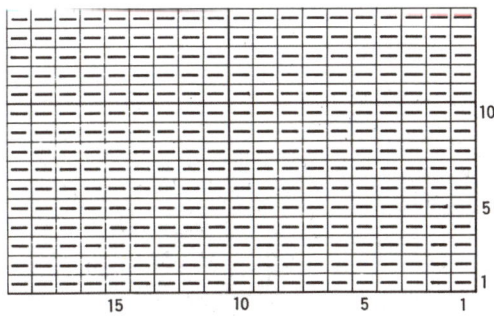

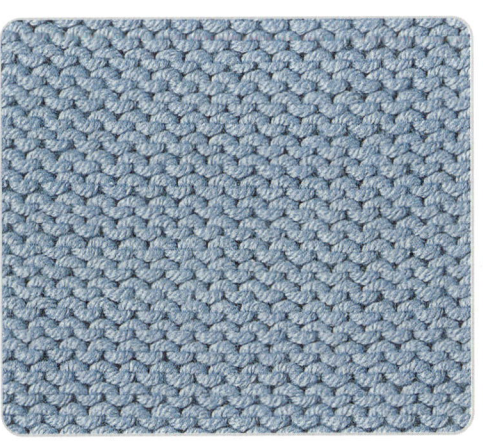

메리야스뜨기의 뒷면이 안메리야스뜨기가 된다. 메리야스뜨기와 마찬가지로 고르지 않은 경우 눈에 띄기 쉬우므로 실의 당기는 정도를 주의해서 떠야 한다.

29

대바늘뜨기

코바늘뜨기

기계편물과정

실전편!

가아터뜨기

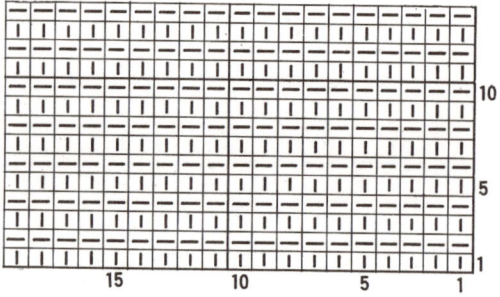

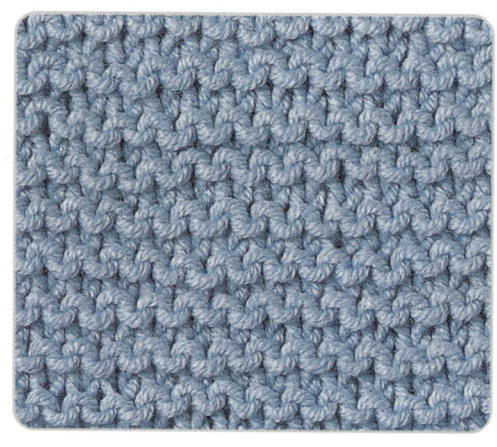

되돌아 뜰 때도 항상 겉뜨기를 하는 방법으로 뜬다. 겉뜨기에 비해 두께가 느껴지는 뜨기 방법으로 위아래로 신축성이 있다.

1코 고무뜨기

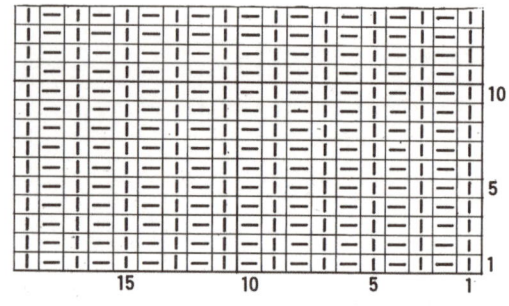

겉뜨기와 안뜨기를 1코씩 교대로 뜨는 방법으로 옆으로 신축성이 있기 때문에 옷단을 뜨기 시작할 때나 소맷단, 목둘레선 등에 사용한다.

2코 고무뜨기

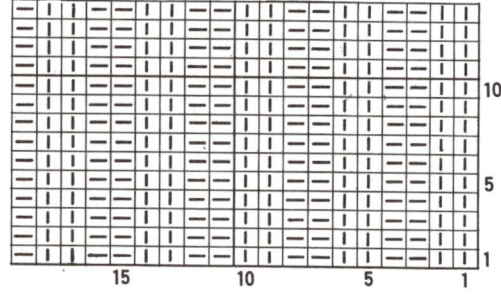

겉뜨기와 안뜨기를 2코씩 교대로 뜨는 방법으로 성질은 1코 고무뜨기와 마찬가지며 활용방법도 비슷하나 1코 고무뜨기보다 느낌이 약간 거칠다.

멍석뜨기

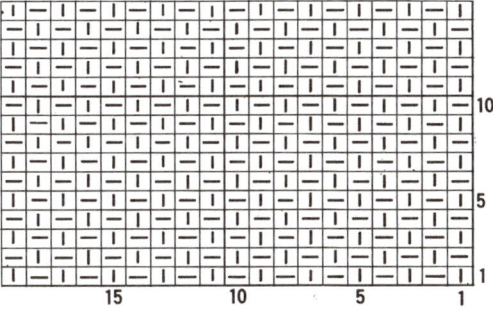

첫 단은 1코 고무뜨기와 같은 방법으로 겉뜨기와 안뜨기를 1코씩 교대로 뜬다.
2째 단부터는 겉뜨기는 안뜨기로, 안뜨기는 겉뜨기로 뜬다.

1코 2단 멍석뜨기

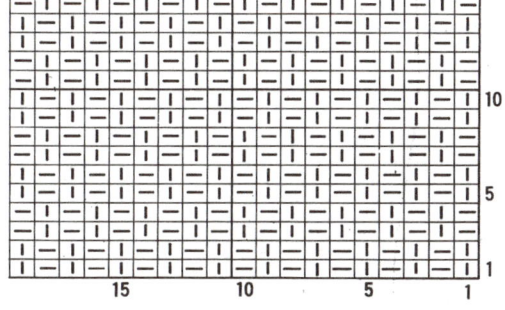

2단은 1코 고무뜨기와 같은 방법으로 뜨고 2단마다 겉뜨기는 안뜨기로,
안뜨기는 겉뜨기로 바꾸어서 뜬다.

꽈배기뜨기

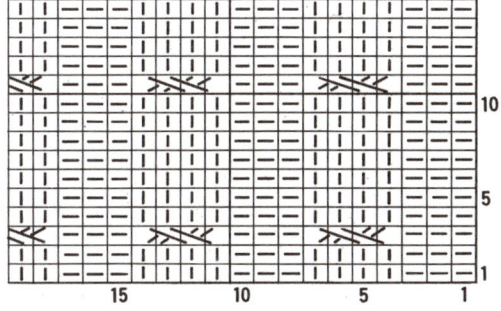

3코는 안뜨기로 4코는 겉뜨기로 2단을 뜬다. 안뜨기로 뜨다가 겉뜨기 2코를
옮김바늘로 빼놓은 다음, 2코를 먼저 뜬다. 빼놓았던 2코를 떠 준다.

3 게이지 내기

 **게이지란?**

게이지는 일정한 면적 안에 들어가는 뜨개코의 평균 콧수와 단수이다. 즉, 가로와 세로 10cm 안에 들어가는 콧수와 단수를 말한다. 게이지 측정 단위는 1cm이지만, 오차 확률이 많아 10cm 단위로 측정하여 1cm 몫으로 환산한다. 게이지는 실과 바늘 굵기, 뜨는 사람의 손놀림에 따라 달라지므로 바늘 호수를 잘 선택해야 한다.

게이지 측정 방법과 유의점

1 견본 뜨기의 경우 실의 굵기와 형태, 무늬에 따라 달라지므로 일정하게 나올 수 있도록 조절하면서 뜬다.

2 복잡한 무늬나 코를 세기 어려운 실일 경우 10코, 10단마다 다른 색 실로 표시를 하면서 뜬다.

3 실의 특성에 따라 세탁 후 줄거나 늘어날 수 있다. 이런 소재의 경우 꼭 세탁을 하고 세팅을 한 후 게이지를 측정한다.

게이지 조정

1 게이지 조정이란, 실 굵기나 바늘 호수를 바꾸어 뜨개 조직의 모양과 치수를 조절하는 것을 말한다.

2 편물은 실 굵기와 바늘 호수, 무늬에 따라 치수 변화가 생긴다.

3 대바늘뜨기에서 바늘 호수를 2호 변경시키면 게이지가 10% 정도 가감된다.

4 실 굵기를 가는 실, 중간 실, 굵은 실로 바꾸어 사용할 경우에도 게이지가 10% 정도 가감된다.

게이지 표시의 방법 ✖✖✖✖✖✖✖✖✖✖✖✖✖✖✖✖✖✖✖✖✖✖

3.5mm바늘로 뜨고 가로와 세로 각 10cm 안의 게이지가 24코 32단이라면 다음과 같이 표기한다.

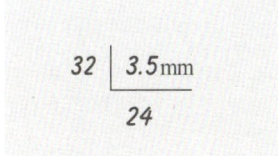

실 사용량의 견적 ✖✖✖✖✖✖✖✖✖✖✖✖✖✖✖✖✖✖✖✖✖✖

실의 종류에 따라 다르지만 겨울 실은 1타래가 100g 정도로 400~500g, 즉 4타래가 포장되어 있다.

일반적으로 4세 미만의 어린이 풀오버나 카디건은 400g, 베스트는 200~300g 정도, 성인 여자의 풀오버는 800g, 후드 코트는 1000~1200g, 베스트는 400g 정도 사용된다.

정확한 사용량을 측정을 하려면 다음과 같은 방법을 사용하면 된다.

1 실물 크기로 제도하여 가로, 세로 사방 10cm의 사각선을 긋는다.

2 사각이 아닌 가장자리 부분은 다른 것들과 합하여 1개가 되도록 전체 개수를 센다.

3 견본 뜨개천의 10×10cm의 무게를 측정하고, 세어 놓은 사방 10cm 사각 모양의 전체 개수를 곱하면 모사의 중량을 알 수 있다. 예를 들면, 중세 모사로 사방 10cm를 뜨는 데 약 5g의 실이 필요한 경우, 세어 놓은 사방 10cm의 사각 모양이 40개라면 그 필요량은 약 200g이 된다.

4 깃과 소매의 비율은 보통 6:4로 계산해서 합계를 계산한다.

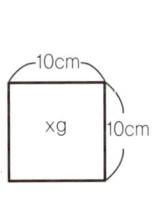

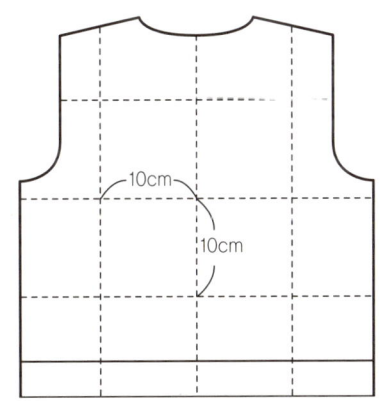

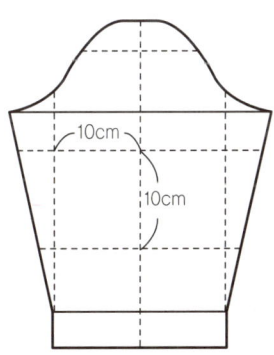

견본 뜨기

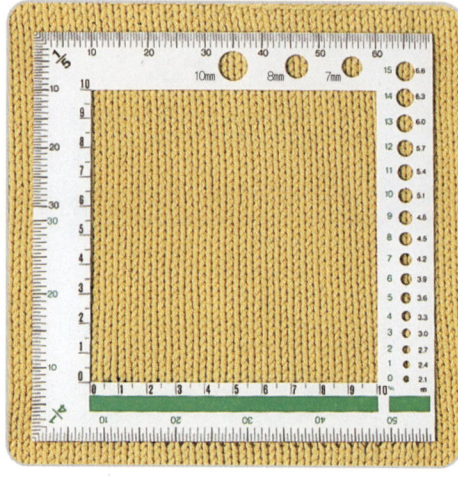

1 사방 20cm 정도 크기로 견본을 뜬다.
2 견본을 손바닥으로 펴서 자리를 잡는다.
3 스팀다리미로 김을 쐬어 정돈한다.
4 정돈된 견본의 중간에서 가로, 세로 10cm
　에 들어간 콧수와 단수를 센다.

게이지 측정법

작은 무늬뜨기

콧수

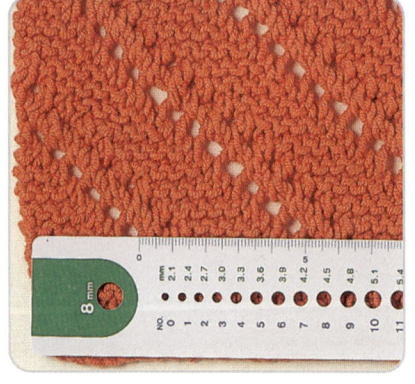

단수

커다란 무늬뜨기

콧수

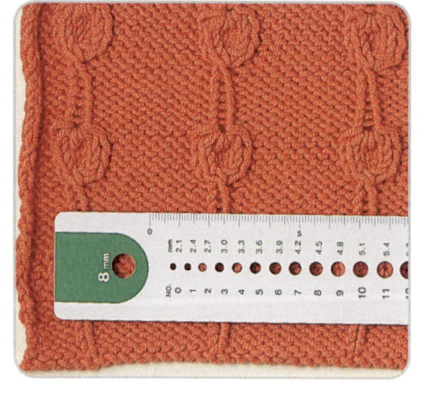

단수

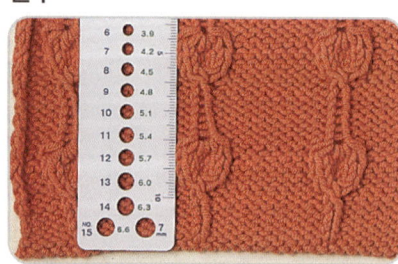

2가지 무늬뜨기

콧수

단수

4 코 만들기

 **기본 코 만들기**

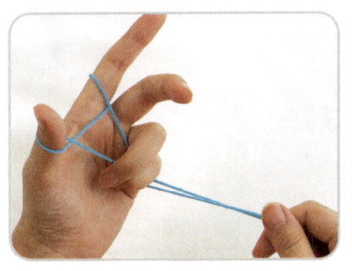 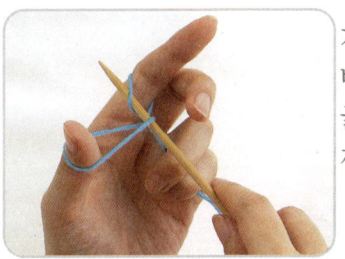

가는 실로 뜰 때는 바늘 2개를 사용하여 코를 잡으며, 바늘 1개를 사용할 때는 실제 뜰 편물의 바늘보다 2호 굵은 바늘을 사용하면 시작 부분을 타이트하지 않고 깨끗하게 만들 수 있다.

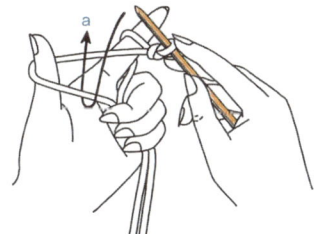  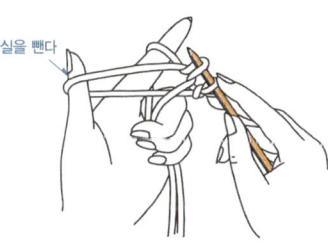

① 짧은 쪽 실은 항상 엄지손가락 쪽에 두며 만들 치수의 약 3배가 필요하다.

② 화살표대로 처음에 a를 통과한다.

③ b, c의 순서대로 바늘을 차례대로 통과시킨다.

④ 엄지손가락에서 실을 뺀다.

 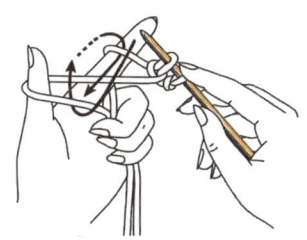 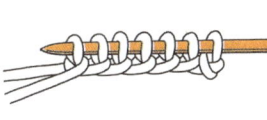 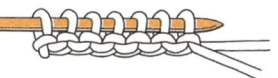

⑤ 엄지손가락을 화살표 방향으로 실을 걸어 꽉 잡아당긴다.

⑥ 다시 ②~⑤를 반복하여 필요한 만큼 콧수를 만든다.

⑦ 완성된 겉코 모양.

⑧ 완성된 안코 모양.

응용 코 만들기

 1코 고무뜨기 코 잡는법

1×1고무뜨기 계산법

- 오른쪽이 겉뜨기 2코, 왼쪽이 겉뜨기 1코로 끝날 때 → (필요한 콧수+2)÷2
- 오른쪽이 겉뜨기 1코, 왼쪽이 겉뜨기 2코로 끝날 때 → (필요한 콧수+2)÷2
- 양쪽이 모두 겉뜨기 1코로 끝날 때 → (필요한 콧수+1)÷2
- 양쪽이 모두 겉뜨기 2코로 끝날 때 → (필요한 콧수+3)÷2

오른쪽이 겉뜨기 2코, 왼쪽이 겉뜨기 1코로 끝날 때

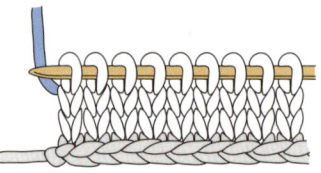

① 나중에 풀어낼 실로 계산법대로 콧수를 잡은 다음 진행실로 겉뜨기 1단, 안뜨기 1단, 겉뜨기 1단을 뜬다.

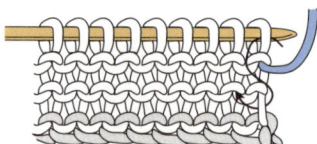

② 화살표 방향으로 바늘을 넣어 반 코를 끌어올려 첫 코와 같이 한꺼번에 안뜨기로 뜬다.

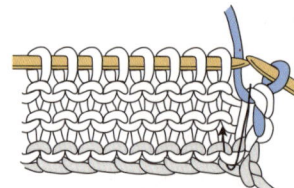

③ 화살표 방향으로 바늘을 넣어 코를 끌어올려 왼쪽 바늘에 걸어 준다.

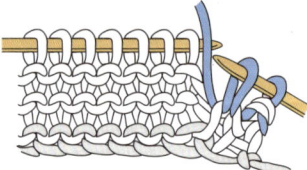

④ ③번의 코를 겉뜨기로 뜬 모습.

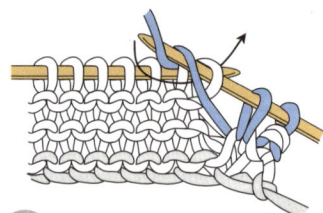

⑤ 안뜨기는 바늘에 걸려 있는 코를 뜬다.

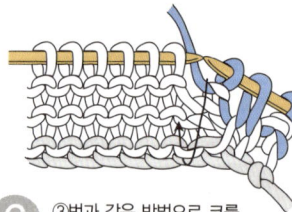

⑥ ③번과 같은 방법으로 코를 끌어올려 겉뜨기로 뜬다.

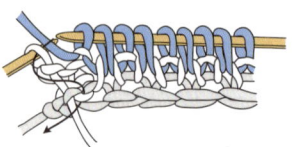

⑦ 화살표 방향으로 바늘을 넣어 끌어올려 왼쪽 바늘에 걸어 준다.

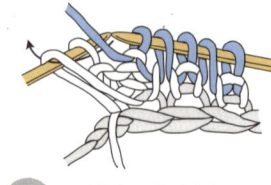

⑧ 끌어올린 코와 마지막 코를 한꺼번에 안뜨기로 뜬다.

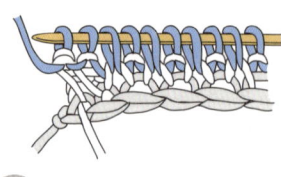

⑨ 완성된 모습. 다른 색상 실은 풀어낸다.

왼쪽이 겉뜨기 2코로 끝날 때

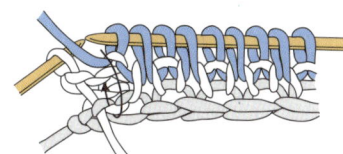
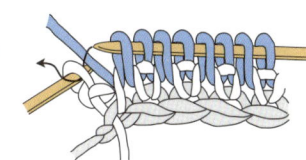
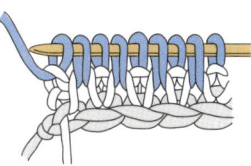

① 오른쪽이 겉뜨기 2코, 왼쪽이 겉뜨기 1코로 끝날 때의 ①~③번까지 똑같이 뜬다. 화살표 방향으로 바늘을 넣어 안뜨기로 한꺼번에 뜬다.

② 화살표 방향으로 바늘을 넣어 끌어올려 왼쪽 바늘에 걸어 준 다음 겉뜨기로 뜬다.

③ 바늘에 걸려 있는 코는 안뜨기로 뜨고 밑의 코를 끌어올려 겉뜨기로 뜬다. 겉뜨기 안뜨기를 반복한다.

오른쪽이 겉뜨기 1코로 끝날 때

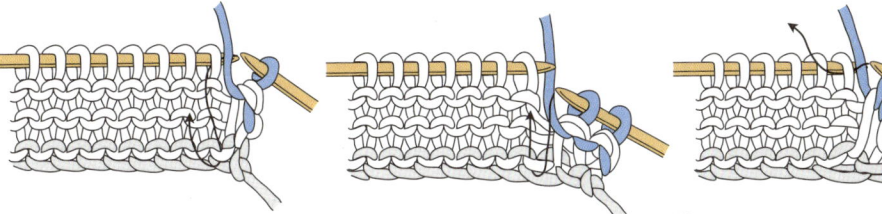

① 오른쪽이 겉뜨기 2코, 왼쪽이 겉뜨기 1코로 끝날 때의 ①~⑥번까지 똑같이 뜬다. 화살표 방향으로 바늘을 넣어 끌어올려 왼쪽 바늘에 걸어 겉뜨기로 뜬다.

② 마지막 남은 코는 안뜨기로 뜬다.

③ 완성된 모습.

뜨던 도중에 코 만드는 법

감는코의 경우

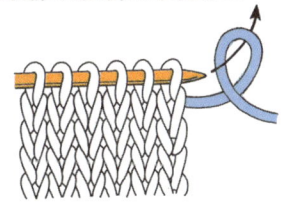

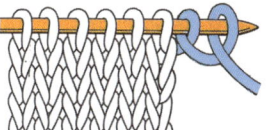
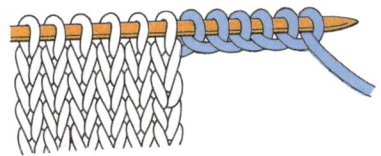

① 오른손 집게손가락에 실을 걸고 바늘 끝을 앞쪽에서 뒤쪽으로 넣는다.

② 1코를 만들어 코를 늘린다.

③ 늘린 코에 바늘을 넣어 ①~②를 반복한다.

④ 필요한 콧수만큼 감아 코를 늘린다.

1코씩 떠가는 경우

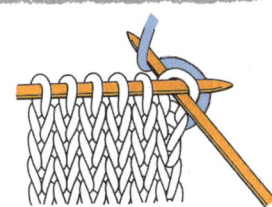
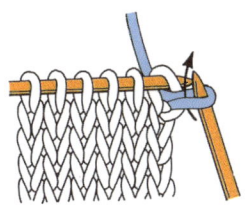
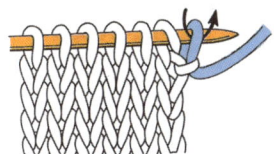
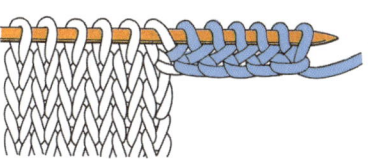

① 끝코 앞쪽부터 바늘을 넣어 실을 끌어낸다.

② 끌어낸 코를 왼쪽 바늘에 옮겨 1코를 늘린다.

③ 늘린 코에 바늘을 넣어 ①~②를 반복한다.

④ 필요한 콧수만큼 코를 늘린다.

마지막 코 처리하기

끝코를 뜨는 경우

되돌아 뜰 때 끝코의 처리 방법. 예를 들면 스웨터의 겨드랑이나 몸판의 끝코, 소매의 끝코 등을 서로 붙일 때 이 코를 이용하여 뜨면 예쁘게 마무리할 수 있다.

끝코를 그냥 옮기는 경우

주로 가터뜨기를 할 때는 뜨기 시작하는 끝코를 뜨지 않고 걸러 뜬다. 걸러 뜬 코에는 다음의 2가지가 있으며 마무리하여 붙일 경우는 끝코를 둥글게 하는 것이 보기 좋다.

끝코를 둥글게 하는 경우

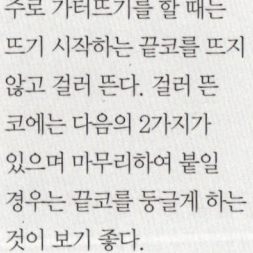

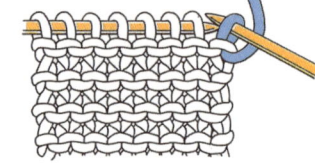

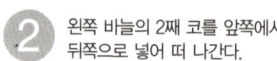

1 실을 뜨는 편물의 뒤쪽에 두고 왼쪽 바늘의 첫 코를 오른쪽 바늘로 뜨지 않고 옮긴다.

2 왼쪽 바늘의 2째 코를 앞쪽에서 뒤쪽으로 넣어 떠 나간다.

끝코를 걸코로 하는 경우

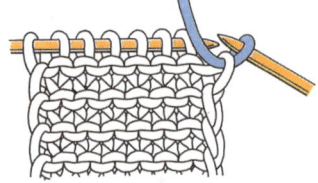

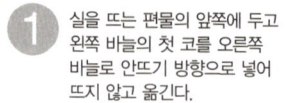

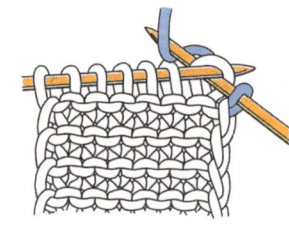

1 실을 뜨는 편물의 앞쪽에 두고 왼쪽 바늘의 첫 코를 오른쪽 바늘로 안뜨기 방향으로 넣어 뜨지 않고 옮긴다.

2 실을 편물의 뒤쪽으로 옮겨준 후 겉뜨기 한다.

마지막 단 마무리하기

 **겉뜨기의 경우**

대바늘 사용

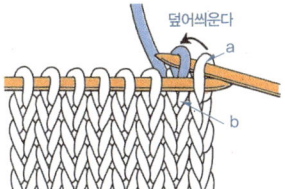
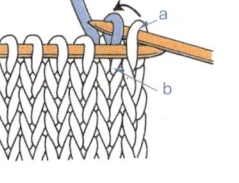

① a코를 오른쪽 바늘에 옮긴 후 b의 코를 겉뜨기로 뜨고 왼쪽 바늘로 a의 코를 b의 코에 덮어씌운다.

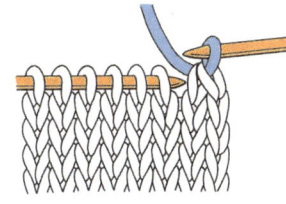

② 1코를 덮어씌운 모습.

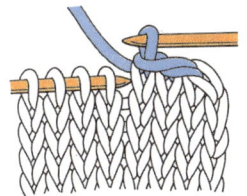

③ 1코씩 뜨면서 덮어씌우기를 반복한다.

코바늘 사용

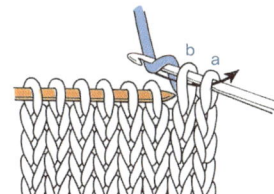
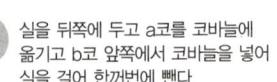

① 실을 뒤쪽에 두고 a코를 코바늘에 옮기고 b코 앞쪽에서 코바늘을 넣어 실을 걸어 한꺼번에 뺀다.

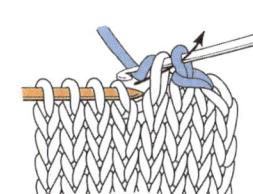

② 마찬가지로 대바늘의 코를 1코씩 덮어씌운다.

안뜨기의 경우

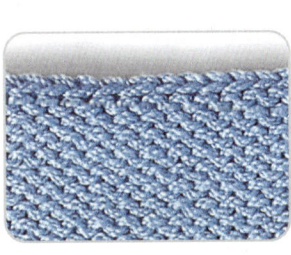

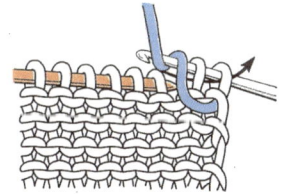
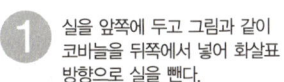

① 실을 앞쪽에 두고 그림과 같이 코바늘을 뒤쪽에서 넣어 화살표 방향으로 실을 뺀다.

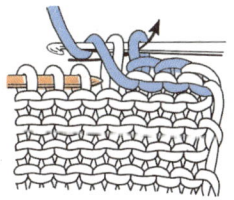

② 코에 바늘을 넣어 ①과 같은 방법으로 1코씩 덮어씌워 마무리한다.

1코 고무뜨기의 경우

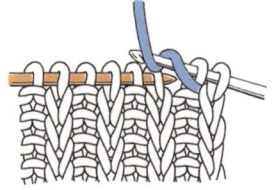
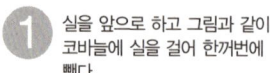
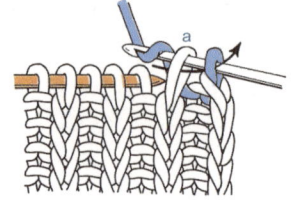
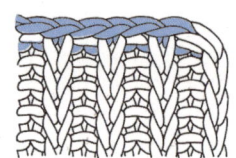

① 실을 앞으로 하고 그림과 같이 코바늘에 실을 걸어 한꺼번에 뺀다.

② 실을 뒤쪽에 두고 a코에 코바늘을 넣어 실을 건 후 한꺼번에 코를 뺀다.

③ ①, ②를 반복하여 코를 덮어씌운다.

2코 고무뜨기의 경우

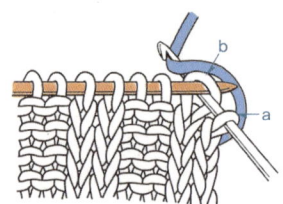
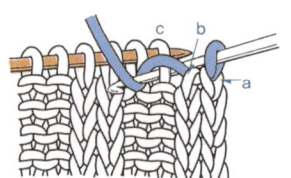
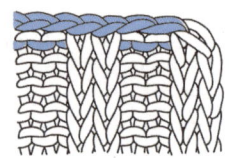

① 실을 뒤쪽에 두고 코바늘에 a코를 옮기고 b코 앞쪽에서 바늘을 넣어 실을 뺀다.

② 실을 앞에 두고 c코 뒤쪽에서 코바늘을 넣어 실을 걸어 한꺼번에 뺀다.

③ 겉코는 ①과 같이, 안코는 ②와 같이 잡아 빼 덮어씌운다.

Plus info

4개의 바늘로 뜨기

①~② 필요한 만큼의 코를 잡아 3개의 바늘에 나누어 꿴 다음 마지막 코와 첫 코를 맞대어 놓고 뜬다.

③ 같은 방향으로 계속 뜬다.

코 늘리기 · 줄이기

 **코 줄이기**

줄이는 경우 코가 너무 늘어나거나 팽팽해지기 쉬우므로 끝코의 크기를 맞춰 고르게 떠 나가는 것이 중요하다. 또 나중에 붙일 경우를 생각하여 디자인에 알맞은 방법으로 선택하도록 한다.

✕✕✕✕✕✕✕✕✕✕✕ 끝에서 코 줄이기 ✕✕✕✕✕✕✕✕✕✕✕

오른쪽 코 줄이기

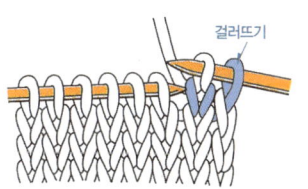
걸러뜨기

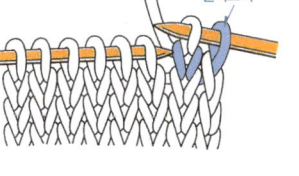

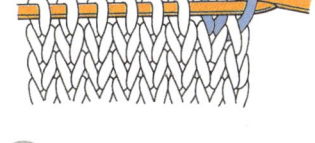
덮어씌운다

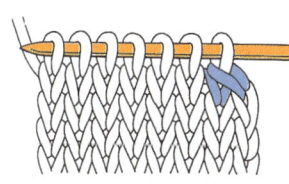

① 끝의 1코를 오른쪽 바늘에 걸러 뜨고 다음 코를 뜬다.

② 걸러 뜬 코를 덮어씌운다.

③ 완성된 모습.

왼쪽 코 줄이기

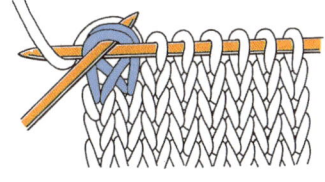

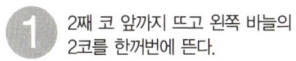

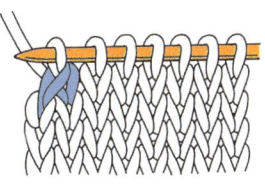

① 2째 코 앞까지 뜨고 왼쪽 바늘의 2코를 한꺼번에 뜬다.

② 완성된 모습.

1코 안쪽에서 1코 줄이기

오른쪽 코 줄이기

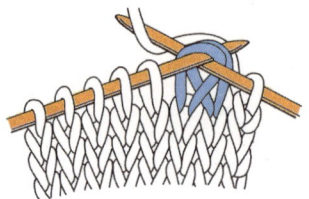

① 끝의 1코를 뜨고 다음 2코는 왼쪽
코가 위로 드러나도록 2코를
한꺼번에 뜬다.

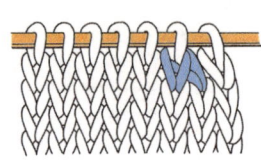

② 완성된 모습.

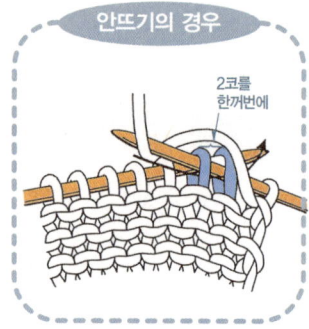

안뜨기의 경우

2코를
한꺼번에

왼쪽 코 줄이기

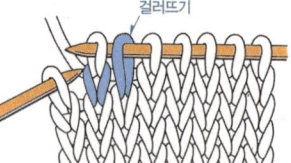

걸러뜨기

① 왼쪽 끝의 3째 코 앞까지 뜨고
3째 코를 오른쪽 바늘에 걸러 뜬
후에 다음 코를 뜬다.

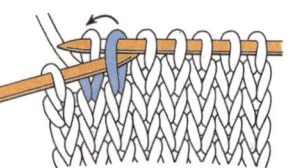

② 옮긴 코를 다음 코에 덮어씌우고
마지막 코를 뜬다.

안뜨기의 경우

코를 바꾸어 2코를
한꺼번에

코 세워서 줄이기

오른쪽 코 줄이기

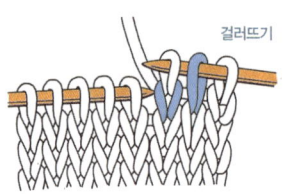

걸러뜨기

① 첫 코를 뜨고 다음 코를 오른쪽
바늘로 걸러 뜨고 3째 코를 뜬다.

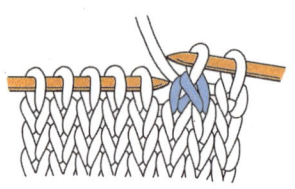

② 걸러 뜬 코를 덮어씌운다.

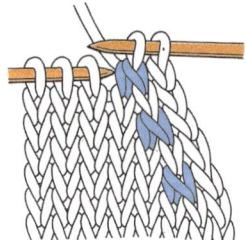

③ 완성된 모습.

왼쪽 코 줄이기

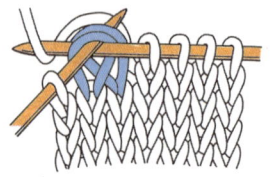

① 끝에서 3코 앞까지 뜨고 다음
왼쪽 코가 겉으로 드러나게 2코를
한꺼번에 뜬다.

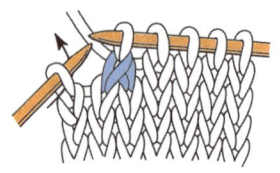

② 화살표 방향으로 바늘을 넣어
계속해서 끝코를 뜬다.

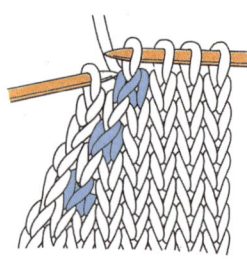

③ 완성된 모습.

도중에 1코 줄이기

오른쪽 코 줄이기

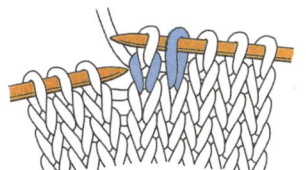

1 줄이는 코의 앞까지 뜬 다음 오른쪽 바늘로 1코를 걸러 뜨고 다음 코를 뜬다.

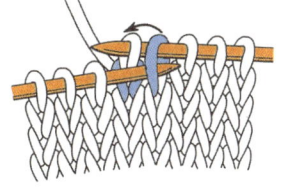

2 걸러 뜬 코를 덮어씌운다.

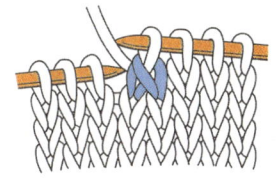

3 완성된 모습.

왼쪽 코 줄이기

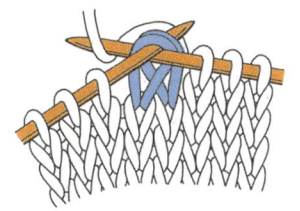

1 줄이는 코의 앞까지 뜨고 다음 2코를 한꺼번에 뜬다.

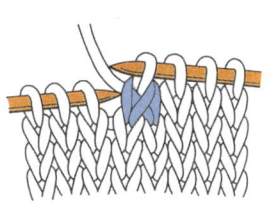

2 완성된 모습

끝에서 2코 이상 줄이기

오른쪽 코 줄이기

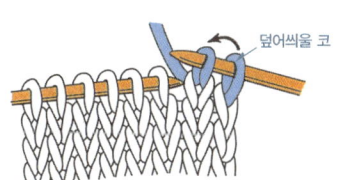
덮어씌울 코

1 끝코는 걸러 뜨고 다음 코를 뜬다.

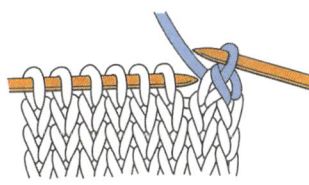

2 걸러 뜬 코를 덮어씌운다.

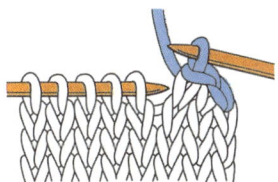

3 1코씩 뜨면서 덮어씌워 필요한 만큼 **콧수**를 줄인다.

왼쪽 코 줄이기

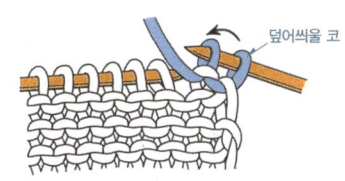
덮어씌울 코

1 끝코는 걸러 뜨고 다음 코를 뜬다.

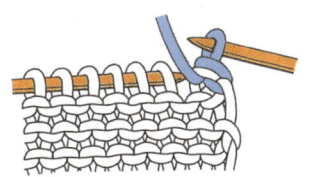

2 걸러 뜬 코를 덮어씌운다.

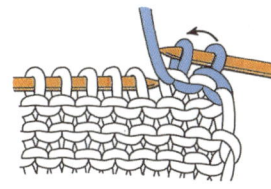

3 마찬가지로 1코씩 뜨면서 덮어씌워 필요한 콧수만큼 줄인다.

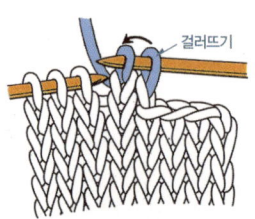

걸러뜨기

1 끝 3코를 코막음한 다음 첫 코는 걸러 뜨고 다음 코는 진행하던 뜨기로 뜬다.

덮어씌운다

2 걸러 뜬 코로 덮어씌운다. 다음 단도 마찬가지로 덮어씌워 필요한 콧수만큼 줄인다.

➤➤ 코 늘리기

코를 늘린 부분이 느슨해지지 않도록 주의한다. 끝코를 서로 붙이는 데 이용하는 경우는 붙이기 쉽게 늘리고, 뜨는 도중에 늘리는 경우는 뜨는 편물에 따라 맞는 방법으로 선택해야 한다.

끝코 늘리기

오른쪽 코 늘리기

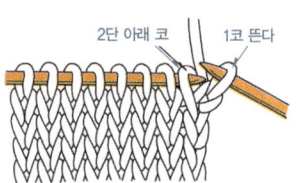

2단 아래 코   1코 뜨다

1 끝의 1코를 뜨고 뜬 코의 2단 아래 코에 왼쪽 바늘의 끝을 넣어서 코를 끌어올린다.

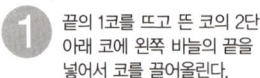

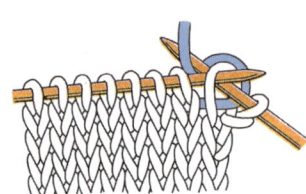

2 오른쪽 바늘을 끌어올린 코에 넣어 겉뜨기로 뜬다.

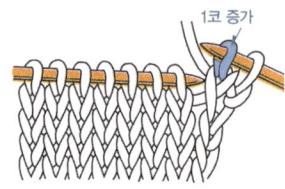

1코 증가

3 완성된 모습.

왼쪽 코 늘리기

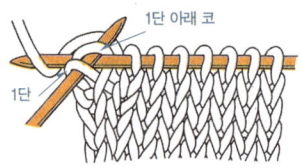

1단 아래 코

1단

1 끝의 1코를 뜨지 않고 끝코 1단 아래 코에 오른쪽 바늘을 넣는다.

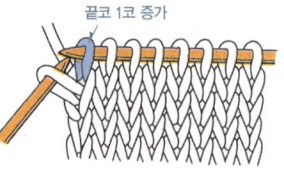

끝코 1코 증가

2 바늘을 앞쪽에서 넣어 코를 끌어올려 겉뜨기로 뜬다.

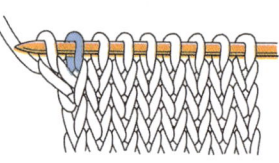

3 끝코를 겉뜨기로 한다.

늘림코로 끝코 늘리기

오른쪽 코 늘리기

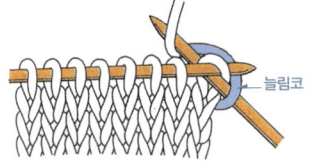

① 실을 오른쪽 바늘 앞으로 놓고 오른쪽 바늘 끝을 왼쪽 바늘 끝코에 넣는다.

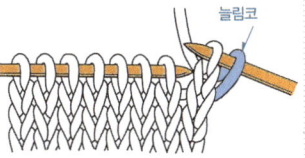

② 실을 걸어 겉뜨기를 뜬다.

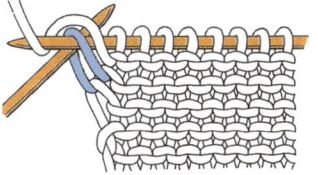

③ 늘림코를 안뜨기로 뜬다.

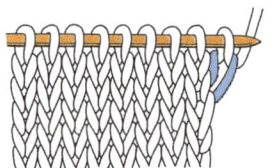

④ 완성된 모습.

왼쪽 코 늘리기

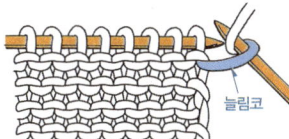

① 오른쪽 바늘을 실에 걸어 늘림코를 만든다.

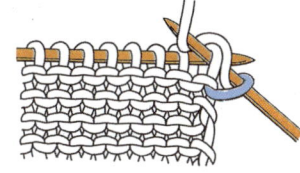

② 그림과 같이 뒤에서 앞으로 바늘을 넣어 실을 건 다음 안뜨기한다.

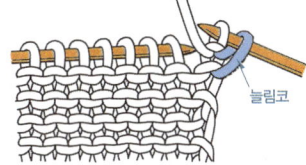

③ 늘림코로 늘린 안쪽 모습.

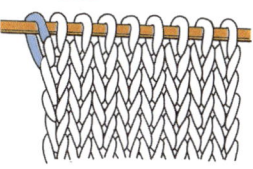

④ 완성된 모습.

뜨는 도중 코 늘리기

오른쪽 코 늘리기

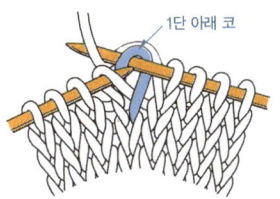

① 코를 늘리는 위치에서 왼쪽 바늘에 걸려 있는 코의 1단 아래 코에 오른쪽 바늘을 넣어 겉뜨기로 뜬다.

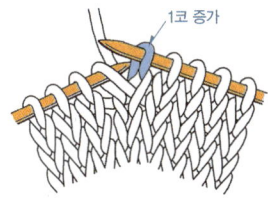

② 완성된 모습.

왼쪽 코 늘리기

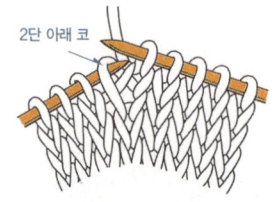

2단 아래 코

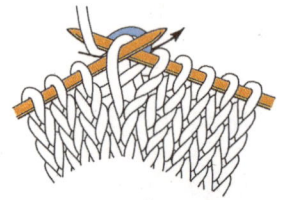

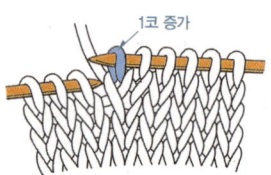

1코 증가

① 코를 늘리는 위치에서 오른쪽 바늘에 걸려 있는 코의 2단 아래의 코에 왼쪽 바늘을 넣는다.

② 실을 건 다음 화살표 방향으로 바늘을 빼넣어 겉뜨기를 한다.

③ 완성된 모습.

늘림코로 늘리기

둥글게 뜨는 경우

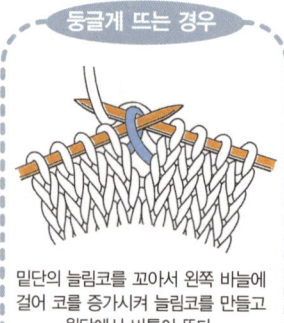

밑단의 늘림코를 꼬아서 왼쪽 바늘에 걸어 코를 증가시켜 늘림코를 만들고 윗단에서 비틀어 뜬다.

늘림코

① 그림과 같이 실을 걸어 코를 늘리는 위치에서 겉뜨기일 때 늘림코를 한다.

② 앞단의 늘림코를 비틀어 안뜨기를 한다.

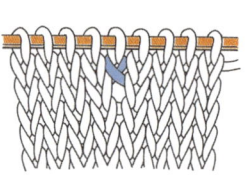

③ 앞단의 늘림코를 비틀어 안뜨기를 한 모습.

④ 완성된 모습.

옆 실 주워 늘리기

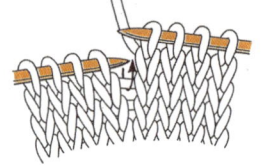

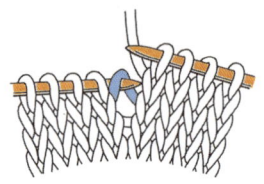

① 늘림 위치의 코와 코 사이에 걸쳐 있는 옆 실에 바늘을 화살표 방향으로 넣어 준다.

② 실을 끌어올려 코로 만든다.

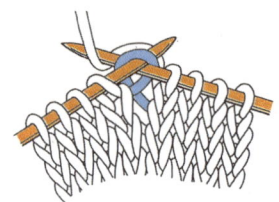

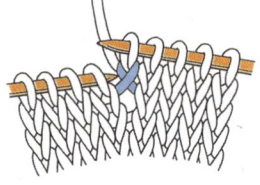

③ 그림과 같이 실이 꼬이도록 오른쪽 바늘을 넣어 겉뜨기를 한다.

④ 나머지 코는 같은 방법으로 계속 진행한다.

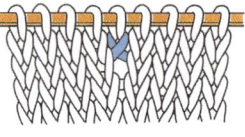

⑤ 완성된 모습.

1코 안쪽에서 1코 늘리기

오른쪽 코 늘리기

왼쪽 코 늘리기

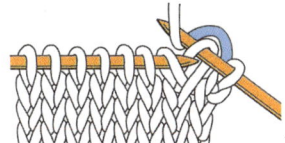

1 처음 1코는 겉뜨기로 뜬다.

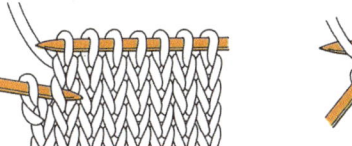

2 2째 코 1단 아래쪽 코에 오른쪽 바늘을 넣어 실을 걸어 겉뜨기로 뜬다.

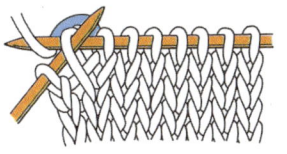

1 끝의 1코를 남기고 오른쪽 바늘로 뜬 끝코의 2단 아래 코에 왼쪽 바늘을 넣는다.

2 실을 끌어올려서 겉뜨기로 뜬다.

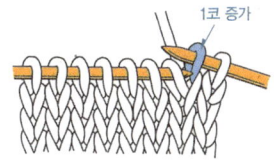

3 1코를 늘린 다음 2째 코는 겉뜨기로 뜬다.

3 끝의 코를 진행하던 방식(겉뜨기)으로 뜬다.

안뜨기의 경우

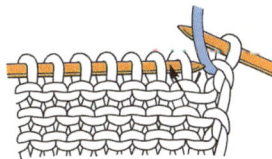

첫 코는 안뜨기로 뜨고 2째 코의 1단 아래 코에 오른쪽 바늘을 넣고 실을 걸어 안뜨기로 뜬다.

안뜨기의 경우

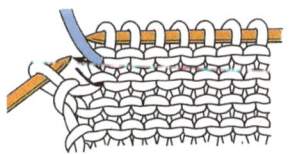

끝의 1코를 남기고 오른쪽 바늘로 뜬 마지막 코가 2단 아래 코에 왼쪽 바늘을 넣어 실을 걸어 안뜨기를 한다.

끝에서 2코 이상 늘리기

오른쪽 코 늘리기

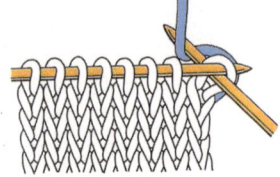

1 앞쪽으로 바늘을 넣어 그림과 같이 실을 건다.

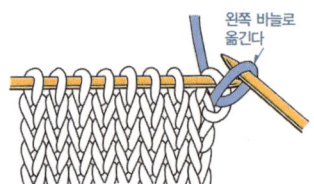

2 뜬 코를 왼쪽 바늘에 옮긴다.

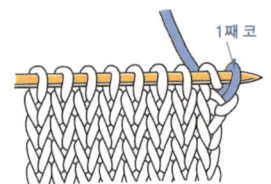

3 1코 늘린 모습.

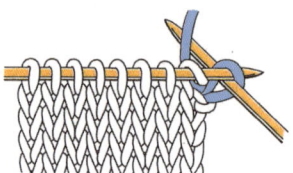

4 ①~②를 반복하여 필요한 콧수만큼 늘린다.

왼쪽 코 늘리기

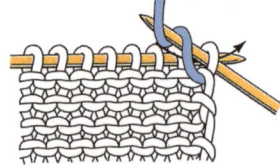

1 오른쪽 바늘을 그림과 같이 넣어 실을 건 다음 화살표 방향으로 뺀다.

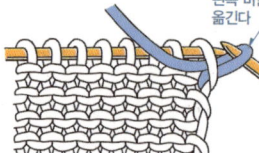

2 뜬 코를 왼쪽 바늘에 옮긴다.

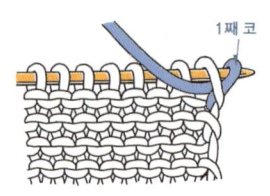

3 1코 늘린 모습.

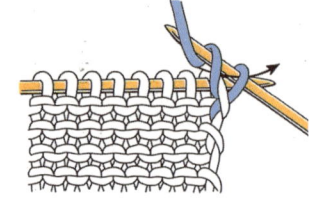

4 ①~②를 반복하여 필요한 콧수만큼 늘린다.

6 코 줍기

코를 줍기 전에 줍는 부분의 치수를 정확히 맞추어 콧수로 나누어 준다.
그래야 작품을 완성한 후에도 패턴이 매끄럽다.

>> 단에서 코 줍기

겉뜨기·안뜨기의
경우는 보통
3:4(코:단)의 비율로
줍는다.
코바늘을 사용해서
코를 주워도 깔끔하다.
가터뜨기의 경우
조직이 옆으로 퍼지는
성질을 가지고 있기
때문에 보통
2:4(코:단)의 비율로
줍는다.

겉뜨기의 경우

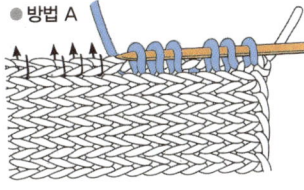

●방법 A

1 겉뜨기 1코와 2코 사이에 바늘을 넣어 다른 실을 잡아 빼면서 코를 줍는다.

●방법 B

2 편물에서 그대로 코를 주울 때는 첫 코 안쪽 단을 화살표 방향으로 넣어 줍는다

안뜨기의 경우

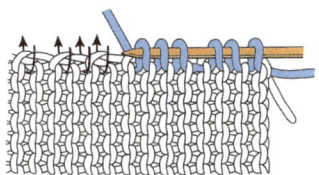

1 안뜨기의 1코와 2코 사이에 바늘을 넣어 다른 실을 뽑아 내면서 줍는다.

가아터뜨기의 경우

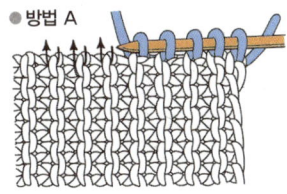

●방법 A

1 가아터뜨기 높은 코에 화살표처럼 바늘을 넣어 다른 실을 떠 가면서 필요한 콧수를 줍는다.

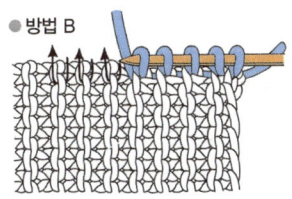

●방법 B

2 가아터뜨기 낮은 코에 화살표처럼 바늘을 넣어 ①과 마찬가지로 다른 실을 떠 가면서 필요한 콧수를 줍는다.

곡선에서 코 줍기

칼라 주위나 소매 진동의 곡선에서 코를 주울 때는 세로 쪽에 가까운 부분은 3:4(가로와 세로)의 비율로 줍고, 가로 쪽에 가까운 부분에서는 1코에 1코씩 줍는다. 풀오버 칼라 주위처럼 좌우가 이어지는 것은 같은 단에서 같은 코를 주워야 좌우의 곡선이 일정하여 매끄럽게 뜰 수 있다.

앞트임의 경우

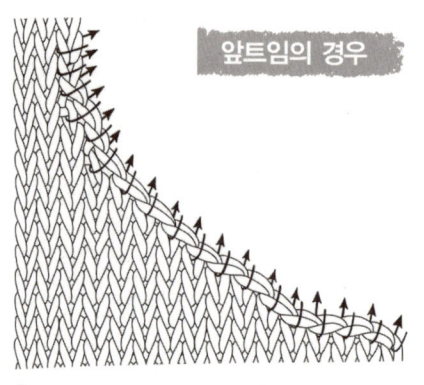

1 화살표 방향으로 대바늘을 넣어 실을 잡아 뺀다.

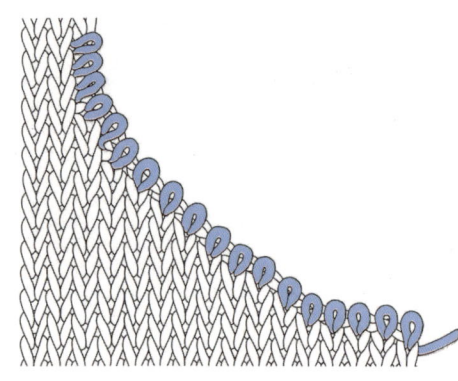

2 코를 주운 모양.

풀오버의 경우

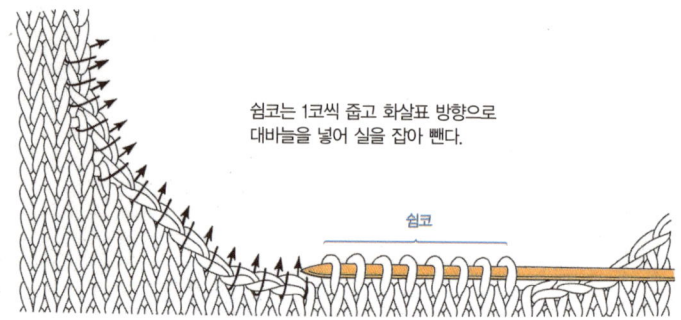

쉼코는 1코씩 줍고 화살표 방향으로 대바늘을 넣어 실을 잡아 뺀다.

쉼코

겉뜨기 시작 부분에서 코 줍기

풀어낸 실로 짜임을 뜬 다음 고무뜨기 등의 다른 짜임을 떠서 붙이는 경우에 코 줍기 방법으로 서로 다른 패턴이 자연스럽게 연결된다.

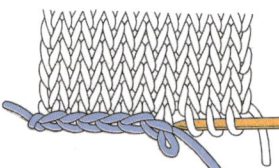

1 시작 부분의 사슬뜨기를 풀어 가면서 줍는다.

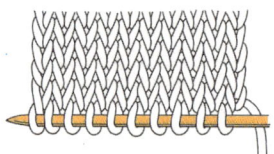

2 코를 주워 바늘을 꿰어 놓은 모습.

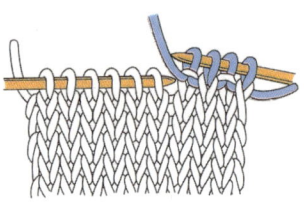

3 1코 고무뜨기를 뜬다.

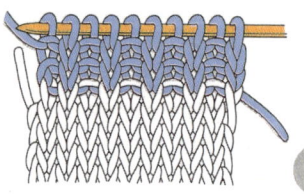

4 완성된 모습.

7 이어 붙이기

 **기본 잇기**

이어 붙이기에는 여러 가지 방법이 있는데 연결 부분이 신축성이 있는 방법과 늘어나지 않도록 잇는 방법이 있다. 어느 것이든 코를 가지런히 해 깔끔하게 마무리할 수 있다.

메리야스(겉뜨기) 잇기

양쪽 코가 대바늘에 있는 경우

서로 뜬 방향이 다르기 때문에 반 코씩 어긋나지만, 신축성이 좋고 이음 부분이 드러나지 않는다. 이을 때는 코의 크기가 서로 맞도록 주의한다.

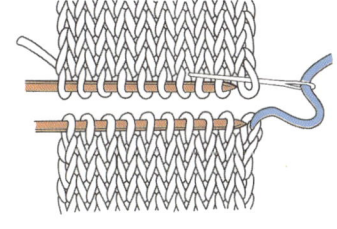

1 뒤쪽에 있는 바늘의 첫 코에 돗바늘을 이용해 뒤쪽으로부터 앞쪽으로 실을 뺀다.

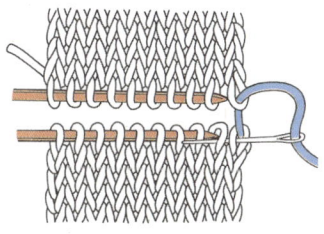

2 앞쪽의 첫 코로 돌아와 앞쪽에서 바늘을 넣어 2째 코의 뒤쪽에서 앞쪽으로 뺀다.

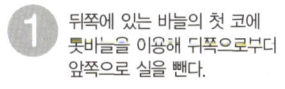

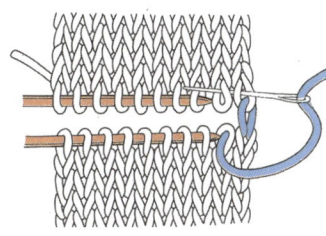

3 뒤쪽의 첫 코 앞쪽에서 바늘을 넣어 2째 코의 뒤쪽에서 앞쪽으로 뺀다.

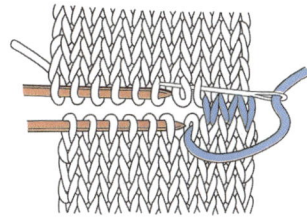

4 ②~③을 반복한다.

이음 부분이 두꺼워지는 결점이 있지만 줄무늬나 무늬뜨기의 경우는
이 방법으로 잇는다.

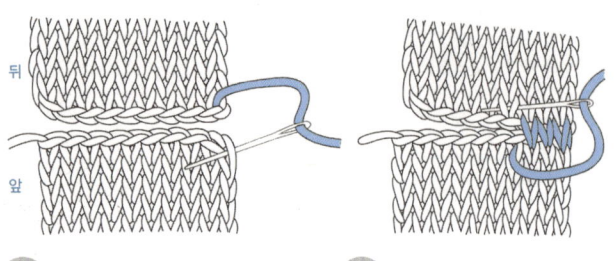

① 앞쪽 끝코에 바늘을 넣은 다음
뒤쪽의 같은 코에 돌아가 1코를
뜬다.

② 그림과 같이 이음실이 걸코
모양이 나오도록 잇는다.

안메리야스(안뜨기) 잇기

겉뜨기의 안쪽과 같은 모양으로 완성된다. 이음코 부분이
전체적으로 너무 두드러지지 않도록 주의하는 것이 중요하다.
그러므로 이을 때 양쪽 코의 크기와 비교하면서 맞춰 이어준다.

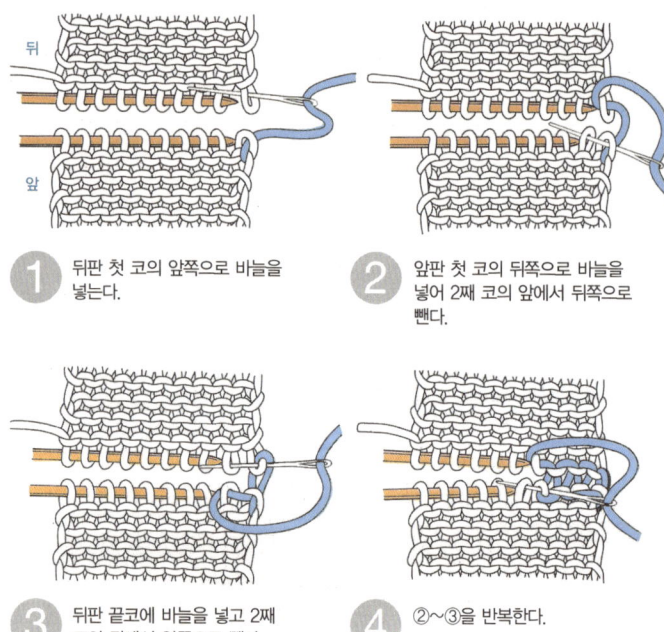

① 뒤판 첫 코의 앞쪽으로 바늘을
넣는다.

② 앞판 첫 코의 뒤쪽으로 바늘을
넣어 2째 코의 앞에서 뒤쪽으로
뺀다.

③ 뒤판 끝코에 바늘을 넣고 2째
코의 뒤에서 앞쪽으로 뺀다.

④ ②~③을 반복한다.

1코 고무뜨기 잇기

1코 고무뜨기를 한
소맷단이나 옷단을 이을 때
사용한다. 이음코가 눈에
두드러지지 않도록 당기는
정도를 주의해야 한다.

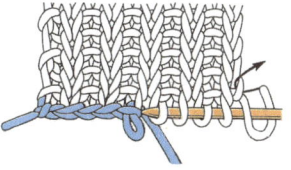 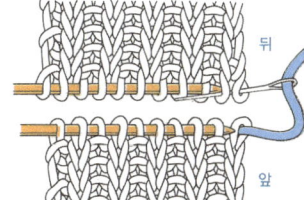 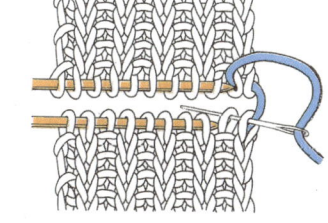

① 실을 2째 단에 통과시켜 1코 만들어 마무리한다.

② 뒤판 첫 코의 앞쪽에서 바늘을 넣어 2째 코 뒤쪽에서 앞쪽으로 뺀다.

③ 앞판의 첫 코로 돌아와 앞쪽으로 바늘을 넣어 2째 코 앞쪽에서 뒤쪽으로 뺀다.

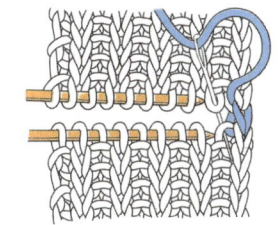 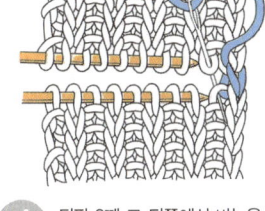 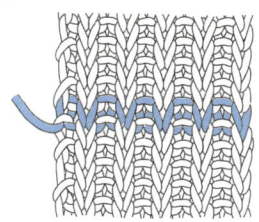

④ 뒤판 2째 코 뒤쪽에서 바늘을 빼 3째 코 앞쪽에서 뒤쪽으로 뺀다. 앞쪽의 2째 코로 돌아와 뒤쪽에서 앞쪽으로 뺀다.

⑤ 앞판 셋째 코의 뒤쪽에서 앞쪽으로 바늘을 빼 ②~④를 반복한다.

⑥ 완성된 모습.

겉뜨기와 안뜨기 잇기

겉뜨기를 한 곳은 겉코로, 안뜨기를 한 곳은 안코가 되도록
잇는다. 안코를 가지런히 떠지도록 주의하면서 뜬다.

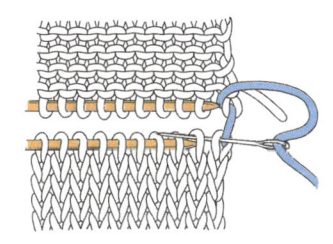

① 뒤판의 첫 코 앞쪽에서 뒤쪽으로 바늘을 뺀다.

② 앞판의 첫 코로 돌아와 앞에서 바늘을 넣어 2째 코 뒤쪽에서 앞쪽으로 뺀다.

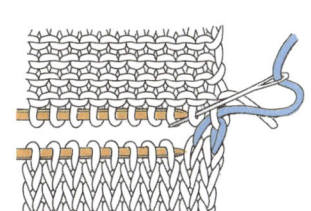
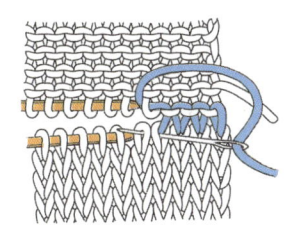

③ 뒤판 첫 코 뒤쪽으로 바늘을 뺀 다음 2째 코의 앞쪽에서 뒤쪽으로 실을 뺀다.

④ ②~③을 반복하여 앞판은 겉 코가, 뒤판은 안코가 되도록 잇는다.

겉뜨기와 1코 고무뜨기 잇기

겉뜨기와 1코 고무뜨기는 신축성이 다르기 때문에 편물을
이으면서 실을 지나치게 잡아 당기거나 너무 헐겁지 않도록
주의하며 떠야 한다.

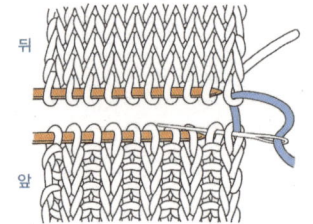 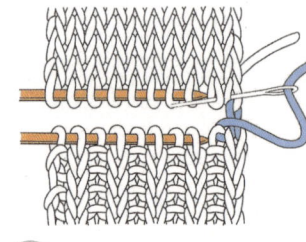

① 뒤판 앞쪽에서 뒤쪽으로 바늘을
넣어 앞판 첫 코로 돌아와
앞쪽에서 뒤쪽으로 바늘을 빼 2째
코의 앞쪽에서 뒤쪽으로 바늘을
뺀다.

② 뒤판 첫 코로 돌아가 앞쪽에서
바늘을 넣어 2째 코의 뒤에서
앞쪽으로 꺼낸다.

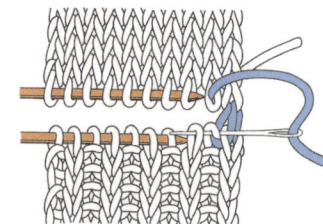 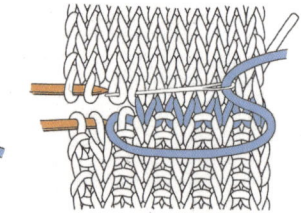

③ 앞판의 2째 코로 돌아와
뒤쪽에서부터 바늘을 넣어, 3째 코
뒤에서 앞쪽으로 뺀다.

④ ②~③을 반복하여 뒤판은
겉뜨기, 앞판은 1코 고무뜨기의
코가 되도록 잇는다.

사선 잇기

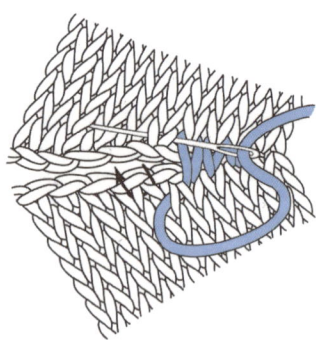

2개의 뜨는 편물을 겉쪽으로
맞대고 그림과 같이 교대로 1코씩,
겉뜨기 모양이 겉으로 보이게
잇는다.

코바늘로 잇기

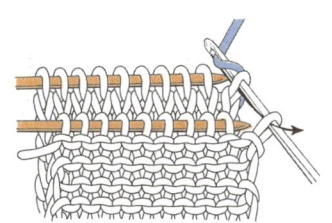

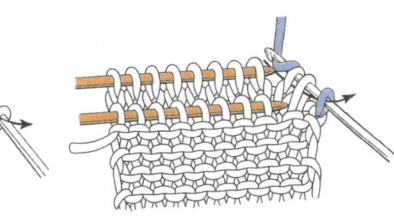

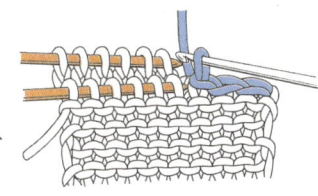

① 뜨는 편물을 겉과 겉이 마주 보도록 한 다음 코바늘을 첫 코에 넣어 실을 걸어 뺀다.

② 양쪽의 2째 코와 처음의 1코를 함께 하여 잡아 뺀다.

③ ②와 마찬가지로 실을 잡아 빼, 짧은뜨기 방법으로 덮어씌운다.

대바늘로 잇기

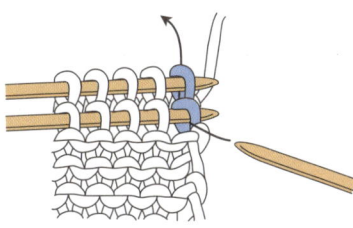

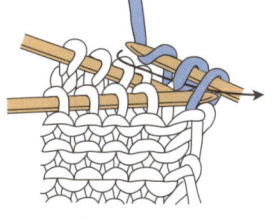

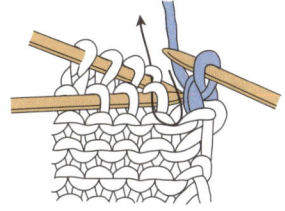

① 뜨는 편물을 겉과 겉이 마주보도록 놓은 다음 화살표 방향으로 바늘을 넣는다.

② 겉뜨기로 떠서 화살표 방향으로 실을 빼낸다.

③ ①~②와 같은 방법으로 뜬 다음 2코가 되면 덮어씌우기 방법으로 뜬다. 같은 방법으로 반복한다.

겉뜨기의 단과 코 잇기

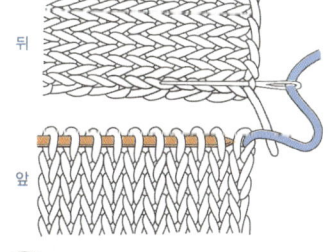

뒤

앞

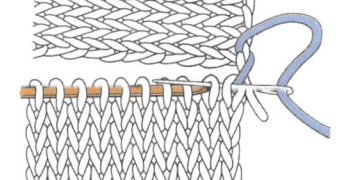

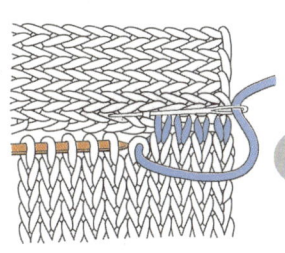

① 뒤쪽 단의 첫 코에 그림과 같이 바늘을 넣는다.

② 앞쪽 첫 코로 돌아와 앞쪽에서 바늘을 넣어 2째 코의 뒤쪽에서 앞쪽으로 뺀다.

③ 다음 코부터는 첫 코와 2째 코 사이의 선을 바늘로 떠, 코와 단의 균형이 맞도록 잇는다.

편물 잇기

편물과 편물을 잇는 것 역시 작품의 매무새를 좌우하는 중요한 부분이므로 뜨는 편물에 따라 알맞은 방법을 선택해야 한다.

✕✕✕✕✕✕✕✕✕✕✕ 겉뜨기 ✕✕✕✕✕✕✕✕✕✕✕

실을 떠서 잇기

겉뜨기의 경우 많이 쓰이는 방법으로 1단마다 뜨는 경우와 2단마다 뜨는 경우가 있다. 실이 굵을 때는 1단마다 뜨고, 반 코 들어간 곳을 잇는 것이 좋다.

1코 들어간 곳 1단씩 잇기

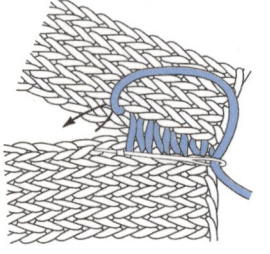

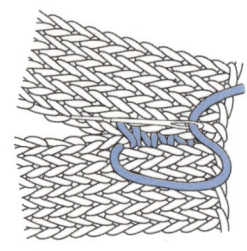

① 뜬 두 판을 모두 겉쪽으로 하여 끝에서 1코 들어간 코의 옆 실을 1단씩 나란히 놓고 교대로 바늘로 뜨면서 잇는다.

② 완성되는 모습.

반 코 들어간 곳 1단씩 잇기

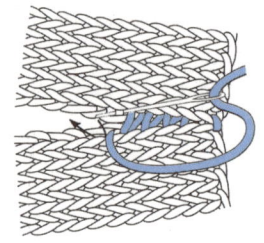

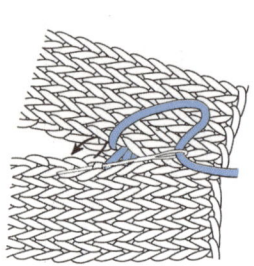
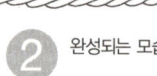

① 뜨는 편물을 겉쪽으로 하여 나란히 놓고 끝에서 반 코 들어간 코의 옆 실을 1단씩 교대로 떠가면서 잇는다.

② 완성되는 모습.

1코 들어간 곳 2단씩 잇기

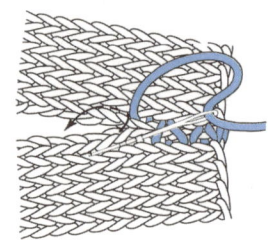

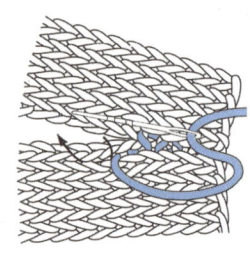
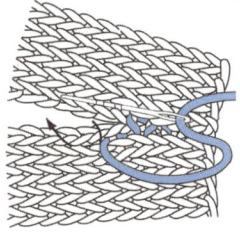

① 뜬 두 판을 겉쪽으로 하여 나란히 놓고 끝에서 1코 들어간 곳의 옆 실을 2단씩 교대로 떠가면서 잇는다.

② 완성되는 모습.

박음질로 잇기

끌어올린 무늬 등 끝이 늘어나기 쉬운 패턴은 떠서 잇지 않고, 늘어나지 않도록 박음질로 잇는다. 이때, 바늘이 어긋나지 않도록 직각에 가깝게 박음질해야 깨끗하게 이어진다.

안

겉

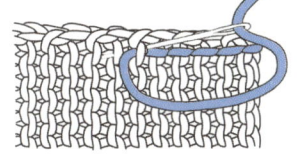

뜬 두 판을 겉끼리 붙여 끝에서 1코 들어간 곳 옆 실을 2단씩 떠서 1단씩 박음질하여 실을 팽팽하게 잡아당기면서 잇는다.

안뜨기

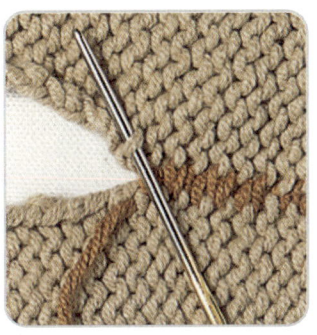

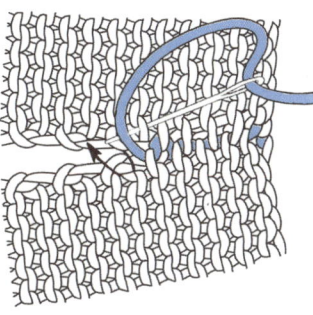

뜬 두 판을 서로 겉쪽으로 하여 나란히 놓고 뒤판의 끝에서 1코 들어간 낮은 코를 1단 뜬 다음, 앞판의 끝에서 반 코 들어간 높은 코를 뜬다. 마찬가지로 교대로 1단씩 뜬다.

가아터뜨기

반 코 안쪽을 뜨는 경우

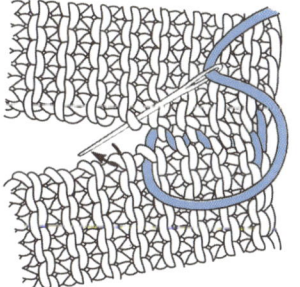

두 판을 서로 겉쪽으로 하여 나란히 놓고 뒤판은 끝코의 앞판을 향한 코, 앞판은 끝코의 뒤판을 향한 코를 뜬다.

1코를 뜨는 경우

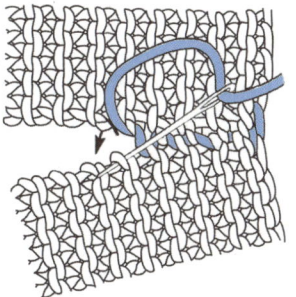

가아터뜨기 편물의 마무리 코가 1코씩 정확하게 맞도록 마무리한다.

57

1코 고무뜨기

끝이 겉코 2코와 겉코 1코

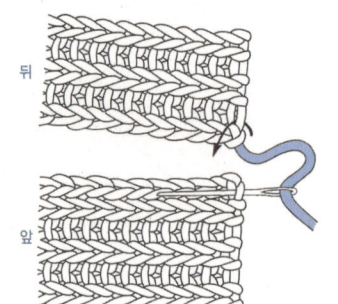

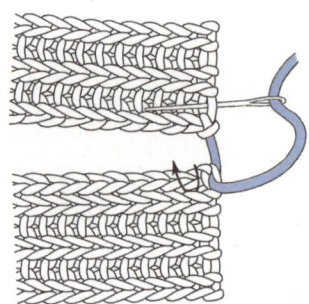

뒤

앞

① 패턴을 겉으로 놓고 앞판의 끝에서 1코 들어간 겉코와 2째 겉코 사이에 걸쳐 있는 실을 1단 뜬다.

② 뒤판은 끝에서 1코 들어간 겉코와 2째 안코 사이에 걸쳐 있는 실을 1단 뜬다.

③ 앞뒤판을 교대로 1단씩 뜨면서 마무리한다.

끝이 겉코 1코와 겉코 2코

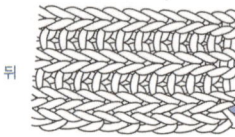

뒤

앞

① 패턴을 겉으로 놓고 앞판 끝에서 1코 들어간 겉코와 2째 안코 사이에 걸쳐 있는 실을 뜬다.

② 뒤판 끝에서 1코 들어간 겉코와 2째 겉코 사이에 걸쳐 있는 실을 1단 뜬다.

양끝이 겉코 1코인 경우

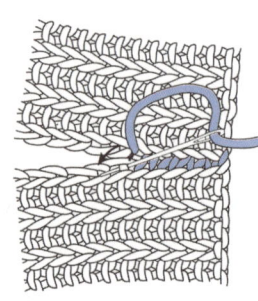

뜬 두 판을 겉으로 하여 양 끝코에서 반 코 들어간 곳의 옆으로 걸쳐 있는 실을 1단씩 뜨면서 마무리한다.

2코 고무뜨기

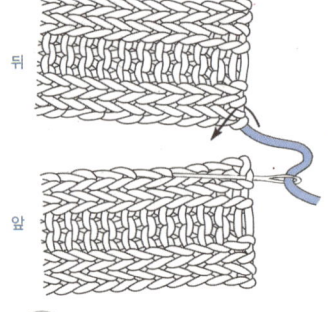

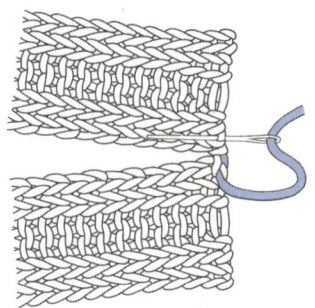

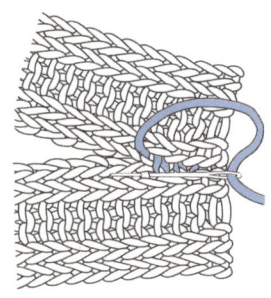

뒤

앞

① 뜬 두 판을 겉쪽으로 붙여서 앞판 끝에서 1코 들어간 겉코와 2째 겉코 사이에 걸쳐 있는 실을 뜬다.

② 뒤판도 마찬가지로 뜨고 교대로 1단씩 뜨면서 마무리한다.

③ 완성되는 모습.

2
chapter

중급 과정

학습목표

☑ 대바늘뜨기의 주요 기술을 익힌다.
☑ 실물 제작에 필요한
구체적인 뜨기 방법을 익힌다.

대바늘 중급 단계에서 익혀야 할 과정

바늘비우기, 무늬기호 익히기
중심코 모아뜨기, 고무단 끌어올리기
돗바늘 마무리법 익히기
단춧구멍 내는 방법
주머니 만들기
세로 배색법, 되돌아뜨기법

중급 뜨개 기법 익히기

>> **되돌아뜨기**

되돌아뜨기를 크게 나누면 코를 뜨지 않고 남겨 놓는 방법과 계속 뜨는 방법이 있다. 어느 방법이나 경사나 커브선 부분을 뜨는 방법으로 어깨선, 가슴의 다트 등에 사용된다. 무늬뜨기 때는 무늬가 되도록 찌그러지지 않도록 주의한다.

 **뜨지 않고 남기는 방법**

 오른쪽의 경우

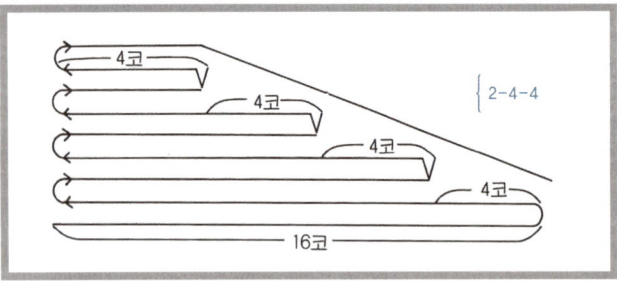

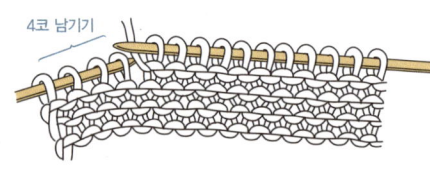

① 첫째 단에서 그대로 뜨다가 4코를 남긴다.

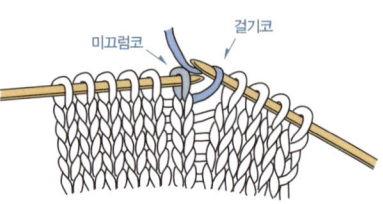

② 뒤로 돌려 2째 단을 뜬다. 그림과 같이 걸기코를 만들고 미끄럼코는 뜨지 않고 오른쪽 바늘로 옮겨준다.

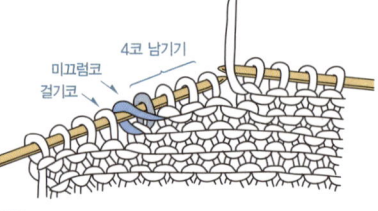

③ 3째 단에서 다시 4코를 남긴다.

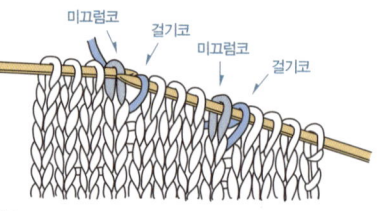

④ 2째 단과 같은 방법으로 걸기코를 만들고 미끄럼코는 뜨지 않는다. 같은 방법으로 6째 단까지 뜬다.

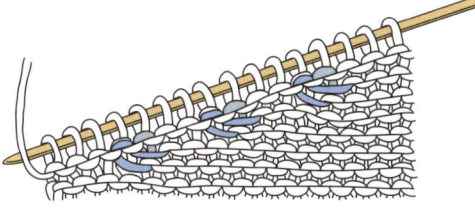

⑤ 그림과 같이 코의 위치를 바꾸어 준 후 화살표로 표시된 2코를 한꺼번에 뜨면서 정리 단을 뜬다.

⑥ 완성된 모습.

왼쪽의 경우

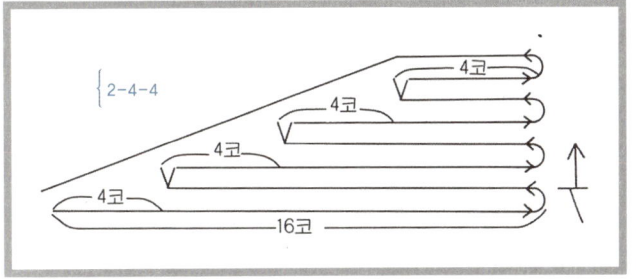

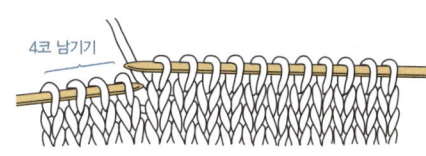

① 첫째 단에서 그대로 뜨다가 4코를 남긴다.

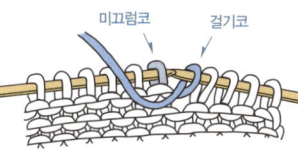

② 뒤로 돌려 2째 단을 뜬다. 그림과 같이 걸기코를 만들고 미끄럼코는 뜨지 않고 오른쪽 바늘로 옮겨준다.

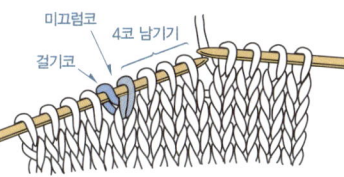

③ 3째 단에서 다시 4코를 남긴다.

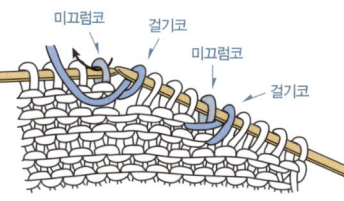

④ 2째 단과 같은 방법으로 걸기코를 만들고 미끄럼코는 뜨지 않는다. 같은 방법으로 6째 단까지 뜬다.

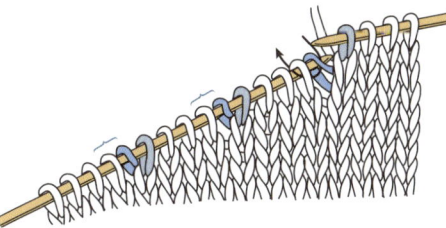

⑤ 코의 위치를 바꾼 다음 그림에 표시된 것과 같이 걸기코와 미끄럼코 2코를 한꺼번에 뜨면서 정리 단을 뜬다.

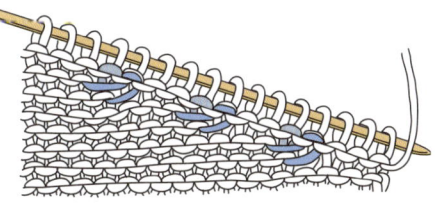

⑥ 완성된 모습.

계속 뜨는 방법

겉뜨기의 경우 (오른쪽)

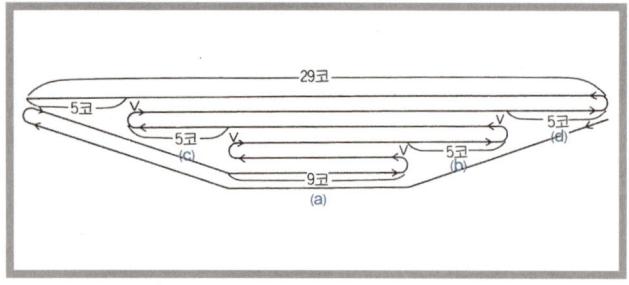

① **첫째 단** 중앙의 9코까지 계속 뜬다.

② **2째 단** 겉으로 돌려 첫 코를 걸러 뜨고 8코 뜬다.

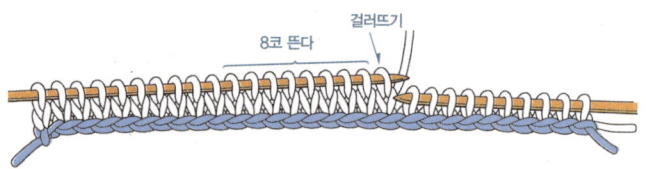

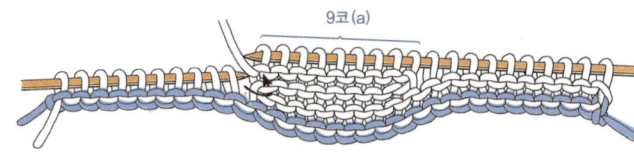

③ **3째 단** 뒤쪽으로 돌려서 첫 코는 걸러 뜨고, 중앙의 8코를 뜬다.

④ **3째 단** 2째 코에서 걸러 뜬 코의 뒤에 걸친 실에 왼쪽 바늘을 넣어 끌어올린다.

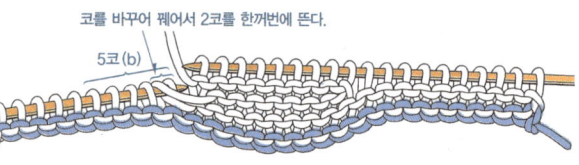

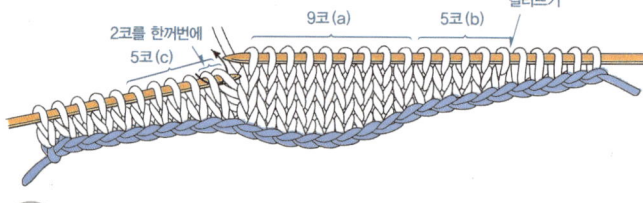

⑤ **3째 단** 끌어올린 코와 다음 코를 바꾸어 꿰어서 2코를 한꺼번에 뜬다. 그 다음 4코를 계속 뜬다.

⑥ **4째 단** 겉으로 돌려 2코를 한꺼번에 뜬 다음 남은 왼쪽의 4코를 계속 뜬다.

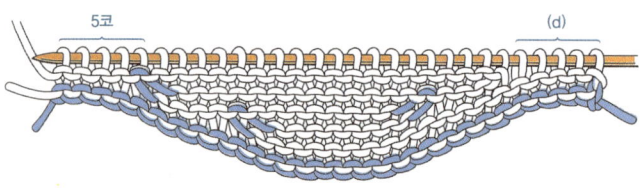

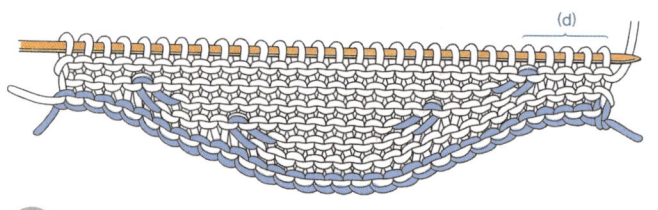

⑦ **5째 단** (바닥뜨기의 첫째 단) ③~⑤와 같은 방법으로 되돌아 뜬다.

⑧ **6째 단** (바닥뜨기의 2째 단) 뒤에서 본 그림

언 제 나   새   옷 처 럼   입 는

니트 생활 상식

Case 1. 니트가 줄었을 때

암모니아수를 미지근한 물에 50ml 정도 떨어뜨린 후 니트가 부드러워지면 반듯하게 펴서 잡아당긴다. 암모니 아수는 독하기 때문에 환기가 잘 되는 곳에서 작업을 해야하고 꼭 장갑을 끼도록 한다. (단, 혼방소재의 니트는 불가하며 자연섬유만 가능하다)

Case 2. 니트가 늘어났을 때

주전자에 물을 끓여 수증기가 올라올 때 늘어진 부분에 충분히 쐬어주면 어느 정도 수축을 한다. 이와 같은 원리 로, 스팀다리미를 활용하는 것도 좋다. 스팀다리미를 이 용해서 늘어진 부분에 충분히 스팀을 쐬어준 다음 건조시 키면 늘어난 부위의 니트가 수축한다.

Case 3. 보풀이 일었을 때

니트는 먼지를 흡수하는 성질이 있어 섬유 표면에 보풀 이 생기므로 자주 손질해 주어야 한다. 보풀이 많이 일었 을 때는 보풀 제거기나 일회용 면도기를 사용해서 제거한 다. 먼저 옷을 평평한 곳에 올려놓고 면도하듯 밀어낸다. 이때 올이 나가지 않도록 주의하도록 한다. 조그만 보풀은 투명 테이프를 밀착시켜 들어 올린 뒤 손가위로 잘라낸다.

Case 4. 아까운 실, 재생해서 사용하고 싶을 때

디자인이 싫증났거나 같은 실을 이용해 다른 작품을 만 들고 싶다면 니트 재생방법을 기억해 두자. 재생법만 잘 익혀두어도 언제나 새 실과 같은 느낌의 실을 사용할 수 있다. 먼저, 꼬불꼬불 풀어낸 실을 양팔을 쭉 뻗은 상태로 (약 40cm) 감아 서로 엉키지 않게 군데군데 묶어 둔다. 30~40℃의 물에 중성 세제나 울 샴푸를 풀고 재생할 실 을 20분 정도 담가 불순물을 제거한다.

실을 건져 깨끗이 헹구어 소쿠리에 얹은 다음 그늘이 나, 바닥에 펴서 말린다. 주전자 또는 냄비에 물을 담아 끓이면서 건조된 실을 냄비나 주전자에 통과시키면 뜨거 운 수증기를 덕분에 꼬불꼬불했던 실이 새 실처럼 감쪽같 이 펴진다.

Case 5. 니트를 보관할 때

입고 난 다음 니트를 어떻게 보관하느냐에 따라 니트의 수명이 결정된다. 니트를 입은 뒤에는 옷장에 넣기 전에 의자나 건조대에 몇 분간 걸쳐놓는 것이 좋다. 이 방법은 남은 체온이나 습기를 빠져나가게 도와 옷의 수명이 늘려 준다. 또한 옷장 보관 시 걸어두는 것 보다는 접어 보관해 야 늘어짐을 방지할 수 있다.

Case 6. 니트의 수축을 방지하고 싶을 때

니트용 중성세제는 웬만해서는 빨래로 인해 수축되는 일이 없다. 하지만 그 양을 지키지 않았을 경우, 아무리 좋은 세제라도 니트의 수축을 막을 수 없다. 니트의 세탁 원칙은 세제양을 정확하게 지키는 것이다. 세제가 묽으면 묽을수록 니트의 수축은 더 많이 일어나게 된다. 때문에 물 1리터 정도에 중성세제 1큰술이 적당량임을 기억하자. 또한 마지막 헹굴 때 섬유유연제를 넣어야 울조직이 살아 나고 정전기도 방지할 수 있다. 섬유유연제 대신 레몬즙 을 넣어도 좋다.

Case 7. 손뜨개를 깔끔하게 마무리 하고 싶을 때

니트의 솔기를 잇기 전 각 부분의 뜨개 조각을 다림질 을 해 주면 뜨개의 코가 정리되기 때문에 마무리하기가 훨씬 쉬워진다. 또한 뜨여진 각 부분이 원하는 치수가 되 었는지 확인할 수 있다. 떠 놓은 니트 조직을 뒤집어서 스 팀다리미를 사용하여 스팀을 전체에 쐬며 골고루 다린다. 단 고무뜨기는 신축성을 보존하기 위해 스팀을 가급적 피한다.

2 배색하기

> ## >> 실 연결하기

실을 묶는 법

매듭이 작고 풀어지지
않아서 많이 이용된다.
실 끝은 나중에 뒤쪽의
코에 꿰어 처리한다.

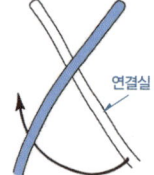

연결실

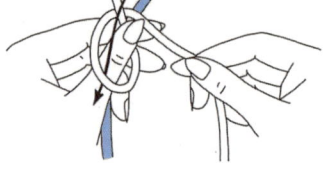

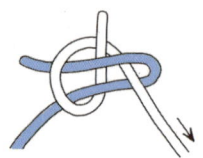

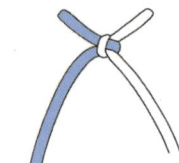

 ① 연결할 실을 그림과
같이 교차한 다음
화살표 방향으로 돌려
준다.

② 그림과 같이 고리를 만든
다음 화살표 방향으로
실을 통과시킨다.

③ 고리를 통과한
연결실을 잡아당겨
매듭을 짓는다.

④ 완성된 모습.

실 통과시키는 방법

연결할 실을 돗바늘에
꿰어 실 끝 부분에서
새끼줄처럼 끈 사이를
통과시키는 방법.
가는 실에 적합하며 중간
정도의 굵기에도 좋다.

원실

연결실

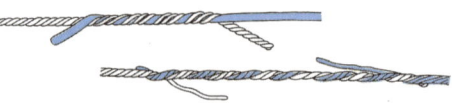

① 연결할 실을 돗바늘에 꿴 다음
그림과 같이 돗바늘로 실 사이를
통과시킨다.

② 완성된 모습.

편물 끝에서 잇기

뜨는 편물의 끝에 실 끝을 그대로 남겨 두고, 연결하는 실도 4~5cm 남기고 연결시키지 않은 채 뜬다. 실 끝은 1번 묶어 시접 부분에 넣는다.

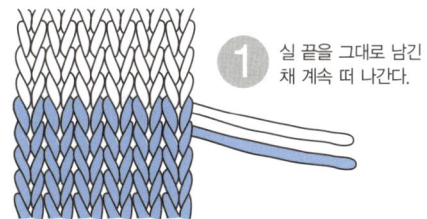

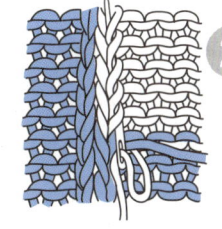

① 실 끝을 그대로 남긴 채 계속 떠 나간다.

② 실을 한 번 매듭을 지은 다음 시접의 코 사이로 그림과 같이 넣어 처리한다.

편물 도중에 잇기

편물을 뜨는 도중에 실 끝을 4~5cm 남겨 두고 새로운 실을 연결시키지 않고 뜨며 나중에 실 끝은 그림처럼 처리한다.

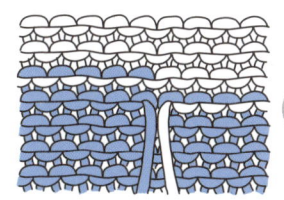

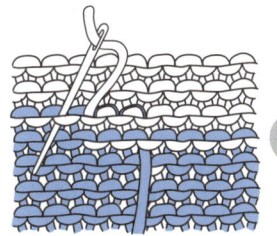

① 실 끝을 남겨 두고 떠 나간다.

② 남은 실을 왼쪽 방향의 코에 넣어 통과시킨다.

 # 세로 배색하기

겉뜨기의 경우

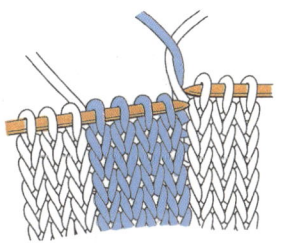

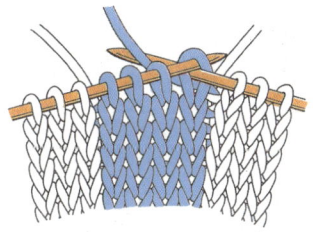

① 배색실로 바꿀 때 바탕실과 교차시키면 구멍이 생기지 않고 예쁘게 뜰 수 있다.

② 배색실로 뜨고 바탕실로 바꿀 때도 마찬가지로 실을 교차시킨다.

안뜨기의 경우

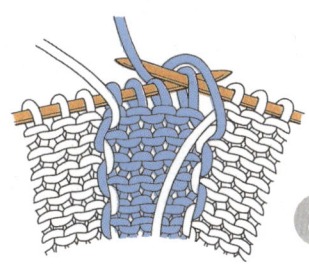

③ 안쪽에서 본 모습.

 ## 가로 배색하기

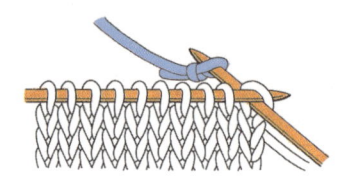

① 끝에서 바탕실을 쉬게 하고 배색실은 고리를 만들어 첫 코에서 바늘로 연결해 뜬다.

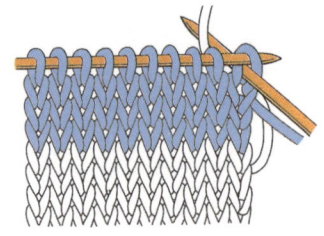

② 바탕실로 바꿀 때는 배색실은 앞쪽에 두어 실이 엉키지 않게 하고 뒤쪽으로 돌려 뜬다.

 ## 색을 섞어 뜨는 경우 배색하기

배색뜨기에서 섞어 뜰 때는 도안에 따라 뜨는 방법이 다르다. 마름모무늬처럼 배색이 모여 있을 때는 실을 걸치지 않고 뜨고, 바탕실과 배색실이 섞어 들어갈 때는 실을 걸쳐 떠야 겉모양이 깔끔하게 나온다.

뒤에 실을 걸치지 않는 경우

  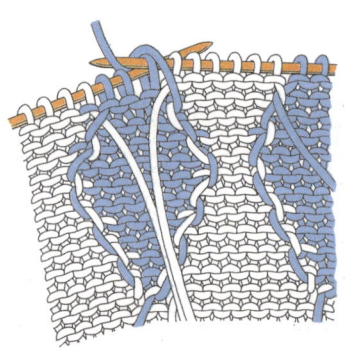

뒤에 실을 걸치는 경우

  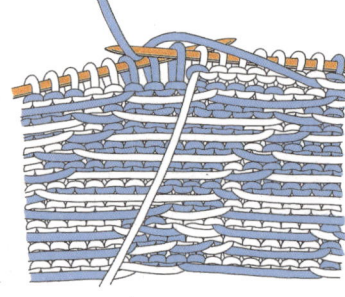

3 마무리 기법 익히기

단춧구멍 내기

뜨개 무늬와 옷의 스타일에 따라 가로 단춧구멍, 세로 단춧구멍을 선택한다. 니트 특유의 신축성 때문에 단춧구멍은 단추 크기보다 작게 내는 것이 좋다.

가로 단춧구멍

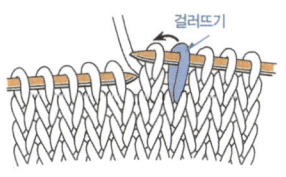

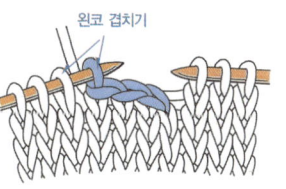

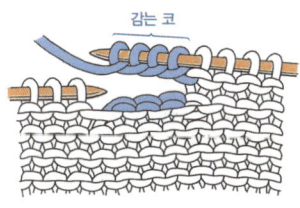

① 단춧구멍의 위치까지 뜨고 첫 코는 그냥 옮기고, 다음 코를 떠서 첫 코를 덮어씌운다.

② 단춧구멍의 콧수만큼 덮어씌우기로 막고, 마지막 1코는 왼코 겹치기로 뜬다.

③ 다음 단에서 단춧구멍의 콧수만큼 감아서 코를 민다.

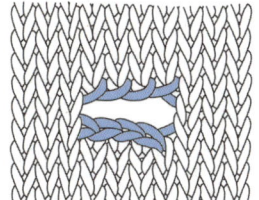

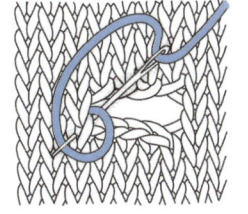

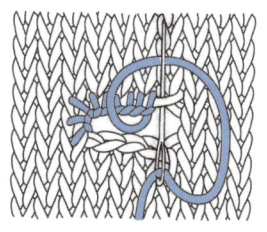

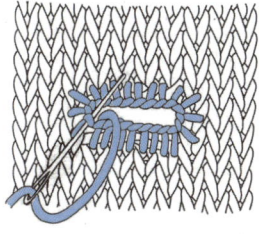

④ 단춧구멍이 완성된 모습.

⑤ 뜨기를 마친 다음 실을 반으로 나누어 겉에서 단춧구멍에 수를 놓는다.

⑥ 그림과 같이 구멍에 스티치를 한다.

⑦ 한 바퀴 돌아서 시작한 스티치에 바늘을 넣어 뒤쪽에서 처리한다.

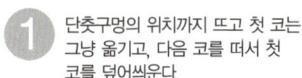

걸러뜨기

왼코 겹치기

감는 코

세로 단춧구멍

겉뜨기의 경우

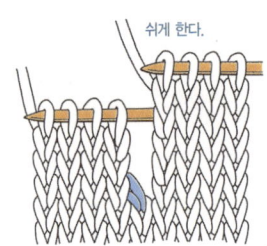

쉽게 한다.

1코 만들어서 계속 뜬다.

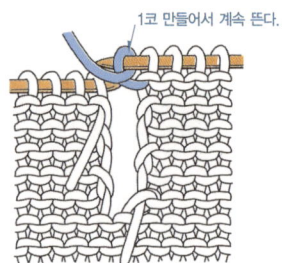

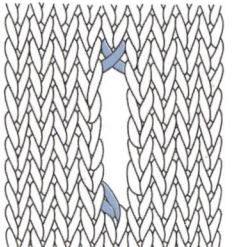

① 코를 좌우로 나누어 오른쪽 단춧구멍의 치수만큼 뜬 후 쉼코로 둔다. 왼쪽에 새로 실을 붙여 첫 코를 왼코 겹치기를 한 후 같은 단수만큼 뜬다.

② 안코로 되돌아 올 때 처음 쉬고 있던 오른쪽 코와 연이어 1코를 만들어서 좌우를 계속 뜬다.

③ 완성된 모습.

1코 고무뜨기의 경우

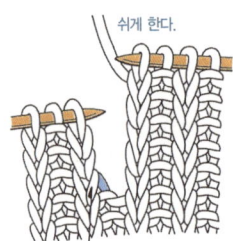

쉽게 한다.

1코 만든다.

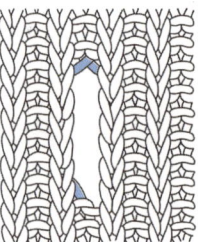

① 겉뜨기의 경우와 마찬가지로 좌우를 각각 그 단춧구멍의 치수만큼 뜬다.

② 감아코로 1코를 만들어 좌우를 계속해서 뜬다.

③ 완성된 모습. 뜨기를 마치고 겉에서 단춧구멍 수를 놓는다.

가아터뜨기의 경우

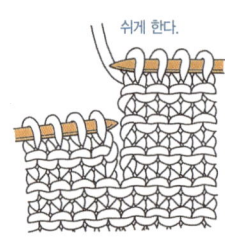

쉽게 한다.

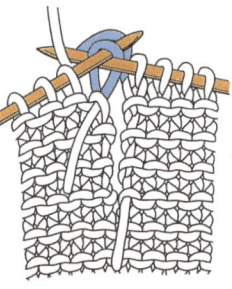

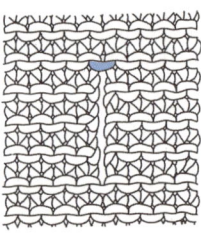

① 코를 좌우로 나누어 좌우 각각 단춧구멍 치수만큼 단수를 뜬다.

② 쉬고 있던 오른쪽 코를 연결하여 계속해서 뜬다.

③ 완성된 모습.

▶▶ 주머니 만들기

주머니는 옷 디자인에 따라 다양한 스타일로 만들 수 있다. 주머니입은 신축성이 좋은 1×1고무뜨기로 하는 것이 좋으며 안쪽에서 깔끔하게 감침질하여 마무리해 주는 것이 좋다.

 **몸판 주머니 만들기**

옆으로 만드는 주머니

몸판 완성 후 뜨는 경우

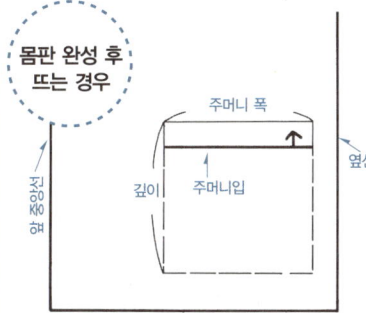

주머니 폭

주머니입

깊이

옆선

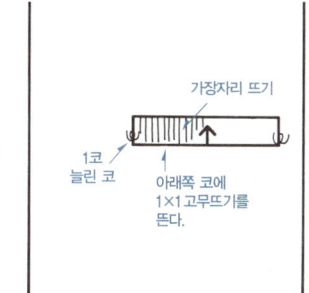

가장자리 뜨기

1코 늘린 코

아래쪽 코에 1×1고무뜨기를 뜬다.

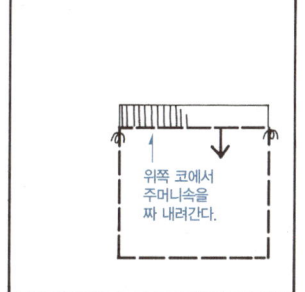

위쪽 코에서 주머니속을 짜 내려간다.

① 주머니 위치를 정하여 주머니 폭의 가운데 반 코를 가위로 잘라서 주머니 폭만큼 1코씩 풀어간다. 그 다음 아래위로 나눠진 코를 대바늘로 줍는다.

② 아래쪽 코의 양 끝 시접분으로 감아코로 1코씩 늘리고 1×1고무뜨기를 하여 주머니입 모양을 뜬다.

③ 위쪽 코의 양 끝에서 1코씩을 잡아 겉뜨기로 주머니속을 떠 내려간다. 아래쪽에서 코를 잡아 주머니속이 겉으로 나오지 않도록 하여 1×1고무뜨기로 주머니 입구를 뜬다.

몸판과 같이 뜨는 경우

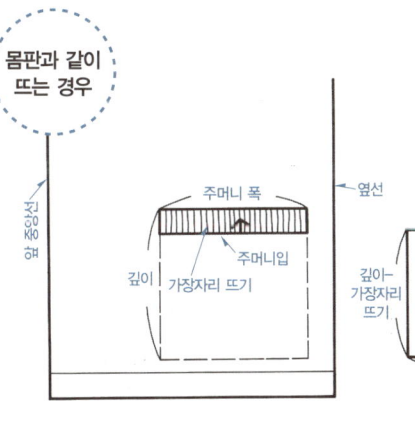

주머니 폭

주머니입

깊이

가장자리 뜨기

옆선

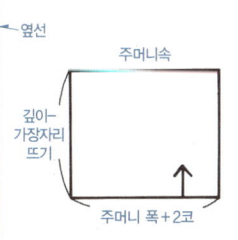

주머니속

깊이 가장자리 뜨기

주머니 폭＋2코

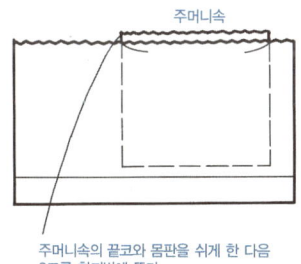

주머니속

주머니속의 끝코와 몸판을 쉬게 한 다음 2코를 한꺼번에 뜬다.

① 몸판을 주머니입까지 뜨고 쉬게 한다.

② 주머니 폭에 별도로 시접분으로 2코를 더해 주머니속을 뜬다.

③ 몸판의 주머니입 폭을 쉬게 하고 몸판 쉬는 코의 양 끝코와 주머니속 양 끝 1코씩을 한꺼번에 뜨고 몸판은 계속해서 뜬다.

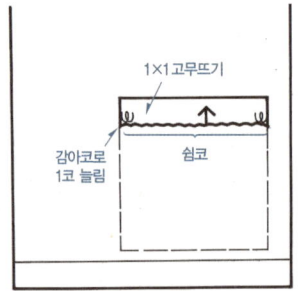

1×1고무뜨기

쉼코

감아코로
1코 늘림

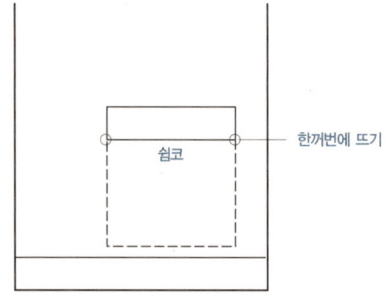

쉼코

한꺼번에 뜨기

④ 쉼코인 주머니입의 양 끝에 감아코로
   1코씩 늘려 1×1고무뜨기를 하여 양
   끝을 마무리한다.

⑤ 주머니속의 끝코와 몸판 쉼코의
   끝 2코를 한꺼번에 뜬다.

길이로 만드는 주머니

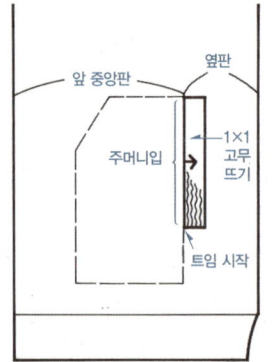

앞 중앙판
옆판
주머니입
1×1
고무
뜨기
트임 시작

쉼코
앞 중앙판
주머니입
쉼코
1코 늘림
트임 시작

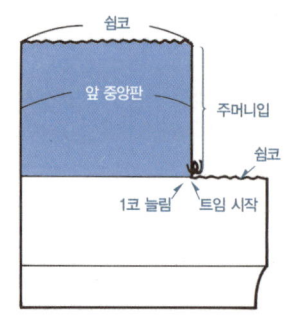

주머니속
주머니
입의
시작
만든 코

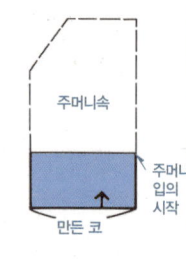

① 주머니의 위치를 정한다.

② 몸판을 주머니입까지 뜨고 몸판의
   옆선에서 주머니입 시작까지
   쉼코로 하고 주머니입 시작에서
   1코 감는 코를 하여 앞 중앙판을
   주머니 치수만큼 뜬다.

③ 별도로
   주머니속을
   주머니입
   시작까지 뜬다.

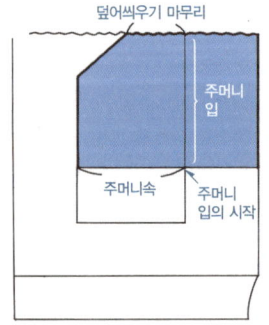

덮어씌우기 마무리
주머니
입
주머니속
주머니
입의 시작

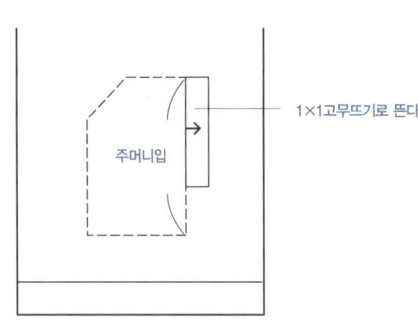

주머니입
1×1고무뜨기로 뜬다

④ 옆판의 쉼코도 주머니속과 함께
   주머니 치수까지 뜬다.
   주머니속의 코를 덮어씌우기로
   마무리하고 앞 중앙판과 옆판을
   계속해서 몸판으로 뜬다.

⑤ 몸판이 완성된 후 주머니입의
   코를 주워서 1×1고무뜨기로
   가장자리를 뜬다.

사선으로 만드는 주머니

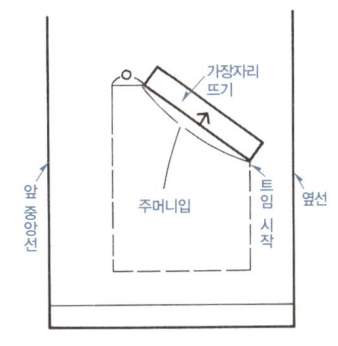
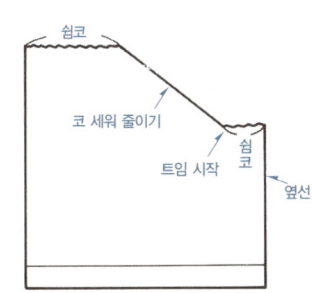

가장자리 뜨기
주머니입
앞 중앙선
트임 시작
옆선

쉼코
코 세워 줄이기
쉼코
트임 시작
옆선

1~2 주머니입의 시작 부분까지 뜨고 옆쪽 코를 쉬게 한다. 연이어 주머니입의 경사 부분을 1코 세워 줄이기로 줄인다.

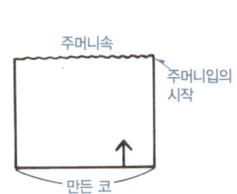

주머니속
주머니입의 시작
만든 코

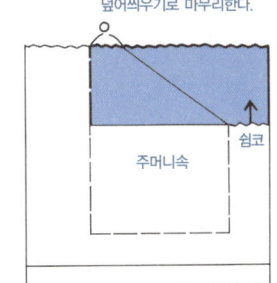

①의 o콧수만큼 주머니속을 덮어씌우기로 마무리한다.
쉼코
주머니속

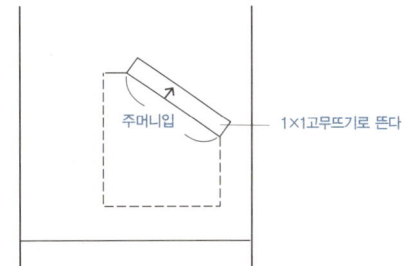

주머니입
1×1고무뜨기로 뜬다

3 별도로 코를 만들어 주머니속을 주머니입 시작 부분까지 뜬다.

4 ①과 ②에서 남겨 놓은 쉼코와 ③의 주머니속을 함께 주머니입 위치까지 뜬다. ②에서 쉬게 한 코와 ④의 몸판을 계속해 뜨는데, 주머니속과 겹치는 A부분의 콧수만큼 주머니속 코를 덮어씌워 마무리한다.

5 몸판을 뜬 바늘보다 1호 가는 바늘로 주머니입에서 코를 주워서 1×1고무뜨기로 가장자리를 떠서 덮어씌우기 마무리를 하고 주머니입의 양 끝을 마무리한다.

겉주머니 만들기

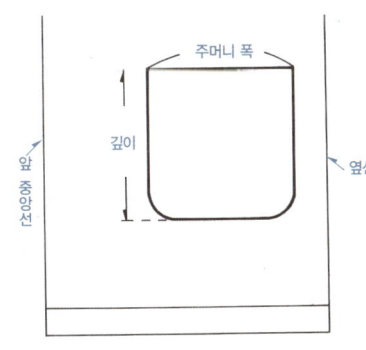

주머니 폭
깊이
앞 중앙선
옆선

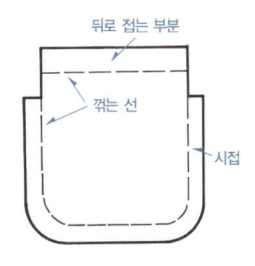

뒤로 접는 부분
꺾는 선
시접

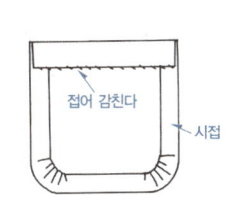

접어 감친다
시접

1 주머니의 위치와 크기를 정한다.

2 주머니의 완성된 치수에 시접분으로 1.5cm를 더하고, 주머니입의 뒤로 접는 부분까지 붙여 뜬다.

3 시접분을 속으로 접고, 뒤로 접는 분을 마무리한 후에 몸판 속은 감침질로 붙인다.

뚜껑주머니 만들기

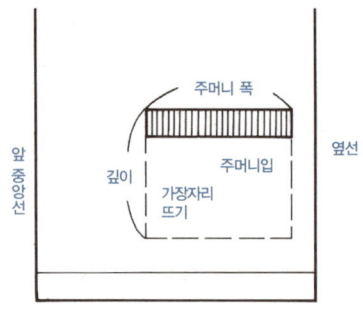

주머니 폭

앞 중앙선

옆선

깊이

주머니입

가장자리 뜨기

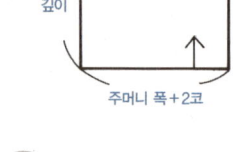

주머니속

깊이

주머니 폭+2코

① 몸판의 주머니입 1.5cm~2cm(단수)를 가아터뜨기로 떠서 덮어씌우기 마무리하고 그 외는 쉼코로 한다.

② 별도로 주머니입 폭에 시접분으로 2코를 더해 주머니속을 뜬다.

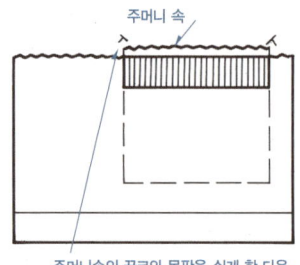

주머니 속

주머니속의 끝코와 몸판을 쉬게 한 다음 2코를 한꺼번에 뜬다.

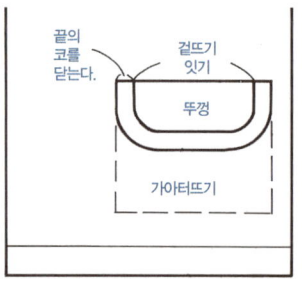

끝의 코를 닫는다.

겉뜨기 잇기

뚜껑

가아터뜨기

③ 몸판의 주머니 폭 양옆의 코와 주머니 속의 양 끝 1코씩을 겹치기 코(2코를 한꺼번에)로 하여 몸판을 계속해서 뜬다.

④ 뚜껑을 별도로 주머니입보다 1cm 넓게 떠서 주머니입보다 1cm 위로, 겉뜨기 부분은 겉뜨기 잇기로, 가아터뜨기 부분은 끝코를 마무리해 완성한다.

≫ 고무뜨기 마무리하기

1코 고무뜨기 마무리법

오른쪽 겉뜨기 2코, 왼쪽 겉뜨기 1코로 끝났을 때 마무리

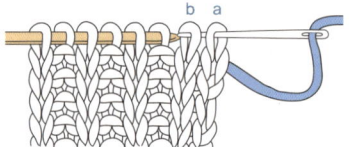

① a와 b의 코에 그림과 같이 돗바늘을 일자로 넣는다.

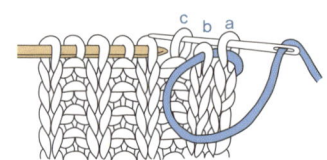

② b의 코는 앞쪽으로 두고 a의 코 앞쪽에서 뒤쪽으로 빼내고 c의 안뜨기를 앞쪽에서 뒤쪽으로 빼낸다.

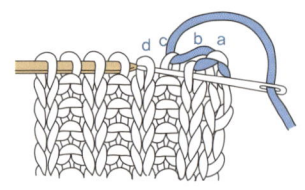

③ b의 겉뜨기와 d의 겉뜨기를 그림과 같이 일자로 돗바늘을 넣어 빼낸다.

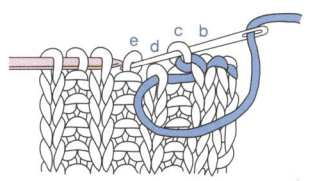

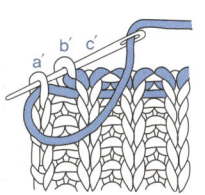

④ d의 안뜨기는 뒤쪽에서 앞쪽으로, e의 안뜨기는 안쪽에서 뒤쪽으로 바늘을 넣어 빼낸다.

⑤ 마지막 겉뜨기와 겉뜨기끼리 연결을 한 다음 a′ 겉뜨기와 b′의 안뜨기를 그림과 같이 연결하여 마무리한다.

오른쪽 겉뜨기 1코로 시작할 때

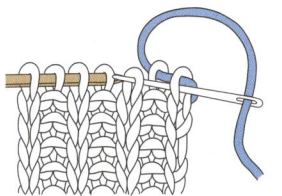

① 그림과 같이 앞에서 뒤쪽으로 2코를 한꺼번에 뺀다.

② 겉뜨기는 겉뜨기끼리 연결해서 돗바늘을 일자로 넣어서 뺀다. 위의 ③, ④를 반복한다.

둘레뜨기 마무리할 때

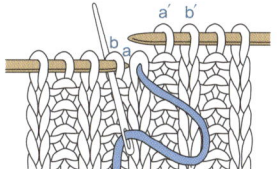

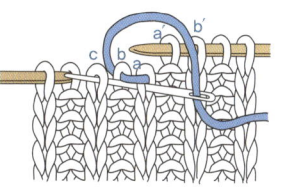

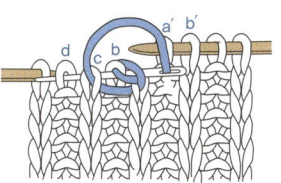

① a코는 뒤에서 앞쪽으로 b코는 앞에서 뒤쪽으로 바늘을 넣어 뺀다.

② a의 겉뜨기와 c의 겉뜨기를 그림과 같이 일자로 넣어 뺀다.

③ b의 안뜨기는 뒤에서 앞쪽으로 d의 안뜨기는 앞에서 뒤쪽으로 바늘을 넣어 뺀다.

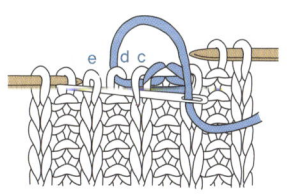

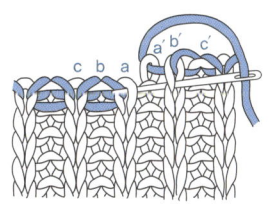

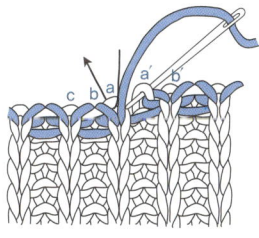

④ ②와 같은 방법으로 겉뜨기는 겉뜨기끼리 연결한다. 같은 방법으로 ②~③을 반복한다.

⑤ b′의 겉뜨기와 a의 겉뜨기에 그림과 같이 일자로 바늘을 넣어 뺀다.

⑥ a′의 안뜨기는 뒤에서 앞쪽으로 넣고 화살표 방향으로 1번 코에 바늘을 넣어 뺀다.

왼쪽 겉뜨기 2코로
끝날 때

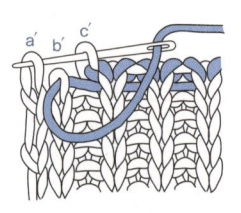
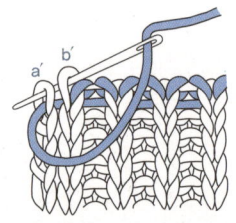

1 c′코의 뒤쪽에서 앞쪽으로 바늘을 넣고 a′코의 뒤쪽에서 앞쪽으로 바늘을 넣어 빼낸다.

2 b′의 겉뜨기와 a′의 겉뜨기에 그림과 같이 일자로 바늘을 넣어 빼낸다.

 ## 2코 고무뜨기 마무리법

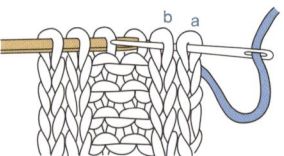

1 a와 b의 겉뜨기에 일자로 바늘을 넣어 뺀다.

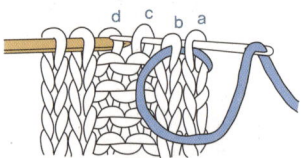

2 a 겉뜨기는 앞에서 뒤쪽으로 c 안뜨기는 앞에서 뒤쪽으로 바늘을 넣어 뺀다.

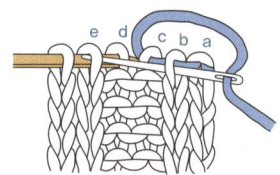

3 b와 e의 겉뜨기에 일자로 바늘을 넣어 뺀다.

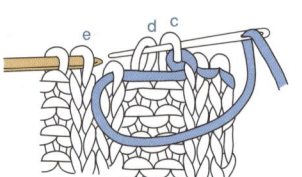

4 c의 안뜨기는 뒤쪽에서 앞으로, d의 겉뜨기는 앞에서 뒤쪽으로 바늘을 넣어 뺀다.

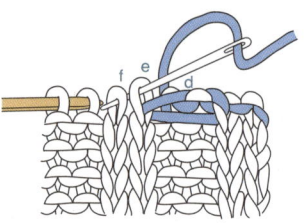

5 e와 f의 겉뜨기에 일자로 바늘을 넣어 뺀다.

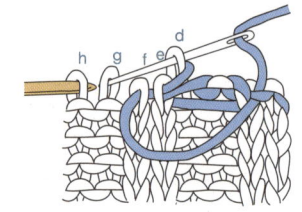

6 ④와 같은 방법으로 g의 안뜨기로 바늘을 넣어 뺀다.

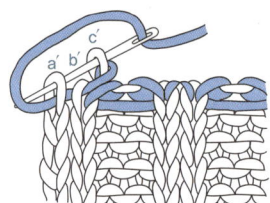

7 c′의 안뜨기는 뒤쪽에서 앞으로, a′의 겉뜨기도 뒤쪽에서 앞으로 바늘을 넣어 뺀다.

3

c h a p t e r

고급 과정

학습목표

☑ 게이지 산출 방법을 이해한다.
☑ 도안을 제작, 응용해 디자인을 할 수 있다.
☑ 칼라·네크라인을 다양하게 뜰 수 있다.

대바늘 고급 단계에서 익혀야 할 과정

게이지 산출법
칼라 응용과정
(윙칼라, 세일러칼라, 반폴라칼라, 플랫칼라, 후드점퍼)
네크라인 응용과정
(라운드 네크라인, V네크라인)
치수 재기
기본 원형 알기

1 게이지 산출법

작품을 만들기 위해서는 디자인과 게이지에 의해서 늘리고 줄이는 콧수와 단수를 산출해야 한다. 콧수와 단수 계산은 직선, 사선, 곡선일 때 그 방법이 각각 다르다.

>> 계산하기 | 게이지 30코 40단

직선 평면 계산법

가로 길이(cm)×1cm의 게이지 콧수 = 시작 콧수(시접코가 있을 경우 +2코를 한다.)

세로 길이(cm)×1cm의 게이지 단수 = 뜰 단수

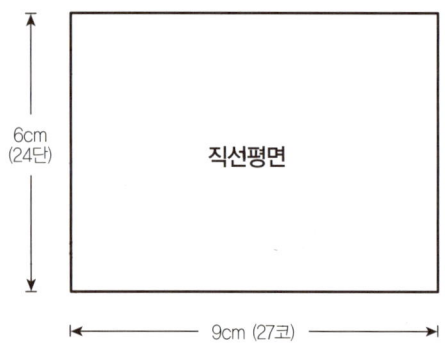

6cm (24단)

직선평면

9cm (27코)

예〉 가로 9cm×3코 = 27(시접코가 있을 경우 +2코 잡는다.) ← 시작 콧수

세로 6cm×4단 = 24단 ← 뜰 단수

라운드 계산법

커브선 콧수를 이용한다.

10코(4, 3, 2, 1)   15코(5, 4, 3, 2, 1)

21코(6, 5, 4, 3, 2, 1)

고대 콧수×$\frac{1}{4}$ = 중심 막음코

$\dfrac{\text{고대 콧수} - \text{중심 콧수}}{2}$ = 커브선 콧수

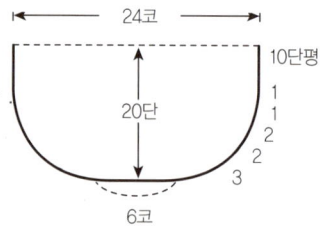

24코

10단평

20단

1
1
2
2
3

6코

예〉 24코×$\frac{1}{4}$ = 6코 (중심 막음코)

$\dfrac{24\text{코} - 6\text{코}}{2}$ = 9코 (3, 2, 2, 1, 1)

20단−10단 = 10단평

진동 줄임 계산법

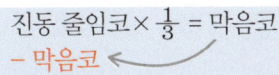

진동 줄임코 × $\frac{1}{3}$ = 막음코
− 막음코
───────────
나머지코 × $\frac{1}{2}$ = X (1-1-X)
− X
───────────
나머지코 × $\frac{2}{3}$ = Y (2-1-Y)
− Y
───────────
나머지코 = Z (3-1-Z)

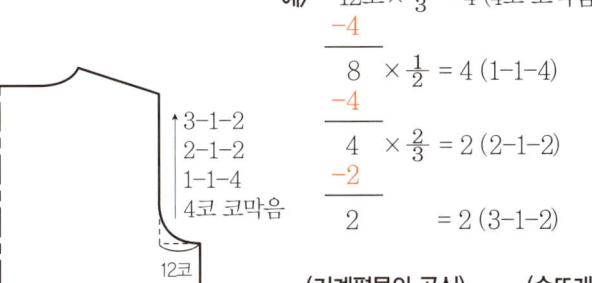

3-1-2
2-1-2
1-1-4
4코 코막음

12코

예〉 12코 × $\frac{1}{3}$ = 4 (4코 코막음)
　　−4
　───────
　　8 × $\frac{1}{2}$ = 4 (1-1-4)
　　−4
　───────
　　4 × $\frac{2}{3}$ = 2 (2-1-2)
　　−2
　───────
　　2 　 = 2 (3-1-2)

(기계편물의 공식)		(손뜨개의 경우)
4코 코막음		4코 코막음
1-1-4		2-2-2
2-1-2	or	2-1-2
3-1-2		4-1-2

*손뜨개의 경우는 단수를 분해해서 짝수 단으로 맞춰준다.

소매산 줄임 계산법

소매산 줄임 공식을 이용한다.

소매너비 콧수 × $\frac{1}{3}$ = 소매산너비 콧수

$\frac{\text{소매너비 콧수} - \text{소매산너비 콧수}}{2}$ = 소매산 줄임 콧수

소매너비 콧수 × $\frac{1}{28}$ = 막음코

소매너비 콧수 × $\frac{1}{28}$ = X(1-2-X)

소매산길이 − 사용 단수 = 줄일 단수

소매산 줄임 콧수 − 사용 콧수 = 줄일 콧수

줄일 단수 ÷ 줄일 콧수 = 가운데 줄임 계산

예〉 90코 × $\frac{1}{3}$ = 30코

$\frac{90코 - 30코}{2}$ = 30코(소매산 줄임 콧수)

90코 × $\frac{1}{28}$ = 3코 코막음

90코 × $\frac{1}{28}$ = 3코 ┐ 1-1-1
　　　　　　　　　　　　└ 1-2-1

*코막음의 코를 분해해서
쓰고, 나온 결과물을 소매산
위쪽에 큰수부터 차례로
한번 더 쓴다.

28단 − (윗단＋아랫단 가 2단) = 24단

30코 − (윗단＋아랫단＋코막음 각 3코) = 21코

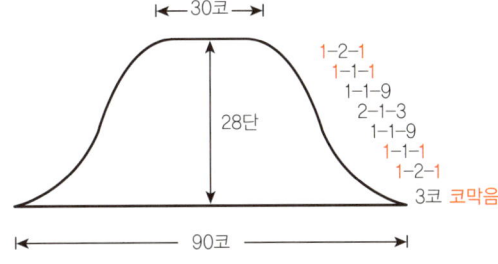

30코

1-2-1
1-1-1
1-1-9
2-1-3
1-1-9
1-1-1
1-2-1
3코 코막음

28단

90코

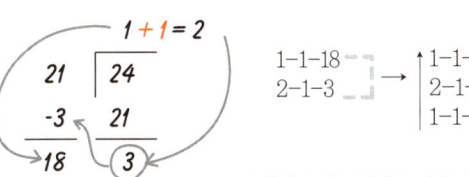

1 + 1 = 2

21 |24
−3 |21
18 　3

1-1-18 　→　 1-1-9
2-1-3 　　　 2-1-3
　　　　　　 1-1-9

*자연스러운 곡선이 나올 수 있게
2-1-3은 중앙에 놓고 1-1-18을 반으로
나누어 아래, 위로 써준다.

사선 계산법

방법 1 하나의 사선으로 되어 있는 경우 (상·하로 선이 연결되지 않은 사선)

간격 수 = 늘리는 콧수+1

8cm×3코 = 24코
9cm×4단 = 36단
10cm×3코 = 30코
30코−24코 = 6코

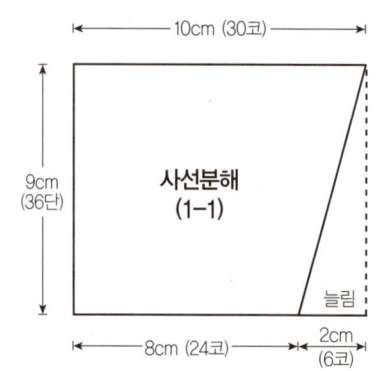

예〉 36단 ÷ (6코+1) = 5단평

$$\begin{array}{r} 5 + 1 = 6 \\ (6+1)\ 7\ \overline{)\ 36} \\ -1\ \quad 35 \\ \hline 6 \quad \boxed{1} - 1 = 0 \end{array}$$

6단평
5-1-6

2cm×3코 = 6코
12cm×4단 = 48단

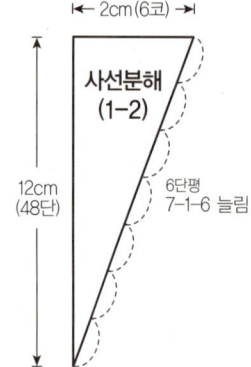

예〉 48단 ÷ (6코+1) = 7단평

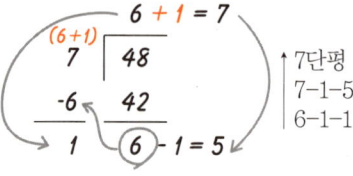

$$\begin{array}{r} 6 + 1 = 7 \\ (6+1)\ 7\ \overline{)\ 48} \\ -6\ \quad 42 \\ \hline 1 \quad \boxed{6} - 1 = 5 \end{array}$$

7단평
7-1-5
6-1-1

방법 2 하나의 사선과 2개의 직선이 연결되어 있는 경우 (연장된 선이 2개 있는 경우)

옷 중간의 사선, 다트선 등 단평 없
이 가는 경우에 쓰이는 방법이다.

간격 수 = 늘릴 콧수−1

2cm×3코 = 6코
12cm×4단 = 48단

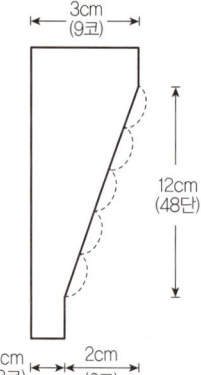

예〉 48단 ÷ (6코−1)

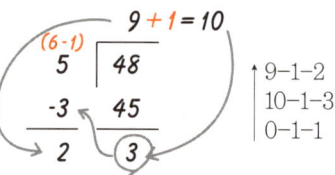

$$\begin{array}{r} 9 + 1 = 10 \\ (6-1)\ 5\ \overline{)\ 48} \\ -3\ \quad 45 \\ \hline 2 \quad \boxed{3} \end{array}$$

9-1-2
10-1-3
0-1-1

*이 경우는 먼저 1코를 늘리고 10단을 뜬 다음
1코 늘림을 3회, 9단을 뜨고 1코 늘림을 2회
한다.

사선 되돌아뜨기 계산법
(2단 되돌아뜨기)

방법 3 하나의 사선과 1개의 직선이 연결되어 있는 경우 (연장된 선이 1개 있는 경우)

간격 수 = 늘릴 콧수

2cm×3코 = 6코
12cm×4단 = 48단
2cm×4단 = 8단

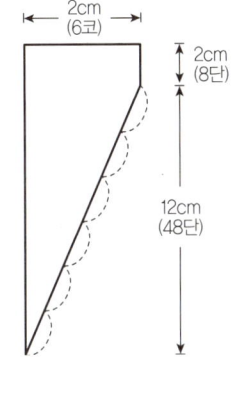

2cm (6코)
2cm (8단)
12cm (48단)

예〉 48단 ÷ 6 = 8-1-6

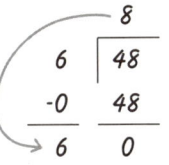

10cm×3코 = 30코
3cm×4단 = 12단

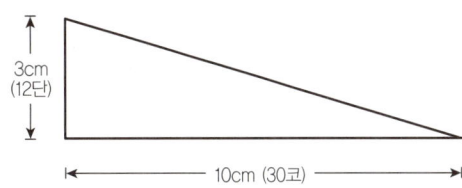

3cm (12단)

10cm (30코)

예〉 12단 ÷ 2 = 6회
30코 ÷ (6코+1) = 5코

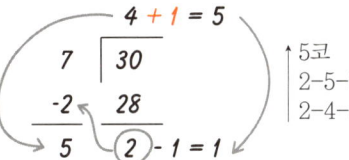

$$4 + 1 = 5$$

7) 30
-2   28
5) 2 - 1 = 1

5코
2-5-1
2-4-5

*되돌아뜨기는 항상 2단씩 계산된다.

곡선 분해 계산법

직선으로 계산한 후에 곡선을 만들기 위해서 횟수가 많은 단수를 분해하여 계산한다.

-1 ⎫ 2단-1-( ) ⎫ -1단,
3단 ⎬ 3단-1-( ) ⎬ +1단은
+1 ⎭ 4단-1-( ) ⎭ 항상 같게 해준다.

10cm×4단 = 40단
4cm×3코 = 12코

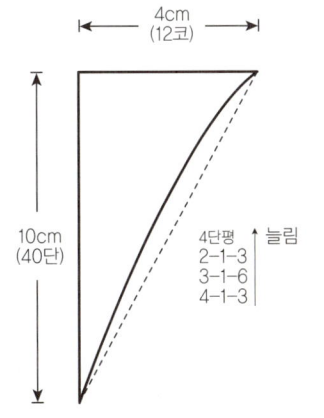

4cm (12코)

10cm (40단)

4단평 ↑늘림
2-1-3
3-1-6
4-1-3

예〉 40단 ÷ 13(12+1) = 3단

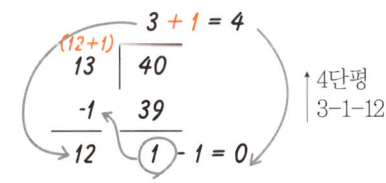

$$(12+1) \quad 3 + 1 = 4$$

13) 40
-1   39
12) 1 - 1 = 0

4단평
3-1-12

-1 ⎫ 2-1-3 ⎫   2-1-3
3단 ⎬ 3-1-6 ⎬   3-1-6
+1 ⎭ 4-1-3 ⎭   4-1-3

곡선 분할법

곡선의 길이가 길 때는 한번에 계산하면 곡선보다는 사선이 되기 쉬우므로 사선과 곡선과의 간격이 0.2cm 내외에서 1코 이내일 때 몇 개의 삼각형으로 분할해서 계산한다.

a와 b 곡선 – 가로로 긴 사선이므로 계산 방법은 콧수 ÷ $\left(\dfrac{단수}{2}\right)$가 된다.

c 곡선 – 한쪽으로 선이 계속되는 사선이므로 단수 ÷ 늘릴 콧수가 된다.

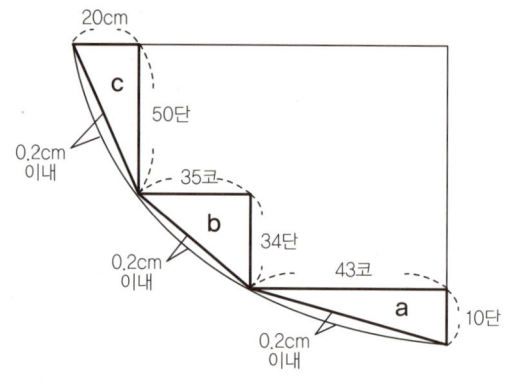

예〉 A 곡선

$$43코 \div \left(\dfrac{10단}{2}\right)$$

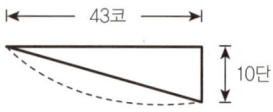

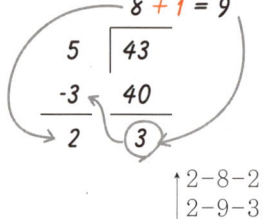

2-8-2
2-9-3

예〉 B 곡선

$$35코 \div \left(\dfrac{34단}{2}\right)$$

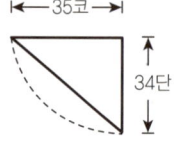

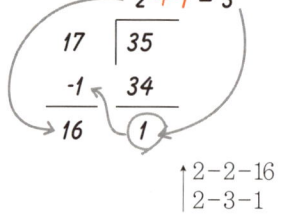

2-2-16
2-3-1

예〉 C 곡선

$$50단 \div 20코$$

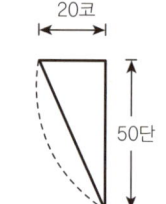

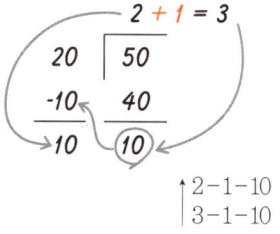

2-1-10
3-1-10

2 치수 측정 및 사용부호

≫ 치수 측정하기

몸에 잘 맞는 이상적인 옷을 만들려면 인체 각 부위의 치수를 정확하게 재야 한다. 그러기 위해서는 계측 용구를 잘 활용해 정확한 부위를 측정해야 한다. 편물 제작에 필요한 기본원형은 편물의 신축성을 고려하여 제도한다.

▓▓ 기본치수

1 가슴둘레 앞가슴의 가장 높은 부분(유두점)을 통과하여 수평으로 돌려 잰다.

2 허리둘레 허리의 가장 가는 부분에 2cm 폭의 테이프를 매고 그 위를 한바퀴 돌려 잰다.

3 엉덩이둘레 엉덩이의 가장 많이 나온 부분을 수평으로 돌려 잰다.

4 엉덩이길이 허리둘레선에서 엉덩이둘레선까지 수직의 길이를 옆선에서 잰다.

5 등길이 등 중심선의 뒷목점에서 허리둘레선까지 잰다.

6 총길이 등길이를 잰 줄자의 허리선을 누르

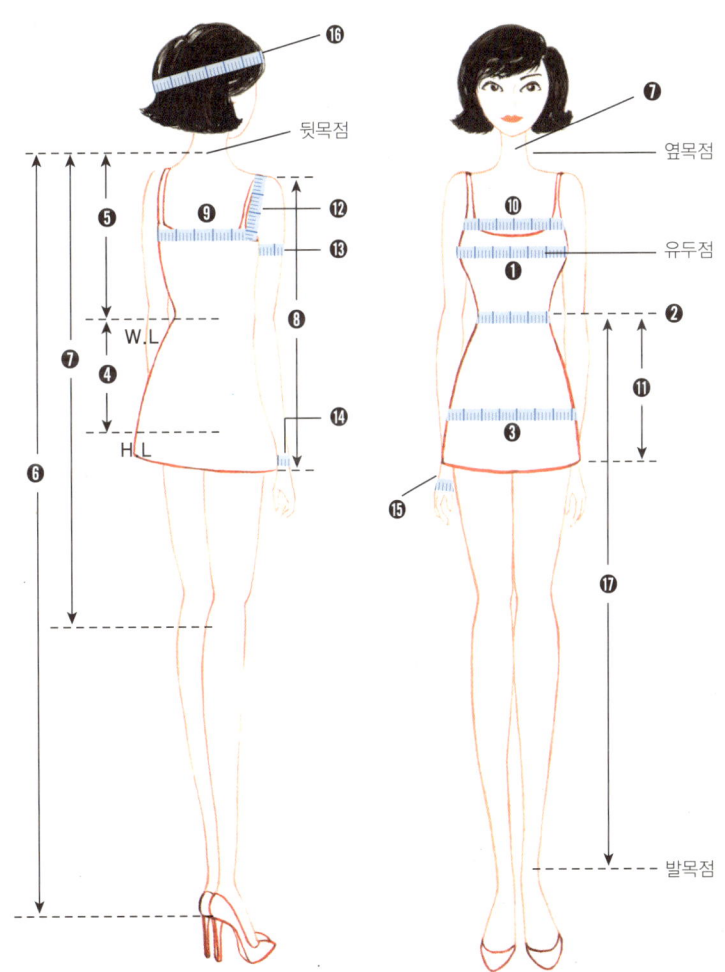

81

고 계속해 뒤꿈치까지 잰다.

7 옷길이 뒷목점에서 시작해 허리둘레선에서 누르고 원하는 위치까지 잰다.

8 소매길이 어깨 끝점에서 손목점까지의 길이를 잰다. 자연스럽게 늘어뜨린 팔의 중심부를 지나 팔꿈치에서 일단 누르고 잰다.

9 등너비 양쪽 겨드랑이 사이의 등너비를 수평으로 잰다.

10 가슴너비 양쪽 겨드랑이 사이를 지나는 가슴너비를 수평으로 잰다.

11 밑위길이 의자에 똑바로 앉아서 옆 허리에서 의자 바닥까지의 길이를 잰다.

12 진동둘레 팔 아래에 줄자를 넣어서 어깨점을 통과하도록 돌려 잰다.

13 팔둘레 겨드랑이 밑으로 줄자를 넣고 팔의 가장 굵은 곳을 돌려 잰다.

14 손목둘레 손목을 돌려 잰다

15 손바닥둘레 엄지손가락을 안으로 보내고, 엄지손가락 밑 부위를 지나 돌려 재되, 조직의 신축 성분이 있으므로 1cm를 뺀다.

16 머리둘레 관자놀이의 약간 움푹하게 들어간 곳을 수평으로 돌려 잰다.

17 바지길이 옆 허리선에서 발목점까지의 길이를 잰다.

✖✖ 표준치수

표준치수는 아래 도표와 같다.

	치수명칭 구분	신장 (L)	등길이 (3L/12)	가슴둘레	허리둘레	엉덩이 둘레	가슴너비	등너비	소매길이	손목둘레	윗옷길이 (5L/12)
	1~2세	80	20	50	50	50	19	19	26	11	33
	3~4세	84	21	55	55	55	20	20	30	12	35
어	5~6세	96	24	59	59	59	23	23	34	13	40
린	7~8세	109	27	63	61	63	25	25	37	14	45
이	9~10세	122	30	68	65	70	27	27	40	14	51
	11~12세	133	33	72	69	75	29	28	44	15	55
	13~14세	140	35	76	71	79	31	30	47	15	59
여	소	152	38	83	60	87	34	33	50	15	63
자	중	158	40	88	65	92	35	34	53	16	65
	대	162	41	95	67	97	36	35	55	17	67
남	소	160	40	88	77	89	37	36	51	17	66
자	중	170	43	95	80	94	38	37	55	18	70
	대	175	45	100	89	98	40	39	57	19	72

❈❈ 제도상 사용부호

늘임 표시	〉〉	꺾임선, 접음산선	┊	맞주름	
심지의 선		곬	¦	옷선 마주 대어 재단하는 표시	
줄이기		안단선	¦	다트	◇
직각 표시	┌	안내선		단춧구멍	
접어서 절개	V	줄이기		다림질 떠 나가는 방향	↓
올의 방향	↕	선의 교차 표시		단추	○
등분선		외주름		완성선	

❈❈ 제도상 약어

약어	명칭	해설	약어	명칭	해설
B	바스트(bust)	가슴둘레	B.L	바스트라인(bust line)	가슴둘레
W	웨이스트(waist)	허리둘레	W.L	웨이스트라인(waist line)	허리둘레
H	히프(hip)	엉덩이둘레	H.L	히프라인(hip line)	엉덩이둘레
N	넥(neck)	목	N.L	네크라인(neck line)	목둘레
B.P	바스트포인트(bust point)	유두점	N.P	네크포인트(neck point)	목점
S.L	슬리브렝스(sleeve length)	소매길이	A.H	암홀(arm hole)	진동
C	cm	센티	G	게이지(gauge)	게이지

 기본 원형 제도

>> 성인여자 기본 원형

편물은 신축성이 크므로 원형 제도를 할 때 앞 처짐과 옆 다트를 하지 않아도 되며, 앞품과 뒤품, 등너비와 가슴너비, 또 소매산둘레선을 앞뒤 똑같이 해도 된다.

 상의

기본 원형의 제도에 필요한 치수는 가슴둘레, 등길이, 등너비, 허리둘레이다. 또한 소매제도에 필요한 치수는 소매길이, 진동둘레, 손목둘레로 소매는 앞뒤 차이가 없이 같게 한다.

▒▒ 뒤판

① 등길이 치수를 재어 수직으로 AB의 선을 긋고 A에서 진동치수만큼 내려온 점을 C라 한다. C에서 가슴둘레$\frac{1}{4}$ +1cm인 점 D를 연결해 선 AB와 CD가 직각이 되게 한다.

② 점 A에서 오른쪽으로 수평선을 긋고, C에서 CD 위에 $\frac{등너비}{2}$ 치수인 점 E를 정한 다음 E에서 위로 CD에 대한 수직선 EF를 긋는다.

③ 점 B에서 AB에 대해 수직으로 $\frac{허리둘레}{4}$ +1cm인 점 G를 정한 다음 DG를 연결한다.

④ 점 A에서 1.5cm 내린 점 A′에서 오른쪽으로 수평선을 긋고 $\frac{등너비}{6}$ +1cm인 점 H를 잡는다. 점 H에서 AF선상에 수직점인 H′를

잡고 뒷목둘레 곡선을 그림과 같이 그린다.

⑤ 점 F에서 2.5cm 내려 점 F′와 점 H′를 연결하는 사선을 긋는다.

⑥ 선 EF′를 4등분하고 선 ED를 3등분하여 그림과 같이 진동둘레 곡선을 그린다.

▒▒ 앞판

① 뒤판과 같이 A부터 G까지의 점을 방향만 바꾸어 그린다.

② 점 A에서 AF선상에 $\frac{뒷고대}{2}$ 인 점 H를 정한 다음, 점 A에서 밑으로 $\frac{뒷고대}{2}$ +1cm만큼 내린 점을 I라 하고, I에서 수직선을 긋고 점 H에서 수직으로 내린 선이 만나는 점을

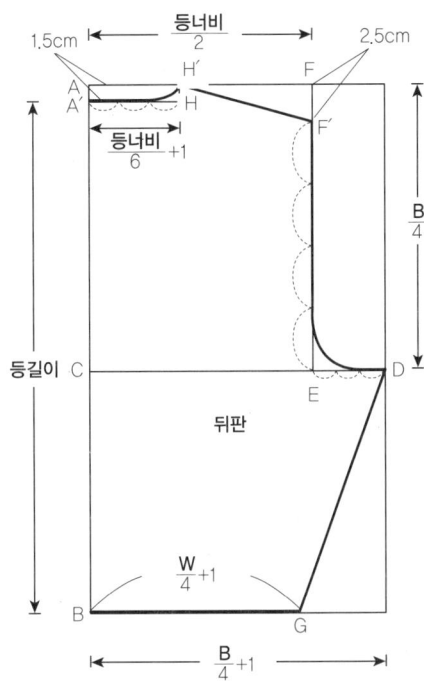

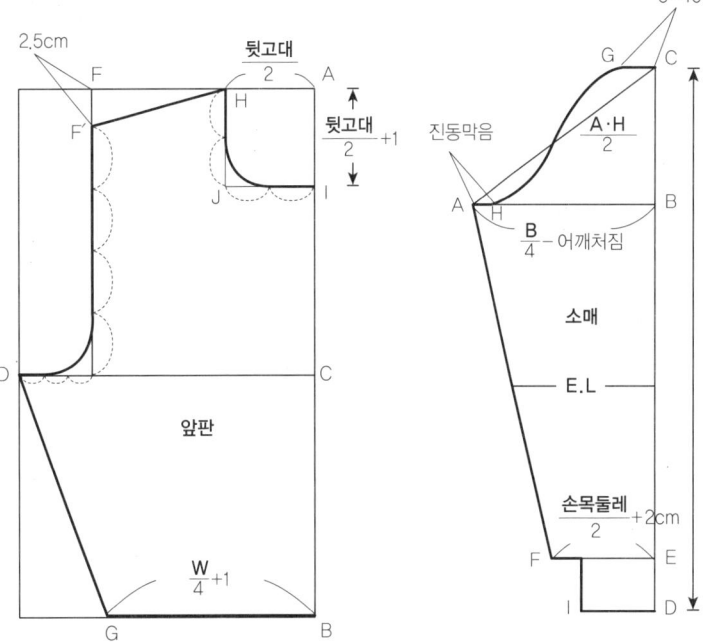

J라 한다. 선 HJ를 2등분하고, 선 IJ를 2등분하여 그림과 같이 목둘레 곡선을 그린다.

③ 점 F에서 2.5cm(어깨처짐 부분)를 내려 F′로 하고 F′와 H를 연결한 다음 선 F′E를 4등분하고 선 DE를 3등분하여 그림과 같이 곡선으로 그린다.

✖✖ 소매

① 진동길이($\frac{가슴둘레}{4}$ − 어깨처짐)의 치수대로 수평으로 AB의 선으로 긋는다.

② 점 B에서 위로 수직선(소매중심선)을 긋고, 점 A에서 수직선을 향해 사선($\frac{진동둘레}{2}$)과 만나는 점을 C로 정하고, 점 C에서 일직선으로 내려온 소매길이 끝점을 D라 한다.

③ 점 D에서 소맷단의 길이만큼 위로 올라간 점을 E라 한다.

④ 점 E에서 왼편으로 $\frac{손목둘레}{2}$ + 2cm(여유분)만큼 간 지점을 F라 하고 여기서부터 점 A와 연결되는 사선을 긋는다.

⑤ 점 C에서 왼편으로 $\frac{소매너비}{6\sim10}$를 수평으로 그어 G라 한다.

⑥ 점 A에서 오른쪽으로 진동막음의 치수만큼 간 지점을 H라 하고 그림과 같이 G와 H 사이를 곡선으로 그린다.

⑦ 점 D에서 소맷단의 너비만큼 간 지점을 I로 하고 그림과 같이 제도한다.

허리둘레 치수와 엉덩이둘레 및 엉덩이길이의 치수, 그리고 스커트길이 등을 기준으로 하여 제도한다.

① 치수를 재어 스커트길이만큼 수직으로 AB를 긋고 A에서 엉덩이길이 치수만큼 내려 C로 한다.

② C에서 $\dfrac{엉덩이길이}{4}$ +1cm 치수를 수평으로 그어 D로 하고 선 CD를 긋는다.

③ A에서 $\dfrac{허리둘레}{4}$ +1cm 치수를 수평으로 연장하여 선 AE를 긋고 E와 D를 사선으로 연결하고, 선 ED의 $\dfrac{1}{2}$인 점 G에서 직각으로 선을 긋고, 이 점을 통과하는 곡선을 E에서 D까지 그림과 같이 그린다.

④ 점 D에서 스커트길이만큼 수직선을 그어 CD와 같게 BF를 긋는다.

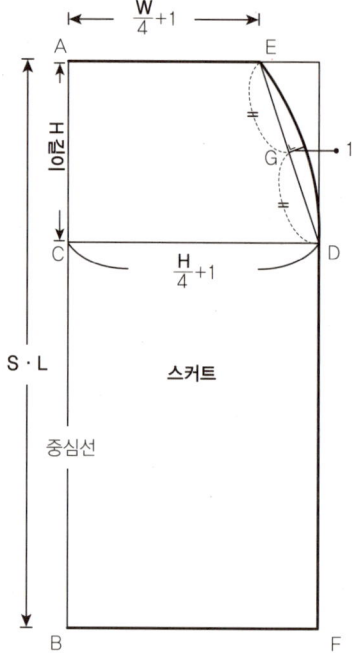

성인남자 기본 원형

남자 기본원형도 필요한 치수의 수치는 여자 기본원형과 같다. 가슴둘레, 등너비, 등길이, 허리둘레는 와이셔츠를 입은 상태에서 재고 소매길이, 진동둘레, 손목둘레는 앞뒤 차이없이 같게 제도한다.

남자 상의와 소매의 기본원형 제도는 여자 기본원형과 같은 방법으로 한다. 단, 치수에 차이가 있기 때문에 각 부분의 치수는 다음과 같이 정한다.

 뒤판

AB = 등길이 + 1.5cm

$AC = \dfrac{가슴둘레}{4}$

$CD = \dfrac{가슴둘레}{4}$ +1cm

$CE = \dfrac{등너비}{2}$

$A'H = \dfrac{등너비}{6}$ +1cm

HH' = 1.5cm

FF' = 2.5cm

$BG = \dfrac{허리둘레}{4}$ +1cm

❊❊ 앞판

$AB = 등길이 + 1cm$

$AC = \dfrac{가슴둘레}{4}$

$CD = \dfrac{가슴둘레}{4} + 1cm$

$CE = \dfrac{가슴너비}{2}$

$AH = JI = \dfrac{뒷고대}{2}$

$FF' = 2.5cm$

$AI = HJ = \dfrac{뒷고대}{2} + 1cm$

❊❊ 소매

$AB = 소매길이$

$AD = \dfrac{진동둘레}{2}$

$CD = \dfrac{가슴둘레}{4} - 어깨처짐_{(진동길이)}$

$GF = \dfrac{손목둘레}{2} + 2cm$

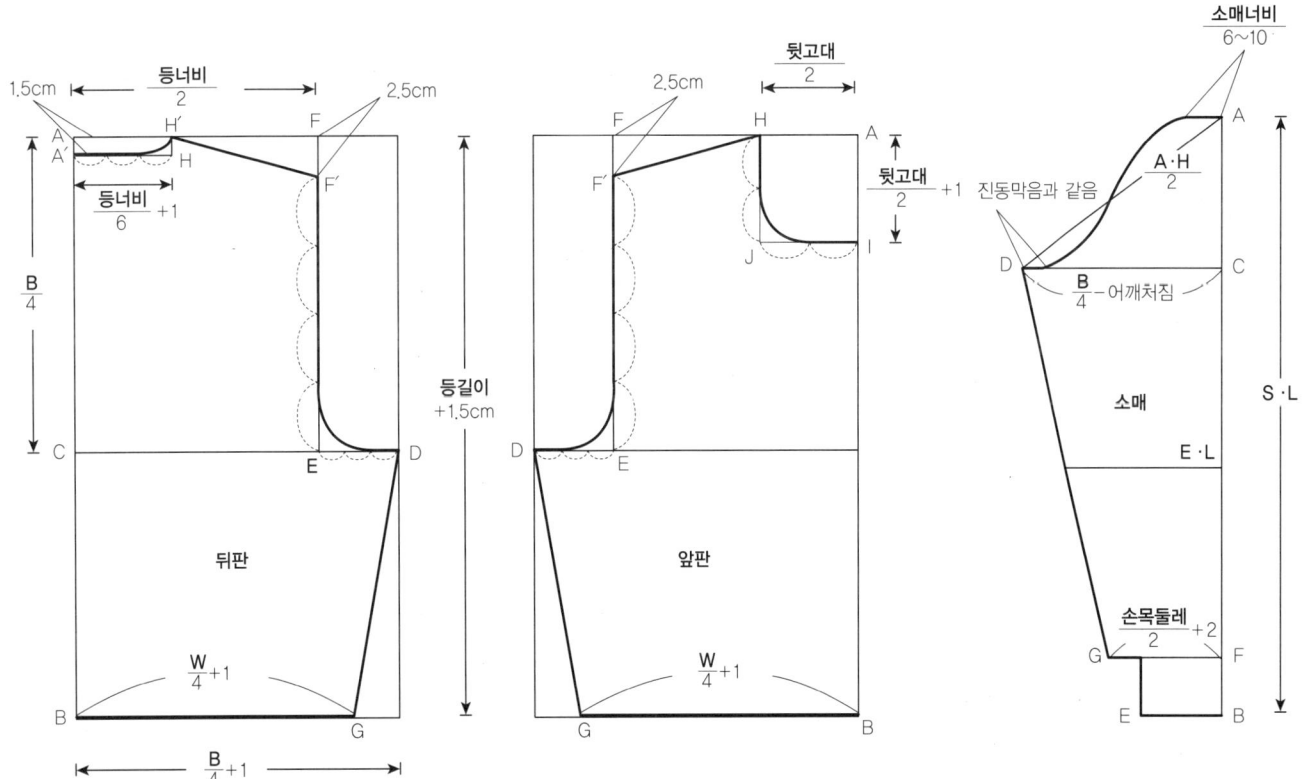

바지

성인 남자용 바지의
기본원형은 어린이용
바지와 방법이 같다.
단, 성인용 바지의
경우 앞트임을 넣어
주어야 한다.

$$AB = \frac{H}{2} + 2cm$$

$$CF = 밑위길이$$

$$GE = HI = \frac{밑너비}{2} = 4{\sim}5cm$$

$$G'H' = 무릎둘레 + 2cm$$

$$BM = 뒤올림 4cm$$

$$CD = 바지길이$$

$$AA' = H길이$$

$$GH = 허벅지둘레 + 2cm$$

$$CJ = 무릎길이$$

$$KL = 발목둘레 + 2cm$$

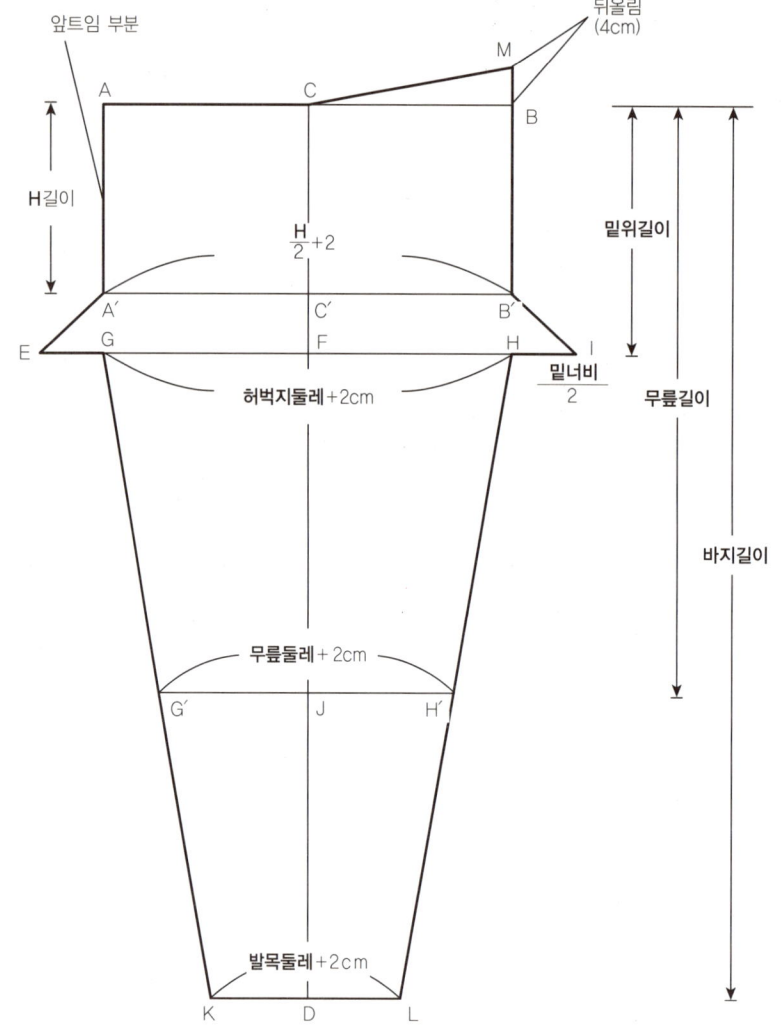

▶▶ 어린이 기본 원형

아이들은 개인 차가 있기 때문에 치수를 재면서 참고지수와 비교해보아야 한다. 성장을 대비해 크게 뜨는 것보다는 치수 변화에 따라 수정해 다시 뜨는 것이 좋다.

✖ 상의 ✖

▨▨ 뒤판

$AB = 등길이 + 1cm$

$AC = \dfrac{가슴둘레}{4}$

$CD = \dfrac{가슴둘레}{4} + 1cm$

$CE = \dfrac{등너비}{2}$

$BG = \dfrac{허리둘레}{4} + 1cm$

$AH' = \dfrac{등너비}{6} + 1cm$

$AA' = 1cm$

$FF' = 1.5cm$

▨▨ 앞판

$AB = 등길이 + 1cm$

$AC = \dfrac{가슴둘레}{4}$

$CD = \dfrac{가슴둘레}{4} + 1cm$

$CE = \dfrac{등너비}{2}$

$BG = \dfrac{허리둘레}{4} + 1cm$

$AI = \dfrac{뒷고대}{2} + 1cm$

어린이용 원형의 제도는 여자용 원형 제도와 방법이 같다. 단, 각 부분의 치수는 다음과 같이 정한다.

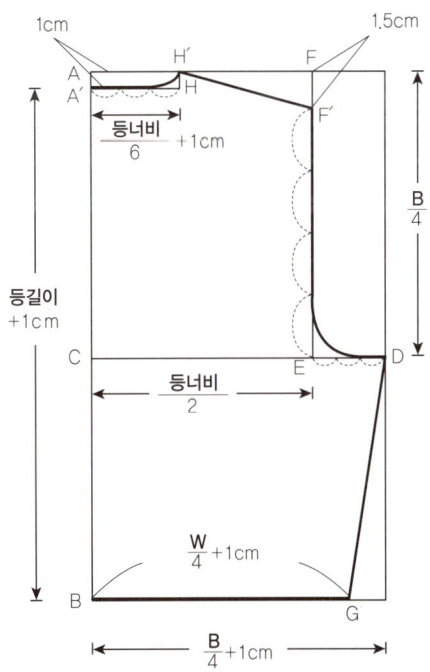

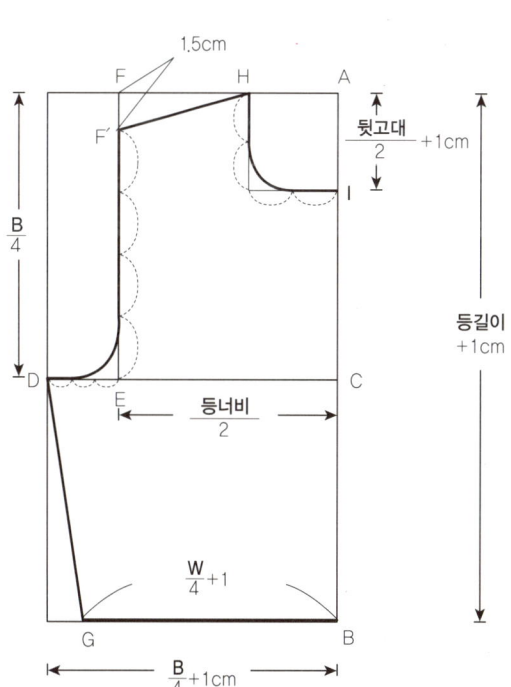

✖✖ 소매

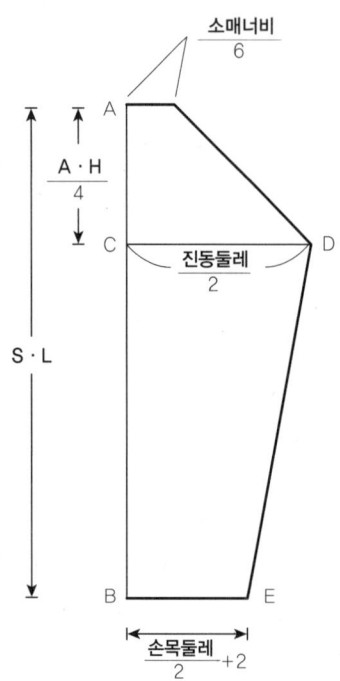

$$AB = 소매길이(소매중심선)$$

$$AC = \frac{진동둘레}{4}$$

$$CD = \frac{진동둘레}{2}$$

$$BE = \frac{손목둘레}{2} + 2cm$$

소매너비 / 6

진동둘레 / 2

S·L

$\frac{A·H}{4}$

$\frac{손목둘레}{2}+2$

✖✖✖✖✖✖✖✖✖✖✖✖ 바지 ✖✖✖✖✖✖✖✖✖✖✖✖

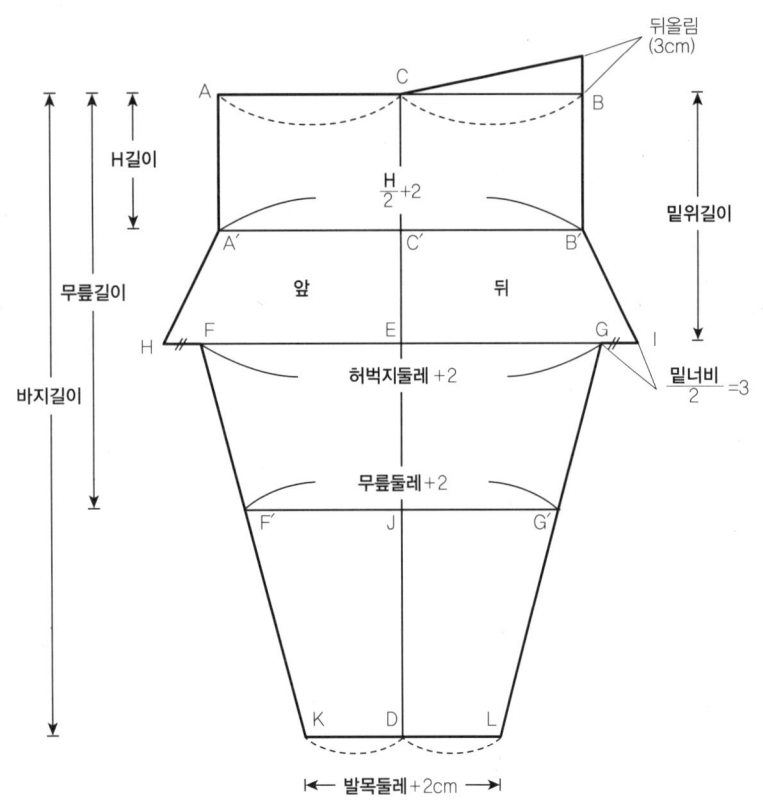

뒤올림
(3cm)

$\frac{H}{2}+2$

H길이

밑위길이

무릎길이

앞   뒤

허벅지둘레 +2

$\frac{밑너비}{2}$ =3

바지길이

무릎둘레 +2

발목둘레+2cm

① $\frac{엉덩이둘레}{2}$+2cm의 치수를 잰 다음 수평으로 AB를 긋고, AB의 중심점에서 바지길이 치수만큼 CD를 AB와 수직이 되게 선을 그린다.

② 점 A와 B, C에서 수직으로 엉덩이길이만큼 내린 점이 각각 A′, B′, C′가 된다.

③ 선 CD에서 직각으로 밑위길이를 잰 점 E에서 허벅지둘레 +2cm의 치수를 수평으로 그어 점 FG가 생기며, F와 G에서 $\frac{밑너비}{2}$ = 3cm만큼 연결하여 수선 HI를 긋는다.

④ 점 A′에서 점 H를 사선으로, 점 B′에서 점 I를 사선으로 긋는다.

⑤ 점 C에서 수직으로 무릎길이를 잰 점 J에서 무릎둘레 +2cm의 치수를 재어 수선 F′G′를 긋고 난 후, 선 FF′와 GG′를 연결한다.

⑥ 바지 밑단의 점 D에서 발목둘레 +2cm를 재서 수선 KL을 긋고 F′와 K, G′와 L을 연결해준다.

⑦ 점 B에서 수직으로 뒤올림 3cm를 올려 점 C와 이어 준다.

4 네크라인 & 칼라 뜨기

라운드 네크라인

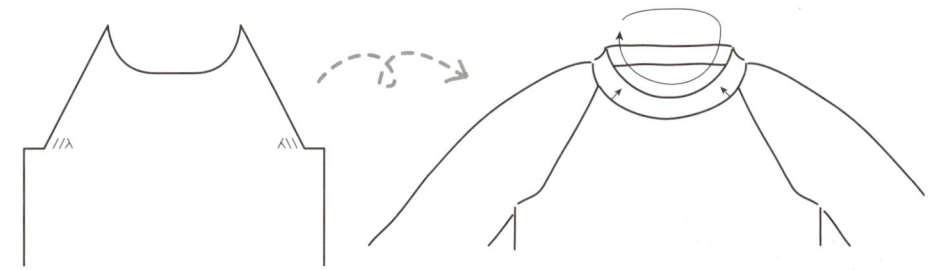

래글런 스웨터의 라운드 네크라인은 앞판, 소매, 뒤판을 모두 연결한 다음 전체 둘레에서 코를 잡아 뜬다.

V 네크라인

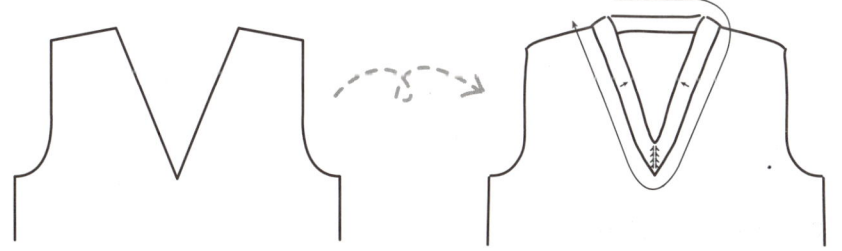

일반적인 V네크라인은 진동선부터 줄임을 한다. 하지만 요즘은 진동선에서 2~3cm 올라온 지점부터 줄임을 하기도 한다. 목둘레단은 앞, 뒤판을 연결한 뒤 코를 잡아 뜬다. 이때 앞목중심에서는 중심3코 모으기를 하면서 뜬다.

세일러 칼라

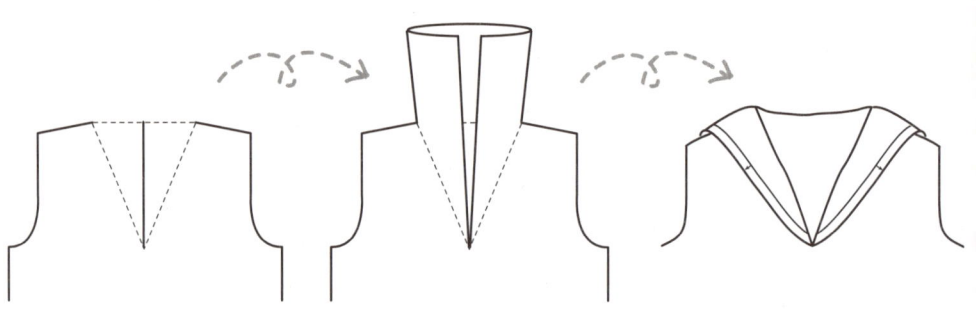

계산법은 일반 V네크라인 방법과 같다. 단, 뜨는 방법에서 V네크라인은 코를 줄여 주지만 세일러 칼라는 조직만 바꿔서 떠 주면 된다. 조직만 바꿔서 뜬 앞판과 뒤판을 한꺼번에 잡아 나머지 칼라를 떠 준다.

윙 칼라

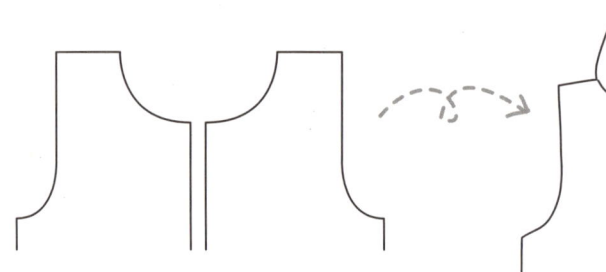 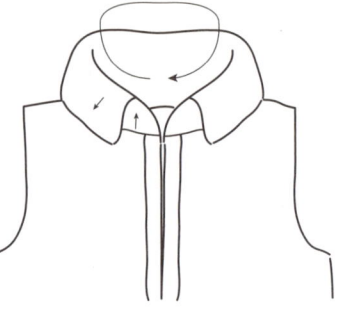

가장 일반적인 칼라 뜨기이다. 목둘레는 일반 라운드 계산법과 방법이 같다. 단, 코를 잡을 때 단 부분에서 코를 걸러 주지 않고 잡아 준다. 코를 다 잡아주어야 충분한 칼라가 나온다. 칼라는 3단계 정도로 나누어 바늘의 크기를 바꿔주어야 칼라의 모양이 자연스럽게 펴진다.

반폴라 칼라

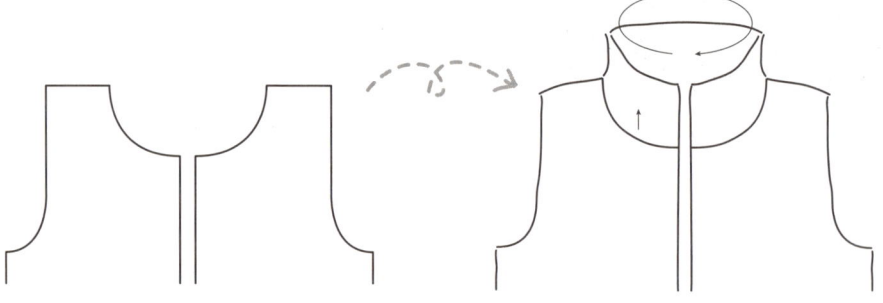

계산법은 일반 라운드 계산법과 같다. 목둘레에서 코를 잡아 7cm 정도를 뜬 후 코막음한다.

후드 점퍼

목둘레는 일반 라운드 계산법과 방법이 같다. 단, 코를 잡을 때 단 부분에서 코를 걸러 주지 않고 잡아 준다. 코를 다 잡아주어야 충분한 모자 크기가 나온다. 코를 다 잡아 주었는데도 모자 크기가 나오지 않을 경우 모자를 뜨면서 코를 늘려 주기도 한다.

플랫 칼라

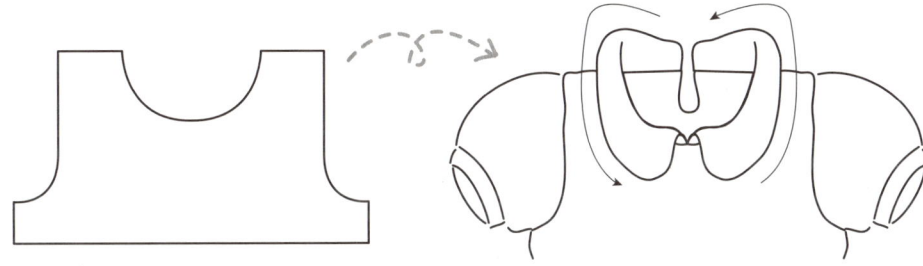

계산법은 일반 라운드 계산법과 같다. 목둘레에서 코를 잡아 바늘을 3단계 정도 나누어서 뜬다. 칼라의 끝 1cm 정도를 코를 줄여 자연스럽게 굴려 준다.

5 무늬뜨기

>> 패턴뜨기

1무늬 9코×10단

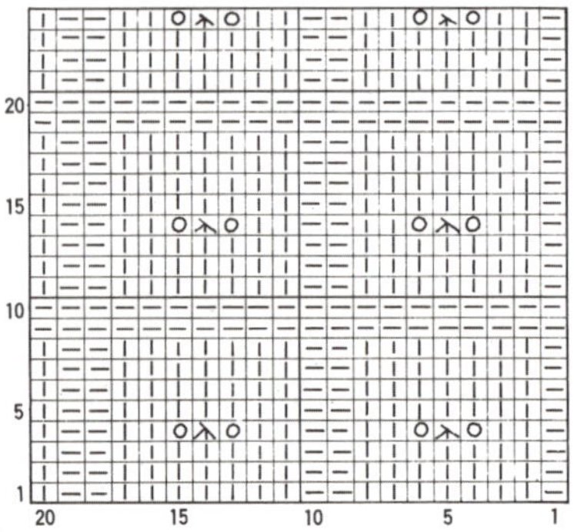

1무늬 10코×8단

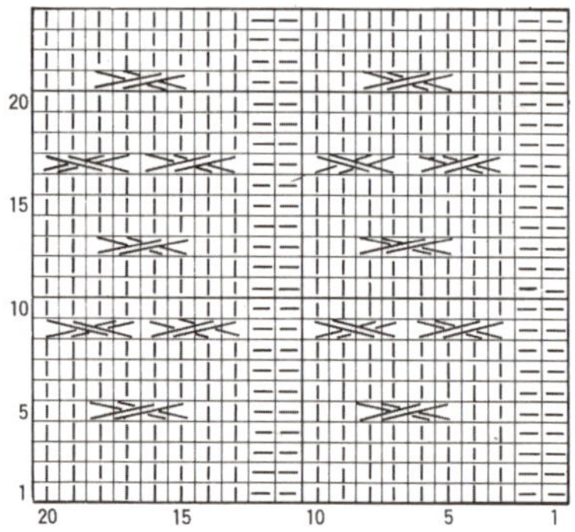

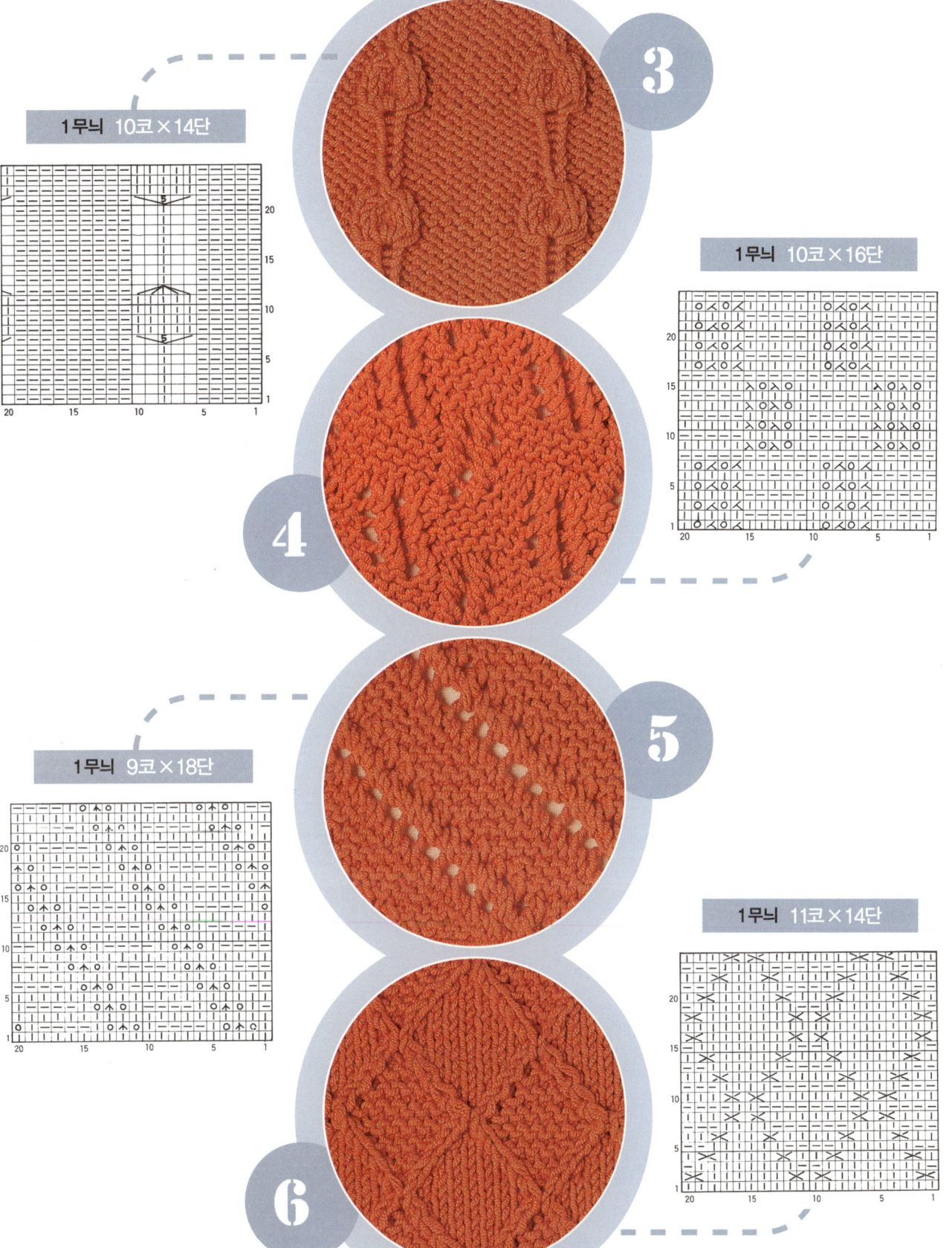

1무늬 10코×14단

1무늬 10코×16단

1무늬 9코×18단

1무늬 11코×14단

3

4

5

6

코바늘뜨기

기계편물과정

실전편!

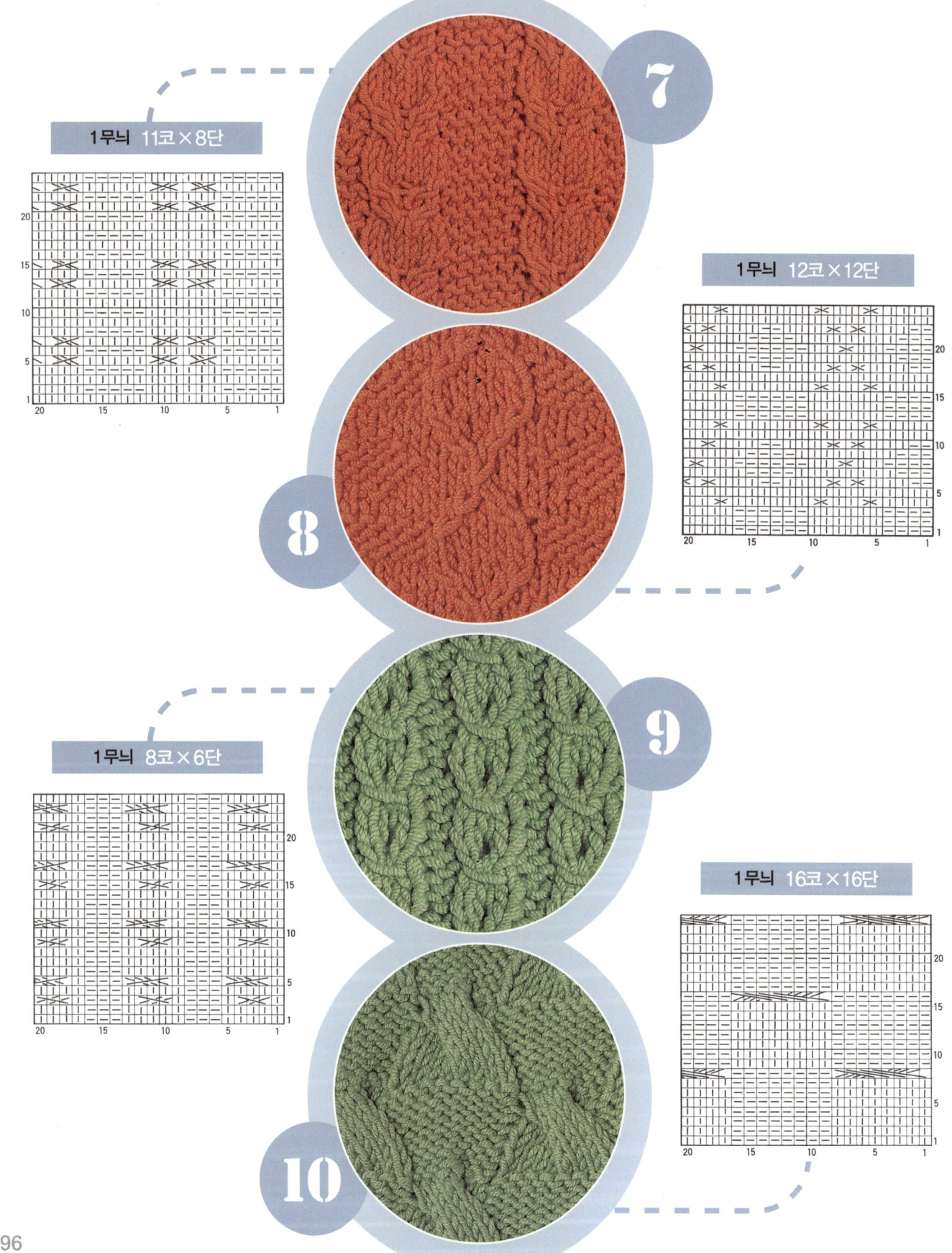

1무늬 11코×8단

1무늬 12코×12단

1무늬 8코×6단

1무늬 16코×16단

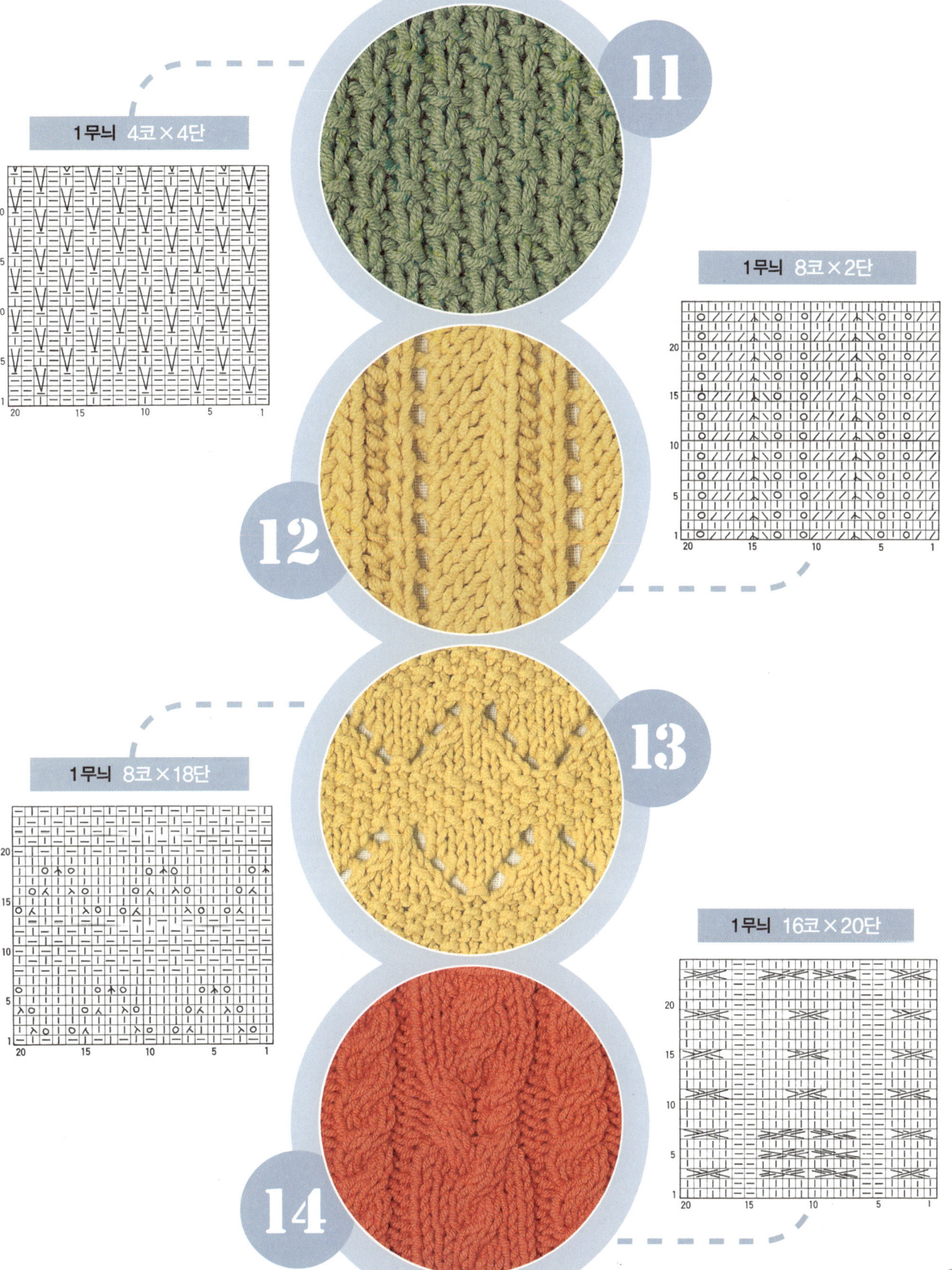

코바늘뜨기

기계편물과정

실전편!

11

1무늬 4코×4단

12

1무늬 8코×2단

13

1무늬 8코×18단

14

1무늬 16코×20단

배색뜨기

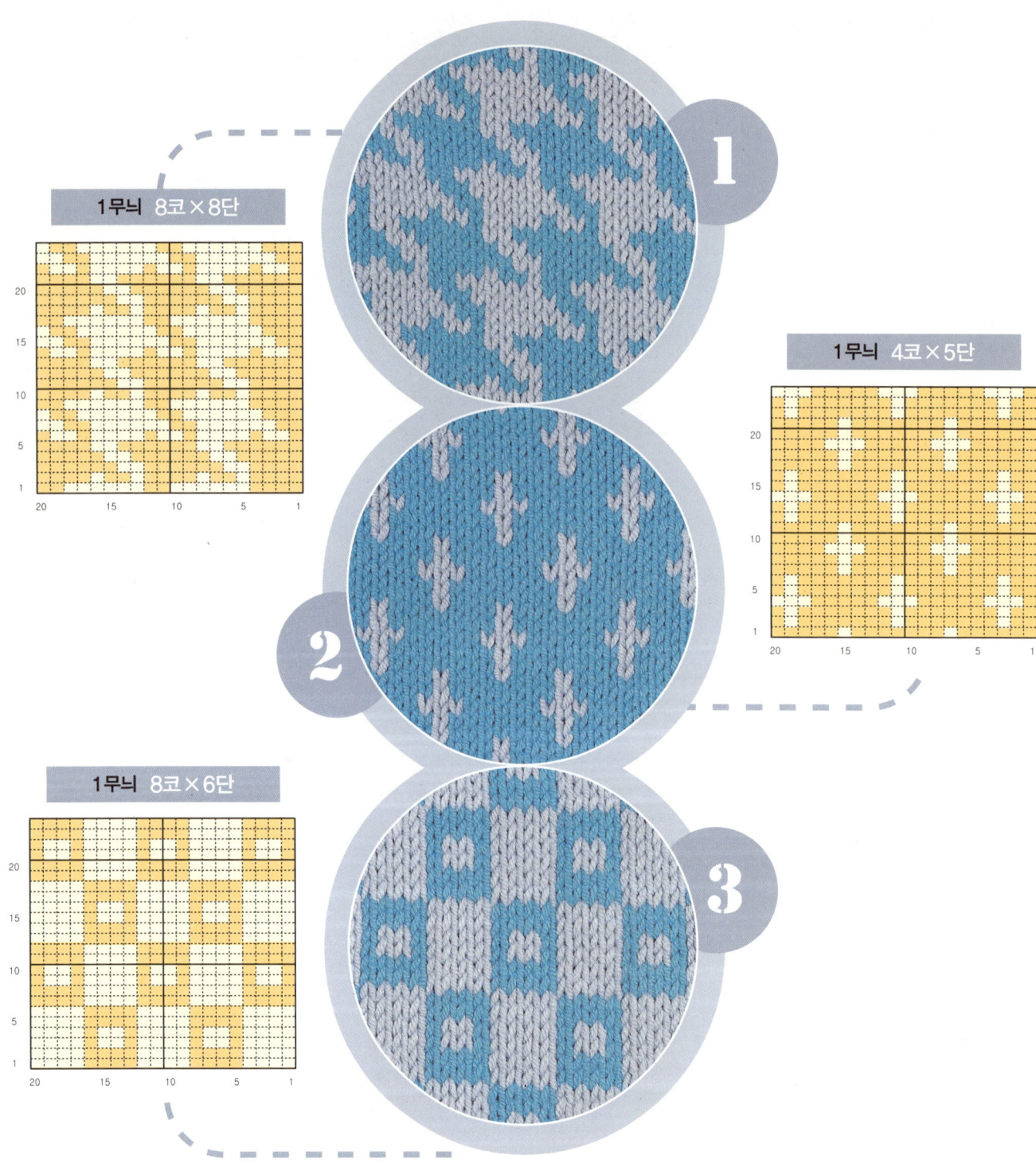

1무늬 8코×8단

1무늬 4코×5단

1무늬 8코×6단

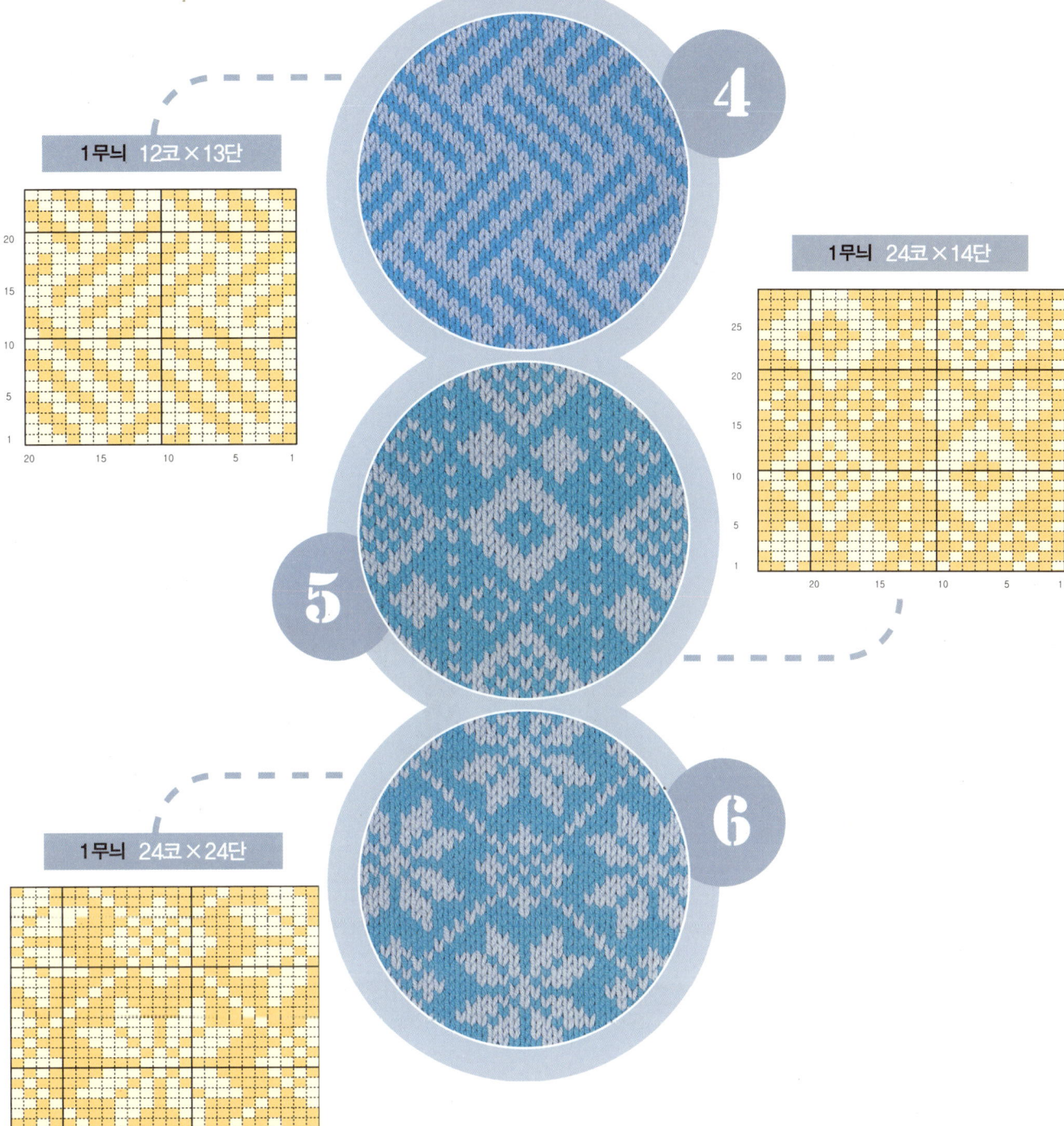

1무늬 12코×13단

1무늬 24코×14단

1무늬 24코×24단

코바늘뜨기

기계편물과정

실전편!

코바늘뜨기

코바늘을 활용한 다양한 뜨기 기법만 알아두면 가벼운
숄부터 틀을 갖춘 의상제작까지 쉽게 작품을 완성할 수 있다.

1단계 *도안 보는 법, 기호 뜨는 법 등의 코바늘뜨기 기초에 대한 기법을 익힌다.

2단계 *코를 자연스럽게 늘리고, 줄이는 등 옷 만드는 데 필요한 실질적인
코바늘뜨기 기법을 배운다.

3단계 *완성도를 높이기 위한 다양한 코바늘 장식 기법을 배운다.

실 잡는 법 &
뜨는 법

>> **바늘 굵기에 따른 실 선택법**

	호수	실물크기	m/m	실
뜨개바늘	10/0호		6.0	초극태사 1겹, 태사 2~3겹
	8/0호		5.0	초극태사 1겹, 태사 2겹
	7/0호		4.0	초극태사 1겹, 극태사 1겹
	6/0호		3.5	극태사 1겹
	5/0호		3.0	극태사 1겹
	4/0호		2.5	병태사 1겹, 극세사 3겹
	3/0호		2.3	병태사 1겹, 중세사 1겹, 극세사 2~3겹
	2/0호		2.0	중세사 1겹, 극세사 2겹
	0호		1.75	합세사 1겹
레이스바늘	1/0호		1.60	합세사 1겹, 극세사 1겹(여름용 실)
	2/0호		1.50	극세사 1겹(여름용 실)
	4/0호		1.25	
	6/0호		1.00	
	8/0호		0.90	레이스사
	10/0호		0.75	
	12/0호		0.60	

≫ 실 잡는 법

실을 잡는 방법은 다양하지만 실 잡기의 가장 중요한 포인트는 실이 적당하게 끌려오게 하는 것이다.

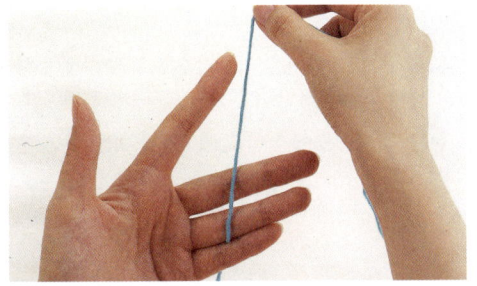

1 새끼손가락과 넷째손가락으로 실을 눌러 실의 당기는 정도를 조절한다. 실 끝을 집게손가락의 바깥쪽으로 걸친다.

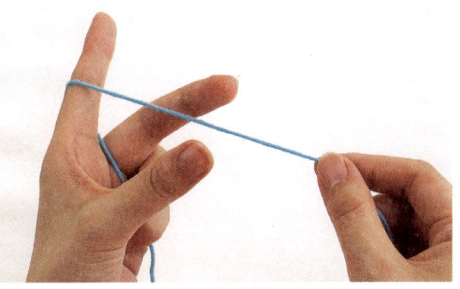

2 실 끝을 왼손의 엄지손가락과 가운뎃손가락으로 잡는다.

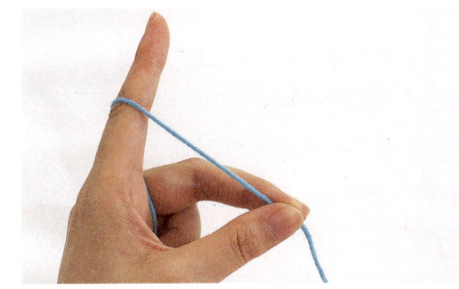

3 집게손가락으로 실의 당기는 정도를 조절한다.

≫ 바늘 잡는 법 & 뜨는 법

바늘 끝에서 4cm 정도 되는 곳을 오른손 엄지손가락과 집게손가락으로 잡는다. 그 중간에 가운뎃손가락을 더한다. 가운뎃손가락은 바늘에 걸린 실을 누르거나 코를 조절할 때 사용한다.

1 바늘과 실을 올바르게 잡고 사슬코를 만들어 양손을 균형 있게 움직이면서 뜬다.

2 편물을 양손의 넷째손가락, 새끼손가락과 손바닥으로 누르면서 뜬다.

시작코 만들기

사슬뜨기는 편물이 완성되었을 때 당기거나 늘어나지 않도록 주의해야 하기 때문에
대부분 떠야 하는 편물보다 약간 느슨하게 뜬다.
코를 만들 때는 뜨고자 하는 편물의 용도에 따라 그에 알맞은 방법을 선택해야 한다.

≫ 사슬코 겉쪽으로 만들기

이 방법으로 뜨면 처음 뜬
사슬뜨기가 늘어나지 않고
단단하게 뜰 수 있다.
반대 방향으로 가장자리를
뜨면 코를 줍기 쉽고 이음
부분이 단정하게 처리되기
때문에 이 방법을 사용하는
경우가 많다.

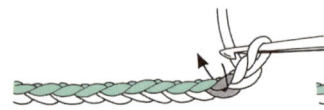

1 화살표 방향으로 바늘을 넣는다.

2 바늘에 실을 걸어 화살표
방향으로 빼낸다.

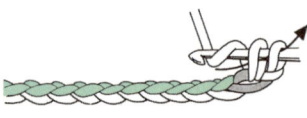

3 바늘에 실을 걸어 화살표
방향으로 한꺼번에 빼낸다.

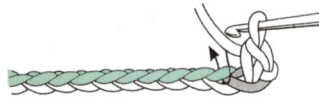

4 2째 코에 화살표 방향으로 바늘을
넣는다.

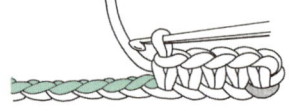

5 시작코가 완성된 모습.

≫ 시슬코 안쪽으로 만들기

이 방법은 사슬뜨기의
사슬코가 그대로
나타나므로 단을 살리는
경우에 사용된다.

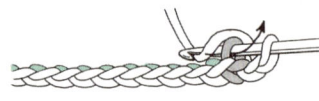

1 화살표 방향으로 바늘을 넣는다.

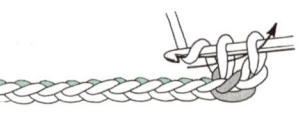

2 바늘에 실을 걸어 화살표
방향으로 뺀다.

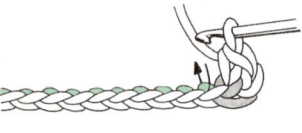

3 ①~②를 계속 반복해 시작코를
만든다.

초급 과정

학습목표

☑ 코바늘 뜨기의 기초를 익힌다.
☑ 코바늘 도안 보는 법과 코 잡는 법,
  각종 용어 등을 익힌다.

코바늘 초급 단계에서 익혀야 할 과정

사슬코, 짧은뜨기
빼뜨기, 긴뜨기 등 코바늘 용어 이해
기둥코 만들기,
코 줍는 법, 편물 잇기

초급 뜨개
기법 익히기

 사슬뜨기

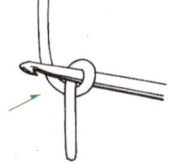

① 실을 감아 화살표 방향을 손가락으로 누른다.

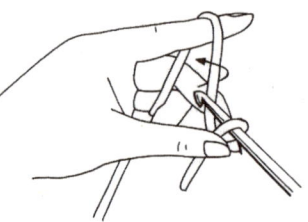

② 왼쪽 손으로 그림과 같이 실을 건다.

③ 코바늘로 왼손에 걸려 있는 실을 고리 사이로 뺀다.

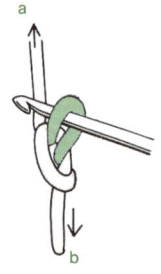

④ b를 잡아당기면서 고리 크기를 조절하고 a를 당겨서 조인다.

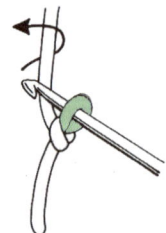

⑤ 떠 나가는 방향의 실을 한번 감아 준다.

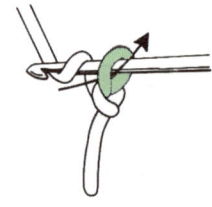

⑥ 그림과 같이 반복해서 뜬다.

짧은뜨기 ➕

X = ➕

* 같은 뜨기방법으로
패턴에서는 ×로
기호에서는 +로 표시한다.

1 사슬 1코를 위로 올리고 그림과 같이 2째 코의 반 코와 안쪽 코 사이에 바늘을 넣는다.

2 바늘을 실에 걸어 화살표 방향으로 빼낸다.

3 다시 한번 바늘에 실을 걸어 2개의 루프를 한번에 잡아 뺀다.

4 같은 방법으로 반복한다.

1길 긴뜨기 下

1 시작 사슬 3코를 위로 올리고 실을 감은 다음 2째 코의 반 코와 안쪽 코 사이에 바늘을 넣어 1길 긴뜨기를 한다.

2 그림과 같이 바늘에 실을 걸어 조금 길게 화살표 방향으로 잡아 뺀다.

3 끝코를 남긴 채 화살표 방향으로 실을 빼낸다.

4 실을 걸어 2코를 한번에 빼낸다.

5 ①~④의 과정을 반복한다.

2길 긴뜨기

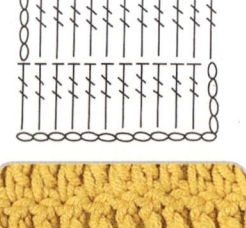

사슬 4코

1 사슬 4코를 올린 다음 화살표 방향으로 바늘에 실을 2번 감는다.

2 실을 감은 바늘을 화살표 방향으로 넣어 준다.

3 실을 화살표 방향으로 약간 느슨하게 잡아 뺀다.

  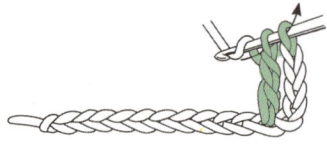

4 실을 감아 그림의 콧수만큼 실을 짧게 잡아 뺀다.

5 화살표 방향으로 실을 감아 2코만 빼낸다.

6 위코가 헐겁지 않게 2코를 한번에 빼낸다.

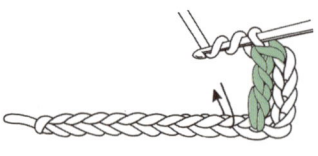 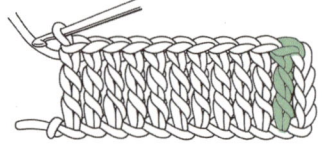 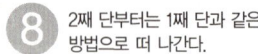

7 ①~⑥을 반복하면서 높이를 일정하도록 맞추어 뜬다.

8 2째 단부터는 1째 단과 같은 방법으로 떠 나간다.

1길 긴뜨기 교차뜨기

사슬 2코

1 사슬 2코를 뜬 다음 실을 바늘에 한번 감아 화살표 방향으로 넣어 준다.

2 바늘에 실을 한번 감아 화살표 방향으로 실을 빼낸다.

3 바늘에 실을 한번 감아 2코만 빼낸다.

108

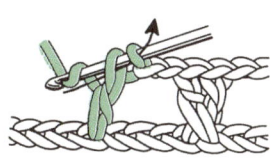

④ 바늘에 실을 한번 감아 2코를 한번에 빼낸다

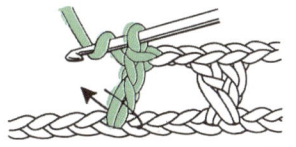

⑤ 실을 감은 뒤 화살표 방향으로 바늘을 넣어 또다시 감아서 빼 준다.

⑥ 바늘에 실을 한번 감아 2코를 빼낸다

⑦ 다시 바늘에 실을 한번 감아 2코를 한꺼번에 빼낸다

⑧ ①~⑦까지 과정을 반복한다.

⑨ 완성된 모습.

1길 긴뜨기 2코 모아뜨기

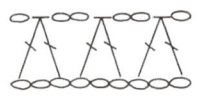

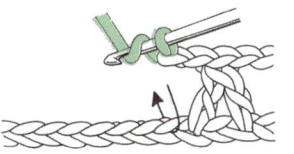

① 화살표대로 바늘을 넣어 실을 잡아 뺀다.

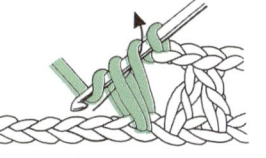

② 1길 긴뜨기의 ②번까지 뜬다.

③ 화살표대로 바늘을 넣어 실을 잡아 뺀다.

④ ①~③번을 한번 반복한다.

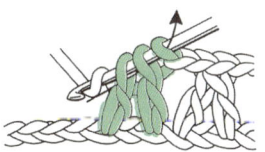

⑤ 1길 긴뜨기의 높이를 맞춘 다음 2코를 한꺼번에 잡아 뺀다.

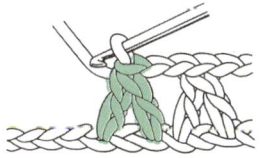

⑥ 완성된 모습.

1길 긴뜨기 2번 1코에서 뜨기

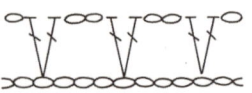

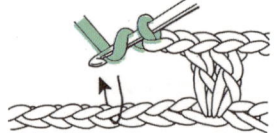

1 실을 바늘에 감은 다음 화살표 방향으로 바늘을 넣어 실을 빼낸다.

2 바늘에 실을 한번 감아 2코만 빼낸다.

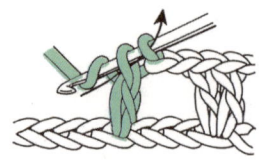

3 다시 바늘에 실을 한번 감아 2코를 한번에 빼낸다.

4 같은 코에서 뜬다.

5 ②와 같은 방법으로 뜬다.

6 ③과 같은 방법으로 뜬다.

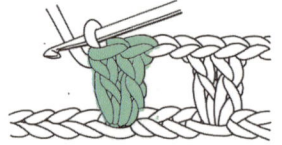

7 두 긴뜨기의 높이를 똑같게 한다.

8 완성된 모습.

1길 긴뜨기 3번 1코에서 뜨기

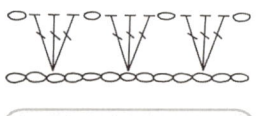

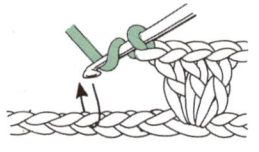

1 화살표대로 바늘을 넣어 실을 길게 잡아 뺀다.

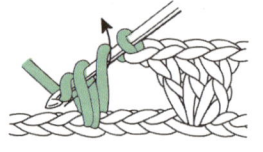

2 바늘에 실을 한번 감아 2코만 빼낸다.

3 화살표 방향으로 2코를 한꺼번에 빼낸다.

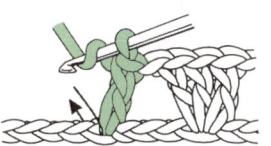

4 ②와 같은 방법으로 뜬다.

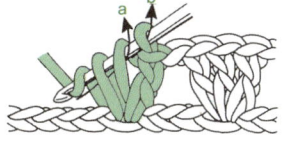

5 a와 b로 각 한번씩 실을 감아 빼낸다.

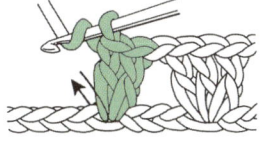

6 ④~⑤와 같은 방법으로 1길 긴뜨기 하나를 더 만들고 3코의 길이를 같게 한다.

7 바늘에 실을 한번 감아 시슬코로 마무리한다.

8 완성된 모습.

짧은뜨기 2코 모아뜨기

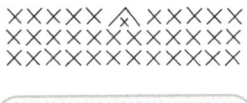

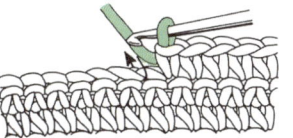

1 화살표대로 바늘을 넣어 실을 잡아 뺀다.

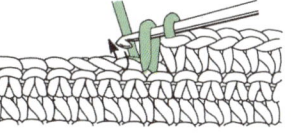

2 다음 코에 바늘을 넣어 실을 잡아 뺀다

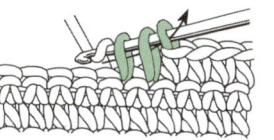

3 실을 한번 감아 3코를 한꺼번에 뜬다.

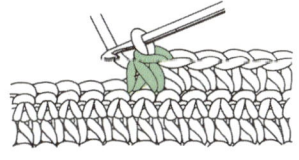

4 코가 완성된 모습.

5 편물이 완성된 모습.

짧은뜨기 3코 모아뜨기

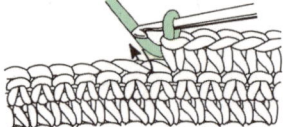

① 화살표대로 바늘을 넣어 실을 잡아 뺀다.

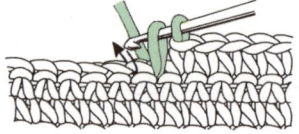

② 다음 코에 바늘을 넣어 실을 잡아 뺀다.

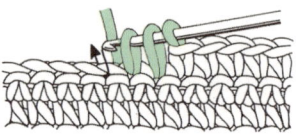

③ 다시 다음 코에 바늘을 넣어 실을 잡아 뺀다.

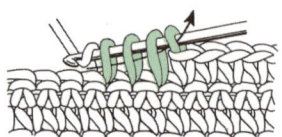

④ 바늘에 실을 한번 감아 4코를 한꺼번에 뜬다.

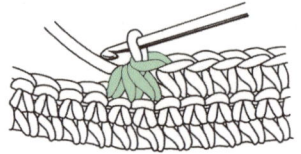

⑤ 코가 완성된 모습.

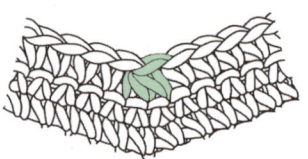

⑥ 편물이 완성된 모습.

짧은뜨기 2번 1코에서 뜨기

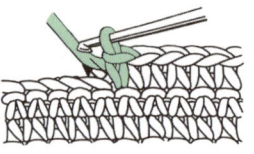

① 화살표대로 바늘을 넣어 실을 잡아 뺀다.

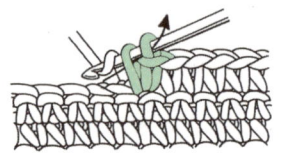

② 바늘에 실을 한번 감아 2코를 한꺼번에 뜬다.

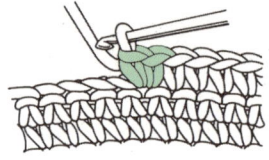

③ 코가 완성된 모습.

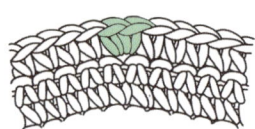

④ 편물이 완성된 모습.

짧은뜨기 3번 1코에서 뜨기

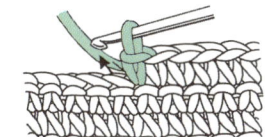

1 화살표대로 바늘을 넣어 실을 잡아 뺀다.

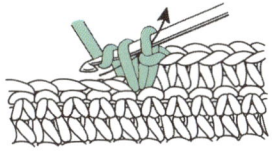

2 바늘에 실을 한번 감아 2코를 한꺼번에 뜬다.

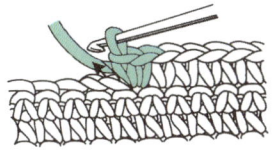

3 같은 코에 계속 바늘을 넣어 실을 잡아 뺀다.

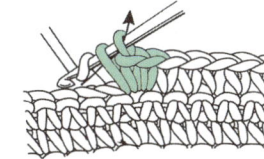

4 바늘에 실을 한번 감아 2코를 한꺼번에 뜬다.

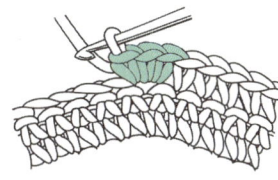

5 코가 완성된 모습.

6 편물이 완성된 모습.

빼뜨기

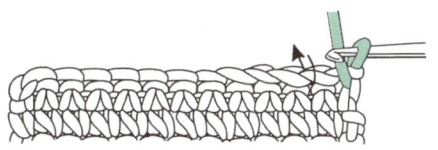

1 편물의 방향을 바꾸어서 2째 코부터 뜬다.

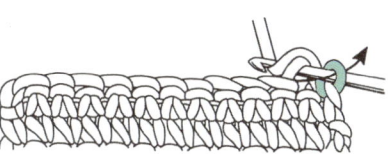

2 편물의 게이지에 맞춰 실을 잡아 뺀다.

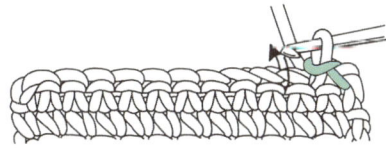

3 ①~②를 반복한다.

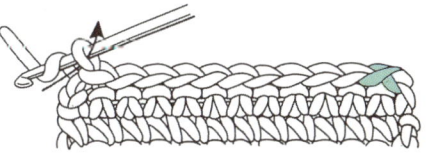

4 마지막 사슬코 안으로 실을 빼내 마무리한다.

2 뜨개 기본 익히기

>> 실 잇는 방법

매듭이 작고 잘 풀어지지 않는 잇기 방법으로 털실을 이어 떠 나갈 때 많이 사용한다.

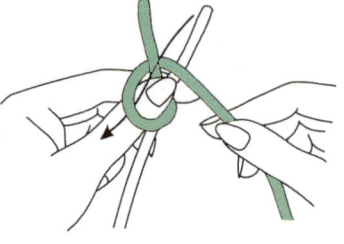 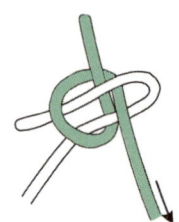 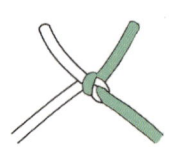

 잇는 실과 이을 실을 교차시켜 화살표 방향으로 엮어 준다.

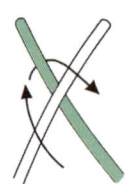 그림처럼 고리를 만든 다음 잇는 실을 그 안으로 통과시킨다.

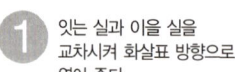 화살표 방향으로 실을 당겨 매듭을 지어 준다.

④ 완성된 모습.

>> 끝 마무리하는 법

마지막 단 매듭방법

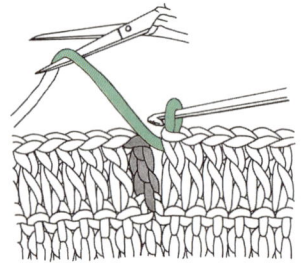 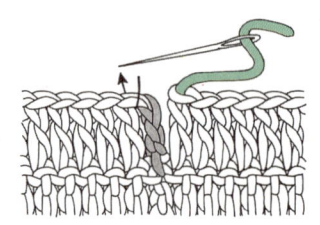 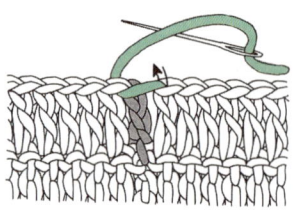

 실 끝을 5~6cm 정도 남기고 잘라 실을 잡아 뺀다.

② 2째 사슬코의 실 2겹 속으로 바늘을 넣는다.

③ 마지막 사슬코의 실 1겹 속으로 바늘을 넣는다.

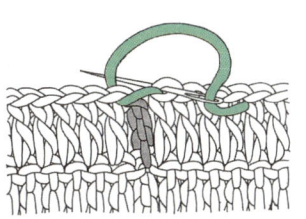 

실 끝의 처리

 1째 코(올라가기 사슬 3코) 위에 사슬코 모양으로 만든다.

⑤ 그림과 같이 실 끝을 보이지 않게 코 안으로 넣는다.

 실을 걸쳐 다음 단으로 옮기는 법

실을 걸쳐 단을 옮기면 다음 단의 짧은뜨기가 당기거나 느슨해지지 않고 예쁘게 마무리 된다.

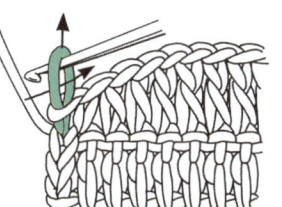 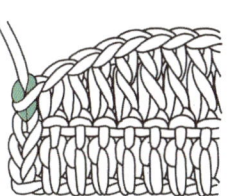 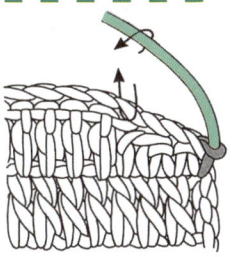

① 바늘에 걸쳐 있는 고리를 크게 해 실을 통과시켜 매듭을 짓는다.

② 편물의 방향을 바꾼다.

③ 화살표(앞 단의 긴뜨기)대로 실을 걸어 잡아 뺀다.

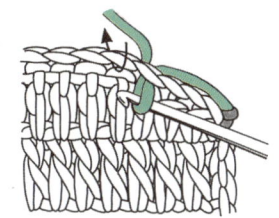 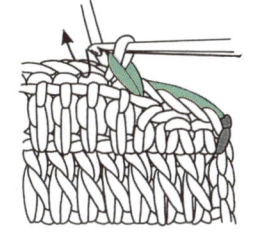

④ 걸친 실이 당기지 않도록 하여 다음 코에서 빼뜨기를 한다.

⑤ 다음 코에서 짧은뜨기를 한다.

실 나누는 방법

단춧구멍 스티치하는 실은 편물 실보다 가는 것을 사용한다. 대개 실은 가는 4겹의 실로 되어 있으므로 1/4이나 1/2 혹은 3/4으로 나누어 사용한다.

 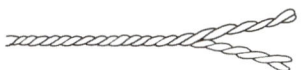 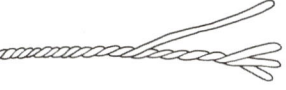

① 1/4로 실을 나누는 법.

② 1/2로 실을 나누는 법.

③ 3/4으로 실을 나누는 법.

대바늘뜨기

코바늘뜨기

기계편물과정

실전편!

>> 코 줍는 법

1길 긴뜨기 경우

1길 긴뜨기나 짧은뜨기를 한 편물에서 코를 주울 경우 시작코로부터 1코씩 주워 편물과 같은 콧수를 뜨거나 떠 붙인다.

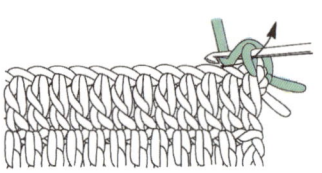

① 가장자리뜨기의 실을 붙여 올라가기 사슬을 1코 뜬다.

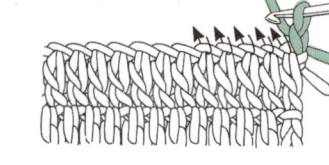

② 화살표대로 바늘을 넣어 짧은 뜨기로 떠 나간다.

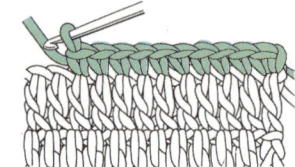

③ 같은 방법으로 짧은뜨기를 끝까지 뜬다.

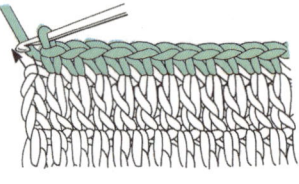

④ 아랫단 올라가기 사슬을 3코에서 그림과 같이 코를 주워 화살표 방향으로 뜬다.

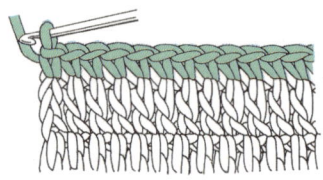

⑤ 완성된 모습.

모눈뜨기의 경우

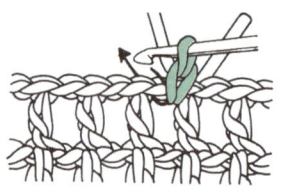

① 사슬코의 실 3겹을 모두 잡아서 뜬다.

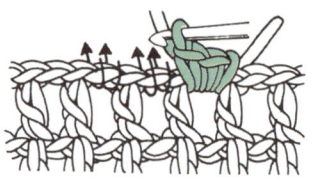

② 1칸에 2코씩 뜬다.

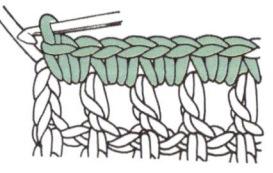

③ 완성된 모습.

3 편물 잇기

 ## 코와 코 잇기

코와 코를 연결시켜 잇는 방법으로 실의 굵기나 편물의 짜임 정도, 작품의 용도 등에 따라 그 방법이 다르다. 편물에 따라 알맞은 방법으로 이었을 경우 편물의 모양을 오랫동안 일정하게 유지할 수 있다.

코 전체 감쳐 잇기

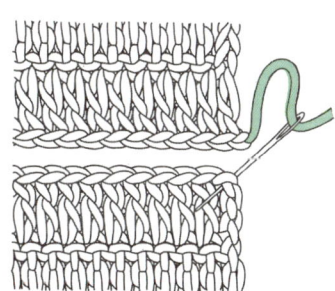
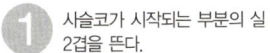

1 사슬코가 시작되는 부분의 실 2겹을 뜬다.

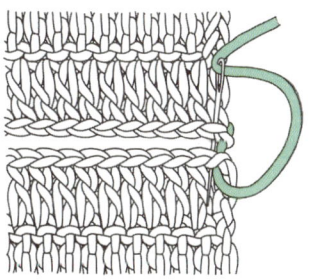

2 위쪽은 1째 코의 실 2겹을, 아래쪽은 ①과 같은 곳을 떠서 실을 조인다.

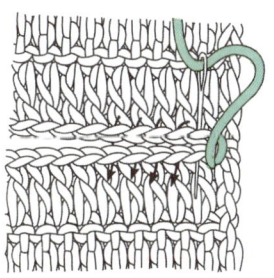

3 2째 코부터는 위쪽에서 아래쪽으로 화살표 방향으로 감칠질하듯 뜬다.

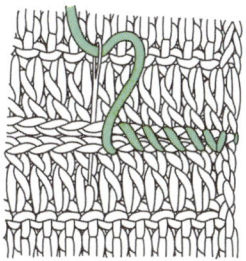

4 이음코가 편물과 평행이 되게 이음실을 조인다.

이음코가 드러나지 않도록 잇는 방법으로 첫 단이 겉코인 경우 마지막 단은 안코가 되게 뜬다. 이을 때는 빼뜨기로 잇는다.

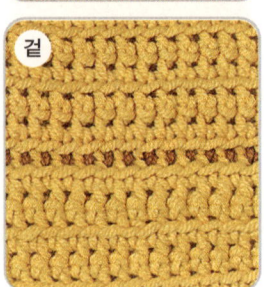

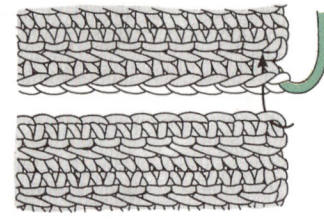

① 편물을 뒤집어 시작코를 아래쪽, 마지막 단을 위쪽에 놓고 끝을 맞춰 세운다. 시작코에서 마지막 단 사슬코의 실 1겹을 뜬다.

② 1째 코는 실을 단단하게 잡아 뺀다. 2째 코부터는 ①과 똑같게 뜬다.

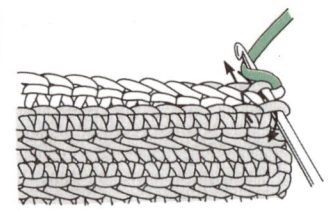

③ 2째 코부터는 편물의 균형을 잡으면서 실을 잡아 뺀다.

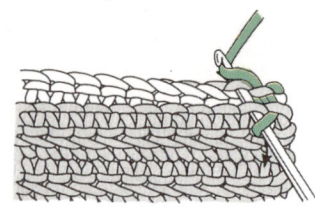

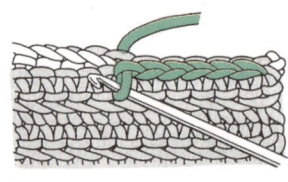

④ 1코씩 빼뜨기를 한다.

≫ 단과 단 잇기

단과 단을 연결시키는 방법으로 촘촘한 무늬, 성긴 무늬 등 편물의 상태나 잇는 부분(진동, 몸판 옆길이, 소매 옆길이 등)에 따라 알맞은 방법으로 잇는다.

가장 간단한 잇기 방법으로 앞뒤 몸판 옆길이, 소매 옆길이 등을 붙일 때 사용된다. 단의 머리를 짧은뜨기나 빼뜨기로 잇고, 한 단의 높이만큼 사슬뜨기로 걸친다. 단의 높이에 따라 사슬뜨기 콧수를 바꾸어 가며 뜬다.

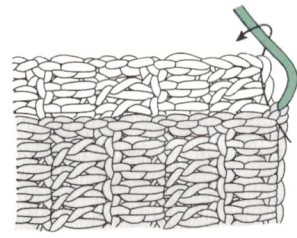

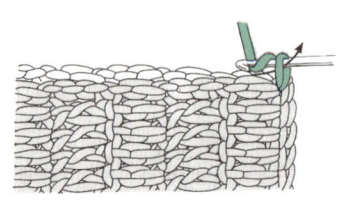

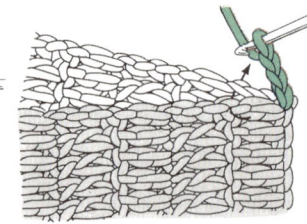

① 편물을 뒤집어서 가장자리를 맞대어 화살표대로 코바늘을 넣어 실을 단단하게 잡아 뺀다.

② 사슬뜨기로 3코를 뜬다.

③ 1째 단의 머리에 짧은뜨기를 해 단단하게 조인다.

④ 2째 단부터는 사슬뜨기 2코를 뜬다.

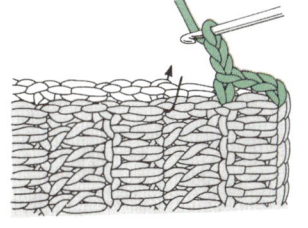

⑤ 2째 단 머리에 짧은뜨기를 한다.

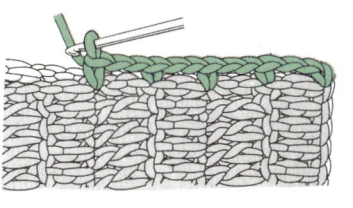

⑥ 단마다 짧은뜨기를 하여 잇는다.

 ## 돗바늘로 잇는 경우 Ⅰ

이음코가 헐겁거나 당기지 않아 1길 긴뜨기나 모눈뜨기의 경우에 잘 사용된다. 단이 어긋나지 않도록 단의 머리에서 실을 걸친다.

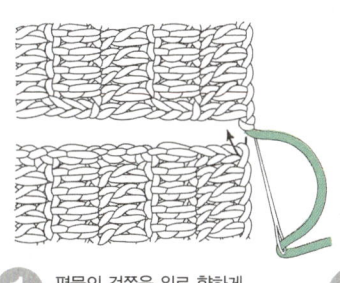

① 편물의 겉쪽을 위로 향하게 놓는다. 화살표대로 실 2겹을 뜬다.

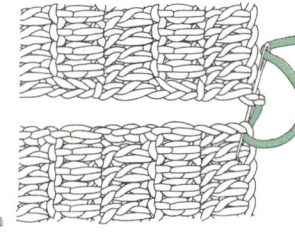

② 위쪽 시작코와 아래쪽의 ①과 같은 코에 바늘을 넣어 단단하게 잡아 조인다.

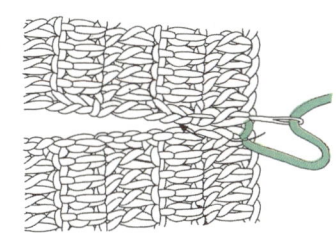

③ 위쪽은 1길 긴뜨기의 반까지를, 아래쪽은 사슬의 첫 코부터 3코까지 뜬다.

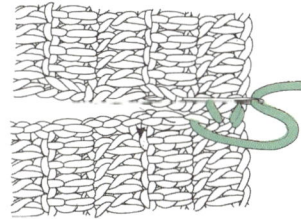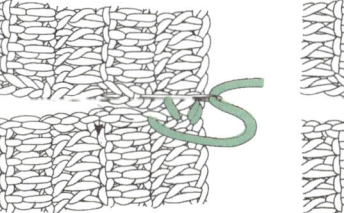

④ **2째 단** 위쪽은 앞단의 머리로부터 2째 코를, 아래쪽은 1길 긴뜨기의 중심부터 머리까지를 뜬다.

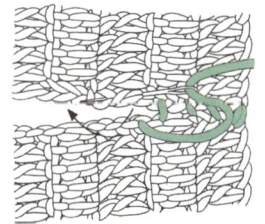

⑤ **3째 단** 1단과 같은 요령으로 뜬다. 편물의 실이 갈라지지 않도록 뜬다. 한 땀씩 뜰 때마다 실을 잡아당긴다.

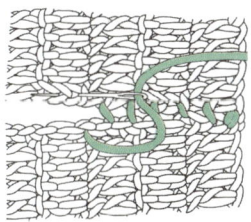

⑥ ③～⑤를 반복한다.

경사지거나 커브가 있는 편물과 편평한 편물을 붙이는 경우, 한쪽의 편물을 접어 넣으면서 붙이는 경우에 많이 사용하는 방법.
소매 옆길이나 짜임이 다른 두 편물, 또는 단과 코를 잇는 경우에 사용된다. 약간 듬성듬성 뜨는 편이 예쁘다.

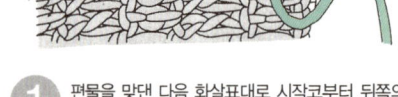

① 편물을 맞댄 다음 화살표대로 시작코부터 뒤쪽의 첫 중심을 뜬다.

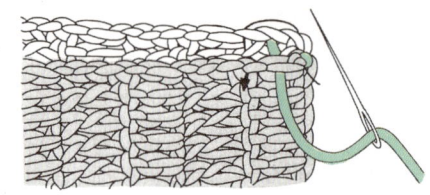

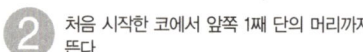

② 처음 시작한 코에서 앞쪽 1째 단의 머리까지 뜬다.

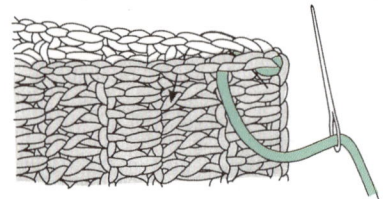

③ 앞쪽 1째 단의 중심에서 뒤쪽 2째 단 중심을 뜬다. 편물의 균형을 잡으면서 실을 뺀다.

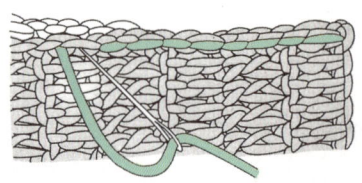

④ 1단을 두 땀(1길 긴뜨기의 경우)으로 꿰맨다.

Plus info

털실용 돗바늘

실 끝을 처리할 때나 털실로 자수를 놓을 때 사용한다. 바늘 끝은 둥그스름한 것이 좋으며 실의 굵기에 맞는 바늘을 선택해야 한다. 여러 가지 사이즈가 있는데 중세사나 보통 굵기의 실에는 흔히 15번이 사용된다.

실물 크기

20번

17번

18번

15번

2
chapter

중급 과정

☑ 코바늘의 특성을 활용한 다양한
무늬뜨기 기법을 익힌다.
☑ 코를 늘리고 줄이기 등
옷 만드는 데 필요한 방법을 배운다.

코바늘 중급 단계에서 익혀야 할 과정

솔잎뜨기, 3코구슬뜨기
팝콘뜨기, 피코빼뜨기
앞걸어뜨기, 뒤걸어뜨기
한번에 모아뜨기(코줄임), 떠넣기(코늘림) 등의 기호 익히기
모티브뜨기와 잇는 방법 익히기
칠보뜨기, 링뜨기, 교차뜨기

중급 뜨개 기법 익히기

>> 기호와 뜨는 법 1단계

 구슬뜨기

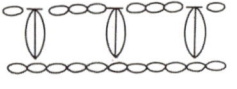

1 화살표 방향으로 바늘을 넣어 실을 잡아 뺀다.

2 잡아 뺀 실의 길이로 구슬의 길이가 결정된다.

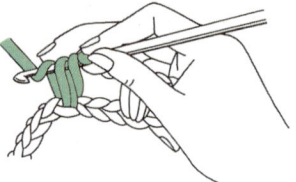

3 바늘에 걸린 실을 손가락으로 누른다.

4 잡아 뺀 실이 당기지 않게 하여 같은 코에 다시 바늘을 넣어 실을 잡아 뺀다.

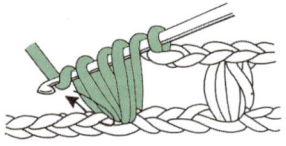

5 ③~④와 같은 방법으로 실을 잡아 뺀다.

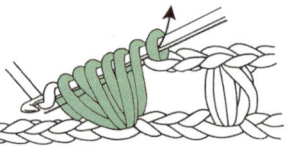

6 바늘에 걸려 있는 실의 길이를 같게 하여 한꺼번에 잡아 뺀다.

7 사슬뜨기를 해 구슬을 마무리 한 다음 ①~⑥번까지의 방법을 반복하여 뜬다.

8 기둥 부분과 머리 부분은 1코씩 어긋난다.

양 끝이 구슬뜨기인 경우

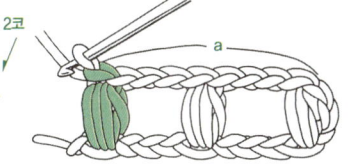

올라가기 사슬 2코

1 뜨기가 끝나는 쪽은 사슬코를 1코 뜬다.

2 ①과 같은 방법으로 다음 단은 a부분에 떠붙인다.

✖ ✖ ✖ ✖ ✖ ✖ ✖ **1길 긴뜨기 3코 구슬뜨기** 🔄 ✖ ✖ ✖ ✖ ✖ ✖ ✖

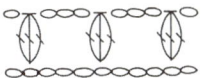

1 바늘에 실을 감아 화살표대로 바늘을 넣고 실을 길게 잡아 뺀다.

2 약간 조이면서 2코를 통과시켜 빼낸다.

3 ①과 같은 요령으로 1번 더 뜬다.

4 ②와 같은 요령으로 약간 조이면서 2코를 통과시킨다.

5 바늘에 실을 감아 화살표 방향으로 넣어 준다.

6 3코의 길이를 같게 한 다음 화살표 방향으로 실을 빼낸다.

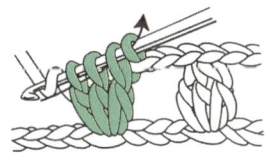

7 바늘에 실을 걸어 한꺼번에 4코를 빼낸다.

8 완성된 모습.

123

1길 긴뜨기 5코 팝콘뜨기

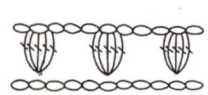

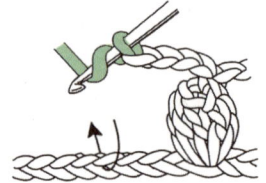

1 바늘에 실을 건 다음 화살표 방향으로 바늘을 넣어 실을 잡아 뺀다.

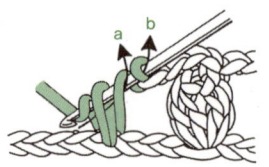

2 a와 b로 각 한번씩 실을 빼내 1길 긴뜨기를 한다.

3 같은 코에서 1길 긴뜨기를 계속 5번 한다.

4 바늘을 빼서 화살표 방향으로 바늘을 넣는다.

5 ③의 첫 코로 돌아온 다음 화살표 방향으로 바늘을 넣어 준다.

6 화살표 방향으로 코를 빼낸다.

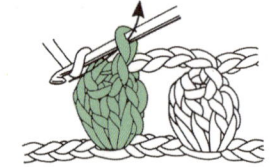

7 느슨해지지 않도록 화살표 방향으로 실을 빼 준다.

8 ①~⑦까지의 방법으로 계속 뜬다.

9 완성된 모습.

이랑뜨기

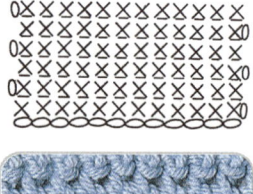

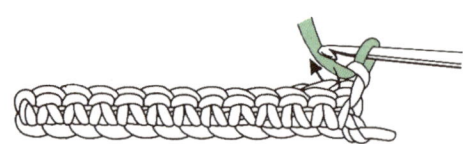

1 2째 단부터 뜨기 시작해 앞단의 맨 오른쪽 1코에 바늘을 넣어 실을 잡아 뺀다.

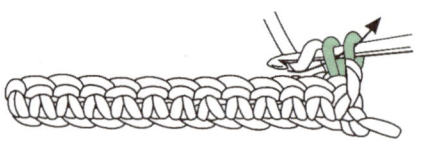

2 바늘에 실을 걸어 화살표 방향으로 빼낸다.

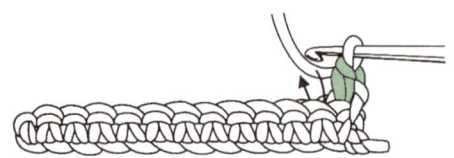

3 ①과 같은 방법으로 뜬다.

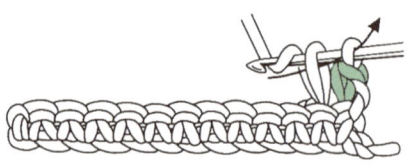

4 바늘에 실을 걸어 화살표 방향으로 빼낸다.

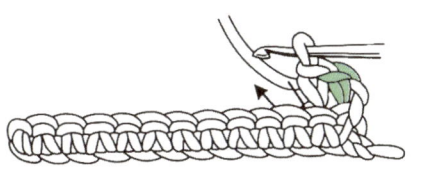

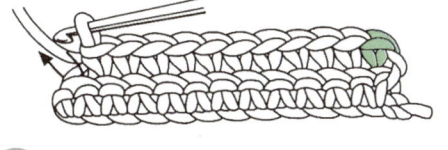

⑤ ③〜④와 같은 방법으로 1단을 뜬다.

⑥ 화살표 방향으로 바늘을 넣어 짧은뜨기를 한다.

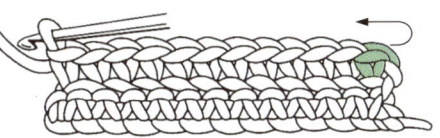

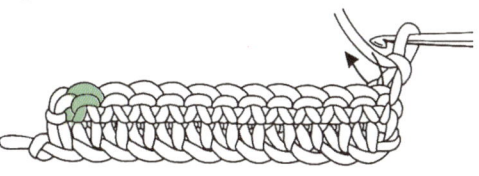

⑦ 화살표대로 돌려 편물의 방향을 바꾼다.

⑧ 올라가기 사슬 1코를 뜬 다음 3째 단부터는 ①〜⑦을 반복한다.

Y자뜨기 Y

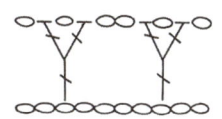

① 코바늘에 실을 2번 감고 화살표대로 바늘을 넣어 실을 길게 잡아 뺀다.

② 바늘에 실을 감아 화살표 방향으로 2코만 빼 준다.

③ 다시 바늘에 실을 감아 2코만 빼 준다.

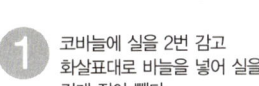

④ 바늘에 실을 감아 한꺼번에 실을 빼 2길 긴뜨기를 한다.

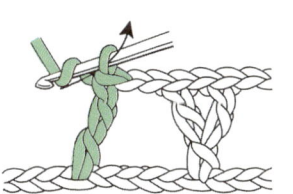

⑤ 사슬을 1코 뜬다.

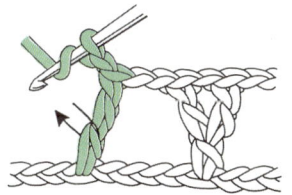

⑥ 바늘에 실을 감아 화살표 방향으로 바늘을 넣어 준다.

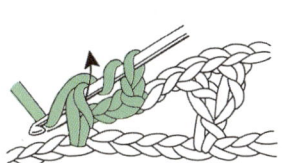

⑦ 바늘에 실을 감아 화살표 방향으로 빼 준다.

⑧ 1길 긴뜨기를 한다.

⑨ a와 b 두 기둥의 길이가 같도록 뜬다.

첫 단은 1길 긴뜨기를 뜨고 2째 단부터 앞걸어뜨기를 한다. 3째 단은 뒤걸어뜨기를 한다.

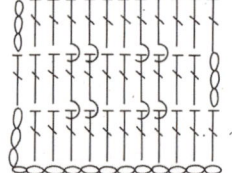

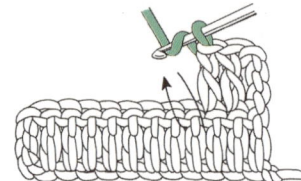

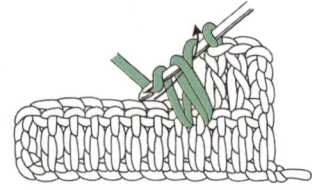

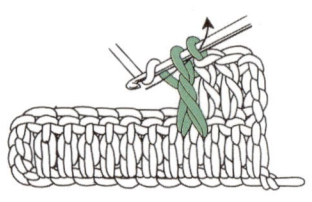

1 **2째 단** 화살표대로 바늘을 넣어 1길 긴뜨기를 하는데, 실을 약간 길게 잡아 뺀다.

2 바늘에 실을 감아 화살표 방향으로 빼 준다.

3 바늘에 실을 감아 화살표 방향으로 빼 준다.

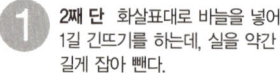

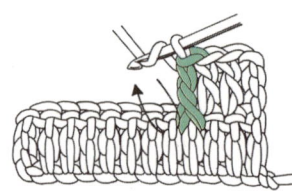

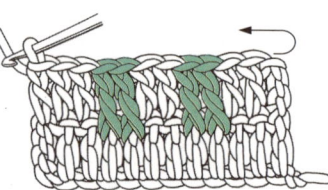

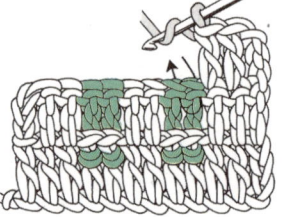

4 ①~③을 반복한다.

5 화살표대로 편물의 방향을 바꿔 1길 긴뜨기를 한다.

6 **3째 단** 화살표대로 안쪽에서 바늘을 넣어 실을 길게 잡아 뺀다.

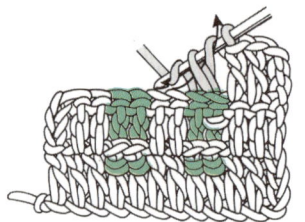

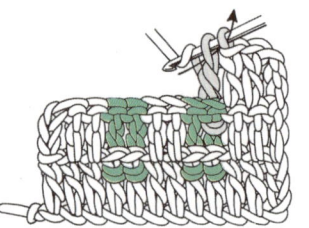

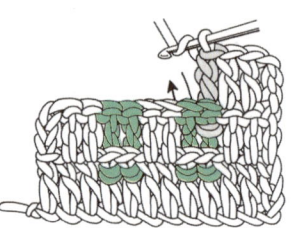

7 바늘에 실을 감아 화살표 방향으로 빼낸다.

8 바늘에 실을 감아 화살표 방향으로 빼낸다.

9 ⑥~⑧을 반복한다.

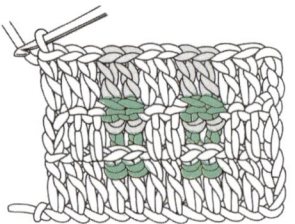

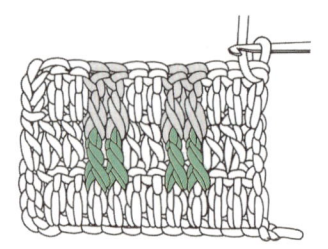

10 완성된 안쪽의 모습.

11 4째 단부터는 2째, 3째 단 과정을 반복한다.

1길 긴뜨기 뒤걸어뜨기

2째 단부터 뒤걸어뜨기를 한다. 다 뜬 후의 모양은 앞걸어뜨기의 안쪽과 같다.

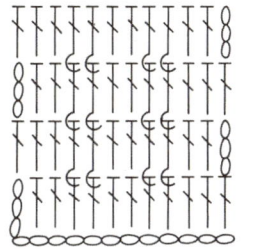
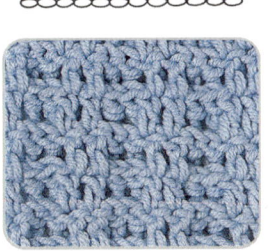

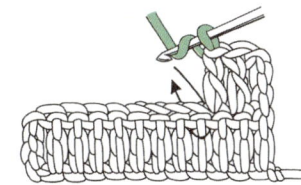

1 **2째 단** 화살표대로 바늘을 넣어 1길 긴뜨기를 하는데, 실을 약간 길게 잡아 뺀다.

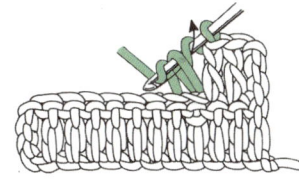

2 바늘에 실을 걸어 화살표 방향으로 뺀다.

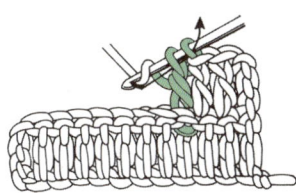

3 실을 걸어 2코를 한번에 뺀다.

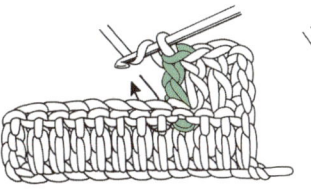

4 ①~③을 반복한다.

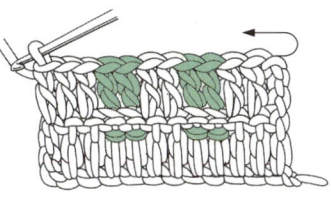

5 화살표대로 돌려 편물의 방향을 바꾼다.

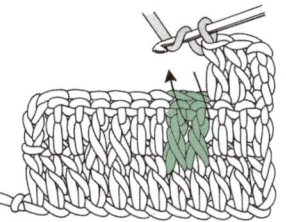

6 **3째 단** 화살표대로 앞쪽에서 바늘을 넣어 실을 잡아 뺀다.

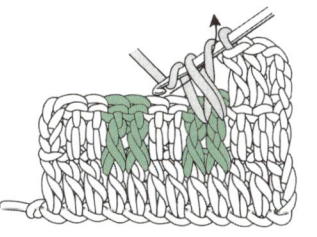

7 바늘에 실을 걸어 1길 긴뜨기를 한다.

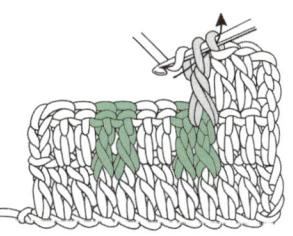

8 바늘에 실을 걸어 화살표 방향으로 빼낸다.

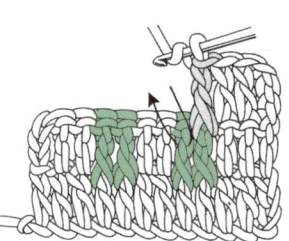

9 ⑥~⑧을 반복한다.

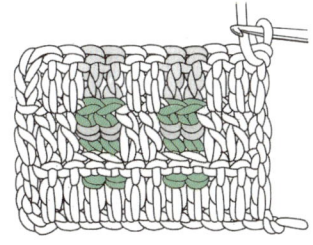

10 **안쪽** 4째 단부터는 2째, 3째 단 과정을 반복한다.

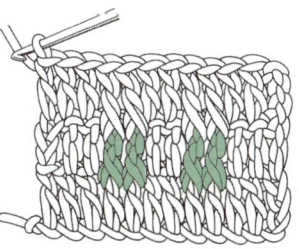

11 완성된 겉쪽의 모습.

피코뜨기

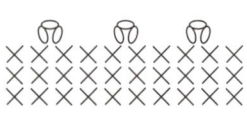

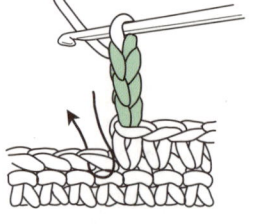

① 사슬 3코를 뜨고 화살표 방향으로 바늘을 넣는다.

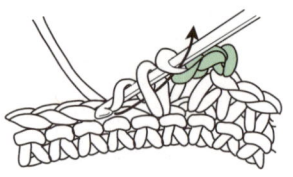

② 바늘에 실을 걸어 화살표 방향으로 빼 준다.

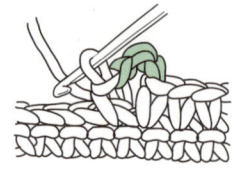

③ 완성된 모습.

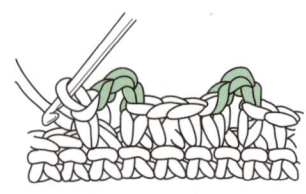

④ 같은 방법으로 원하는 만큼의 간격을 두고 피코무늬를 뜬다.

피코빼뜨기

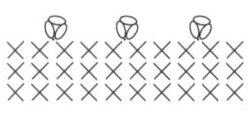

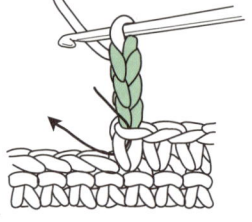

① 사슬 3코를 뜬 다음 화살표와 같이 짧은뜨기 머리의 반 코와 기둥 1겹에 바늘을 넣는다.

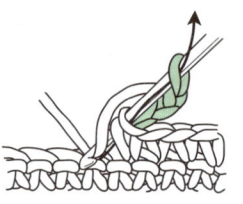

② 바늘에 실을 걸고 화살표 방향으로 한번에 빼뜬다.

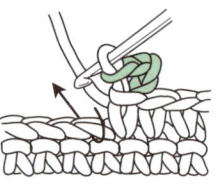

③ 피코빼뜨기가 완성된 모습. 다음 코에 짧은뜨기를 뜨면 마무리가 된다.

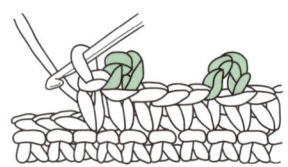

④ 원하는 만큼의 간격을 두고 같은 방법으로 피코빼뜨기를 한다.

기호와 뜨는 법 2단계

 링뜨기

고리는 겉쪽에 생긴다. 고리의 크기는 왼손 가운뎃손가락에 건 실의 길이로 조절한다.

겉

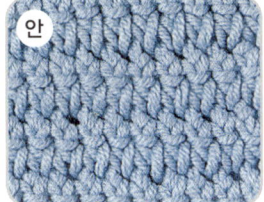

안

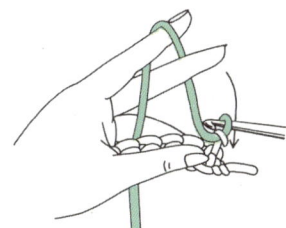

① 올라가기 사슬 1코를 뜨고 왼손의 가운뎃손가락에 실을 걸어 편물의 뒤쪽으로 내린다.

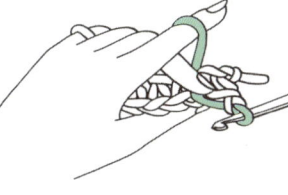

② 실과 함께 편물을 누르면서 고리의 길이를 정한다.

③ 실을 누른 채 짧은뜨기를 한다.

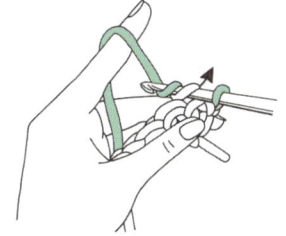

④ 실을 감아 화살표 방향으로 바늘을 빼낸다.

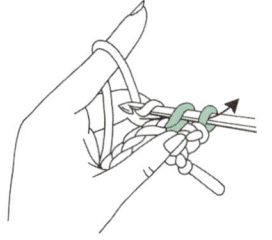

⑤ 화살표 방향으로 바늘을 빼 2코를 한번에 뜬다.

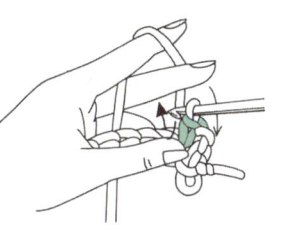

⑥ ①~⑤를 반복한다.

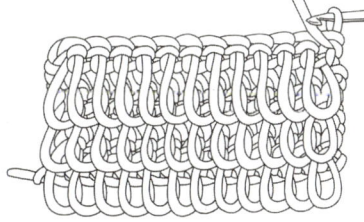

⑦ 고리의 길이를 일정하게 뜬다.

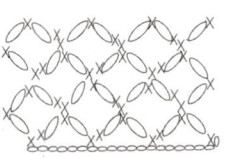

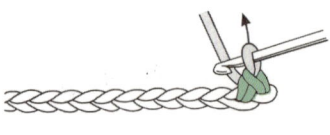

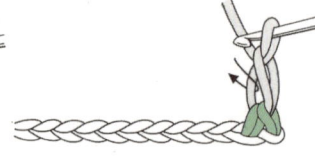

① 바늘에 걸려 있는 실을 끌어 당겨 원하는 크기로 사슬을 늘린다.

② 사슬 1코를 뜬다.

③ 사슬코가 빡빡하지 않게 화살표대로 바늘을 넣는다.

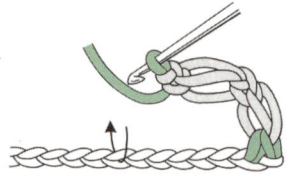

④ a와 b로 각 한번씩 실을 빼 짧은뜨기를 한다.

⑤ ②~④까지를 반복한다.

⑥ 도안대로 사슬코의 수만큼 띄어 화살표대로 바늘을 넣어 짧은 뜨기를 한다.

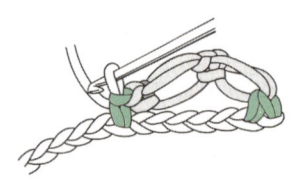

⑦ 짧은뜨기를 한 모습.

⑧ ①~⑦까지의 과정을 반복한다. 화살표대로 편물의 방향을 바꾼다.

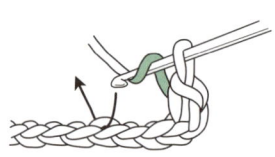

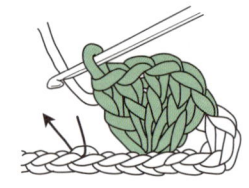

① 짧은뜨기 1코를 뜨고 바늘 코에 실을 걸어서 2코 걸러 3째 코에 바늘을 넣는다.

② 실을 끌어내 바늘에 실을 걸어 2코씩 빼내면서 1길 긴뜨기를 뜬다.

③ 2코 같은 코에 바늘을 넣어서 1길 긴뜨기 4개를 더 뜨고, 2코 걸러 3째 코에 바늘을 넣어 짧은뜨기를 한다.

④ 완성된 모습.

>> 기호와 뜨는 법 3단계 | 둘레뜨기

둘레뜨기를 할 때는 각 단의 연결방법, 다음 단의 시작과 끝나는 곳을 정확하게 기억해 두어야 한다. 자칫하면 단과 단이 어긋나거나 편물이 우글쭈글해질 수 있다.

시작코

사슬뜨기를 원형으로 만든 다음 시작한다. 시작코를 고리로 만들 때는 사슬이 꼬이지 않도록 연결한다.

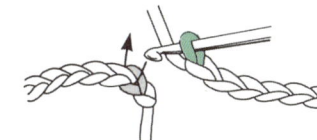

① 사슬코의 겉쪽과 안쪽으로 바늘을 넣는다.

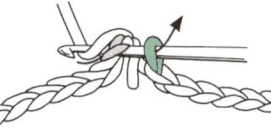

② 화살표대로 실을 잡아 뺀다.

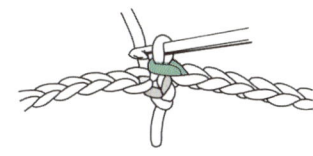

③ 완성된 모습.

모든 단을 같은 방향으로 뜨는 경우

짧은뜨기

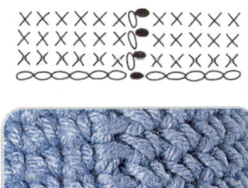

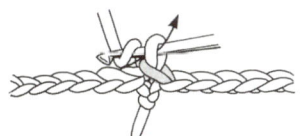

① 사슬뜨기로 고리를 만든 다음 올라가기 사슬 1코를 뜬다.

② 화살표(첫 코)대로 바늘을 넣어 실을 잡아 뺀다.

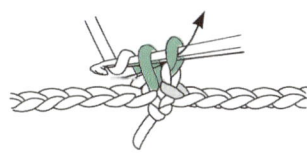

③ 바늘에 실을 걸어 화살표 방향으로 빼낸다.

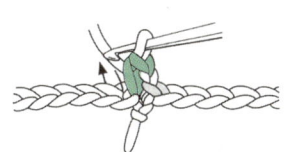

④ 화살표 방향으로 바늘을 넣어 같은 방법으로 짧은뜨기를 뜬다.

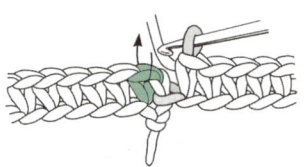

⑤ 화살표 방향으로 바늘을 넣어 준다.

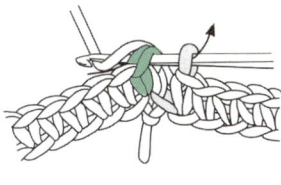

⑥ 바늘에 실을 걸어 걸려 있는 코를 한번에 빼낸다.

131

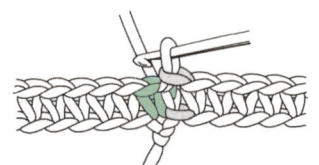

⑦ 1째 단이 완성된 모습.

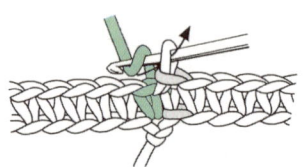

⑧ **2째 단** 올라가기 사슬을 1코 뜬다.

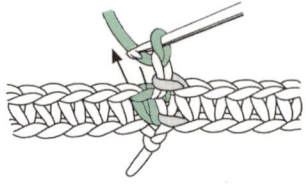

⑨ 1째 단과 똑같은 방법으로 뜬다.

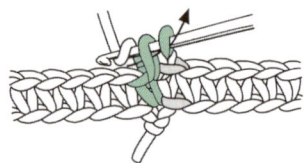

⑩ 바늘에 실을 걸어 화살표 방향으로 빼내 짧은뜨기를 한다.

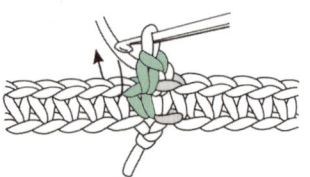

⑪ 화살표 방향으로 바늘을 넣어 계속해서 짧은뜨기를 한다.

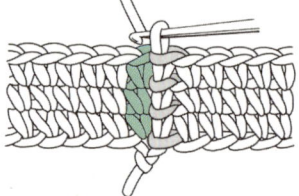

⑫ 짧은뜨기 둘레뜨기가 완성된 모습.

1길 긴뜨기

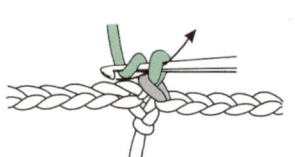

① **1째 단** 1째 코에서 올라가기 사슬 3코를 뜬다.

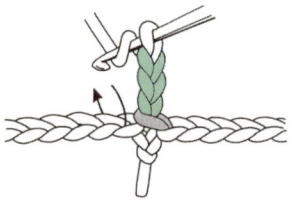

② 2째 코에서 1길 긴뜨기를 한다.

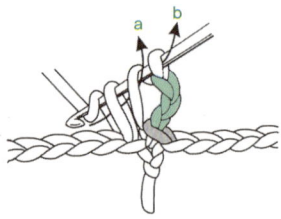

③ 바늘에 실을 감아 a 방향으로 빼고 다시 바늘에 실을 감아 b 방향으로 빼낸다.

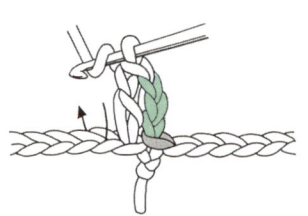

④ 바늘에 실을 걸어 같은 방법으로 1길 긴뜨기를 계속해서 뜬다.

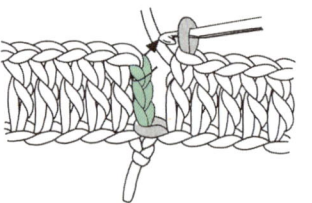

⑤ 사슬 3째 코의 안쪽 1겹만 남기고 바늘을 넣는다.

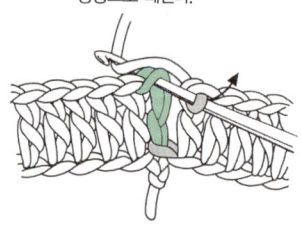

⑥ 화살표대로 빼뜨기로 마무리한다.

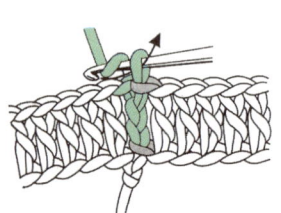

⑦ **2째 단** 올라가기 사슬 3코를 뜬다.

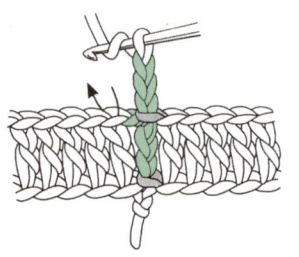

⑧ 그림과 같이 바늘을 넣어 첫 단과 똑같은 방법으로 뜬다.

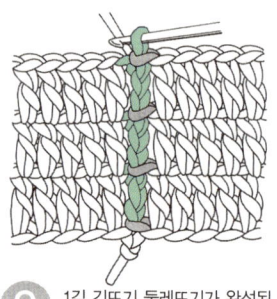

⑨ 1길 긴뜨기 둘레뜨기가 완성된 모습.

모눈뜨기

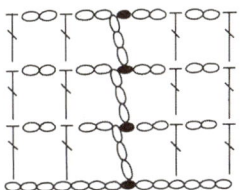

기둥코

① **1째 단** 뜨기 시작코에서 기둥코 3코를 뜨고 사슬코 2코를 뜬다.

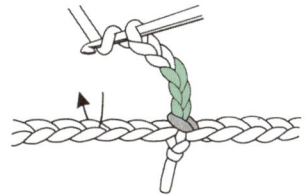

② 화살표대로 바늘을 넣어 1길 긴뜨기를 한다.

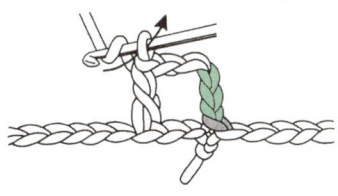

③ 사슬뜨기 2코를 뜬다.

④ 바늘에 실을 감아 화살표대로 바늘을 넣어 1길 긴뜨기를 한다.

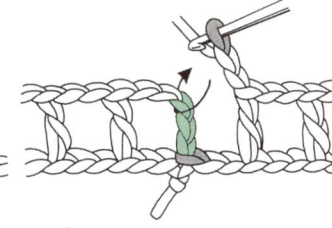

⑤ 올라가기 사슬 3째 코에서 빼뜨기로 마무리한다.

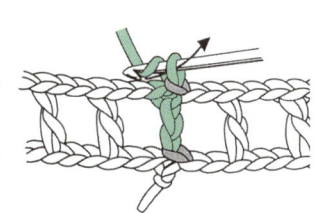

⑥ 처음 시작과 같이 기둥코 3코, 사슬코 2코를 뜬다.

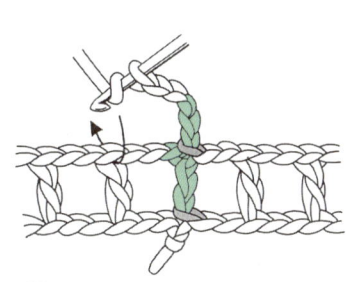

⑦ 1째 단과 같은 방법으로 뜬다.

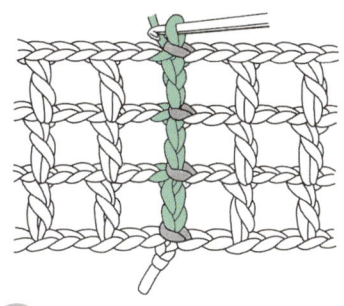

⑧ 모눈뜨기 둘레뜨기가 완성된 모습.

솔잎뜨기

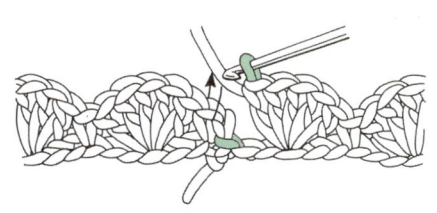

① **1째 단** 그림과 같이 화살표대로 바늘을 넣어 솔잎뜨기로 고리를 만든다.

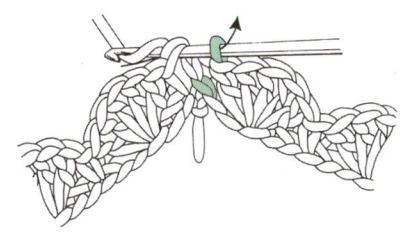

② 바늘에 실을 걸어 화살표 방향으로 한번에 빼낸다.

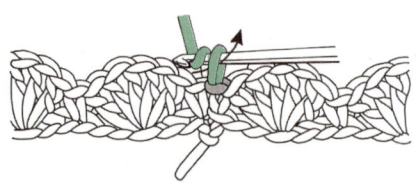

③ **2째 단** 올라가기 사슬이 솔잎의 중심이 되도록 사슬뜨기 3코를 한다.

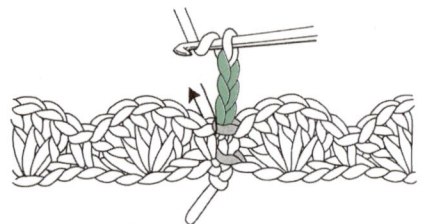

④ 같은 코에서 1길 긴뜨기를 2번 뜬다.

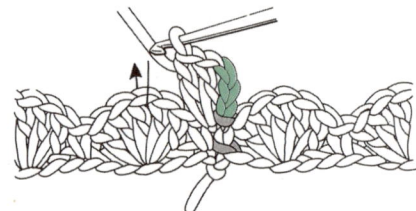

⑤ 1째 단의 솔잎 중심에서 짧은뜨기를 한다.

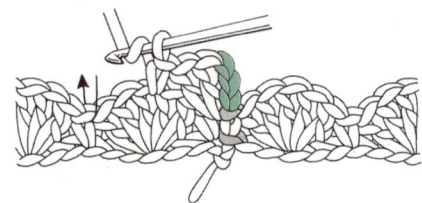

⑥ 화살표대로 바늘을 넣어 같은 코에서 1길 긴뜨기를 연속 5번 뜬다.

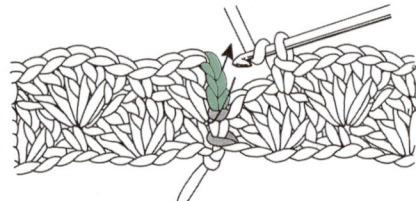

⑦ ④의 시작코에서 화살표 방향으로 바늘을 넣어 1길 긴뜨기를 계속 2번 뜬다.

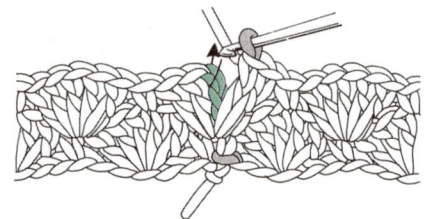

⑧ 올라가기 사슬 3째 코에 안쪽 1겹만 남기고 바늘을 넣어 빼뜨기로 마무리한다.

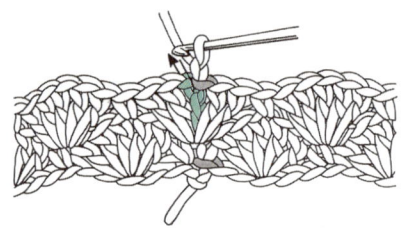

⑨ **3째 단** 2째 단 마무리 코에서 짧은뜨기를 한다.

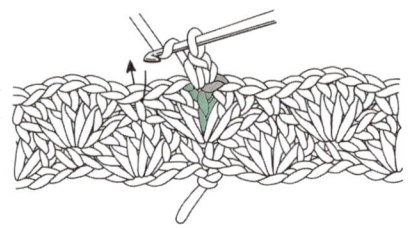

⑩ 2째 단의 짧은뜨기(화살표 부분)에서 1길 긴뜨기를 연속 5번 한다. 도안의 수치만큼 1째 단과 2째 단을 반복한다.

모든 단을 반대 방향으로 뜨는 경우

모눈뜨기

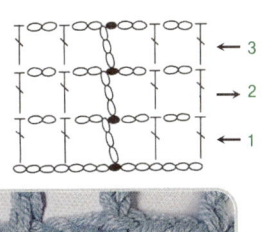

① **2째 단** 1째 단을 떠 둘레뜨기로 연결한 다음 1길 긴뜨기로 2째 단을 올린다.

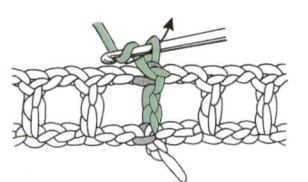

② 사슬을 5코 뜬다.

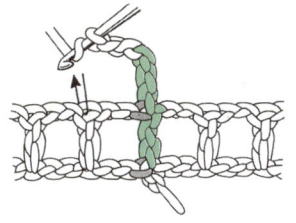

③ 바늘에 실을 감아 화살표 방향으로 넣어 1길 긴뜨기를 한다.

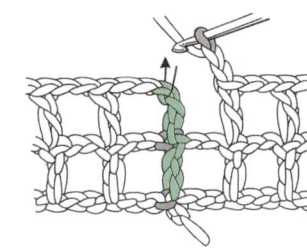

④ 올라가기 사슬 3째 코에 화살표대로 바늘을 넣어 빼뜨기로 마무리한다.

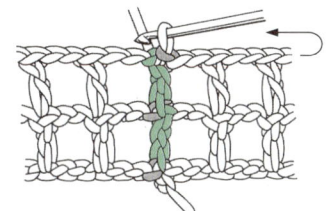

⑤ **3째 단** 화살표대로 편물의 방향을 바꾼다.

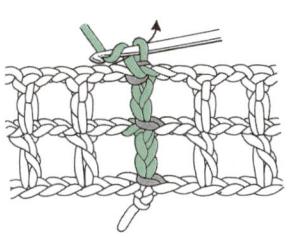

⑥ 2째 단과 같은 요령으로 뜬다.

솔잎뜨기

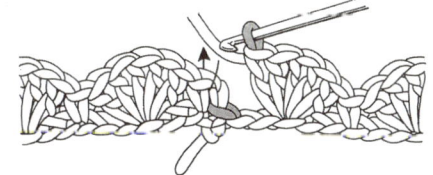

① **1째 단** 화살표 방향으로 바늘을 넣어 빼뜨기로 마무리한다.

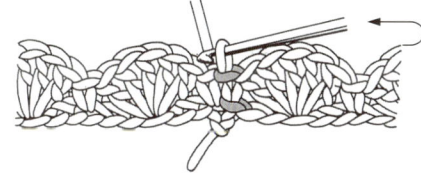

② **2째 단** 화살표대로 편물의 방향을 바꾼다.

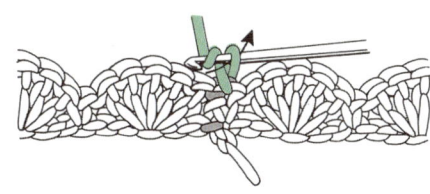

③ 올라가기 사슬을 3코 떠 솔잎 중심코가 되게 한다.

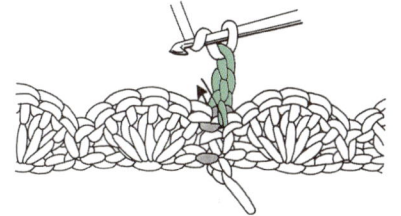

④ ①에서 바늘을 넣은 코에 다시 바늘을 넣는다.

135

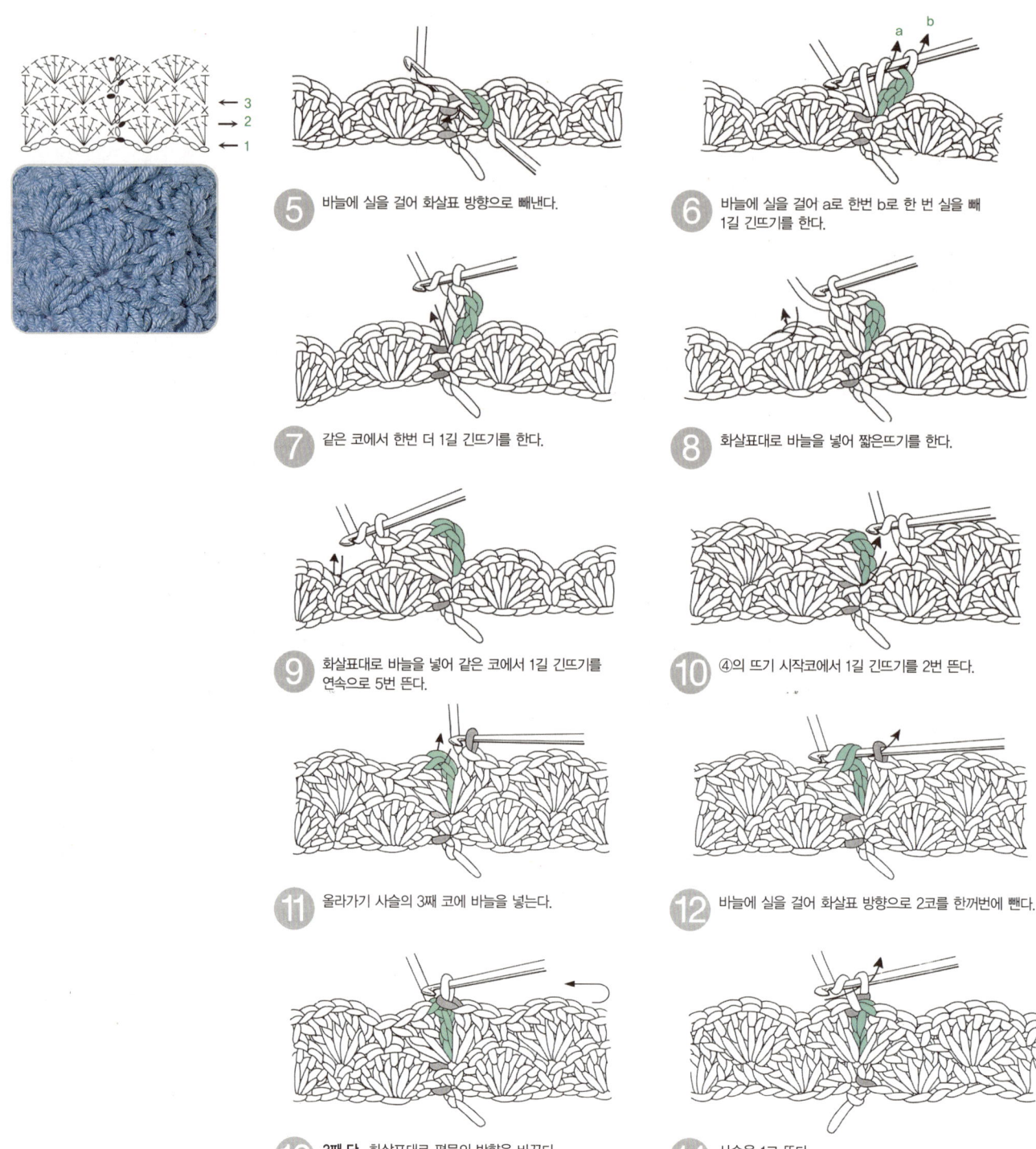

⑤ 바늘에 실을 걸어 화살표 방향으로 빼낸다.

⑥ 바늘에 실을 걸어 a로 한번 b로 한 번 실을 빼 1길 긴뜨기를 한다.

⑦ 같은 코에서 한번 더 1길 긴뜨기를 한다.

⑧ 화살표대로 바늘을 넣어 짧은뜨기를 한다.

⑨ 화살표대로 바늘을 넣어 같은 코에서 1길 긴뜨기를 연속으로 5번 뜬다.

⑩ ④의 뜨기 시작코에서 1길 긴뜨기를 2번 뜬다.

⑪ 올라가기 사슬의 3째 코에 바늘을 넣는다.

⑫ 바늘에 실을 걸어 화살표 방향으로 2코를 한꺼번에 뺀다.

⑬ 3째 단 화살표대로 편물의 방향을 바꾼다.

⑭ 사슬을 1코 뜬다.

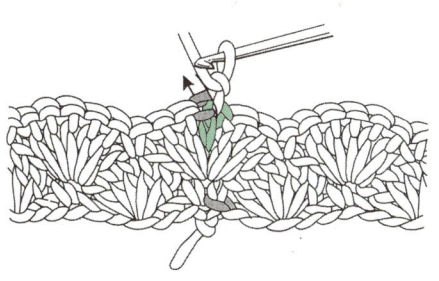

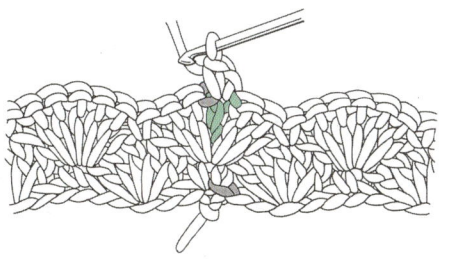

16 짧은뜨기를 한 다음 같은 방법으로 계속 솔잎뜨기를 뜬다.

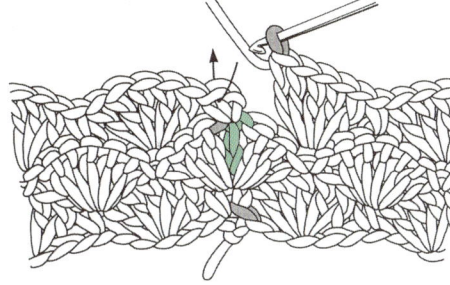

17 화살표 부분에 바늘을 넣어 빼뜨기로 실을 잡아 뺀다.

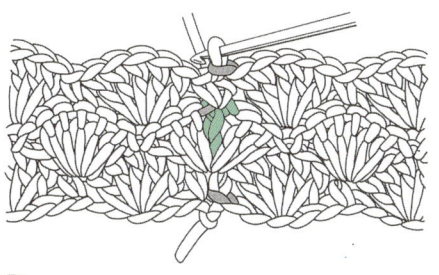

18 2째, 3째 단을 반복한다.

2 코 줄이기

> **끝에서 1코 줄이는 경우**

✖✖✖✖✖✖✖✖✖✖✖✖✖✖✖✖ **짧은뜨기** ✖✖✖✖✖✖✖✖✖✖✖✖✖✖✖✖

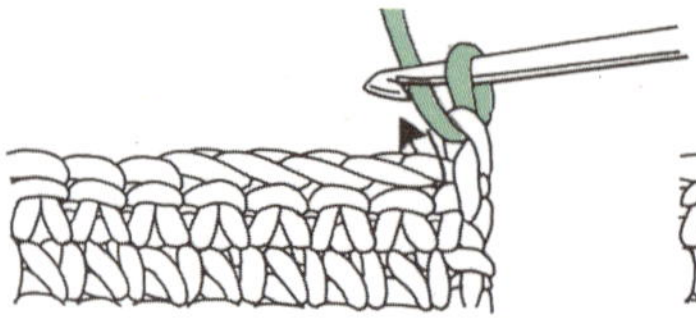

① 올라가기 사슬 1코를 뜬 다음 화살표대로 바늘을 넣어 약간 느슨하게 실을 잡아 뺀다.

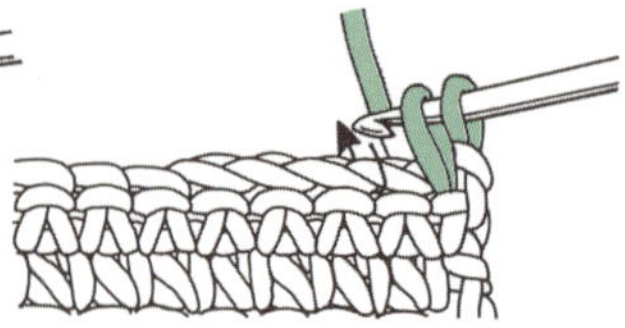

② 다음 코에 바늘을 넣어 실을 잡아 뺀다.

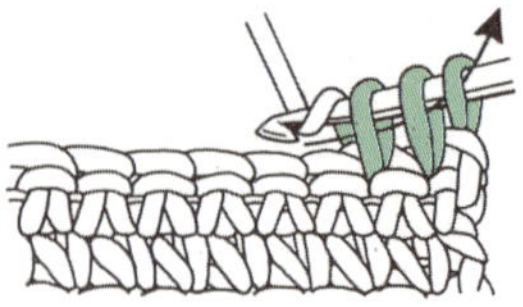

③ 화살표대로 한꺼번에 실을 잡아 뺀다.

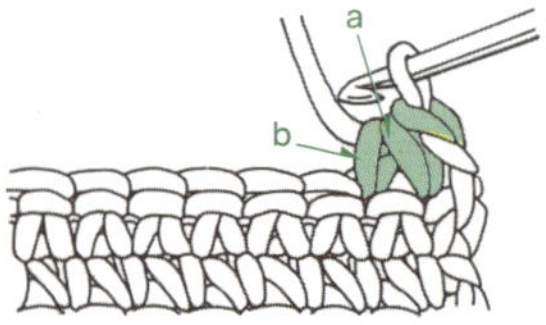

④ 짧은뜨기를 계속 뜬다.

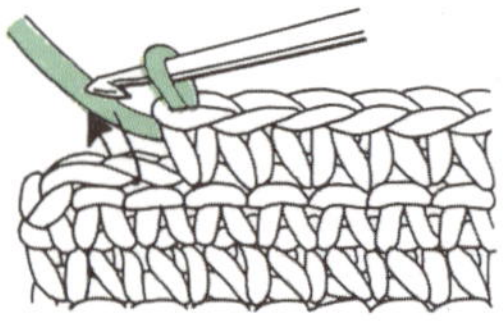

⑤ 끝에서 2째 코에 바늘을 넣어 실을 잡아 뺀다.

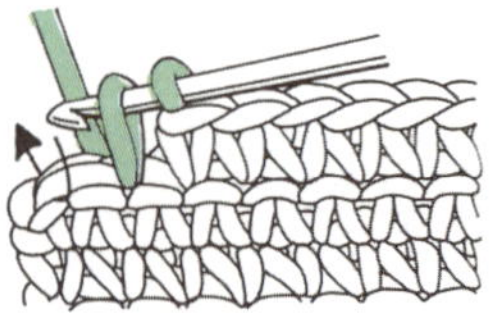

⑥ 끝코에 바늘을 넣어 약간 길게 실을 잡아 뺀다.

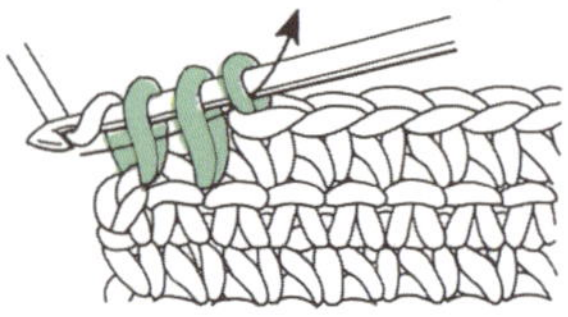

⑦ 실을 한꺼번에 잡아 뺀다.

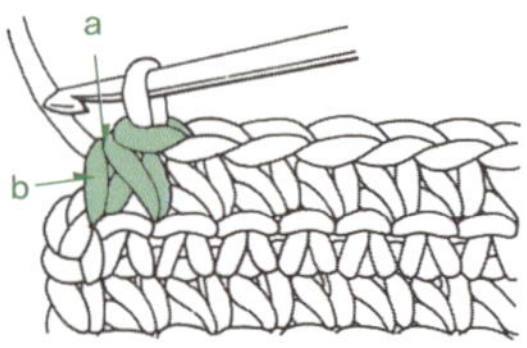

⑧ a코는 약간 조이게, b코는 느슨하게 뜬다.

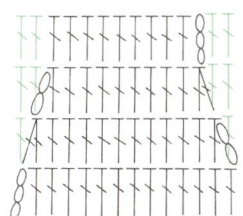

1길 긴뜨기

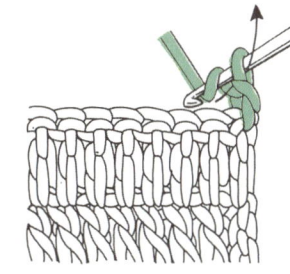

① 올라가기 사슬 2코를 약간 느슨하게 뜬다.

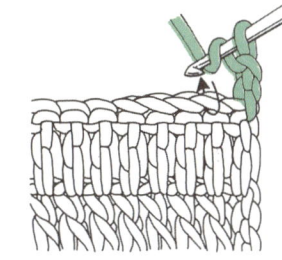

② 다음 코에 바늘을 넣어 실을 잡아 뺀다.

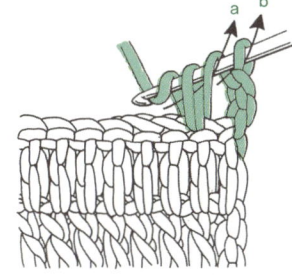

③ 바늘에 실을 걸어 a 방향으로 한번, b 방향으로 또 한번을 빼낸다.

좌

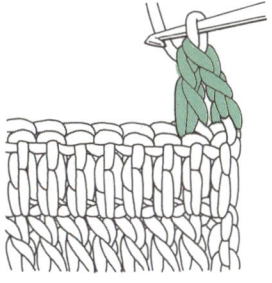

④ 계속해서 1길 긴뜨기를 뜬다.

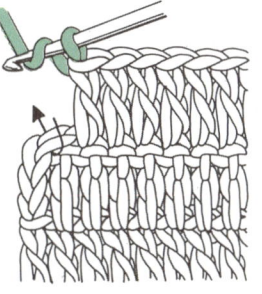

⑤ 끝에서 2째 코에 바늘을 넣어 실을 잡아 뺀다.

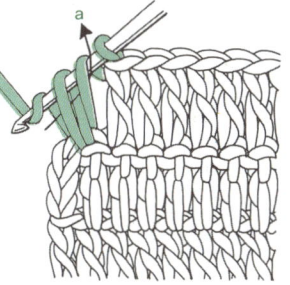

⑥ 바늘에 실을 걸어 a 방향으로 실을 뺀다.

우

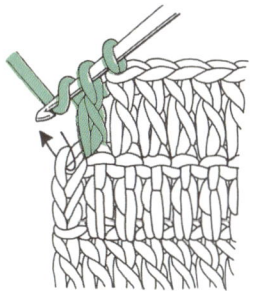

⑦ 끝코에 바늘을 넣어 실을 잡아 뺀다.

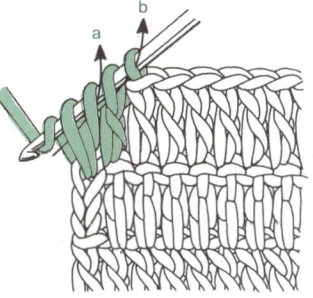

⑧ 바늘에 실을 감아 a로 한번, b로 한번 실을 빼 준다.

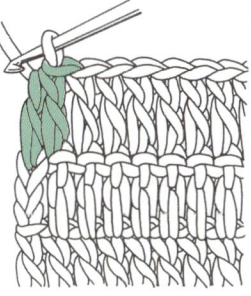

⑨ 코 줄이기가 완성된 모습.

코바늘뜨기

기계편물과정

실전편!

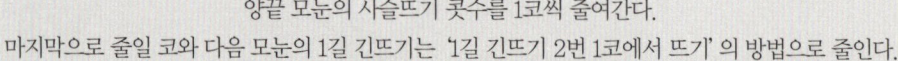

양끝 모눈의 사슬뜨기 콧수를 1코씩 줄여간다.
마지막으로 줄일 코와 다음 모눈의 1길 긴뜨기는 '1길 긴뜨기 2번 1코에서 뜨기'의 방법으로 줄인다.

좌

우

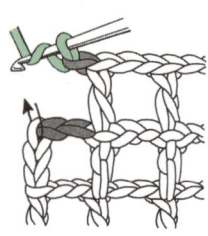

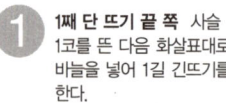

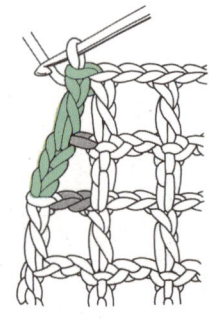

① **1째 단 뜨기 끝 쪽** 사슬 1코를 뜬 다음 화살표대로 바늘을 넣어 1길 긴뜨기를 한다.

② 1길 긴뜨기를 뜬 모습.

③ **2째 단** 사슬뜨기를 하지 않고 실을 걸어 화살표대로 1길 긴뜨기를 한다.

④ 사슬의 콧수를 줄여 가면서 무늬를 줄여 간다.

솔잎뜨기

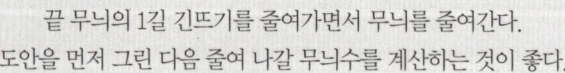

끝 무늬의 1길 긴뜨기를 줄여가면서 무늬를 줄여간다.
도안을 먼저 그린 다음 줄여 나갈 무늬수를 계산하는 것이 좋다.

좌

우

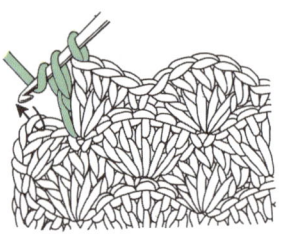

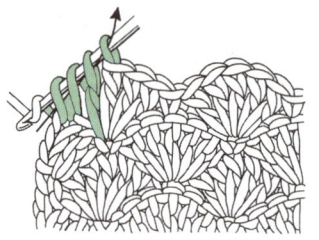

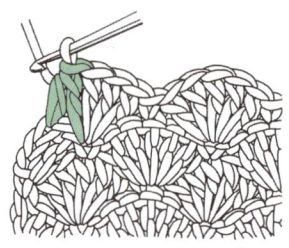

① **2째 단 뜨기 끝 쪽** 1길 긴뜨기의 중간 과정까지 뜨고 화살표대로 바늘을 넣어 실을 잡아 뺀다.

② 바늘에 실을 감아 긴뜨기와 1길 긴뜨기의 코를 한꺼번에 뜬다.

③ 마지막 코에 빼뜨기로 실을 넣어 완성한다.

그물뜨기

그물뜨기의 도안을 먼저 그린 다음 줄일 그물 단을 결정해 양쪽 가장자리 선을 긋는다.
이 선을 따라 그물 모양을 변화시키면서 줄인다.

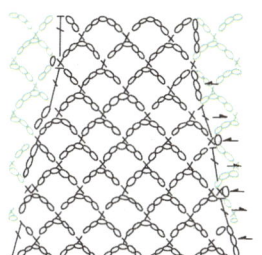

좌

우

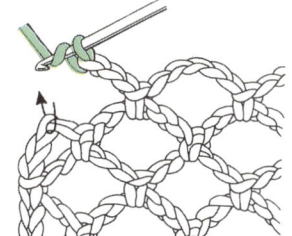

① **2째 단 뜨기 끝 쪽** 화살표대로 바늘을 넣어 실을 잡아 뺀다.

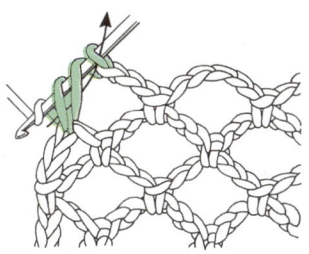

② 바늘에 실을 걸어 긴뜨기를 한다.

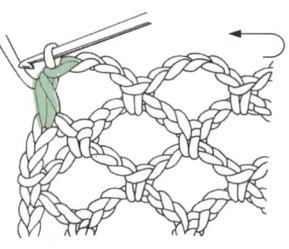

③ 화살표대로 편물을 돌려 방향을 바꾼다.

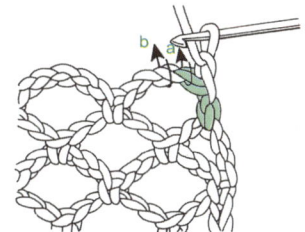

④ **3째 단 뜨기 시작 쪽** a와 b의 화살표대로 바늘을 넣어 각각 짧은뜨기를 한다.

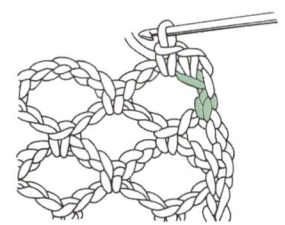

⑤ 짧은뜨기를 한 모습.

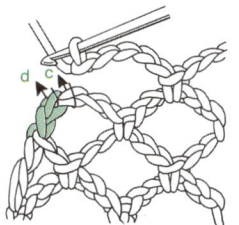

⑥ **뜨기 끝 쪽** c는 사슬을 완전히 감싸 뜨고 d는 사슬의 겉쪽과 안쪽으로 바늘을 넣어 짧은뜨기를 한다.

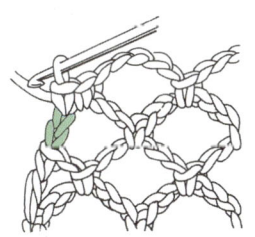

⑦ 짧은뜨기를 한 모습.

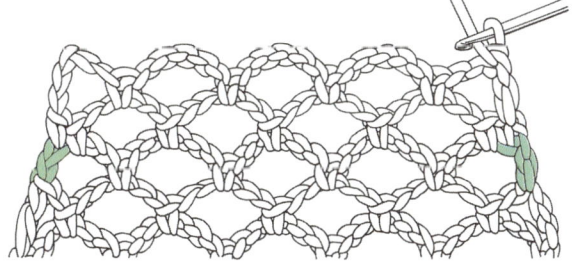

⑧ 그물뜨기 줄이기가 완성된 모습.

경사지게 줄이는 경우

짧은뜨기 (3코를 줄이는 경우)

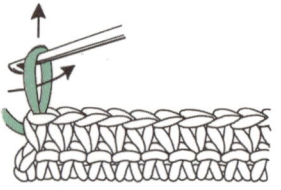

1 **실 매듭 방법** 마지막 코의 고리를 크게 하여 실을 통과시킨다.

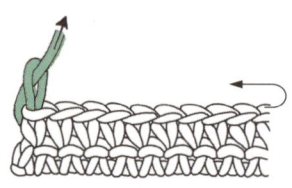

2 실을 잡아당겨 조인 다음 화살표대로 돌려 편물의 방향을 바꾼다.

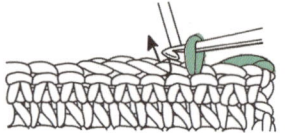

3 **실 걸치는 방법** 3째 코에서 바늘을 넣어 실을 잡아 뺀다.

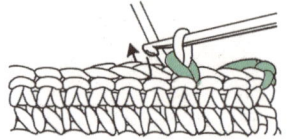

4 걸친 실이 당기지 않게 한 다음 그 다음 코에서 빼뜨기를 한다.

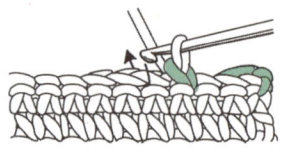

5 다음 코부터 짧은뜨기를 한다.

6 짧은뜨기를 계속해서 한다.

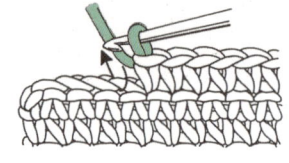

7 **뜨기 끝 쪽** 편물의 끝에서 4째 코에서 빼뜨기를 한다.

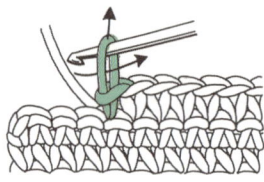

8 바늘의 긴 고리를 크게 하여 ①~②의 방법으로 실을 매듭짓는다.

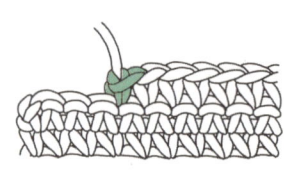

9 완성된 모습. ③~⑧의 방법으로 원하는 단수만큼 떠 완성한다.

142

1길 긴뜨기 (2코를 줄이는 경우)

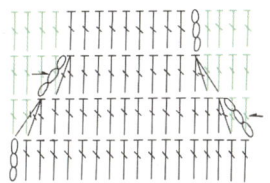

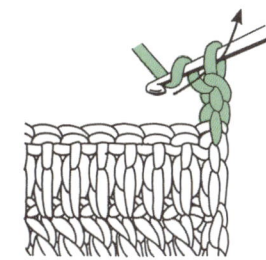

① **뜨기 시작 쪽** 올라가기 사슬을 3코 뜬다.

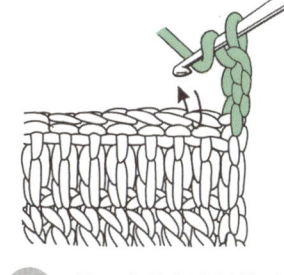

② 다음 코에 바늘을 넣어 실을 잡아 뺀다.

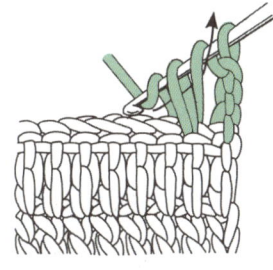

③ 1길 긴뜨기를 중간과정까지 뜬다.

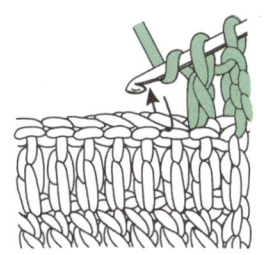

④ 바늘에 실을 감은 뒤 다음 코에 바늘을 넣어 실을 잡아 뺀다.

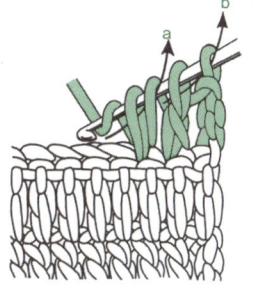

⑤ a와 b 각 한번씩 실을 걸어 코를 뺀다.

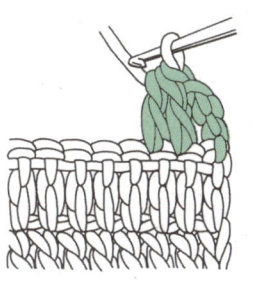

⑥ 바늘에 걸린 코를 한꺼번에 뜬 다음 계속해서 1길 긴뜨기를 한다.

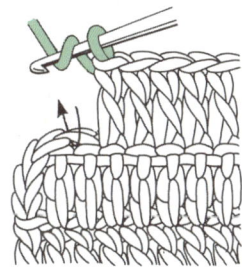

⑦ **뜨기 끝 쪽** 끝에서 3째 코에 바늘을 넣어 실을 잡아 뺀다.

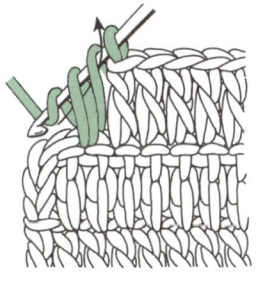

⑧ 1길 긴뜨기를 중간과정까지 뜬다.

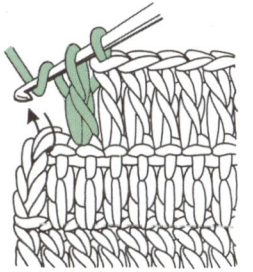

⑨ 다음 코(2째 코)에 바늘을 넣어 실을 잡아 뺀다.

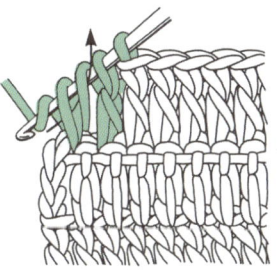

⑩ 바늘에 실을 감아 화살표 방향으로 빼낸다.

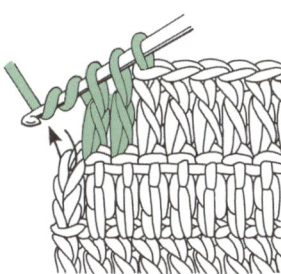

⑪ 바늘에 실을 2번 감은 뒤 끝코에 바늘을 넣어 실을 잡아 뺀다.

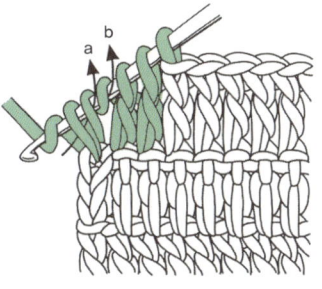

⑫ a와 b로 각 한번씩 코를 빼 2길 긴뜨기를 중간과정까지 뜬다.

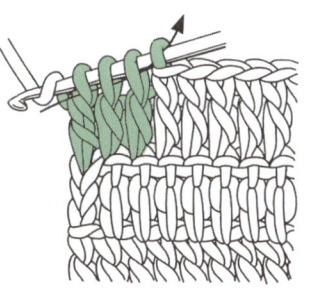

⑬ 실을 감아 4코를 한꺼번에 뜬다.

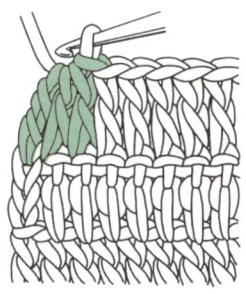

⑭ 완성된 모습.

모눈뜨기 (1칸 줄이는 경우)

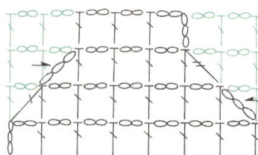

좌

우

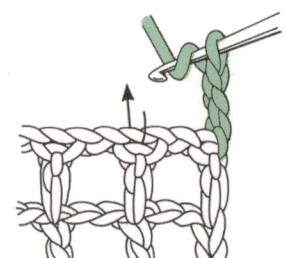

① 사슬 3코를 뜬 다음 화살표대로 바늘을 넣어 실을 잡아 뺀다.

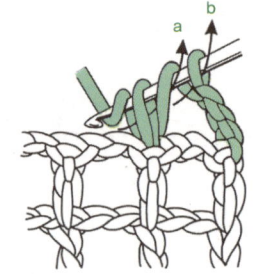

② 바늘에 실을 감아 a와 b방향으로 각 한번씩 빼내어 1길 긴뜨기를 한다.

③ 계속해서 모눈뜨기를 한다.

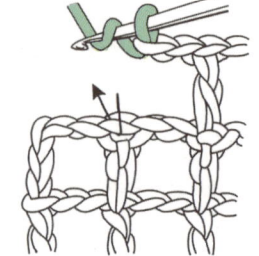

④ **뜨기 끝 쪽** 화살표대로 바늘을 넣어 실을 잡아 뺀다.

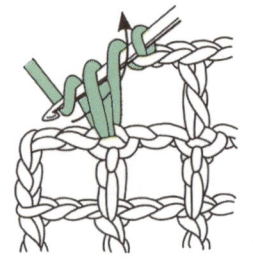

⑤ 1길 긴뜨기를 중간과정까지 뜬다.

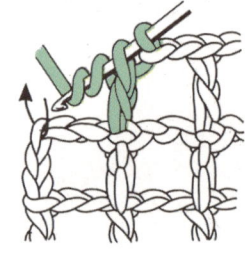

⑥ 바늘에 2번 실을 감아 화살표대로 바늘을 넣어 잡아 뺀다.

⑦ 2길 긴뜨기 요령으로 뜬 다음 3코를 한번에 뺀다.

⑧ 완성된 모습. 마지막 코에서 2길 긴뜨기가 느슨해지지 않게 주의한다.

솔잎뜨기 (무늬를 반으로 줄이는 경우)

좌

우

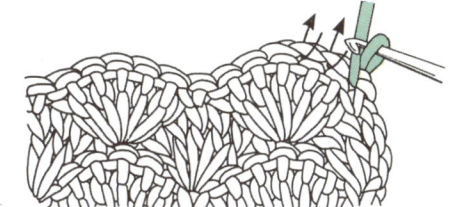

1 **뜨기 시작 쪽** 편물의 방향을 바꾸어 화살표대로 1코씩 빼뜨기를 한다.

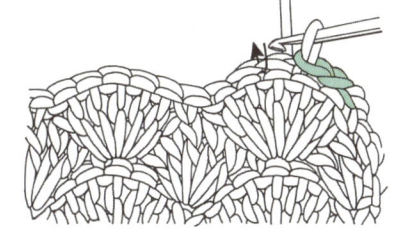

2 앞단 솔잎뜨기의 중심코에 바늘을 넣어 실을 잡아 뺀다.

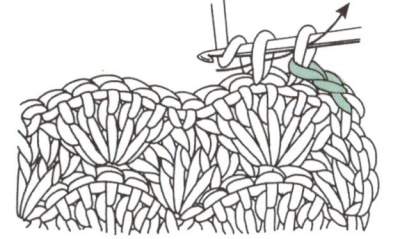

3 바늘에 실을 감아 짧은뜨기를 한다.

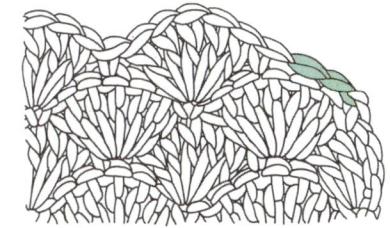

4 짧은뜨기와 빼뜨기를 완성한 모습.

남김 / 짧은뜨기 / 빼뜨기

5 **뜨기 끝 쪽** 나머지 부분은 뜨지 않고 남기고 마무리한다.

▶▶ 곡선으로 줄이는 경우

짧은뜨기

실물대형의 기호도(혹은 실물대형의 게이지 그래프)에 곡선을 그어 그 선을 따라 줄여 나간다.

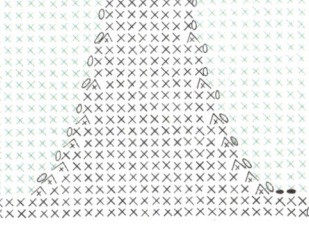

좌

우

1길 긴뜨기 (3코 이상 줄이는 경우)

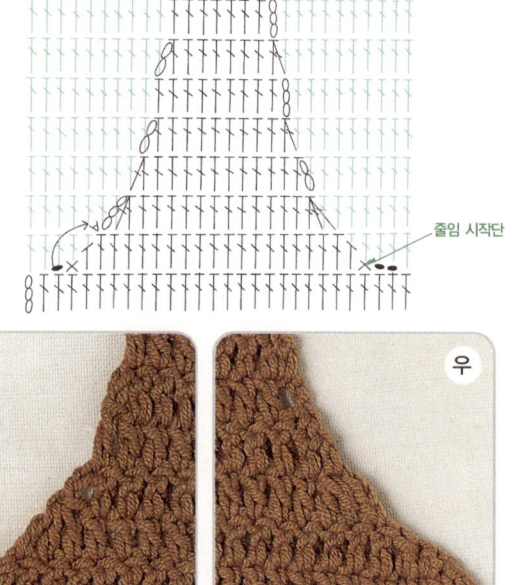

줄임 시작단

좌　　　우

* 도안을 참고해 1길 긴뜨기 경사지게 줄이기와 같은 방법으로 줄여간다.

모눈뜨기

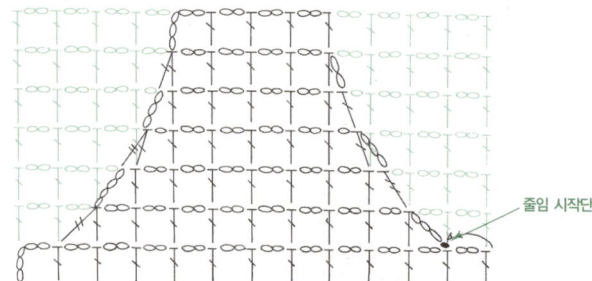

줄임 시작단

좌　　　우

* 도안을 참고해 모눈뜨기 경사지게 줄이기와 같은 방법으로 줄인다.

그물뜨기

줄임
시작단

좌　　　우

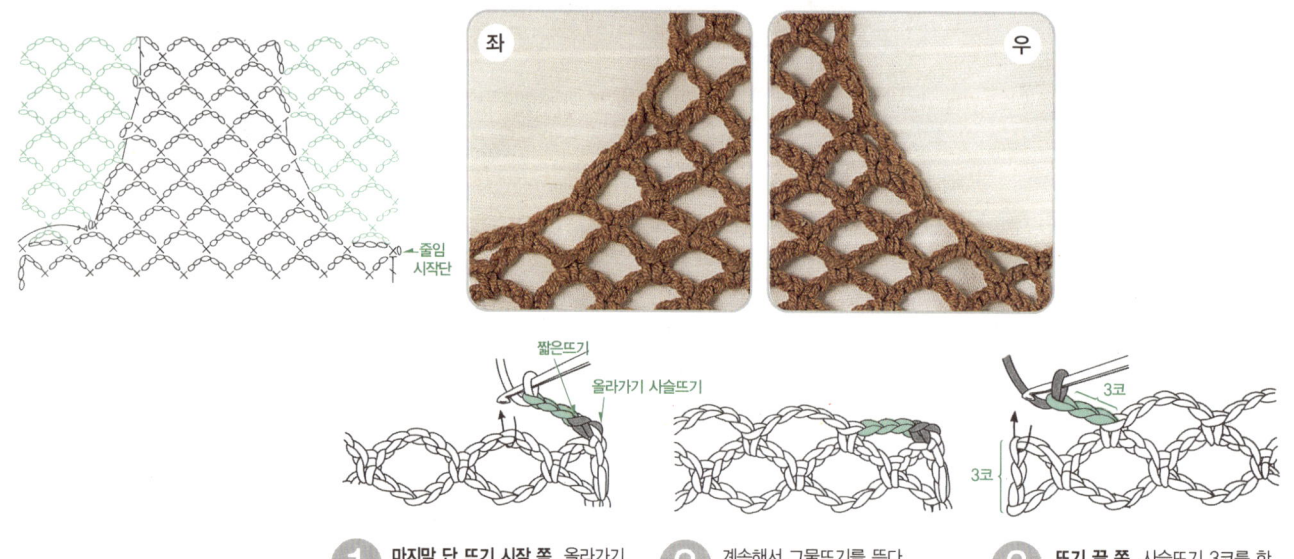

짧은뜨기

올라가기 사슬뜨기

3코

3코

① **마지막 단 뜨기 시작 쪽** 올라가기 사슬뜨기 한번 짧은뜨기 한번을 한 다음 사슬 3코를 뜬다. 그물 중앙에서 짧은뜨기를 한다.

② 계속해서 그물뜨기를 뜬다.

③ **뜨기 끝 쪽** 사슬뜨기 3코를 한 다음 화살표대로 짧은뜨기를 한다.

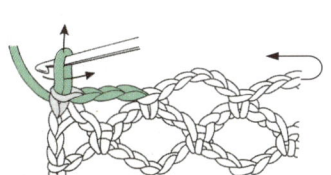

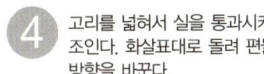

④ 고리를 넓혀서 실을 통과시켜 조인다. 화살표대로 돌려 편물의 방향을 바꾼다.

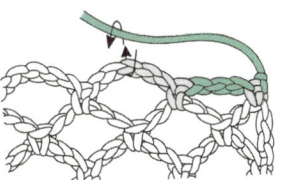

⑤ **1째 단 뜨기 시작 쪽** 화살표대로 사슬코 속으로 바늘을 넣어 실을 잡아 뺀다.

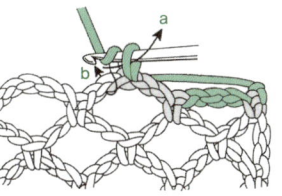

⑥ a에서 올라가기 사슬을 뜨고 b에서 그물뜨기 전체를 잡아 짧은뜨기를 한다.

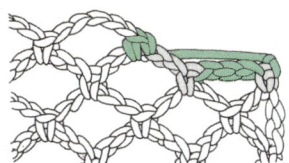

⑦ 짧은뜨기 한 다음엔 계속해서 그물뜨기를 뜬다.

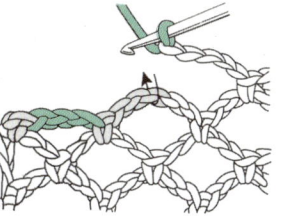

⑧ **뜨기 끝 쪽** 사슬 속으로 바늘을 넣어 짧은뜨기를 한다.

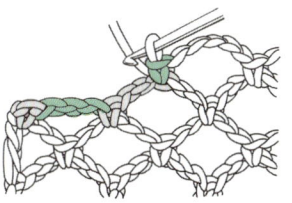

⑨ 사슬 속으로 바늘을 넣어 짧은뜨기를 한 모습.

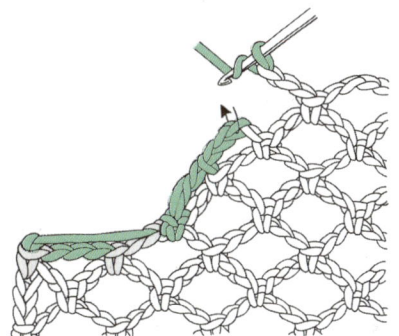

⑩ **4째 단 뜨기 끝 쪽** 화살표대로 코 속으로 바늘을 넣어 긴뜨기를 한다.

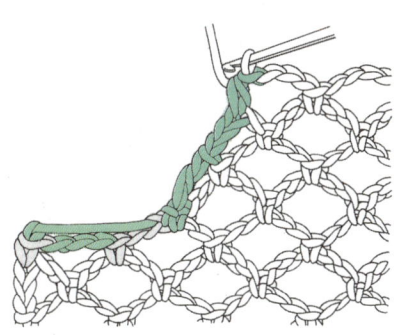

⑪ 4째 단 끝쪽으로 긴뜨기를 뜬 모습.

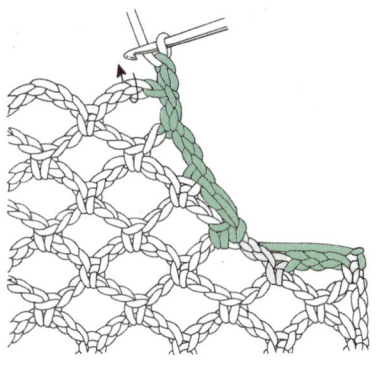

⑫ **5째 단 뜨기 시작 쪽** 화살표대로 뜨기 전체를 잡아 짧은뜨기를 한다.

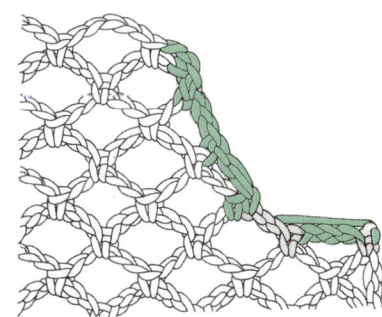

⑬ 짧은뜨기를 한 다음 1째 단처럼 계속해서 그물뜨기를 뜬다.

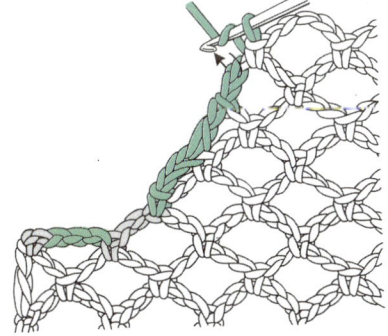

⑭ **5째 단 뜨기 끝 쪽** 화살표대로 코 속에 바늘을 넣어 긴뜨기를 한다.

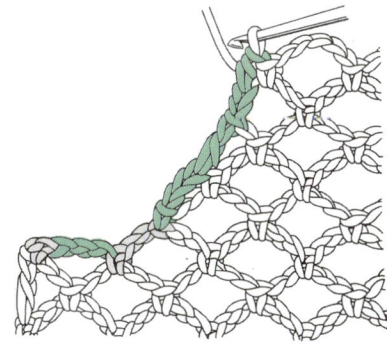

⑮ 그물뜨기 코 줄이기가 완성된 모습.

솔잎뜨기

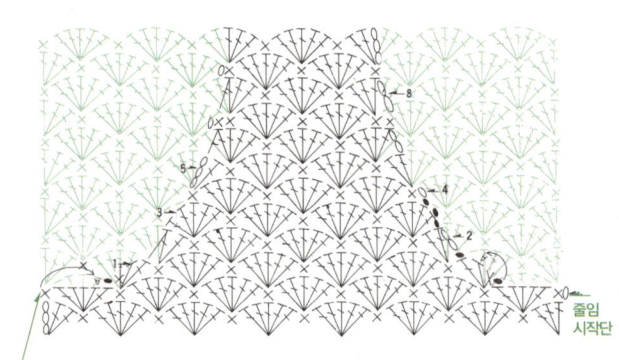

실을 걸침

줄임
시작단

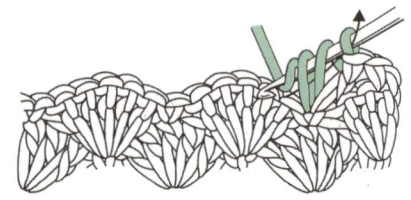

1 **마지막 단 뜨기 시작 쪽** 2째 코는 긴뜨기를 한다.

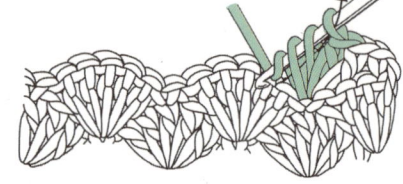

2 3째 코는 긴뜨기를 촘촘하게 뜬다.

3 b는 d와 같은 길이의 긴뜨기, e는 1길 긴뜨기를 한다. 끝의 무늬 1개는 편평하게 되도록 길이를 조절하면서 뜬다.

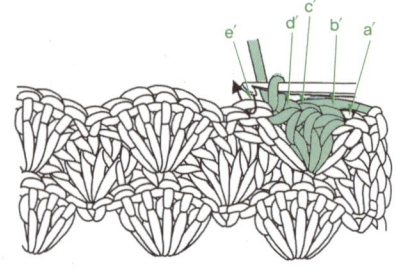

4 **1째 단 뜨기 시작 쪽** 앞단의 실을 매듭짓고 편물의 방향을 바꾼 다음 실을 걸쳐 d´의 사슬코에서 실을 잡아 뺀다. 그리고 e´의 코(1길 긴뜨기)에서 빼뜨기를 한다.

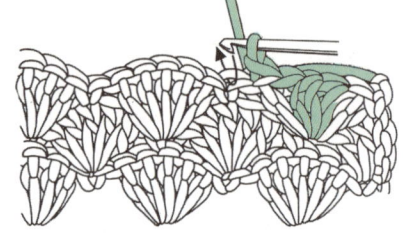

5 다음 코(짧은뜨기)에서 짧은뜨기를 한다.

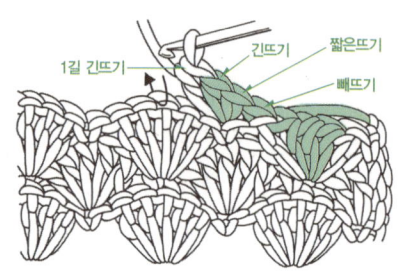

6 다음 솔잎뜨기의 중심코에서 화살표대로 바늘을 넣어 짧은뜨기로 매듭짓는다.

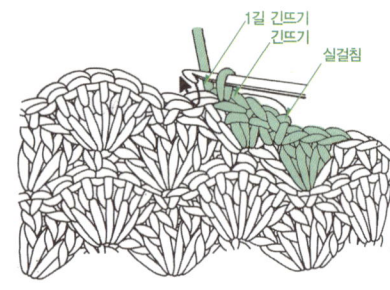

7 **2째 단 뜨기 시작 쪽** 실을 매듭지은 후 걸쳐서 긴뜨기로 실을 잡아 뺀다. 다음의 1길 긴뜨기 코에서 빼뜨기를 한다.

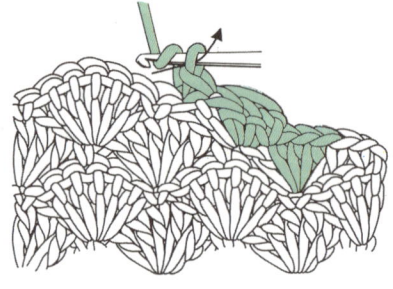

8 사슬뜨기로 2코를 뜬다.

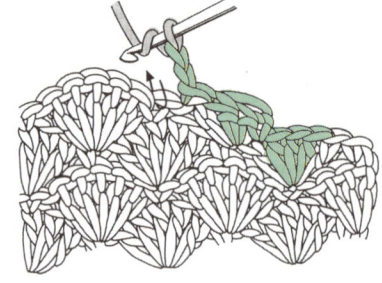

9 화살표대로 바늘을 넣어 1길 긴뜨기를 계속 2번 뜬다.

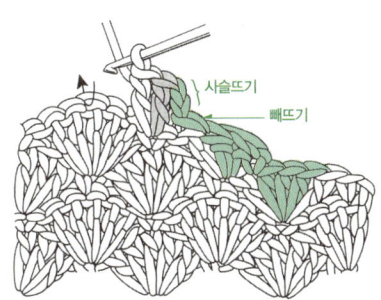

⑩ 다음의 1길 긴뜨기의 중심에서 짧은뜨기로 매듭짓는다.

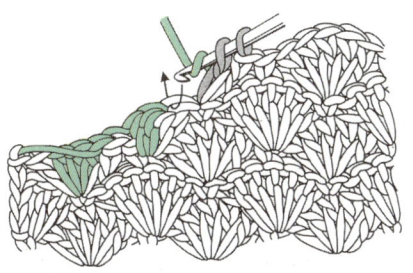

⑪ **뜨기 끝 쪽** 2째 코의 1길 긴뜨기를 중간과정까지 뜨고 화살표대로 바늘을 넣어 실을 잡아 뺀다.

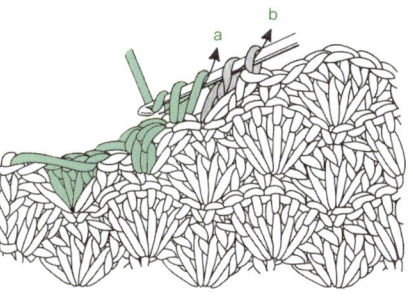

⑫ a와 b로 각 한번씩 실을 빼 1길 긴뜨기를 한 다음 2코를 한꺼번에 뜬다.

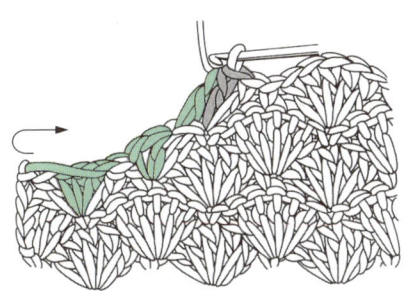

⑬ 화살표대로 돌려 편물의 방향을 바꾼다.

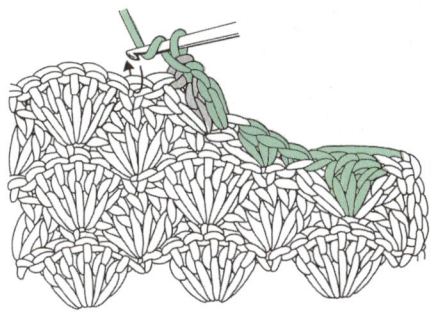

⑭ **3째 단 뜨기 시작 쪽** 바늘에 실을 걸어 화살표대로 바늘을 넣은 다음 실을 잡아 뺀다.

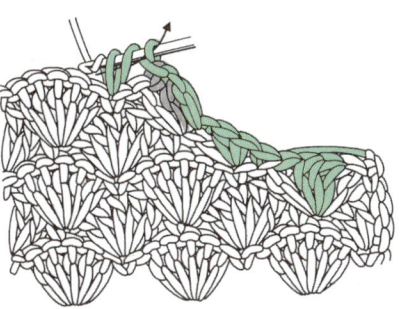

⑮ 긴뜨기를 한번, 1길 긴뜨기를 4번 한다.

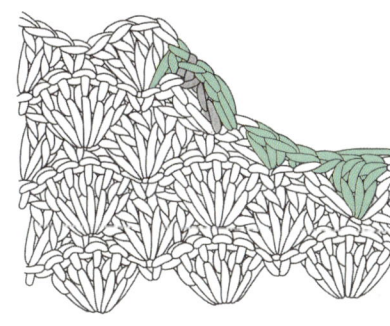

⑯ 오른쪽 줄이기가 완성된 모습.

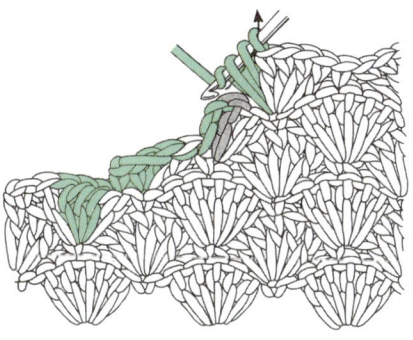

⑰ **뜨기 끝 쪽** 밑단 사슬뜨기 5째 코에서 긴뜨기를 한다.

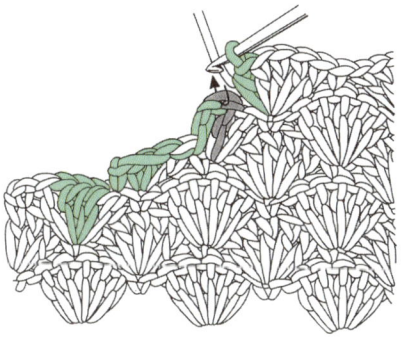

⑱ 화살표대로 코를 잡아 바늘을 넣어 빼뜨기를 해 매듭짓는나.

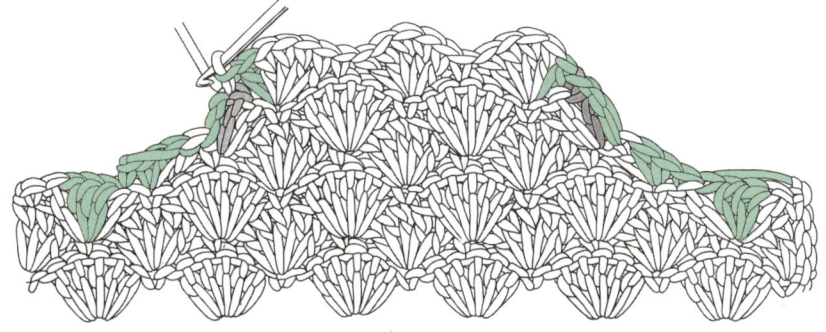

⑲ 솔잎뜨기 줄이기가 완성된 모습.

뜨는 도중에 줄이는 경우

1길 긴뜨기

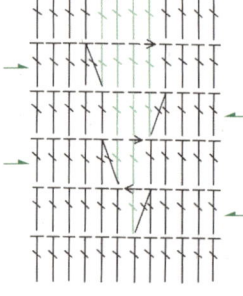

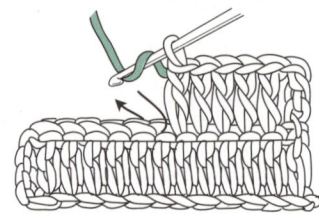

1 바늘에 실을 감아 화살표 방향으로 넣는다.

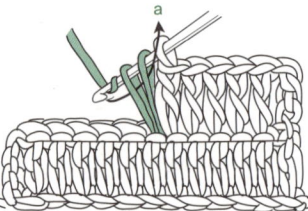

2 바늘에 실을 감고 a코까지만 실을 뺀다.

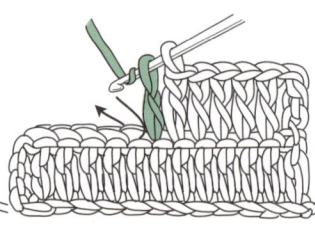

3 다시 바늘에 실을 한번 감고 화살표 방향으로 바늘을 넣어 뺀다.

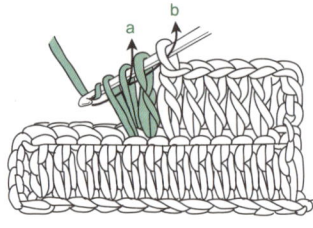

4 a와 b로 각 1번씩 코를 감아 빼 1길 긴뜨기를 한다.

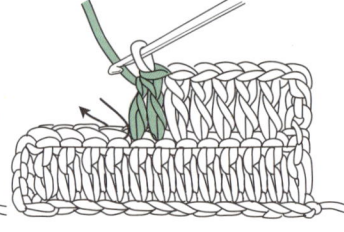

5 1길 긴뜨기 줄이기가 완성된 모습. 다음 코 부터는 진행 방식으로 뜬다.

3 코 늘리기

≫ 끝에서 1코 늘리는 경우

짧은뜨기

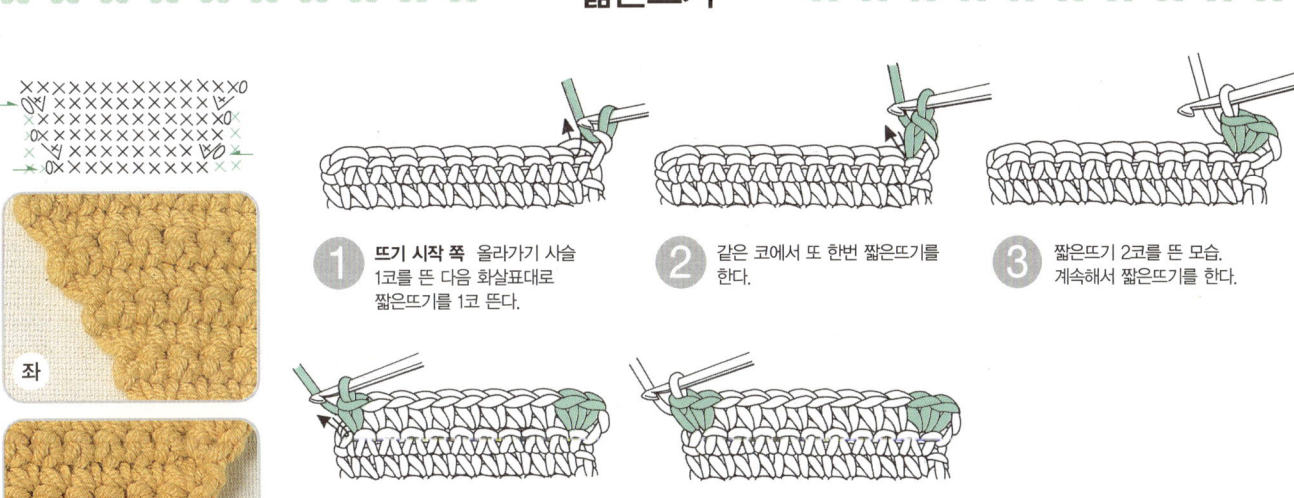

① **뜨기 시작 쪽** 올라가기 사슬 1코를 뜬 다음 화살표대로 짧은뜨기를 1코 뜬다.

② 같은 코에서 또 한번 짧은뜨기를 한다.

③ 짧은뜨기 2코를 뜬 모습. 계속해서 짧은뜨기를 한다.

④ 끝코에서 짧은뜨기를 연속 2번 뜬다. 2째 코는 약간 길게 실을 잡아 뺀다.

⑤ 짧은뜨기 늘리기가 완성된 모습.

좌

우

1길 긴뜨기

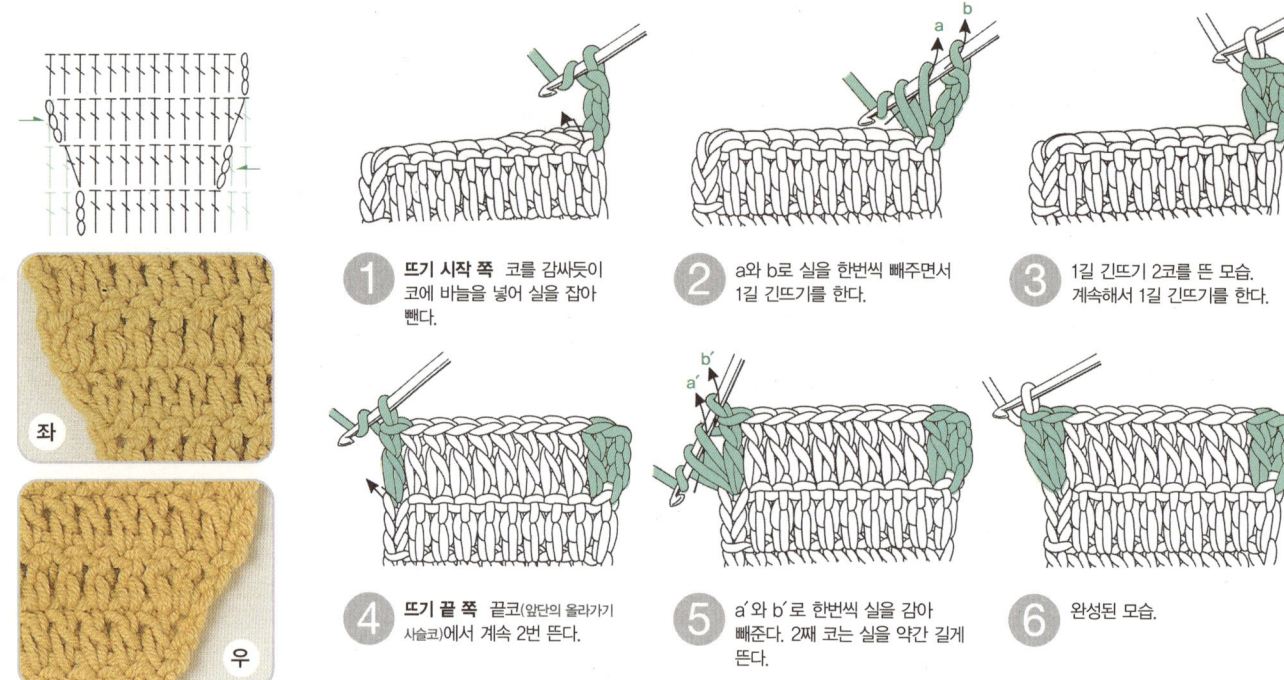

1 **뜨기 시작 쪽** 코를 감싸듯이 코에 바늘을 넣어 실을 잡아 뺀다.

2 a와 b로 실을 한번씩 빼주면서 1길 긴뜨기를 한다.

3 1길 긴뜨기 2코를 뜬 모습. 계속해서 1길 긴뜨기를 한다.

4 **뜨기 끝 쪽** 끝코(앞단의 올라가기 사슬코)에서 계속 2번 뜬다.

5 a′와 b′로 한번씩 실을 감아 빼준다. 2째 코는 실을 약간 길게 뜬다.

6 완성된 모습.

모눈뜨기

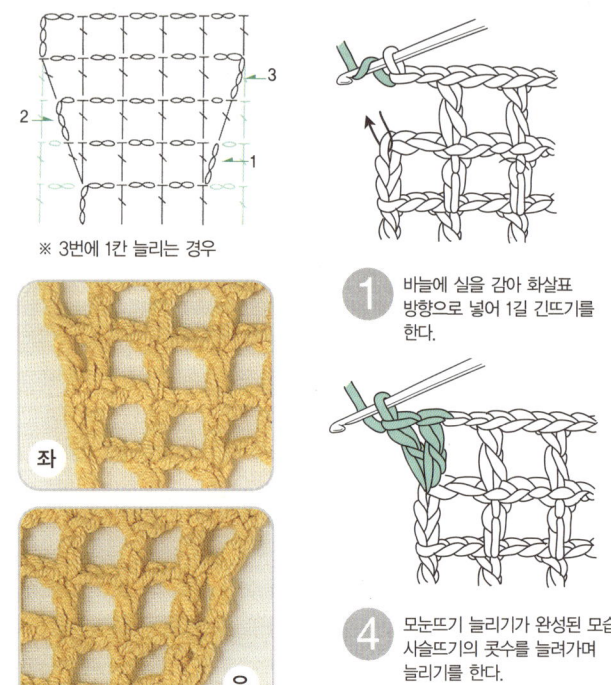

※ 3번에 1칸 늘리는 경우

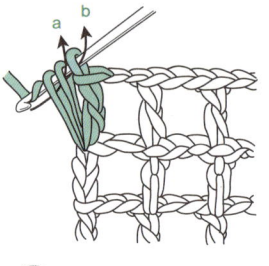

1 바늘에 실을 감아 화살표 방향으로 넣어 1길 긴뜨기를 한다.

2 바늘에 실을 감아 ①과 같은 코에 넣는다.

3 a와 b로 각 한번씩 실을 빼낸다.

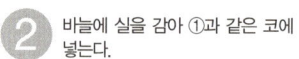

4 모눈뜨기 늘리기가 완성된 모습. 사슬뜨기의 콧수를 늘려가며 늘리기를 한다.

솔잎뜨기

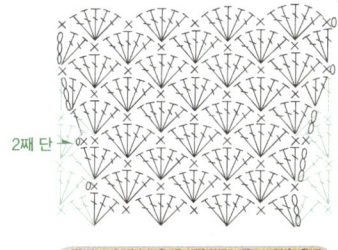

2째 단

늘리기 시작단

솔잎뜨기의 기호도를 그려 몇 단에 반 무늬를 늘릴 것인가를 결정하여 선을 긋는다.
그 선을 따라 1길 긴뜨기의 콧수를 늘려 간다.

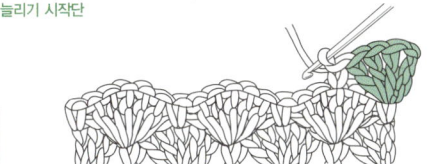

1 솔잎뜨기의 방법으로 도안의 기호대로 늘림을 해 나간다. 첫째 단 오른쪽 늘림의 모습.

2 1길 긴뜨기 4번을 한코에서 떠 솔잎뜨기 늘림을 해준다.

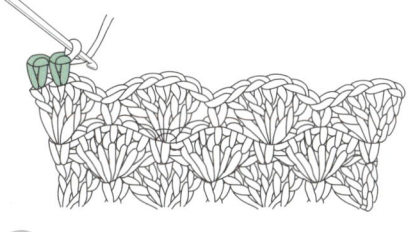
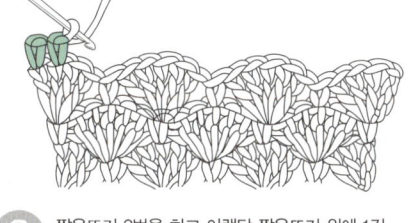

3 짧은뜨기 2번을 하고 아랫단 짧은뜨기 위에 1길 긴뜨기 5번을 해 솔잎뜨기를 한다.

4 도안대로 짧은뜨기 2번을 해 2째 단 오른쪽 늘림을 마무리 한다. 같은 방법으로 도안과 같이 늘린다.

Plus info

솔잎뜨기 (반 무늬 늘리는 경우)

끝은 1길 긴뜨기를 1번 더 뜬다.

*한길 긴뜨기의 수를 조절해 도안과 같이 늘린다.

그물뜨기

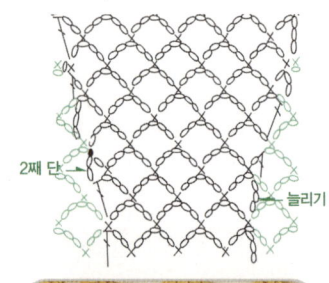

그물뜨기의 기호도를 그려 몇 단에 1칸 늘릴 것인가를 결정하여 선을 긋는다.
그 선을 따라서 늘려 간다.

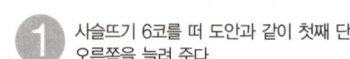

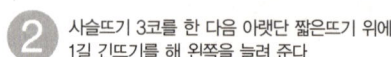

1 사슬뜨기 6코를 떠 도안과 같이 첫째 단 오른쪽을 늘려 준다.

2 사슬뜨기 3코를 한 다음 아랫단 짧은뜨기 위에 1길 긴뜨기를 해 왼쪽을 늘려 준다.

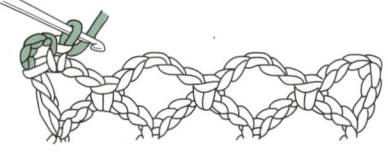

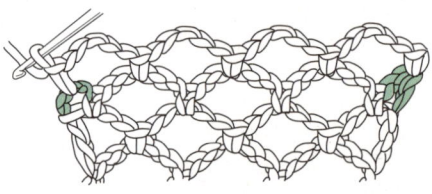

3 사슬뜨기 3코를 한 다음 짧은뜨기로 아랫단과 연결한다. 다시 사슬뜨기로 진행한다.

4 사슬뜨기, 1길 긴뜨기를 해 2째 단을 마무리하고 3째 단은 짧은뜨기로 시작한다. 도안대로 늘림을 진행한다.

≫ 경사지게 늘리는 경우

모눈뜨기 (1칸 늘리는 경우)

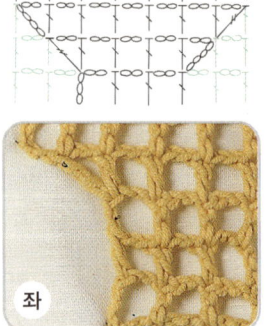

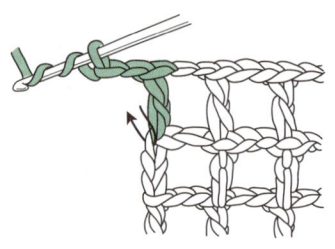

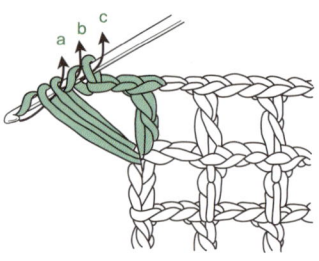

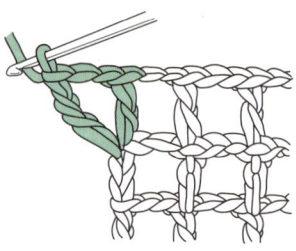

1 사슬 2코를 뜨고 바늘에 실을 2번 감아 화살표 방향으로 바늘을 넣는다.

2 바늘에 실을 감아 a, b, c 각 한코씩 3번 빼낸다.

3 모눈뜨기 늘리기가 완성된 모습.

1길 긴뜨기 (2코 늘리는 경우)

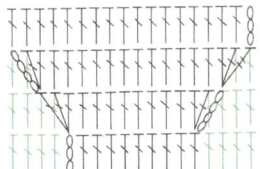

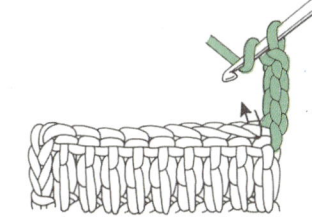

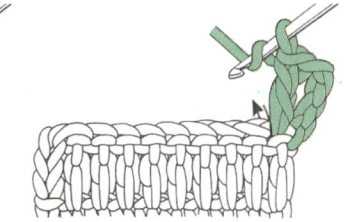

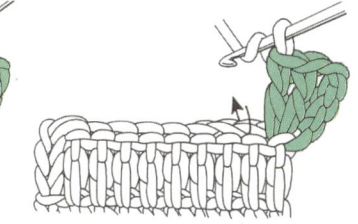

① **뜨기 시작 쪽** 올라가기 사슬 4코를 뜬 다음 끝코에서 1길 긴뜨기를 한다.

② 같은 코에서 또 1번 뜬다.

③ 1길 긴뜨기 2번을 뜬 모습. 계속해서 1길 긴뜨기를 뜬다.

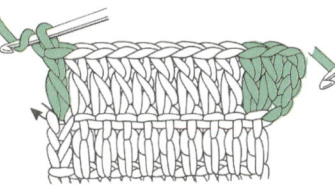

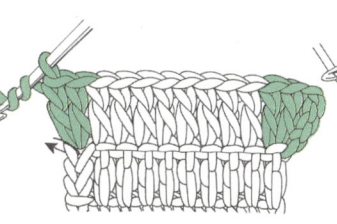

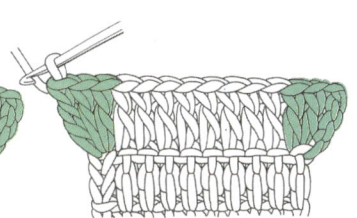

④ **뜨기 끝 쪽** 같은 코에서 1길 긴뜨기를 한다.

⑤ 바늘에 실을 2번 감아 같은 코에서 2길 긴뜨기를 한다.

⑥ 좌우 늘리기가 완성된 모습.

그물뜨기 (반 무늬 늘리는 경우)

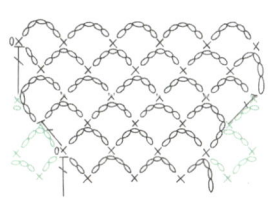

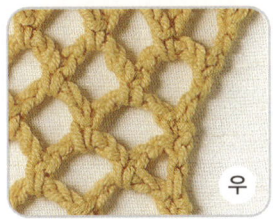

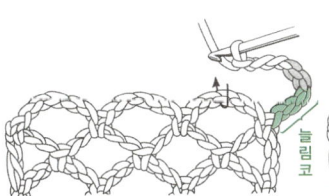

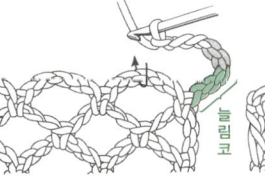

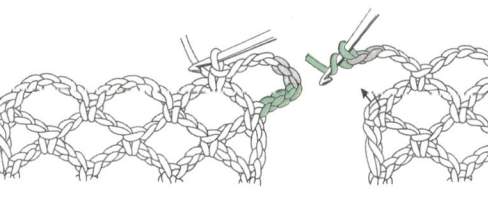

① **뜨기 시작 쪽** 늘림코 3코, 사슬코 5코를 뜬 다음 화살표 방향으로 바늘을 넣는다.

② 뜨기 중앙에서 짧은뜨기를 뜬 다음 계속해서 그물뜨기를 뜬다.

③ **뜨기 끝 쪽** 사슬뜨기 5코를 뜨고 바늘에 실을 한번 감아 화살표 방향으로 바늘을 넣는다.

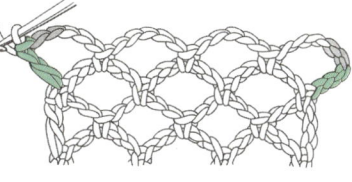

④ a와 b로 각 한번씩 실을 빼 1길 긴뜨기를 뜬다.

⑤ 좌우 늘리기가 완성된 모습.

 ## 뜨는 도중에 1코 늘리는 경우

✖ ✖ ✖ ✖ ✖ ✖ ✖ ✖ ✖ ✖ ✖ ✖ **1길 긴뜨기** ✖ ✖ ✖ ✖ ✖ ✖ ✖ ✖ ✖ ✖ ✖ ✖ ✖ ✖

다트 등을 뜰 때
도중에서 코를 늘리는
방법.
모양을 망가뜨리지
않고 전체적으로 균형
있게 코를 늘리는
경우에 응용한다.

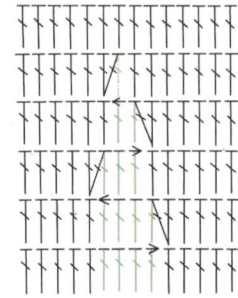

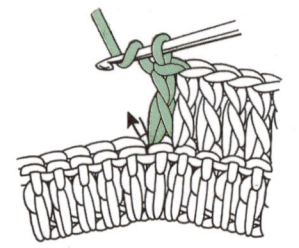

1 늘릴 콧수에서 1길 긴뜨기를 한
다음 같은 코에 바늘을 넣어 실을
잡아 뺀다.

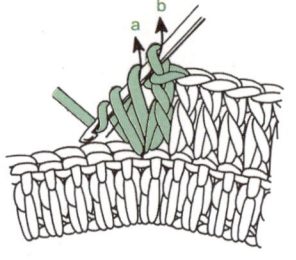

2 바늘에 실을 감아 a와 b 각
한번씩 빼낸다.

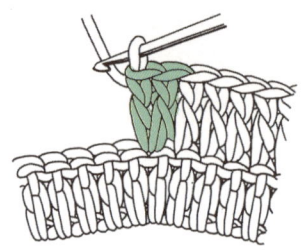

3 같은 코에서 1길 긴뜨기를 2번
떠서 1코를 늘린다.

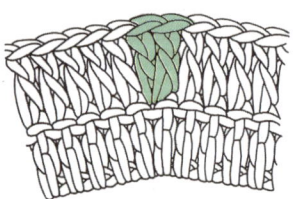

4 완성된 모습.

4 되돌아뜨기

코바늘의 되돌아뜨기는 경사지게 2코 이상 늘리는 방법의 응용으로 실을 끊지 않고
1단에서 많은 콧수를 늘리거나 줄일 수 있다.

 ## 떠 나가는 방법

옷단을 둥그스름하게 할 경우, 단에서 시작코를 떠 보충해 가면서 떠 나가는 방법이다.
실물대형의 뜨기 기호도에 곡선(혹은 사선)을 그어 1단에서 늘리는 콧수만큼 시작코를 떠서 보충한다.
1단의 높이를 곡선에 맞춰 조절하면서 뜬다.

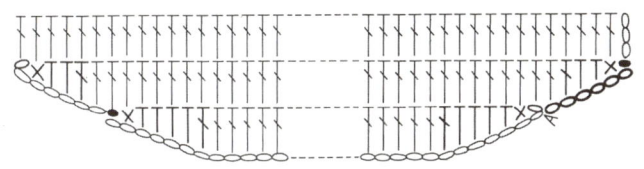

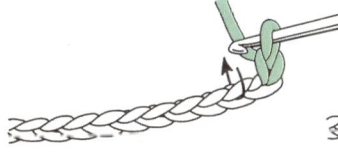

1 **1째 단 뜨기 시작 쪽** 사슬 1코를
뜬 다음 화살표대로 바늘을 넣어
실을 잡아 뺀다.

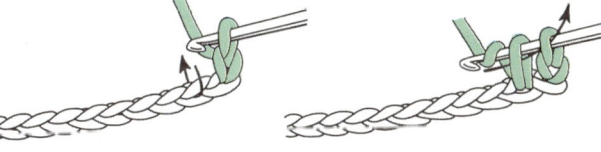

2 2코를 한꺼번에 빼 짧은뜨기를
뜬다.

3 바늘에 실을 걸어 3째 코에서
실을 단단하게 잡아 뺀다.

4 조금씩 긴뜨기의 높이를
조절하면서 곡선 형태를 만들어
뜬다.

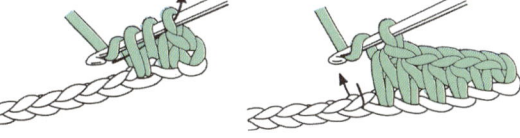

5 길이를 조절해 맞춘 다음 1길
긴뜨기는 약간 단단하게 뜬다.

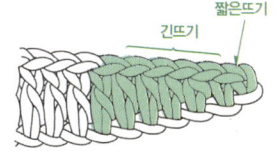

6 오른쪽 되돌아뜨기 1단이 완성된
모습.

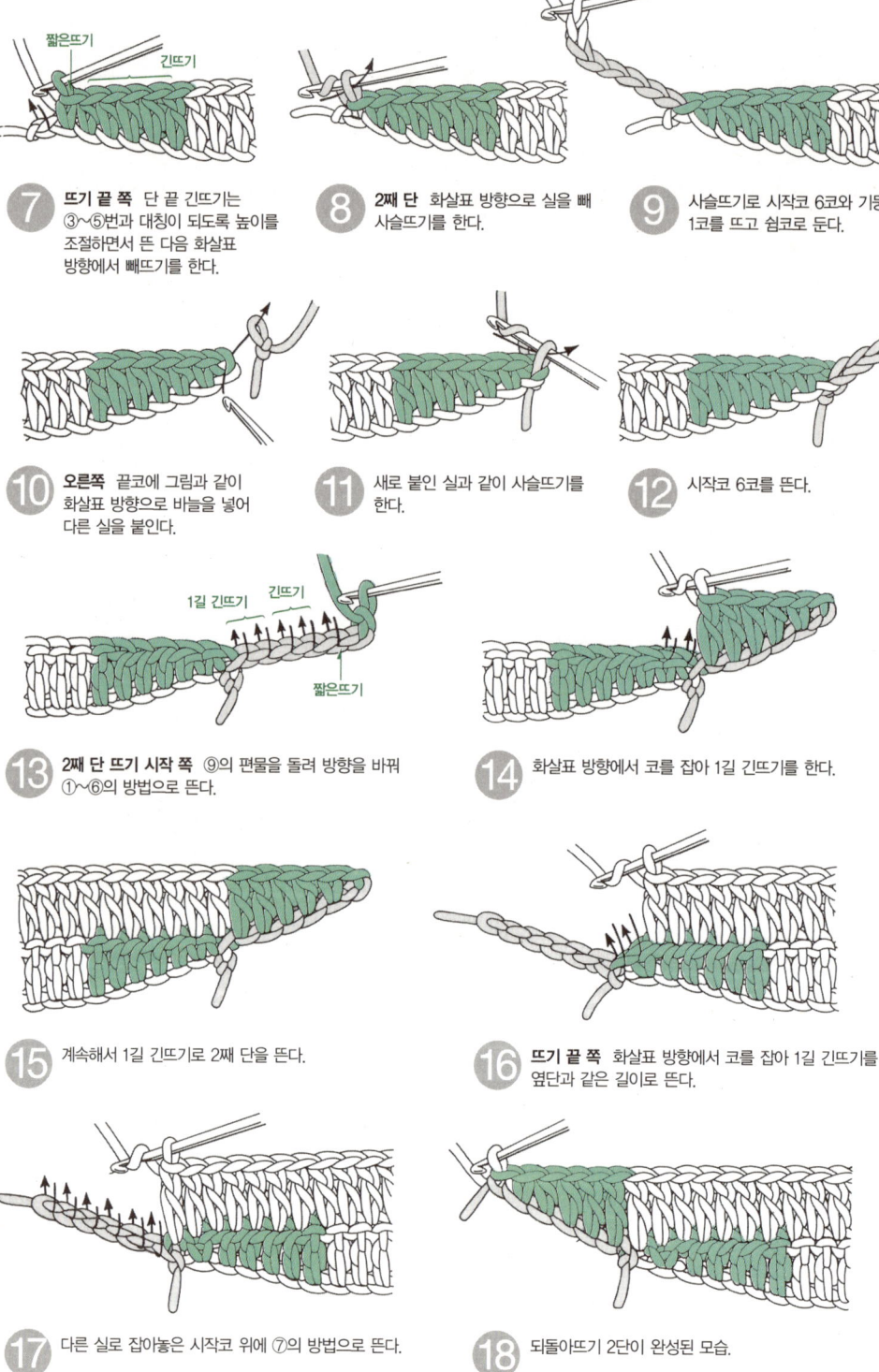

7 **뜨기 끝 쪽** 단 끝 긴뜨기는 ③～⑤번과 대칭이 되도록 높이를 조절하면서 뜬 다음 화살표 방향에서 빼뜨기를 한다.

8 **2째 단** 화살표 방향으로 실을 빼 사슬뜨기를 한다.

9 사슬뜨기로 시작코 6코와 기둥코 1코를 뜨고 쉼코로 둔다.

10 **오른쪽** 끝코에 그림과 같이 화살표 방향으로 바늘을 넣어 다른 실을 붙인다.

11 새로 붙인 실과 같이 사슬뜨기를 한다.

12 시작코 6코를 뜬다.

13 **2째 단 뜨기 시작 쪽** ⑨의 편물을 돌려 방향을 바꿔 ①～⑥의 방법으로 뜬다.

14 화살표 방향에서 코를 잡아 1길 긴뜨기를 한다.

15 계속해서 1길 긴뜨기로 2째 단을 뜬다.

16 **뜨기 끝 쪽** 화살표 방향에서 코를 잡아 1길 긴뜨기를 옆단과 같은 길이로 뜬다.

17 다른 실로 잡아놓은 시작코 위에 ⑦의 방법으로 뜬다.

18 되돌아뜨기 2단이 완성된 모습.

➤➤ 뜨지 않고 남기는 방법 (되돌아오는 방법)

좌

우

겨드랑이의 다트나 어깨처짐에 이용되는 방법. 2째 단부터는 앞단의 경사진 부분을 남겨 놓는다.

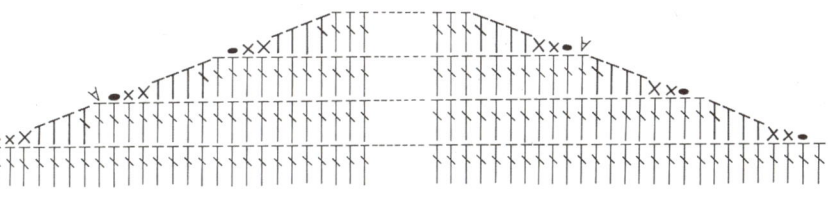

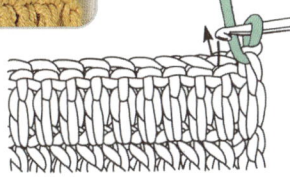
긴뜨기

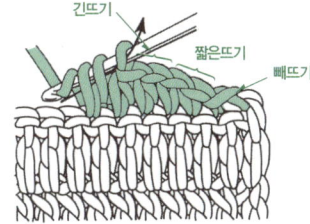
긴뜨기
짧은뜨기
빼뜨기

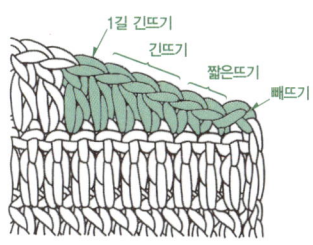
1길 긴뜨기
긴뜨기
짧은뜨기
빼뜨기

① **1째 단 뜨기 시작 쪽** 화살표대로 빼뜨기를 한다.

② 그림과 같이 짧은뜨기 2번 긴뜨기 2번을 높이를 조절하면서 뜬다.

③ 짧은뜨기 2코, 긴뜨기 3코를 뜬 다음 1길 긴뜨기를 계속해서 뜬다.

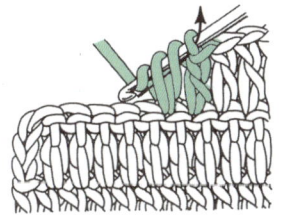

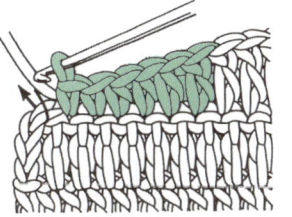

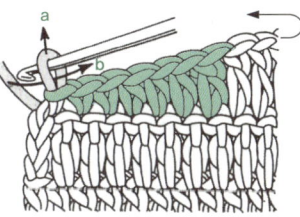
a
b

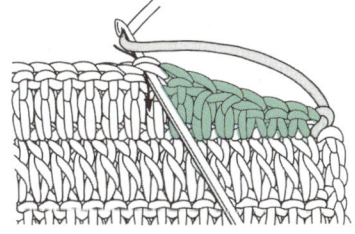

④ **뜨기 끝 쪽** ①~③과 대칭이 되도록 높이를 조절하면서 뜬다.

⑤ 끝에서 2째 코에 화살표대로 바늘을 넣어 빼뜨기를 한다.

⑥ a의 고리를 넓혀 b 방향으로 화살표대로 실을 통과시킨 다음 실을 조이고 화살표대로 돌려 편물의 방향을 바꾼다.

⑦ **2째 단 뜨기 시작 쪽** 화살표 방향으로 바늘을 넣어 실을 걸쳐 잡아 뺀다.

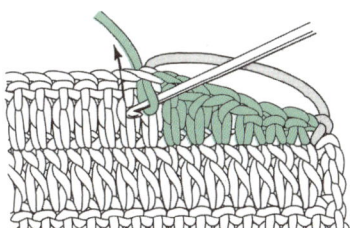

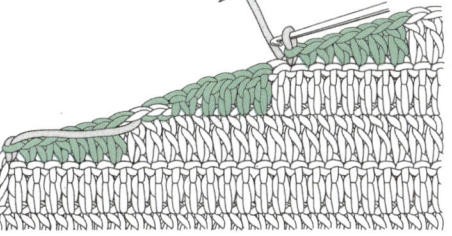

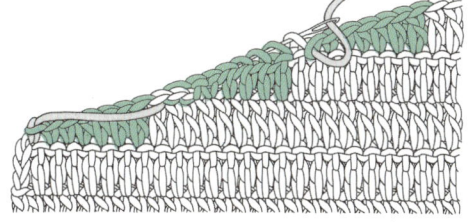

⑧ 다음 코에서 빼뜨기를 한다.

⑨ **3째 단 뜨기 끝** 3째 단도 1째 단과 같은 방법으로 뜬 다음 실을 잘라 사슬코로 빼 마무리한다.

⑩ **실 끝의 처리방법** 실 끝은 그림과 같이 돗바늘을 이용해 코 안으로 넣어 완성한다.

159

모티브뜨기

모티브의 중심에서 뜨기 시작하는 방법은 모자나 볼레로, 숄 등을 뜨기 시작할 때 응용된다.
모티브뜨기는 편물을 중심으로부터 편평하게 넓혀가는 방법과 모티브 연결시키는 방법 이 있다.

 **뜨기 시작 방법**

 **사슬뜨기로 원형 코 만들기**

중심에 구멍을 내고 싶을 때나 1째 단에서 많은 콧수를 뜨는 경우 등에 적합한 방법이다.

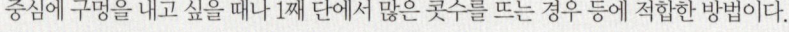

① 사슬뜨기와 같은 요령으로 뜨기 시작한다.	**②** 손가락으로 화살표 부분을 누른다.	**③** 화살표 방향으로 바늘에 실을 감아 준다.	**④** 실을 감아 화살표 방향으로 바늘을 빼낸다.

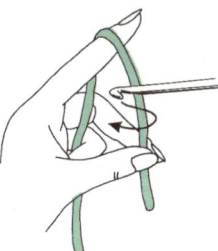 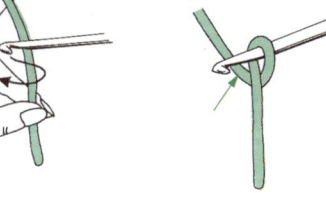 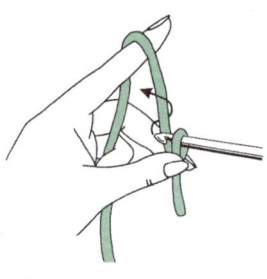 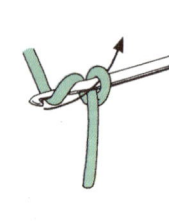

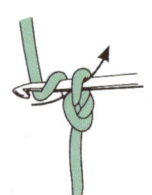 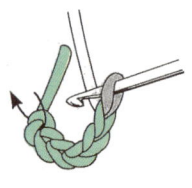 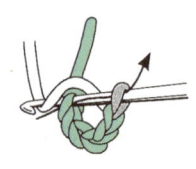 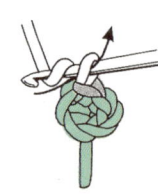

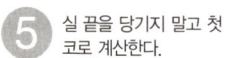

⑤ 실 끝을 당기지 말고 첫 코로 계산한다.	**⑥** 첫 코에 바늘을 넣는다.	**⑦** 빼뜨기로 고리를 만든다.	**⑧** **1째 단** 올라가기 사슬을 1코 뜬다.

160

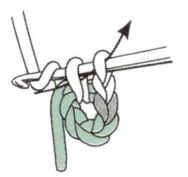
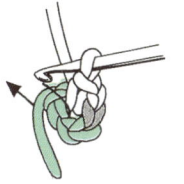
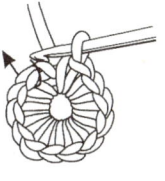

⑨ 사슬뜨기로 기둥을 세워 화살표대로 바늘을 넣는다.

⑩ 짧은뜨기를 한다.

⑪ 실 끝도 함께 감아 뜬다. 제시대로 1째 단의 콧수를 뜬다.

⑫ 화살표 방향으로 첫 코에 바늘을 넣는다.

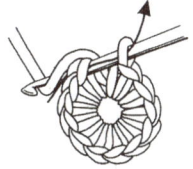
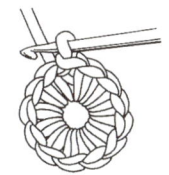

⑬ 빼뜨기로 그림과 같이 마무리한다.

⑭ 완성된 모습.

실 감아 원형 코 만들기

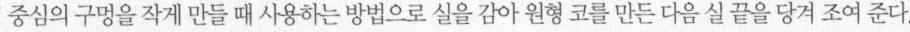

중심의 구멍을 작게 만들 때 사용하는 방법으로 실을 감아 원형 코를 만든 다음 실 끝을 당겨 조여 준다.

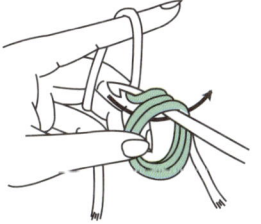
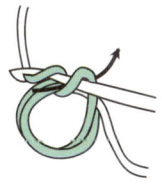

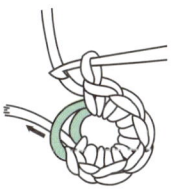

① 2번 돌려 원형으로 만든 실 끝을 집게손가락에 감아 쥔다음 화살표 방향으로 뺀다.

② 화살표 방향으로 짧은뜨기를 한다.

③ 짧은뜨기를 한번 더해 주어 총 2회를 한다.

④ 콧수에 맞춰 짧은뜨기를 한다.

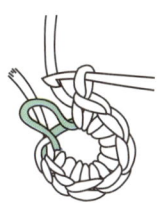
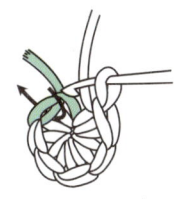

⑤ 실 끝을 집게손가락에 2번 감아 쥔다.

⑥ 화살표 방향으로 바늘을 넣어 뜬 다음 실 끝을 당겨 조인다.

❌❌❌❌❌❌❌❌ 뜨면서 연결하는 방법 ❌❌❌❌❌❌❌❌

① 모티브 위쪽으로 바늘을 넣어
화살표 방향으로 빼뜨기를 한다.

② 사슬뜨기를 2코 뜬다.

③ 화살표대로 바늘을 넣어 실을 빼
짧은뜨기를 한다.

④ ①~③을 도안대로 반복해
완성한다.

1길 긴뜨기로 잇기

마지막 단에 1길 긴뜨기가 많은 4각형이나 6각형의 모티브에 많이 사용되는 연결방법.

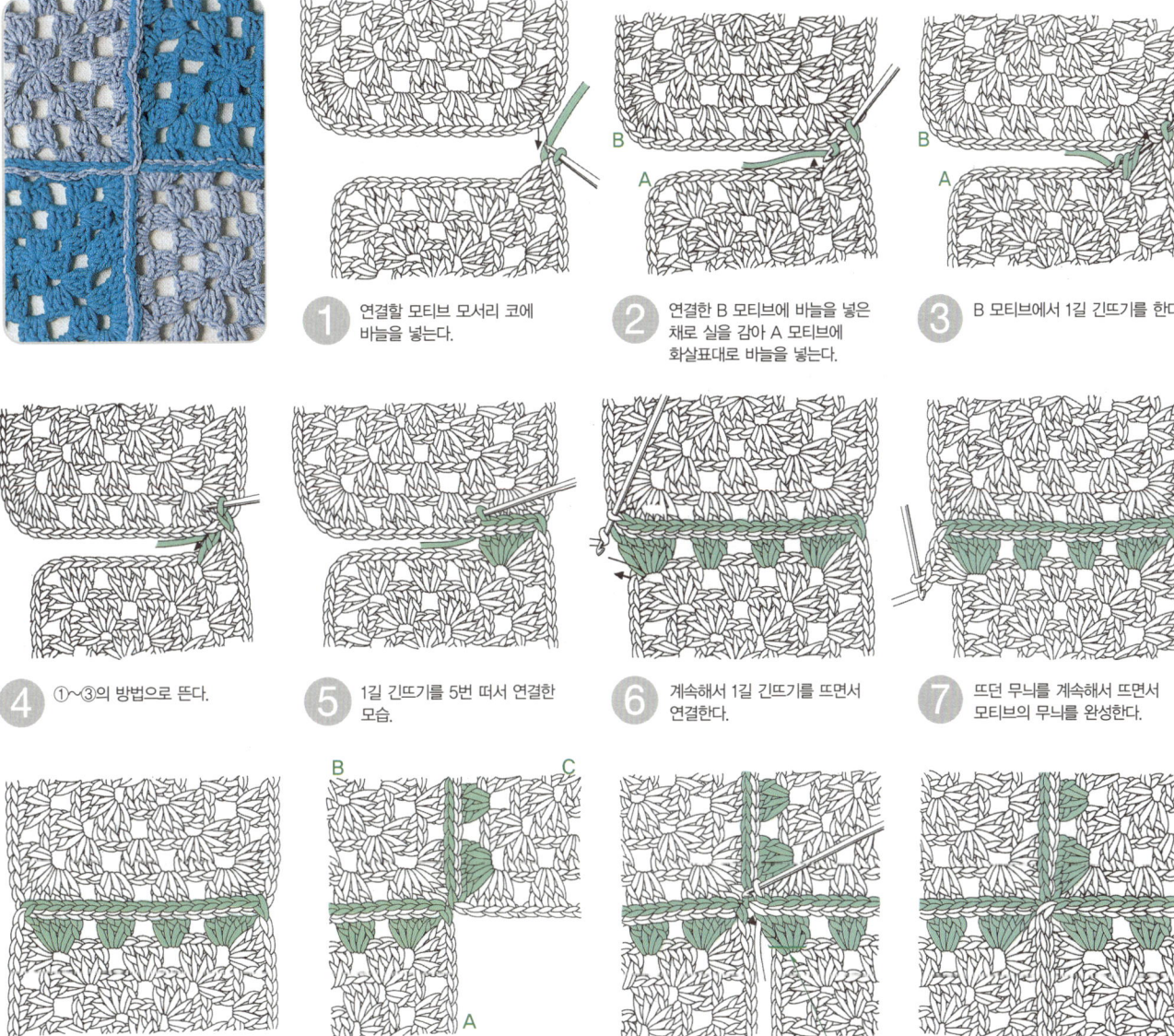

① 연결할 모티브 모서리 코에 바늘을 넣는다.

② 연결한 B 모티브에 바늘을 넣은 채로 실을 감아 A 모티브에 화살표대로 바늘을 넣는다.

③ B 모티브에서 1길 긴뜨기를 한다.

④ ①~③의 방법으로 뜬다.

⑤ 1길 긴뜨기를 5번 떠서 연결한 모습.

⑥ 계속해서 1길 긴뜨기를 뜨면서 연결한다.

⑦ 뜨던 무늬를 계속해서 뜨면서 모티브의 무늬를 완성한다.

⑧ 한 면이 연결된 모습.

⑨ **3째 장** B 모티브에 A 모티브를 연결한 것과 같은 방법으로 C 모티브를 떠 붙인다.

⑩ **4째 장** 5째 코부터 A 모티브로 떠 붙인다.

⑪ 4장의 모티브를 연결한 모습.

대바늘뜨기

코바늘뜨기

기계편물과정

실전편!

모티브를 전부 떠 놓은 다음 작품의 디자인에 따라 다양하게 연결한다. 우선 가로 방향으로 1줄씩 모두 연결한 다음 세로 방향으로 연결한다. 이때, 모티브끼리 맞닿는 모서리에 구멍이 생기지 않도록 주의한다.

옆으로 연결하기

① 겉쪽을 위로 하여 모서리의 코를 뜬다.

② 각 모티브 모양이 같은 코끼리 바늘을 넣는다. 오른쪽에서 왼쪽으로 1코씩 감친다. 1땀씩 뜰 때마다 실을 잡아당긴다.

③ 또 다른 모티브의 모서리에 코를 떠서 ②와 같은 방법으로 감친다.

④ 연결한 모티브와 모티브의 사이는 대각선으로 실을 걸쳐 완성한다.

길이로 연결하기

모티브를 ①~②의 방법으로 연결한 다음 모서리의 끝코는 그림과 같이 연결한다. 그림의 화살표 방향으로 연결해 나간다.

⑥ 대각선으로 실을 걸쳐 겉에서 보면 모서리의 실이 ×자로 보이도록 완성한다.

고급 과정

학습목표

☑ 코바늘 고급과정으로
까다롭고 난이도가 높은 여러 가지 마무리 방법을
익히며 작품의 완성도를 높이는 과정.

코바늘 고급 단계에서 익혀야 할 과정

곡선 줄이기 · 늘이기
모서리 줄이기 · 늘이기
가장자리뜨기
단춧구멍내기
배색하기, 무늬뜨기

가장자리뜨기

가장자리는 편물을 정리하는 중요한 부분이다. 코를 줍는 방법, 모서리 늘리는 방법, 모서리 줄이는 방법등 다양한 가장자리 뜨는 법을 소개한다.

>> 가장자리뜨기의 게이지 내는 법

가장자리뜨기와 편물의 실이 다른 경우, 가장자리뜨기의 게이지를 다시 낸다. 편물에서 주울 전체 콧수를 계산한 다음 떠야 편물이 울거나 당기지 않고 모양이 반듯하게 잡힌다.

* 게이지 내는 법 ··· 폭 15cm, 높이 2cm 되는 가장자리를 떠서 시험용 편물에 붙인 다음 10m안에 들어가는 콧수를 확인한다.

>> 코에서 줍는 경우

1길 긴뜨기나 짧은뜨기의 편물로부터 코를 주울 경우, 시작코에서 1코씩 주워 편물과 같은 콧수를 뜨거나 떠 붙인다.

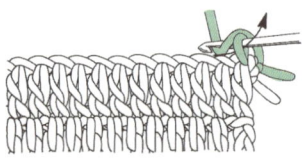 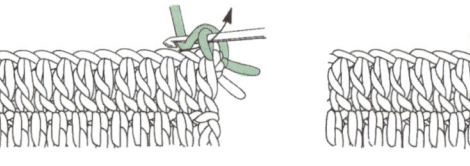 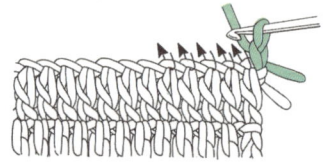

 **뜨기 시작 쪽** 가장자리뜨기의 실을 붙여 올라가기 사슬을 1코 뜬다.

② 화살표대로 바늘을 넣어 떠 나간다.

③ 계속해서 짧은뜨기로 뜬다.

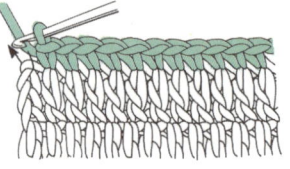 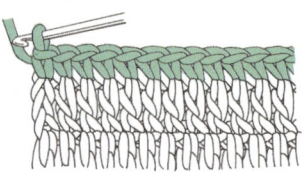

 뜨기 끝 쪽 시작코의 마지막 사슬코 1겹에서 화살표 방향으로 바늘을 넣어뜬다.

⑤ 코 줍기로 완성한 모습.

모서리 가장자리뜨기

 모서리 줄이기

사각으로 판 목둘레나
진동둘레의 가장자리뜨기에
사용된다.

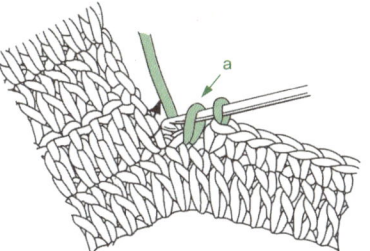

① **1째 단** a의 실을 잡아 뺀 다음 화살표대로 바늘을 넣어
실을 잡아 뺀다.

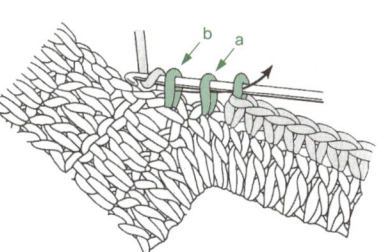

② a와 b에서 짧은뜨기 2코를 한꺼번에 뜬다.

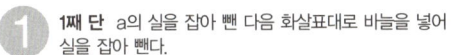

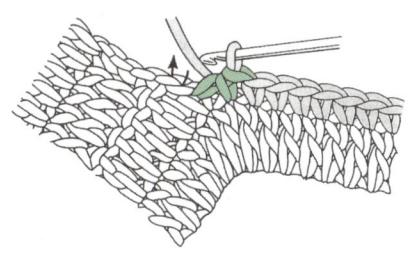

③ 화살표 방향으로 바늘을 넣는다.

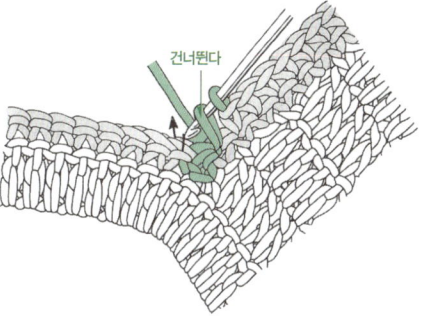

④ **2째 단** 모서리의 코를 건너뛰고 화살표대로 바늘을 넣어
실을 잡아 뺀다.

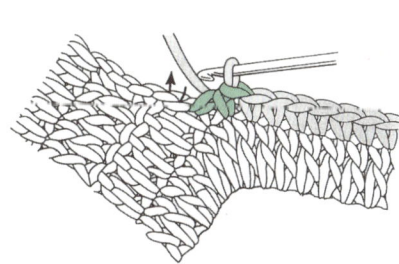

⑤ 짧은뜨기 2코를 한꺼번에 뜬다.

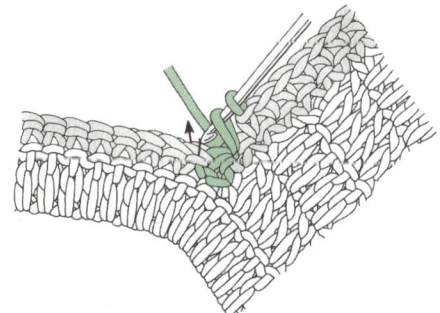

⑥ **3째 단** 마찬가지로 화살표 방향으로 바늘을 넣어
2코를 한꺼번에 빼낸다.

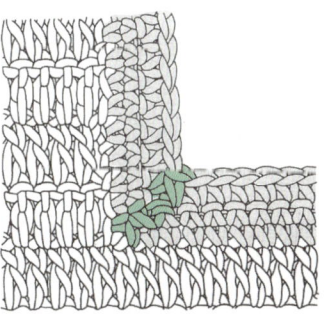

⑦ 각 단의 모서리 코를 건너뛰고 그 양쪽의 2코를
한꺼번에 떠 모서리 가장자리뜨기가 완성된 모습.

모서리 늘리기

앞쪽 옷단이나 칼라 등 각진 곳을 늘릴 때 활용하는 뜨기 기법.

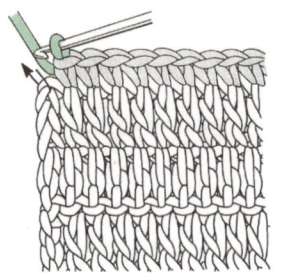

1 **1째 단** 화살표대로 사슬코의 실 2겹을 떠서 짧은뜨기를 3번 뜬다.

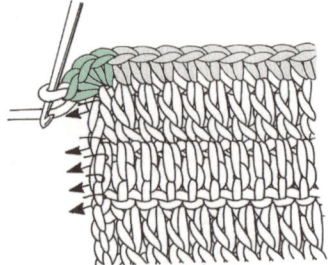

2 모서리에서 짧은뜨기 3코를 뜬 후 화살표 방향으로 코를 잡아 계속해서 짧은뜨기를 뜬다.

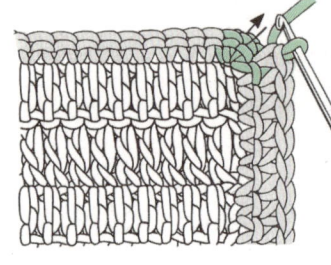

3 **2째 단** 1째 단의 중심코(화살표)에서 짧은뜨기를 한다.

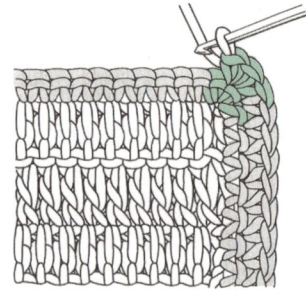

4 ②와 같은 방법으로 1코에서 짧은뜨기 3코를 떠 코를 늘린다.

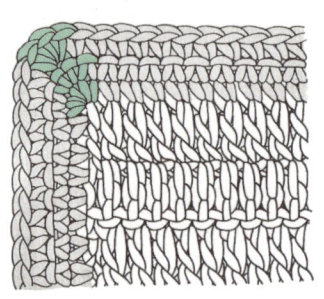

5 각 단의 모서리 중심코에서 짧은뜨기를 3번씩 해 완성한다.

≫ 곡선 가장자리뜨기

곡선으로 늘리기

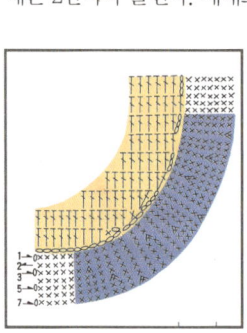

둥근 선의 옷단에 가장자리뜨기를 붙이는 경우에는 늘릴 콧수와 위치 등을 미리 계산하여 정해 놓고 뜬다. 늘리는 위치는 겉쪽의 단에서 늘리는 것이 자연스럽다. 급한 경사일 때는 각 단마다 코를 늘리고, 완만할 때는 2단마다 늘린다. 제대로 콧수를 잡아 늘려야 편물이 편안하게 놓이면서 옷 모양이 예쁘게 된다.

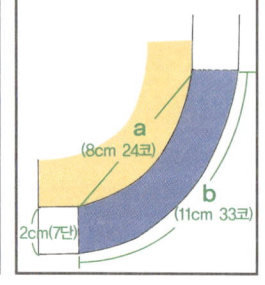

* 계산하는 방법

10cm가 30코인 가장자리뜨기(짧은뜨기)를 하는 경우

a = 8cm (24코) : 1째 단의 줍는 코

b = 11cm (33코) : 7째 단의 콧수

*늘리는 콧수 : b (33코) − a (24코) = c (9코)

*늘리는 위치 : 늘리는 위치를 3째 단, 5째 단, 7째 단으로 하면 1단에서 늘리는 콧수는 c (9코) ÷ 3단 = 3코이기 때문에 3 · 5 · 7단에서 각각 3코씩 늘린다.

곡선으로 줄이기

진동둘레를 따라 소매를 붙일 때, 목선의 경사를 따라 가장자리를 편평하게 떠 붙이는 경우는 늘리는 방법과 같은 방법으로 계산해서 줄이는 콧수, 위치를 정하고 뜬다.

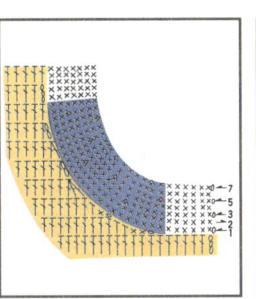

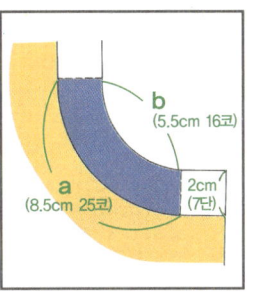

b
(5.5cm 16코)

a
(8.5cm 25코)

2cm
(7단)

* 계산하는 방법

10cm가 30코인 가장자리뜨기(짧은뜨기)를 하는 경우

a = 8.5cm(25코) : 1째 단의 줍는 코

b = 5.5cm(16코) : 7째 단의 줍는 코

*줄이는 콧수 : a (25코) − b (16코) = c (9코)

*줄이는 위치 : 줄이는 위치를 3째 단, 5째 단, 7째 단로 하면 1단에서 줄이는 콧수는

c (9코)÷3단 = 3코이기 때문에

3·5·7단에서 각각 3코씩 줄인다.

▶▶ 마지막 단 정리하기

가장자리뜨기를 깔끔하게 마무리하기 위한 일반적인 방법. 특히 뜨기 시작할 때와 끝마칠 때(둘레뜨기의 경우), 실의 매듭 방법이나 실 끝의 처리 등에 주의해야 한다.

뒤돌아 짧은뜨기

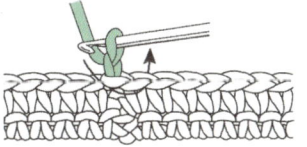
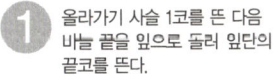

1 올라가기 사슬 1코를 뜬 다음 바늘 끝을 잎으로 돌려 잎단의 끝코를 뜬다.

2 실을 바늘 코에 걸어서 화살표 방향으로 바늘을 빼낸다.

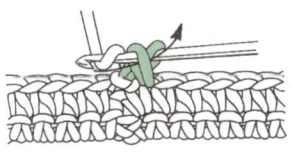

3 짧은뜨기 방법으로 뜬다.

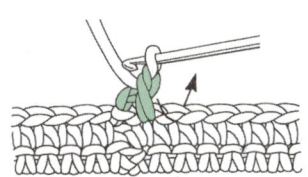

4 ①~③을 반복하여 오른쪽으로 떠 나간다.

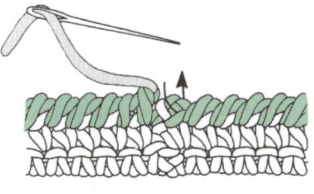

5 실 끝을 잘라 마무리한 다음 돗바늘에 실을 꿰어 화살표 방향으로 바늘을 넣는다.

6 그림과 같이 바늘을 넣어 마무리한 다음 화살표 방향으로 안쪽 코로 실을 넣어 마무리한다.

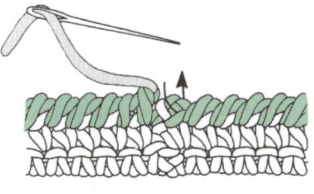

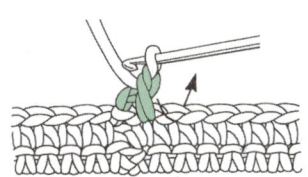

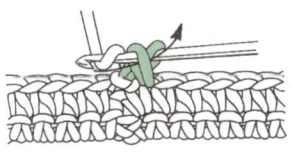

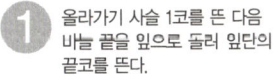

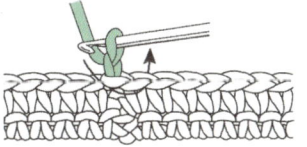

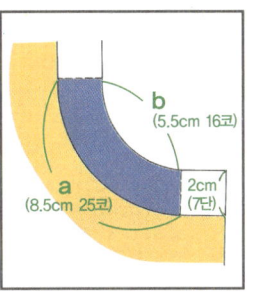

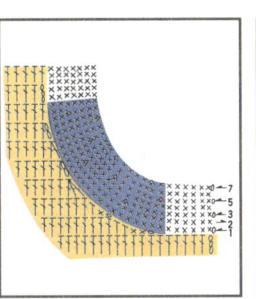

배색하기

>> 단의 끝에서 실을 바꾸는 경우

2색으로 뜨는 경우에는 2단씩 같은 방향으로 뜬다. 배색 실은 편물의 끝에 걸친다.

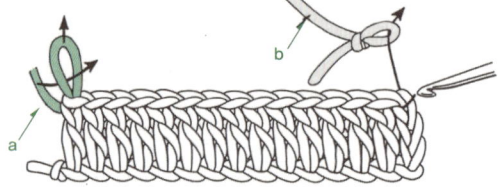

① a의 실을 화살표 방향으로 빼 매듭짓고, b의 실을 붙인다.

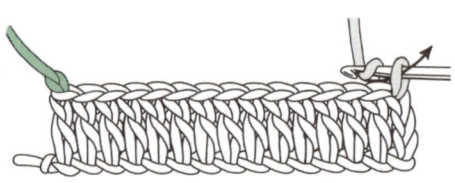

② b의 실로 2째 단을 뜬다.

③ 2째 단의 끝코에서 a실로 바꾼다.

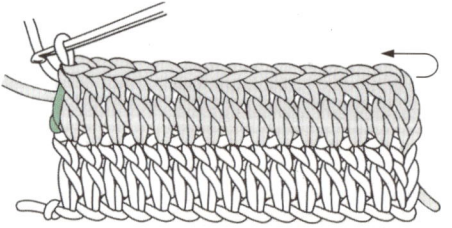

④ 화살표대로 돌려 편물의 방향을 바꾼다.

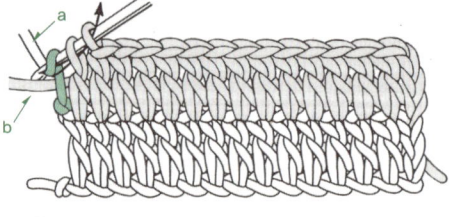

⑤ a의 실로 3째 단을 뜬다.

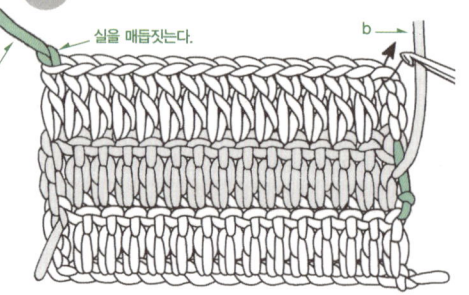

⑥ a의 실을 ①과 같은 방법으로 매듭짓고, 화살표대로 바늘을 넣어 b의 실을 잡아 뺀다.

실을 매듭짓는다.

170

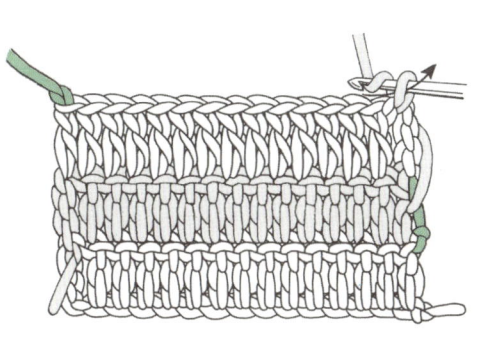

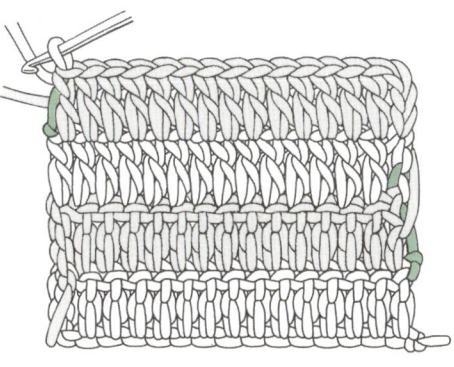

 4째 단도 같은 방법으로 뜬다.

⑧ 가로 배색이 완성된 모습.

≫ 뜨는 도중에 실을 바꾸는 경우

겉쪽에서 감싸는 방법

바꾸는 실(배색 실)을 감싸 주면서 걸쳐가는 방법으로 작은 연속무늬를 뜰 때 활용하며 안쪽이 깨끗하게 처리된다.

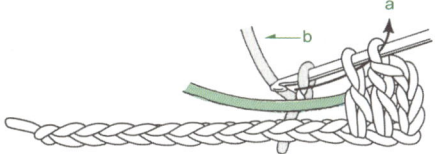

① 3째 코의 중간과정에서 실을 바꾼다.

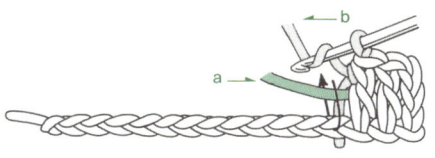

② 화살표 방향으로 바늘을 넣어 a의 실을 옆으로 걸쳐 b의 실로 감싼다.

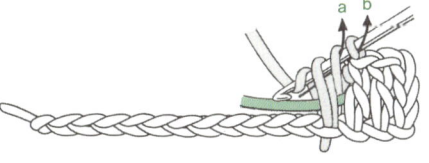

③ 실을 감싼 상태에서 a와 b로 각 한번씩 실을 빼 1길 긴뜨기를 한다.

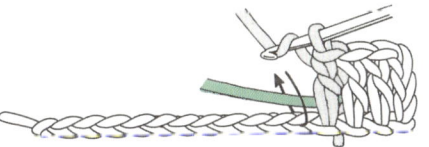

④ 계속해서 같은 방법으로 실을 감싸며 1길 긴뜨기를 한다.

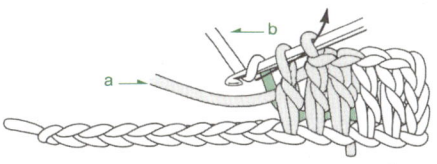

⑤ b의 실은 뜨는 도중에서 쉬게 하고 a의 실을 b의 건너편으로 걸쳐 바늘에 걸어 화살표대로 실을 잡아 뺀다.

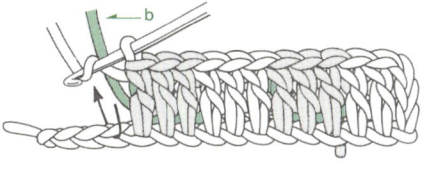

⑥ 마지막 배색은 b의 실을 감싸 뜨지 않고 a의 실 건너편에 쉬게 한다.

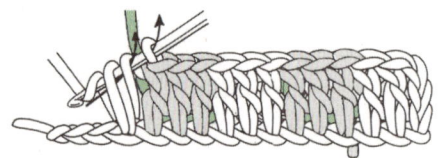

⑦ 그림과 같이 1길 긴뜨기를 뜬다.

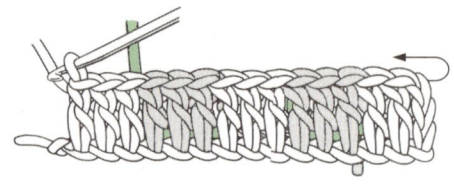

⑧ 화살표대로 돌려 편물의 방향을 바꾼다.

안쪽에서 감싸는 방법

안

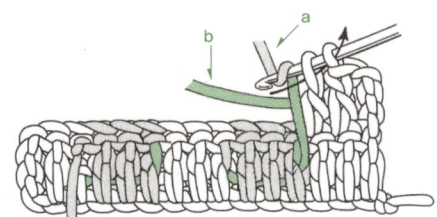

⑨ **뜨기 시작 쪽** b의 실을 a의 앞쪽에서 바늘에 걸친다.

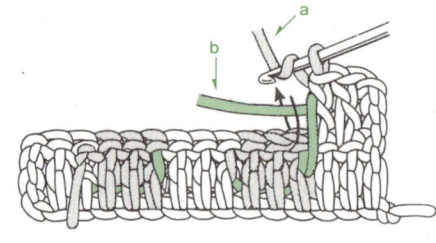

⑩ a의 실을 감싸며 1길 긴뜨기를 뜬다.

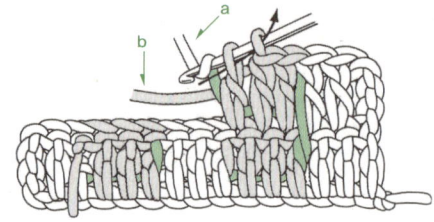

⑪ 뜨는 도중에서 b의 실을 쉬게 한다. a를 b의 앞쪽에서 바늘에 건다.

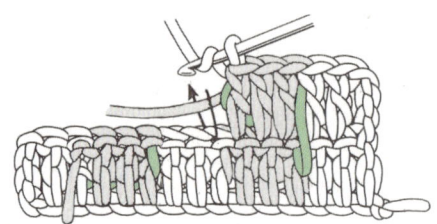

⑫ 계속해서 실을 감싸며 1길 긴뜨기를 한다.

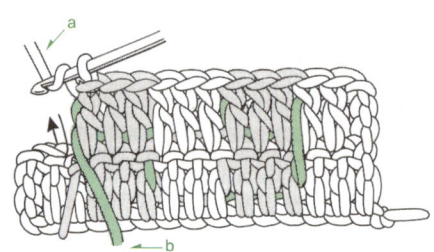

⑬ **뜨기 끝 쪽** ⑪의 방법으로 a의 실로 바꾸고 b의 실을 앞으로 쉬게 한다.

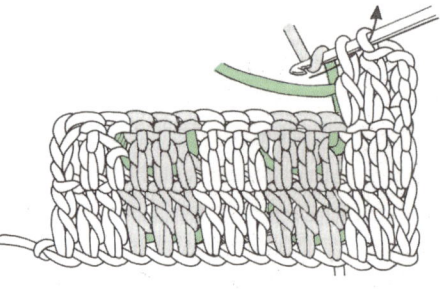

⑭ 겉쪽은 ①~⑧, 안쪽은 ⑨~⑬의 방법으로 뜬다.

3 마무리뜨기

>> 단춧구멍 내기

세로로 내기

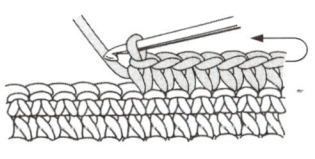

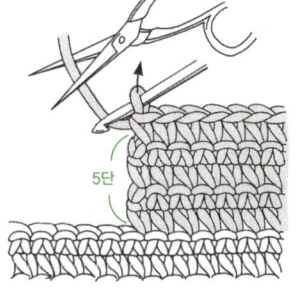

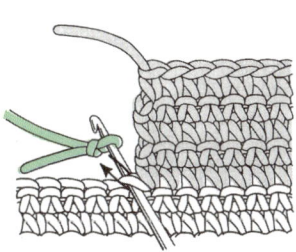

① 단춧구멍의 위치에서 편물의 방향을 화살표대로 바꿔 5단(단추의 직경)까지 뜬다.

② 실을 잘라 바늘에 걸쳐 있는 실을 뺀다.

③ 실을 붙인다.

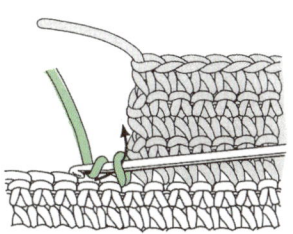

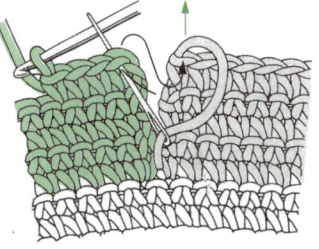

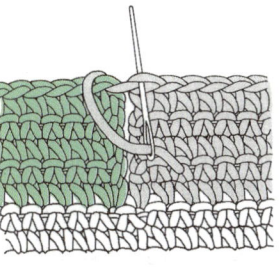

④ ①과 같은 방법으로 뜬다.

⑤ ②의 자른 실 끝을 돗바늘에 연결한 다음 화살표 방향으로 통과시켜 연결한다.

⑥ 단단하게 매듭을 짓는다.

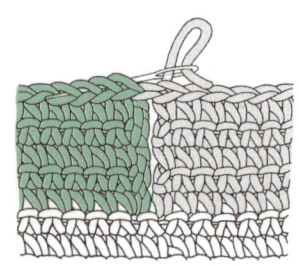

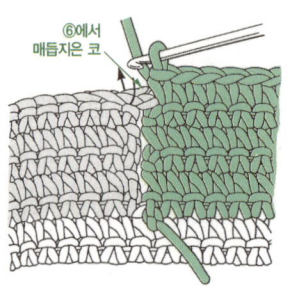

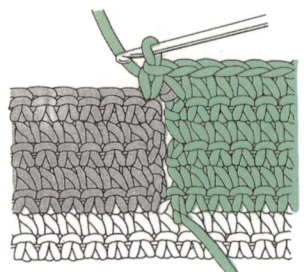

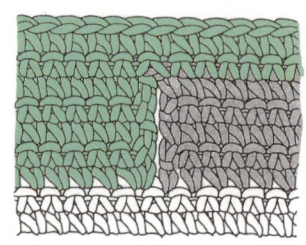

⑥에서
매듭지은 코

⑦ 매듭지은 실이 풀어지지 않도록
실 끝을 그림과 같이 처리한다.

⑧ 왼쪽 끝코에 화살표대로 바늘을
넣어 뜬다.

⑨ 실 끝은 안쪽에서 처리해 가며
단을 떠 나간다.

⑩ 세로 단춧구멍이 완성된 모습.

가로로 내기

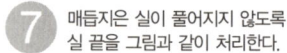

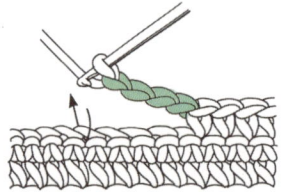

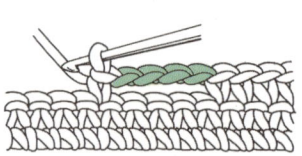

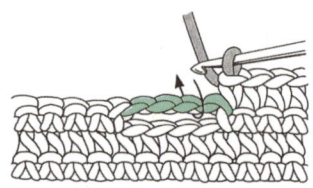

① 단추 직경만큼을 사슬뜨기로 뜨고
다음 코에서 짧은뜨기를 한다.

② 짧은뜨기를 한 모습. 계속해서
짧은뜨기로 1단을 뜬다.

③ 사슬코의 실 3겹을 모두 떠서
짧은뜨기를 4번 한다.

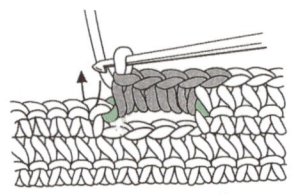

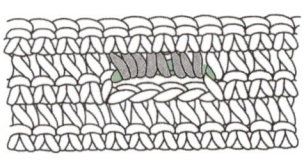

④ 사슬코 위에 짧은뜨기를 한 모습.
계속해서 짧은뜨기를 한다.

⑤ 가로 단춧구멍이 완성된 모습.

단춧구멍 스티치

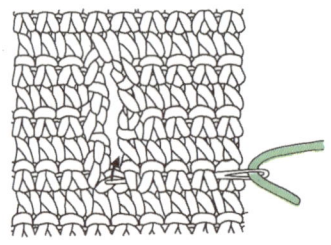

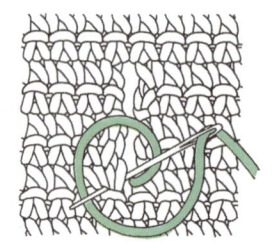

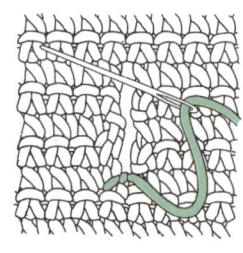

① 편물의 안쪽에서 바늘을 통과시켜
겉쪽으로 뺀다.

② 그림과 같이 실을 돌려 바늘을
그림과 같이 넣어 준다.

③ 그림처럼 스티치를 한다.

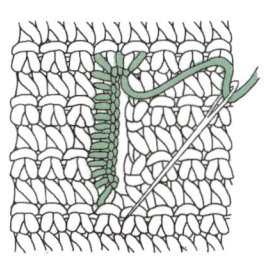

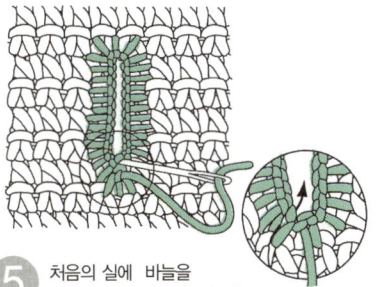

④ 간격과 길이를 일정하게 뜨고
모서리는 3땀으로 뜬다.

⑤ 처음의 실에 바늘을
통과시켜 매듭을 짓는다. 실
끝은 안쪽에서 처리한다.

❌❌❌❌❌❌❌❌❌ 단춧고리 만들기 ❌❌❌❌❌❌❌❌❌

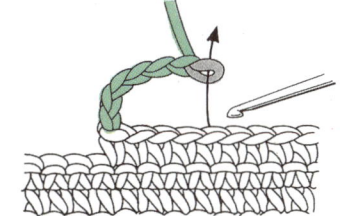

① 바늘을 빼 화살표 방향으로 다시
넣는다.

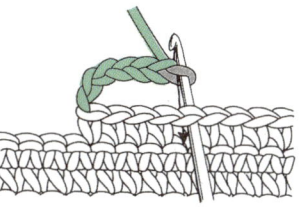

② 화살표 방향으로 코를 빼낸다

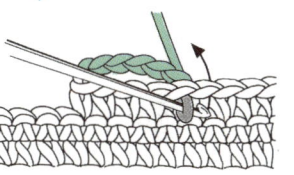

③ 화살표 방향의 옆 코에 바늘을
넣는다.

④ 빼뜨기를 한다.

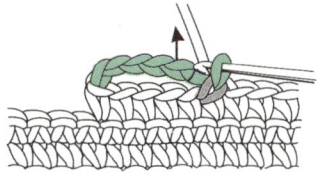

⑤ 사슬코의 실 3겹을 모두 떠 실을
잡아 뺀다.

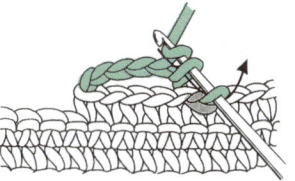

⑥ 바늘에 걸려 있는 모든 코를
짧은뜨기로 단단하게 뜬다.

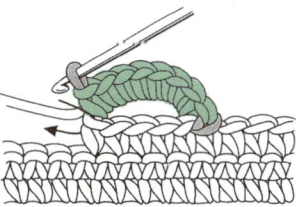

⑦ 짧은뜨기로 단춧고리를 감싸 뜨고
화살표대로 바늘을 넣어 빼뜨기를
한다.

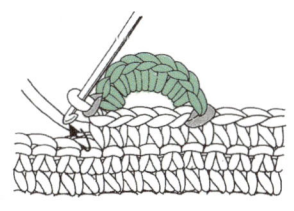

⑧ 다음 코에서 짧은뜨기를 한다.

 **장식물 만들기**

장식 끈 만들기

새우뜨기

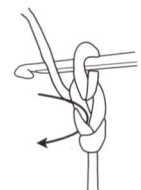 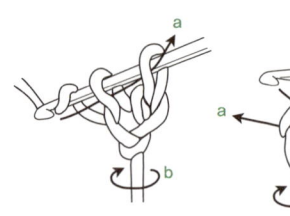 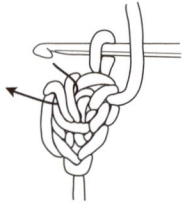 

1 화살표 방향으로 바늘을 넣는다.

2 바늘에 실을 걸어 a 방향으로 한번에 실을 뺀 다음 b 방향으로 편물을 돌린다.

3 a 화살표 방향으로 바늘을 넣어 짧은뜨기 한 다음 b 방향으로 편물을 돌린다.

4 화살표 방향으로 바늘을 넣어 짧은뜨기를 뜬다. ③~④를 반복한다.

5 완성된 모습.

이중 사슬뜨기

1 사슬뜨기를 원하는 길이만큼 뜬 다음 바늘에 실을 감아 화살표 방향으로 한꺼번에 뺀다.

2 ①과 같은 방법으로 계속 반복한다.

단추싸개 만들기

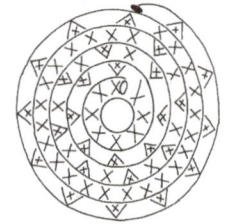

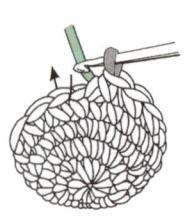 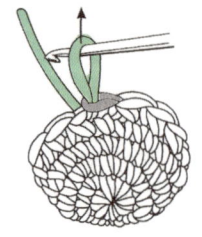 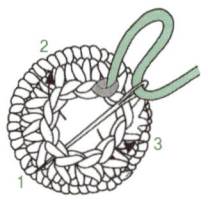 

1 **뜨기 끝** 화살표대로 빼뜨기하여 매듭을 짓는다.

2 실 끝을 10cm 정도 남기고 자른 다음 바늘에 걸쳐 있는 실을 잡아 뺀다.

3 쌀 단추를 집어넣는다. 안쪽에서 번호 순으로 실을 단단하게 걸친다.

4 중심에서 실을 묶어 매듭을 짓는다.

176

방울 만들기

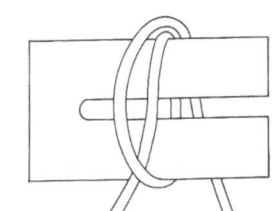

① (중세모사의 경우) 140~150번 감는다.

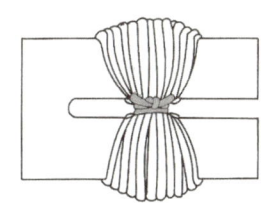

② 중심을 견사(혹은 단춧구멍 스티치 실)로 단단히 묶는다.

③ 매듭 실에 끈을 붙인다.

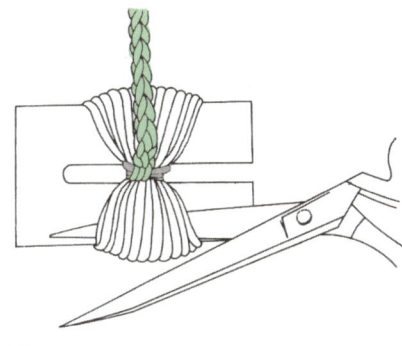

④ 아래, 위의 고리를 자른다.

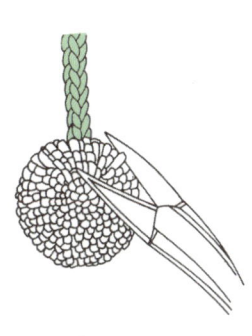

⑤ 보기 좋게 잘라서 가지런히 한다.

포인트 술 만들기

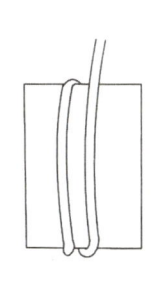

① 70번 정도 실을 감아 준다.
(중세모사의 경우)

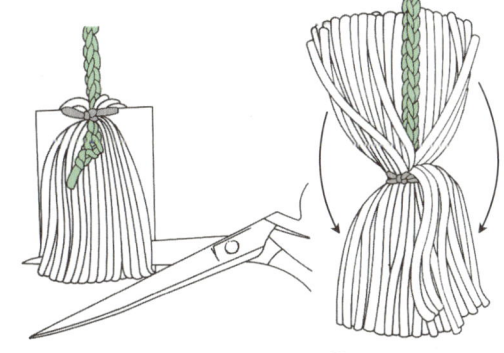

② 끈이 중심으로 오게 한 다음 견사로 단단하게 묶는다. 밑의 고리를 자른다.

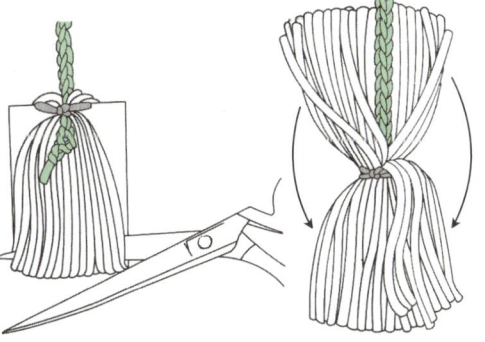

③ 화살표 방향으로 반을 접는다.

④ 그림과 같이 중심에서 조금 내려 술을 묶은 다음 매듭 실을 안쪽으로 찔러 넣는다.

177

4 무늬뜨기

>> 패턴뜨기

시작코 10코의 배수+1코

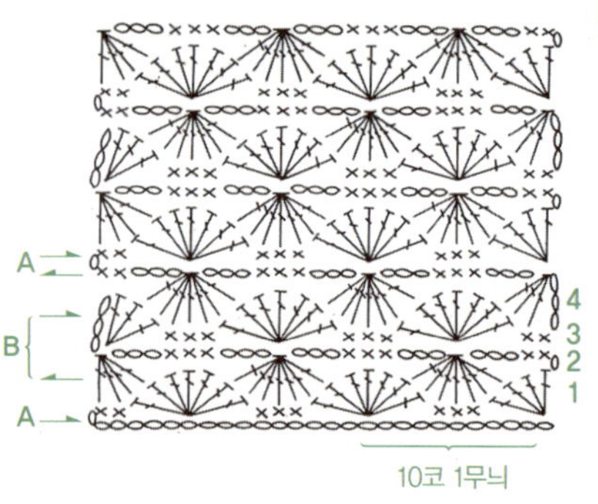

A
B
A

4
3
2
1

10코 1무늬

1

2

시작코 3코의 배수+1코

C
B
A
C
B
A

6
5
4
3
2
1

3코 1무늬

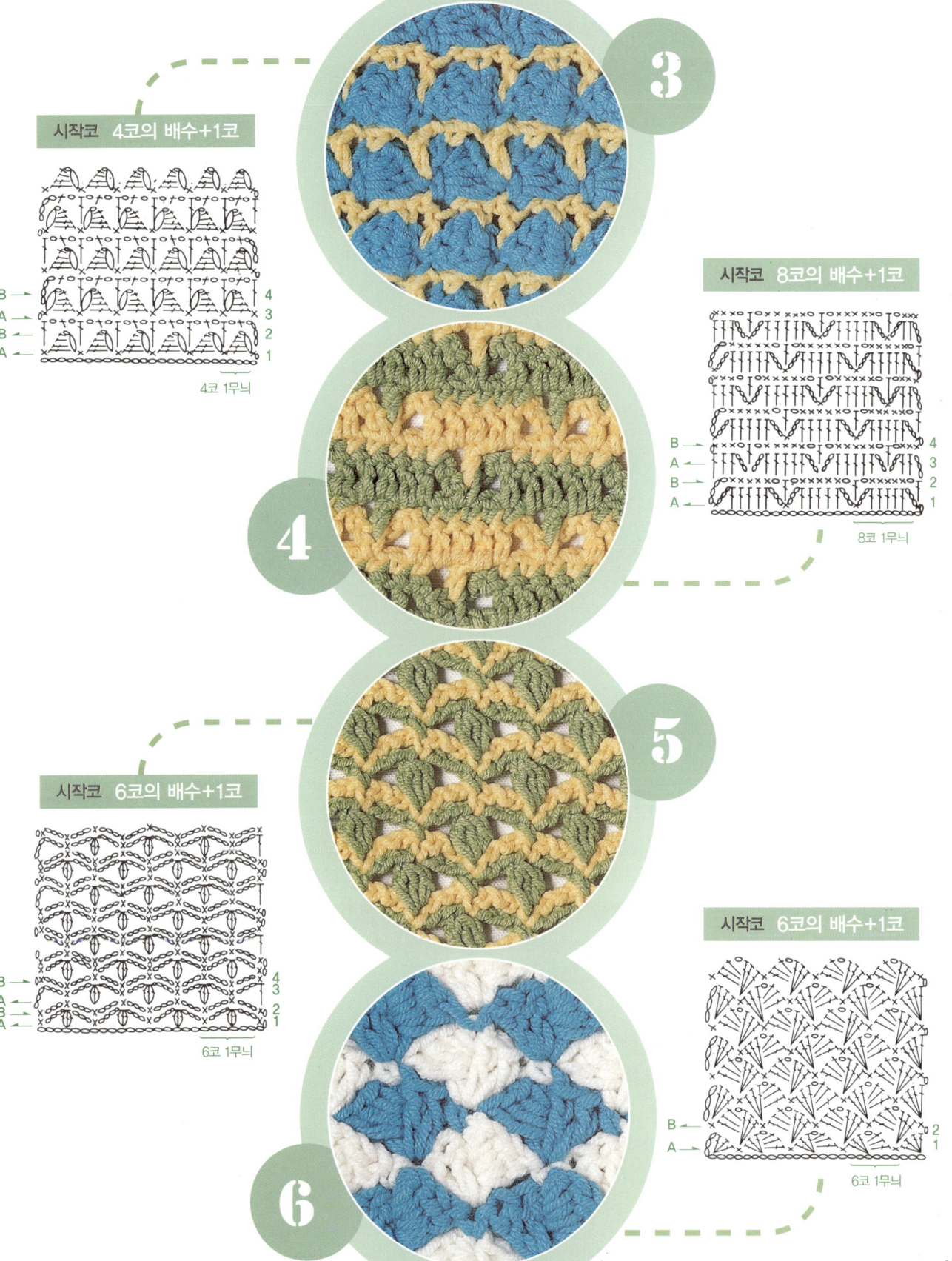

시작코 4코의 배수+1코

B
A B
B A
A

4
3
2
1

4코 1무늬

시작코 8코의 배수+1코

B
A
B
A

4
3
2
1

8코 1무늬

시작코 6코의 배수+1코

B
A B
B A

4 3
2 1

6코 1무늬

시작코 6코의 배수+1코

B
A

2
1

6코 1무늬

3

4

5

6

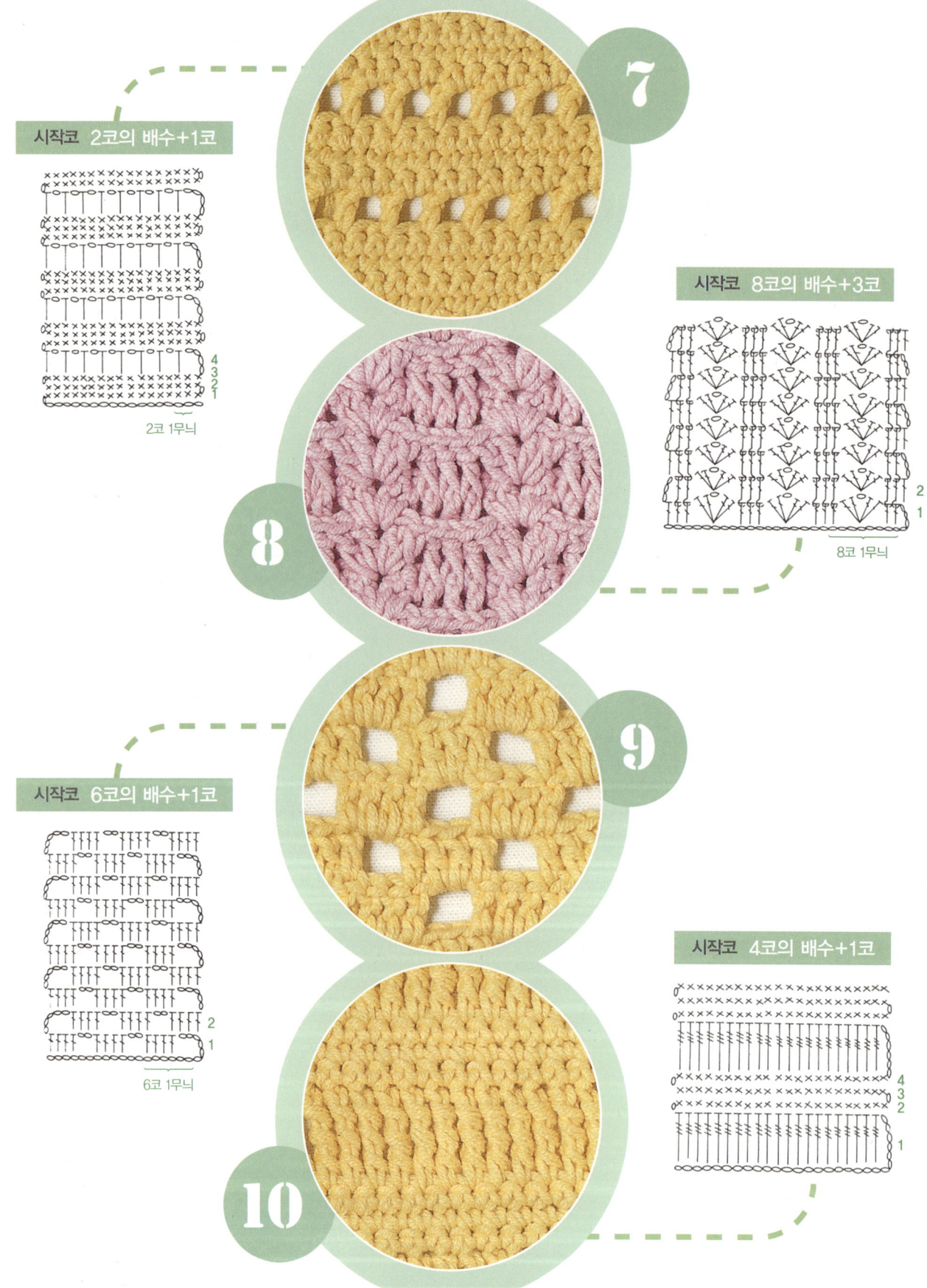

시작코 2코의 배수+1코

4
3
2
1

2코 1무늬

시작코 8코의 배수+3코

2
1

8코 1무늬

시작코 6코의 배수+1코

2
1

6코 1무늬

시작코 4코의 배수+1코

4
3
2
1

7

8

9

10

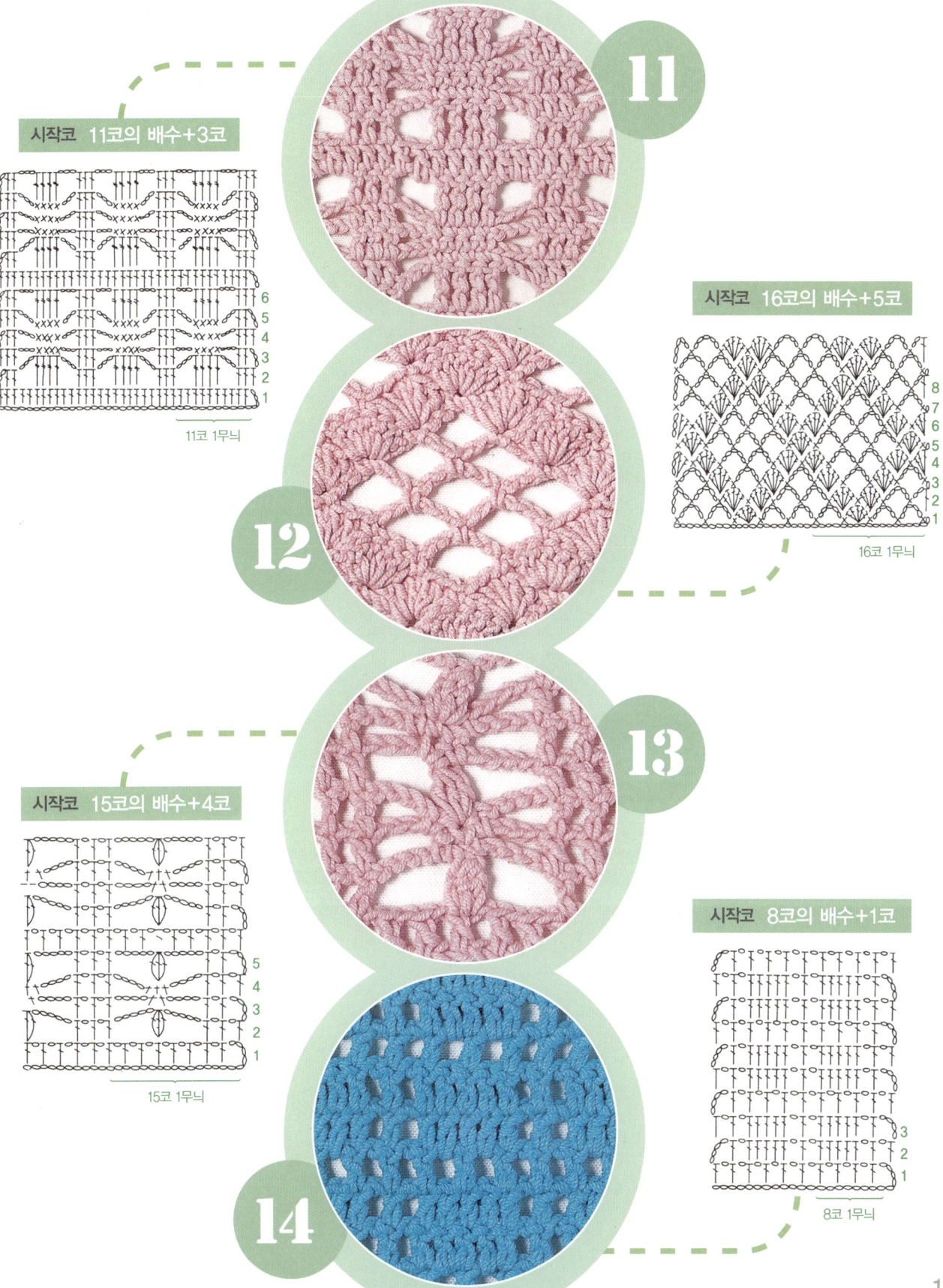

11

시작코 11코의 배수+3코

6
5
4
3
2
1

11코 1무늬

16

시작코 16코의 배수+5코

8
7
6
5
4
3
2
1

16코 1무늬

12

13

시작코 15코의 배수+4코

5
4
3
2
1

15코 1무늬

14

시작코 8코의 배수+1코

3
2
1

8코 1무늬

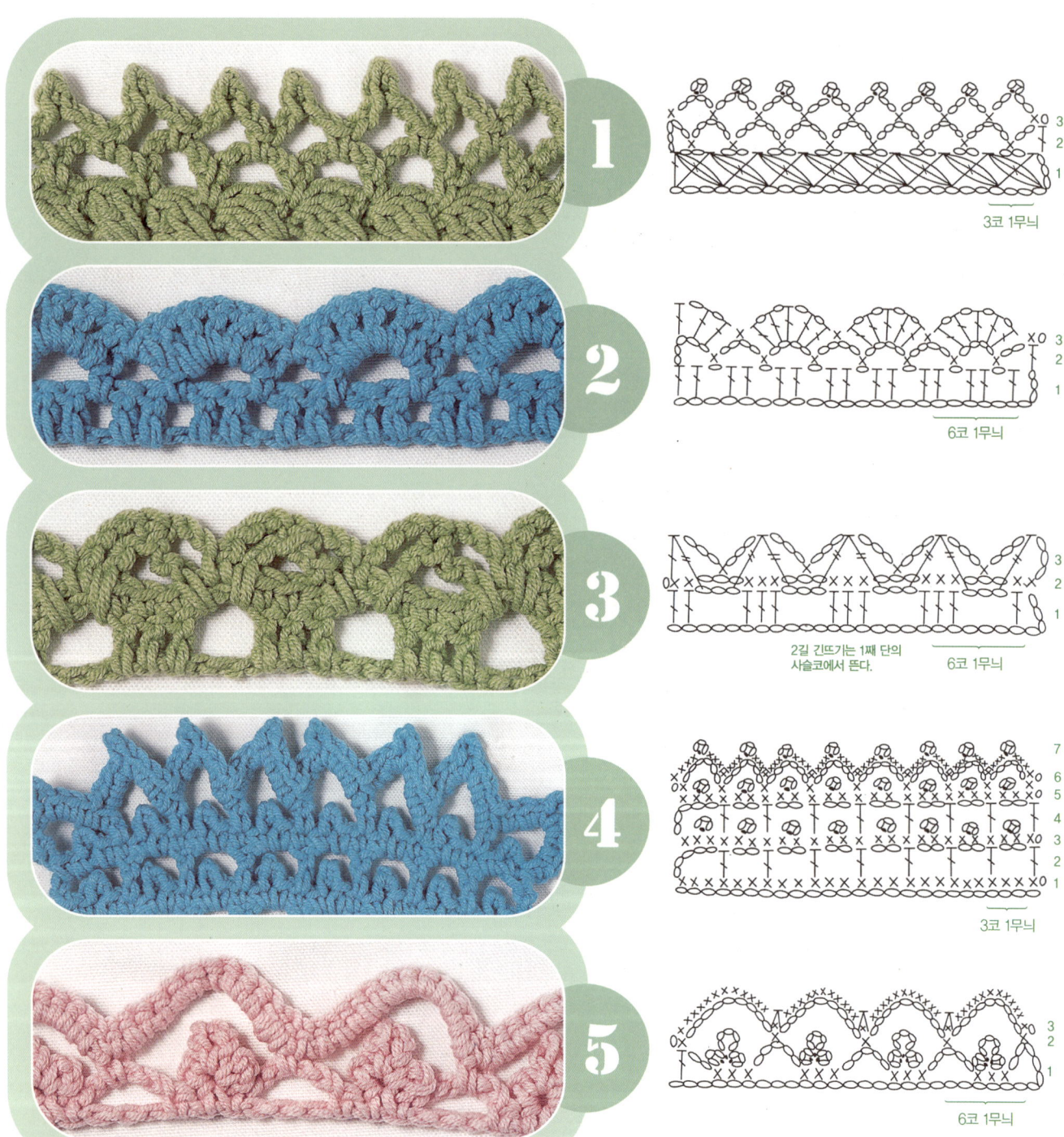

1

3
2
1

3코 1무늬

2

3
2
1

6코 1무늬

3

3
2
1

2길 긴뜨기는 1째 단의
사슬코에서 뜬다.　　6코 1무늬

4

7
6
5
4
3
2
1

3코 1무늬

5

3
2
1

6코 1무늬

모티브뜨기

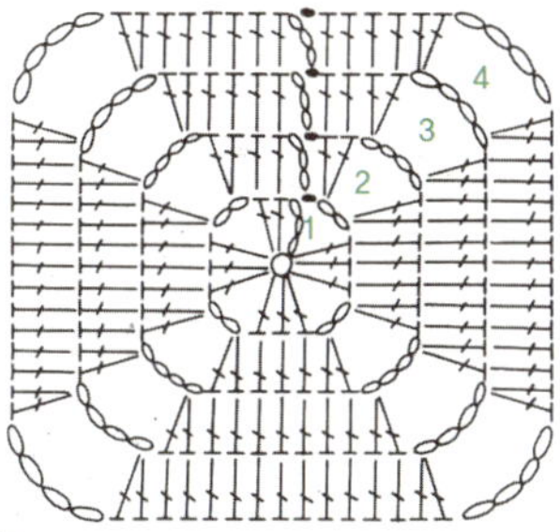

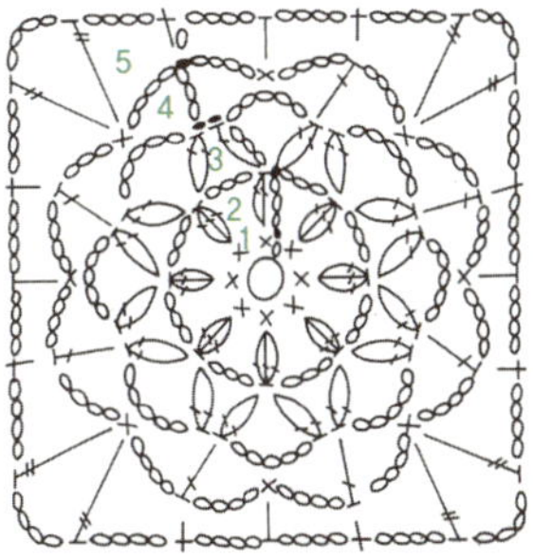

직경
7cm

직경
6.5×6.5
cm

직경
6.5×6.5
cm

직경
8cm

직경
8.5×8.5
cm

직경
8×8cm

대바늘뜨기

코바늘뜨기

기계편물과정

실전편!

기계편물뜨기

3

손뜨개 중 가장 빠르게 작품을 완성할 수 있는 방법으로
더욱 쉽고, 완성도 있는 작품을 제작할 수 있다.

1단계 *수편기의 기본 원리를 알고 작동법을 익힌다.
　　　 *수편기를 이용한 편물 뜨기의 기본 방법을 익힌다.

2단계 *옷을 만들 때 필요한 각 부분의 게이지 산출법을 익힌다.
　　　 *기본 뜨기인 조끼와 바지를 직접 뜨면서 실질적인 뜨개 기법을 배운다.

3단계 *래글런 풀오버를 뜨면서 사선줄임, 소매산을 뜰 수 있다.
　　　 *소매산, 주머니, 단춧구멍 등 옷 마무리에 필요한 뜨기 방법을 익힌다.

수편기 이해하기

 수편기의 구조와 원리

수편기의 구조는 본체, 캐리지, 케이스로 구분된다.

❈❈ 본체 (몸판)

본체에는 메리야스 바늘과 싱커 바늘, 펀치 카드에 의해 자동으로 무늬가 선침될 수 있는 선침 장치가 있으며, 메리야스 바늘의 전진과 후진을 안내하는 바늘골이 4~5mm의 간격으로 구성되어 있다.

바늘판 양쪽에는 A, B, C, D의 기호가 표시되어 있어 메리야스 바늘의 위치를 나타낸다. 수편기를 사용할 때는 테이블 위에 고정시켜서 사용한다.

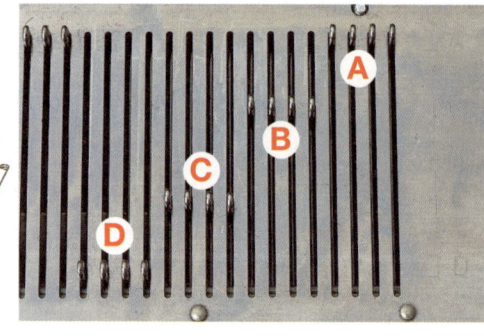

A위치 – 캐리지를 조작해도 떠지지 않는다.
B위치 – 보통 뜨기의 위치다.
C위치 – 무늬뜨기의 선침 위치다.
D위치 – 되돌아뜨기 할 때 사용되는 위치다.

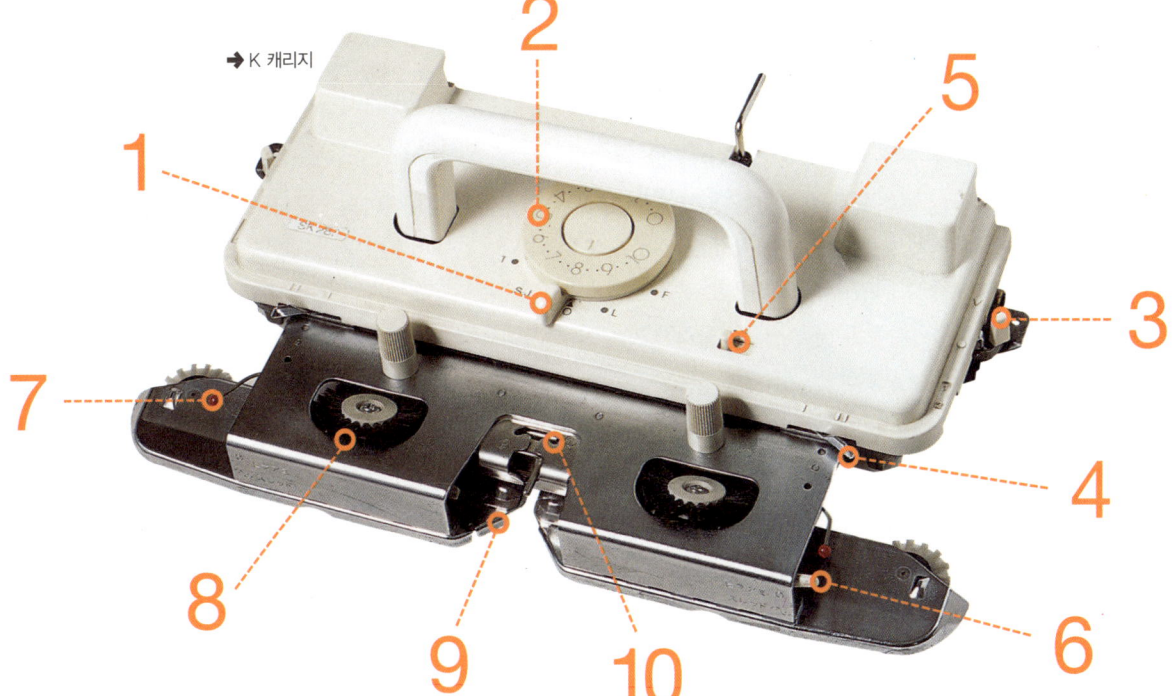

→ K 캐리지

✖✖ 캐리지

캐리지에는 레이스뜨기를 할 때 사용하는 L 캐리지와 K캐리지가 있다.

● K캐리지

K캐리지에는 겉쪽에서 뜨개코의 크기를 조절하는 셀렉디 디이얼 또는 텐션 다이얼(selector dial or tension dial)과 코뜨기와 무늬뜨기에 필요한 여러 가지 버튼이 장치되어 있다.

메리야스바늘을 전진시키는 올림캠과 후신시키는 내림캠 등 뜨개코를 만드는 데 필요한 선침 장치가 있어 레일 위를 왕복하면서 바늘을 작동시킨다. 섬 너트 부분은 메리야스바늘의 래치를 열고 실을 거는 작용을 한다.

1 캠 레버(Cam Lever) 무늬의 종류를 선택할 때 사용한다. 다섯 개의 위치가 그림과 같이 표시되어 있다. 선택된 무늬의 종류에 따라 캠 레버의 위치를 움직이면 된다.

O – 메리야스, 위빙 무늬, 실 걸 때

S.J – 슬립 무늬, 이중 자카드 무늬, 끈 뜨기

T – 턱 무늬

L – 이중배색 레이스 무늬

F – 동시배색 무늬

2 셀렉터 다이얼(selector dial or tension dial) 코의 크기를 조절하기 위해 사용한다. 숫자가 높을수록 코의 크기가 커져 편직물이 느슨하게 짜이고, 숫자가 낮을수록 코의 크기가 작아져 편직물이 촘촘하게 짜인다.

3 사이드 레버(Side Levers) 이 레버들은 본체 B 위치의 바늘을 통제한다.

● – 바늘을 메리야스로만 뜬다.

▼ – 펀치 카드를 사용하여 무늬뜨기를 할 때 이 위치에 설정한다.

4 러셀 레버(Russel Levers) 되돌아뜨기를 할 때 사용하며 본체 D위치의 바늘을 통제한다.

| (Holding) – 본체 D위치의 바늘을 뜨지 않는다.

|| (Normal) – 본체 D위치의 바늘을 떠 주고 B 위치로 돌아간다.

5 풀림 레버(Release Lever) 캐리지가 편직의 중앙에 걸려 움직이지 않을 때 이 레버를 사용하여 캐리지를 풀어 이동할 수 있고 뜨지 않고 좌우로 캐리지를 움직일 수 있다.

6 위빙 노브(Weaving Knobs) 이 노브는 위빙 솔을 위빙 무늬의 위치로 움직이게 한다.

○─위빙 무늬 뜰 때를 제외하고는 이 위치에 설정한다.

∿─실을 걸고 위빙 무늬를 뜰 때 이 위치에 설정한다.

7 위빙 얀 홀더(Weaving Yarn Holders) 덧실을 꿰는 곳이다.

8 위빙 브러시(Weaving Brushes) 덧실뜨기를 할 때 사용하는 브러시이다.

9 실 자르는 칼(yarn Cutter) 실을 자를 때 사용한다. 실을 양손으로 잡고 칼 쪽으로 민다.

10 얀 피더(Yarn Feeders) 실을 공급하는 곳이다.

● L캐리지

L캐리지는 레이스뜨기를 할 때만 사용하는 보조 캐리지로, 선침된 바늘이 걸려 있는 코를 떠 가는 방향의 옆 코로 이동시켜 구멍 무늬를 내 주는 역할을 한다.

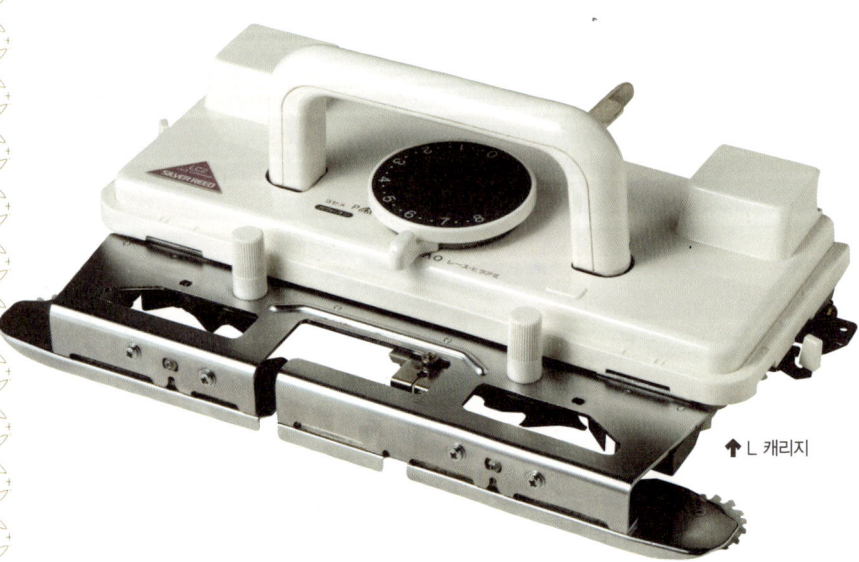

↑ L 캐리지

● 편환 조절 다이얼

편환 조절용 다이얼을 셀렉터 다이얼 또는 텐션 다이얼이라고 한다. 편사의 굵기의 따라서 편환의 크기를 조절하는 역할을 한다. 숫자는 0번~10번까지 있고 숫자가 커질수록 편환의 크기를 크게 할 수 있다.

편환 조절 다이얼과 사용 모사의 관계

실의 종류	다이얼 숫자
세모사	0~3°
합세모사(2합)	3~4°
중세모사	4~6°
병태모사	6~9°
극태모사	9~10°
모헤어 (바늘을 하나씩 걸러서 사용)	8~10°

✖✖ 부속품

1. **클램(Clamp)** 기계를 테이블에 고정시키는 역할을 한다.

2. **니들 푸셔(Neddle Pusher)** 바늘의 배열을 바꾸는 데 쓴다.

3. **트랜스퍼 툴(Transfer Tool)** 옮김바늘. 코를 옮겨 줄 때 쓴다. 바늘은 1×3, 2×3, 1×2 세 종류가 있다.

4. **타피 툴(Tapper Tool)** 고무뜨기를 하거나 코 잡는 데 사용한다.

5. **클로 웨이트(Claw Weight)** 추. 편물이 말리는 것을 막기 위해 편물에 걸어 사용한다.

6. **라벨 코드(Ravel cord)** 피아노줄. 코를 잡을 때 사용하거나 버림뜨기 할 때 뺌실로 사용한다.

7. **카드 스냅(Card snap)** 펀치 카드를 고정할 때 사용한다.

8. **얀 세퍼래이터(yarn Separator)** 배색 무늬뜨

기를 할 때 두 실이 섞이지 않도록 분리하기
위해 사용한다.

9. **포인트 캠(Point cam)** 단독무늬를 할 때 쓰
이는 부속품.

10. **매직 캠(Magic cam)** 단독무늬를 할 때 쓰
이는 부속품.

11. **돗바늘** 편직을 연결할 때 사용한다.

12. **코바늘** 잇기를 할 때 사용한다.

13. **기름** 기계 손질 시 뿌려 준다.

14. **클리닝 브러시(Cleaning Brush)** 먼지를 제거
할 때 이용한다.

15. **눈금자** 게이지를 체크할 때 사용한다.

16. **로 카운터(Raw Couner)** 단수계 또는 단수
기억장치.

17. **텐션 가이드(Tension Guide)** 실 안내 장치
로 실을 통과시켜 걸 때 사용하며 실의 엉킴
을 막아 준다.

18. **편출기** 코를 잡을 때 사용한다.

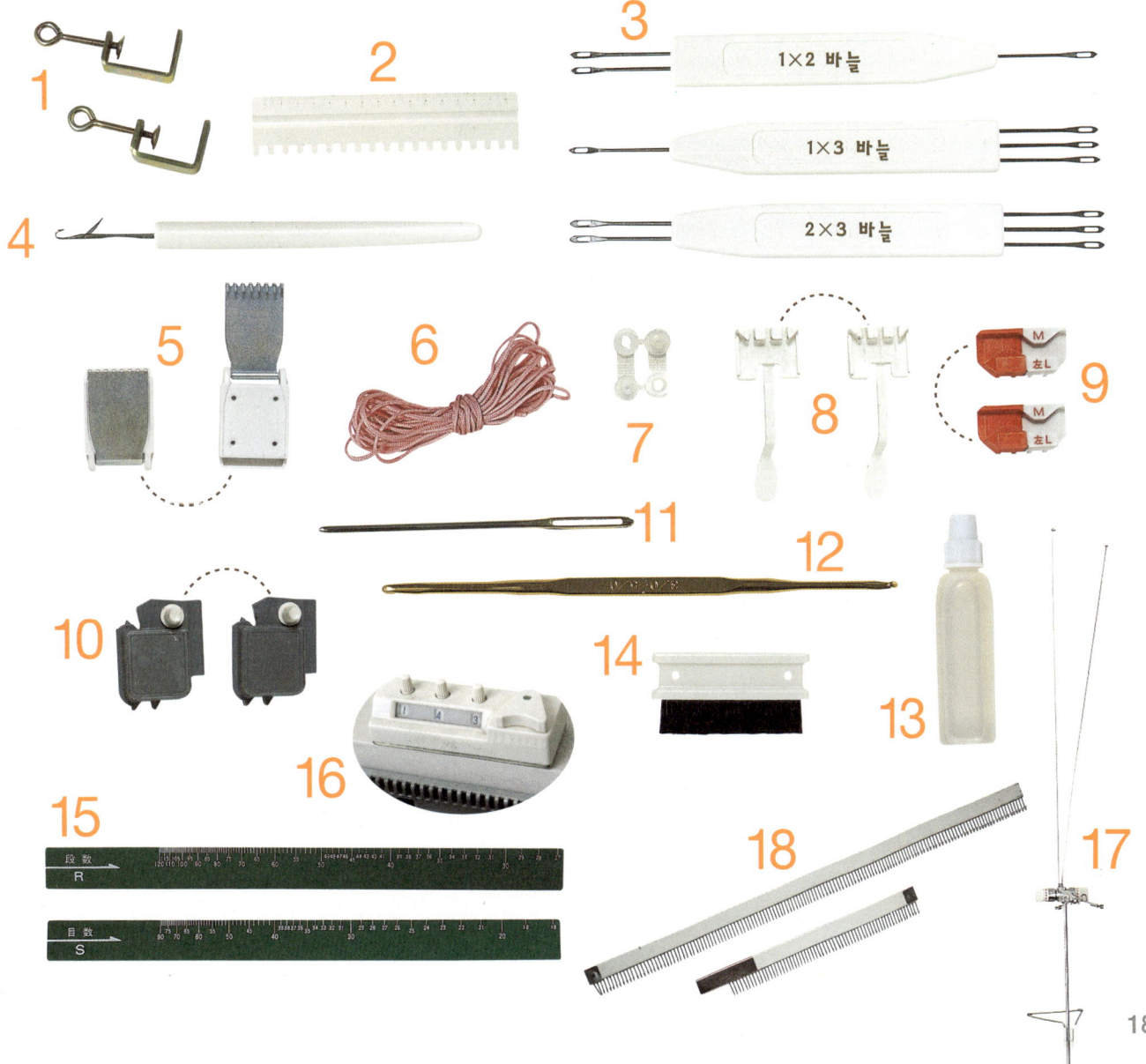

✖✖ 바늘의 명칭과 작용

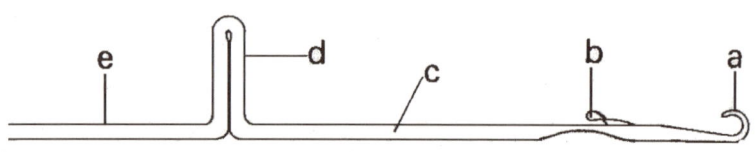

● **a-머리(훅-hook)**

래치 바늘 윗부분에 갈고리같이 생긴 것을 머리(훅)라 하며 급사구로부터 급사되어 나온 실을 걸어 편환을 만드는 것으로 머리가 좌우, 상하로 굽어 있거나 머리 끝이 닳은 것, 홈이 있는 것 등은 실을 정상적으로 걸지 못한다. 래치 바늘의 각 부분은 서로 긴밀한 연관성을 갖고 있으므로 어느 한 부분이라도 이상이 생기면 편물의 형성이 불가능하다.

● **b-혀(래치-latch)**

바늘의 머리(훅)와 몸체 사이를 덮개 형식으로 연결시킨 것으로, 래치를 움직여 훅을 닫거나 열어준다. 머리 안에 걸려 있던 편물의 코가 몸체(스템)에 걸리게 되면 혀가 닫히는 동시에 몸체에 걸려 있는 편물의 코가 래치 바늘 머리를 벗어나 새로운 한 단을 형성하게 된다.

래치가 굽어 있거나, 홈이 있는 것, 많이 닳은 것, 끊어진 것 등은 정상적으로 편물을 뜰 수 없으므로 교체하는 것이 좋다.

● **c-몸체(스템-stem)**

래치 바늘의 중간 부분을 말하며 몸체는 래치 바늘판 홈에 들어가서 래치 바늘 밑둥의 조정을 받아 바늘 전체가 상하로 오르내릴 때 좌우로 움직이지 못하게 한다.

그러나 몸체가 래치 바늘 홈에 꼭 끼면 안정 운동을 저지시킨다. 래치 바늘 홈과 몸체의 간격이 너무 벌어지면 바늘이 좌우로 움직여 그 기능을 상실하므로 래치 바늘은 반드시 수편기의 게이지에 맞는 것을 끼워야 한다.

● **d-밑둥(버트-butt)**

래치 바늘의 아래쪽에 직각으로 굽어 있는 것으로, 직접 캠홈을 오르내리면서 바늘을 상하로 운동시킨다. 밑둥에 홈이 있거나 곧지 못하고 좌우로 굽어 있으면 바늘을 정상으로 운동시키지 못하므로 갈아 끼워야 하고 캐리지를 심하게 다루면 이 부분이 부러지거나 상하기 쉬우므로 조심스럽게 다뤄야 한다.

● **e-뒷몸(생크-shank)**

바늘의 뒷길이로 버트의 뒷부분이다.

1

chapter

초급 과정

학습목표

☑ 수편기의 작동법을 익힌다.
☑ 수편기의 기본 원리를 익힌다.
☑ 편물 뜨기의 기초 방법을 익힌다.

기계편물 초급 단계에서 익혀야 할 과정

코 잡기
기본 조직 뜨기
고무뜨기 하기
늘리기와 줄이기
되돌아뜨기
코 줍기
마무리하기

수편기 사용하기

✖ ✖ ✖ ✖ ✖ ✖ ✖ ✖ ✖ ✖ **편출기로 코 만들기** ✖ ✖ ✖ ✖ ✖ ✖ ✖ ✖ ✖ ✖ ✖

편출기로 코를 만들기
위해서는 필요한 콧수만큼
래치 바늘을 D위치에
내놓는다. 캐리지에 실을
걸어 1단을 뜬 다음,
편출기의 실걸이를 앞으로
오게 해 실에 걸어 준다.

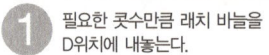

1 필요한 콧수만큼 래치 바늘을 D위치에 내놓는다.

2 전체 바늘 중 1/2만 빼서 준비한다.

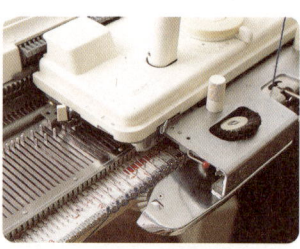

3 캐리지에 실을 걸어 1단을 뜬다.

4 편출판을 바늘이 비어 있는 곳에 걸어 준다.

5 바늘을 모두 B위치까지 놓는다.

6 캐리지로 6~7단을 떠 코를 만든다.

피아노줄로 코 만들기

피아노줄을 이용하여 코를 만들기 위해서는 필요한 콧수만큼 래치 바늘을 B위치에 내놓은 다음, 실 끝을 한 손으로 잡고 캐리지를 가볍게 움직인다. 래치 바늘과 앵글 바늘 사이에 루프가 생겨 실이 지그재그로 걸리게 한다. 이 위에 피아노줄(Ravel cord)을 넣어 3~4단을 뜬 다음 피아노줄을 빼 완성한다.

① 필요한 콧수만큼 래치 바늘을 D위치에 내놓는다.

② 캐리지에 실을 넣고 1단을 뜬다.

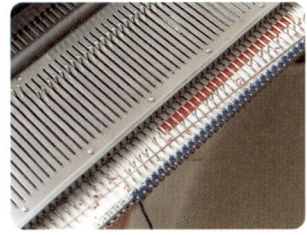

③ 바늘의 훅과 앵글 사이에 피아노줄을 걸어 준다.

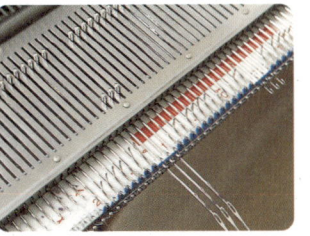

④ 피아노줄이 들뜨지 않도록 실을 누르면서 옮김바늘을 중간중간 뺀다.

⑤ 캐리지로 3단을 뜬 후 피아노줄을 뺀다. 실의 굵기에 따라 3~5단까지도 뜬다.

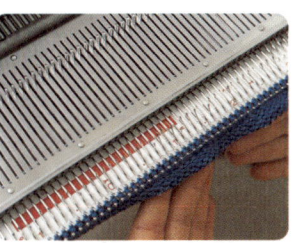

⑥ 피아노줄을 뺀 다음 4~5단 더 떠서 코를 만든다.

감아서 코 만들기

고무단이 없는 디자인이나 신축성이 적은 단 처리에 이용되는 고 만들기 방법으로, 시작코가 처음부터 마무리가 되어 있기 때문에 코바늘로 단 처리할 때 편리하다.

① 필요한 콧수만큼 래치 바늘을 D위치에 빼놓는다.

② 사진과 같은 방법으로 콧수의 바늘마다 실을 감아 준다.

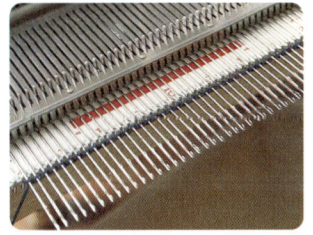

③ 감아코가 완성된 모습.

④ 감아코가 완성되면 캐리지를 움직여 편직한다.

감아코로 만든 코와 마찬가지로 고무단이 없는 디자인의 편물이나 소맷단이나 허릿단 등 꾸밈이 없는 디자인에 많이 활용된다. 버림실이 필요없이 처음부터 마무리되어 짜여지기 때문에 밑단의 무늬를 살린 목도리·풀오버등에 사용한다.

① 사진과 같은 방법으로 고리를 만든다.

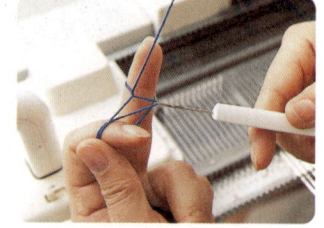

② 코바늘로 코를 잡듯이 타피로 사슬코를 만든다.

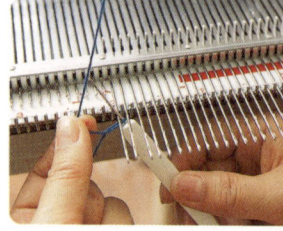

③ 타피를 바늘과 바늘 사이에 놓고 윗부분의 실을 당겨오면서 코를 만든다.

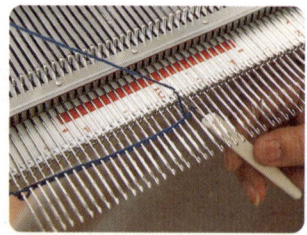

④ 타피를 이용해 코를 만드는 모습.

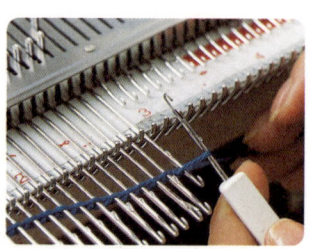

⑤ 마지막 래치 바늘에 타피로 코를 걸어 마무리한다.

Zoom in

타피로 코 만들기

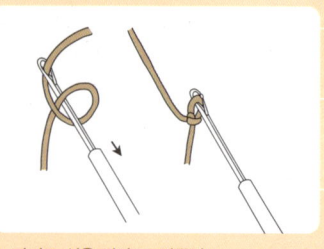

1 타피로 실을 잡아 코 만들기.

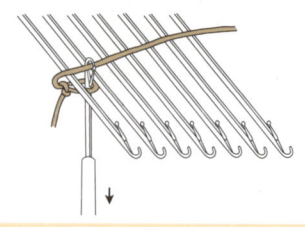

2 타피 코를 래치 바늘에 걸기.

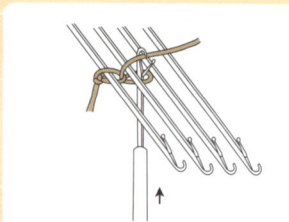

3 타피 코 만들기.

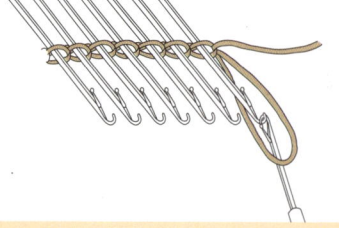

4 같은 방법으로 반복한 다음 마지막 타피 코를 마지막 래치 바늘에 되돌아 걸어 준다.

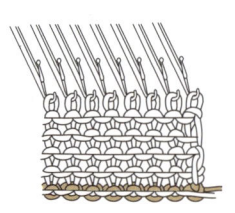

5 완성된 모습.

2 수편기 조작하기

✕✕ 수편기의 설치

수편기는 흔들리지 않게 테이블 위에 고정 나사로 고정시킨 다음 사용해야 한다. 고정나사는 테이블의 두께와 폭에 맞도록 선택한다. 또한 테이블은 의자에 앉아 캐리지를 잡았을 때 팔을 90° 정도 굽힌 채로 손잡이를 자연스럽게 조작할 수 있는 높이가 적당하다.

✕✕ 캐리지 조작의 바른 자세

자세를 바르게 히고 수편기의 중앙에 앉는다. 어깨에 힘을 빼고 캐리지의 손잡이를 양손으로 가볍게 쥔다.

캐리지를 오른쪽에서 왼쪽으로 움직일 때는 주로 오른손에 힘을 주어 밀고, 왼손을 가볍게 미끄러지듯이 이동시킨다. 왼쪽에서 오른쪽으로 움직일 때는 반대로 하되 일정한 속도로 움직여야 한다. 래치 바늘의 위치가 고르지 않을 때는 캐리지를 움직여서는 안 된다.

✕✕ 수편기의 기본 기능

● 래치 바늘의 편성 원리

캐리지를 좌우로 움직이면 래치 바늘이 전진 또는 후진 하면서 그림과 같은 원리로 뜨개질이 된다.

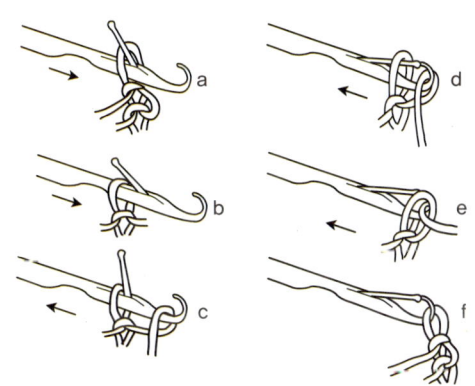

① 그림 (a)와 같이 뜨개코가 걸려 있는 래치 바늘이 캠에 의하여 밀려나오면 코에 밀려서 래치가 자연히 열린다.
② 그림 (b)와 같이 바늘이 계속해서 밀려나오면 뜨개코는 래치를 넘어 스템에 옮겨진다.
③ 그림 (c)와 같이 래치가 열려 다음 단의 뜨개코가 될 실이 훅 안에 걸린다.
④ 그림 (d)와 같이 바늘이 되돌아가면 그림 (a)

195

에서 스템에 옮겨져 있던 뜨개코가 래치를
닫는 역할을 한다.

⑤ 그림 (e)와 같이 바늘이 계속 후진하면 래치
는 닫히고, 훅에 걸려 있던 실은 훅 속에 갇
히게 된다.

⑥ 그림 (f)와 같이 바늘이 완전히 후진을 끝냈을
때, 앞의 뜨개코는 훅에서 미끄러져 1단이 떠
지게 되고 새로운 뜨개코가 만들어지게 된다.

● 캠과 래치 바늘의 관계

캠은 래치 바늘을 전진 혹은 후진시키는 역
할을 하는데, 올림 캠은 래치 바늘을 밀어내는
작용을 하고 내림 캠은 안으로 밀어넣는 작용
을 한다. 내림 캠이 바늘을 밀어넣는 간격에 따
라 뜨개코의 밀도가 정해지며 캠은 셀렉터 다
이얼에 의해서 조절된다.

따라서 게이지는 셀렉터 다이얼의 눈금에 의
해서도 변화한다.

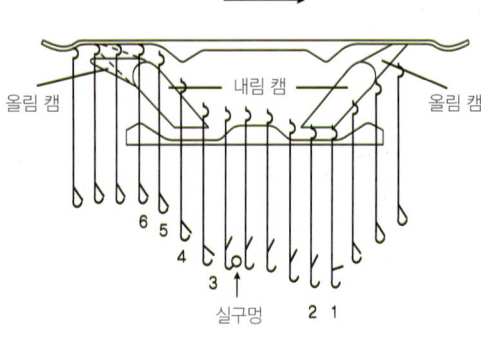

● 펀치 카드의 조작

펀치 카드는 얇은 플라스틱 카드에 구멍을
뚫어 래치 바늘이 자동으로 선침될 수 있게 한
카드이다. 그림은 펀치카드와 래치 바늘의 위
치를 나타낸 것으로 가장 큰 무늬 1개의 폭이
24코 간격이다.

스텝번호 1번이 시작선이지만 무늬뜨기가

떠지는 위치는 기계에 따라 다른 7~5단(브라더
사 7단, 실버사 5단) 아래인 카드의 첫 단부터
떠지기 때문에 유의해야 한다.

펀치 카드는 그림과 같이 스냅으로 연결되어
둥글게 돌아가게 되어 있어 무늬가 연속해서
떠진다. 펀치 카드의 무늬는 뚫린 구멍이 D위
치에 선침되어 나타난다.

✖✖ 수편기의 손질과 보관

수편기의 수명을 오래 유지하고 그 기능을
원활하게 하기 위해서는 기계를 깨끗이 손질하
고 기름이 마르지 않게 하여 기계에 무리가 가
지 않도록 한다. 기계 사용이 끝나면 실 먼지
등을 브러시로 털어내고 기름걸레나 융 같은
천으로 닦아내야 한다.

기계를 매일 사용하는 경우에는 1주일에 2회
정도 기름을 쳐 주는 것이 좋으나 기름을 너무
많이 치면 무늬 선침판이 오염되어 오히려 기
능이 떨어질 수 있다. 오랫동안 수편기를 사용
하지 않을 때는 깨끗이 닦아낸 다음, 금속 부분
이나 레일 등에 기름을 골고루 쳐서 습기가 없
는 서늘한 장소에 보관한다.

3 수편기의 기본 기법

>> 기본 조직 뜨기

수편기는 대바늘뜨기의 기법을 응용한 기계이므로 뜨기의 원리와 무늬뜨기의 모양은 대바늘뜨기와 같다.

 **겉뜨기와 안뜨기**

뒤

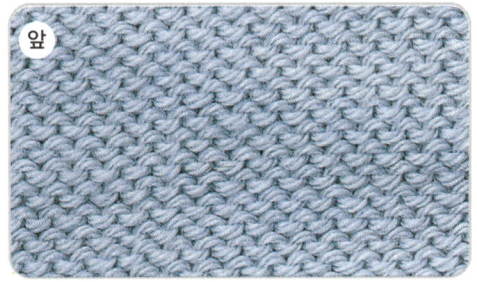
앞

캐리지를 좌우로 움직이는 것만으로 조직이 떠진다. 이것을 메리야스뜨기라고 하며, 기계에 걸려 있는 상태에서 앞쪽에는 안뜨기가, 뒤쪽에는 겉뜨기가 나타난다.

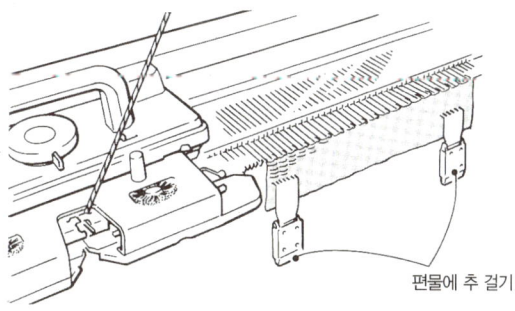

편물에 추 걸기

고무뜨기

메리야스 단에서 고무뜨기로 잡는 경우

수편기로 고무뜨기를 하려면 일단 메리야스뜨기로 원하는 만큼 단수를 뜬 다음 코를 풀어 타피로 코를 겉뜨기로 만들어 고무뜨기 패턴을 만든다. 겉뜨기 코와 안뜨기 코의 배열에 따라 1×1고무뜨기 또는 2×2고무뜨기가 된다.

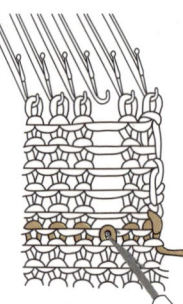 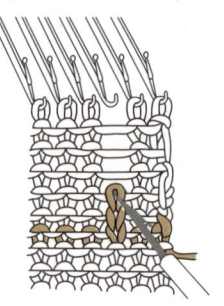 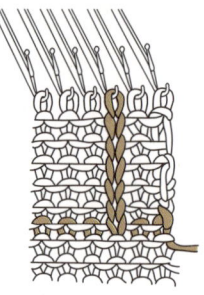

1 고무뜨기로 바꿀 위치의 바늘에서 코를 빼서 실을 풀어낸 다음 1째 단에 타피를 건다.

2 타피로 2째 코를 당겨와 겉뜨기로 바꿔 준다.

3 마지막 코를 바늘에 건다.

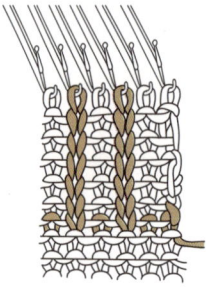

4 고무단이 완성된 모습.

고무뜨기로 시작하는 경우

첫 시작단부터 래치 바늘을 고무뜨기 배열로 놓은 다음 시작한다. 떠지지 않은 코는 마찬가지로 타피를 이용해 겉뜨기 코로 만들어 준다. 버림실로 시작단을 하고 돗바늘로 마무리한다.

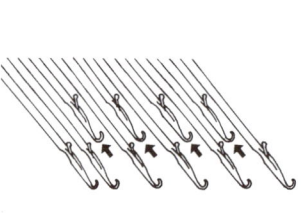 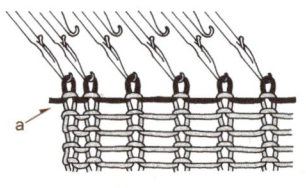 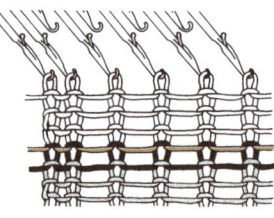

1 래치 바늘은 1/2만 빼놓고 1/2은 수편기의 A위치에 놓는다.

2 버림실로 코를 잡고 피아노줄 (a)로 1단 뜬다.

3 텐션 다이얼을 0~3°로 맞춘 다음 4단을 뜬다.

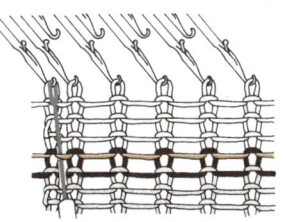

④ 옮김바늘로 본실 1째 단의 싱거 루프를 1째 코에만 걸어 준다.

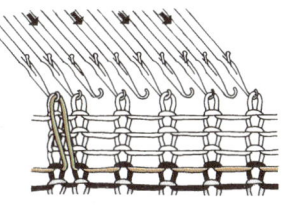

⑤ 수편기 A위치의 바늘을 B위치로 뺀다.

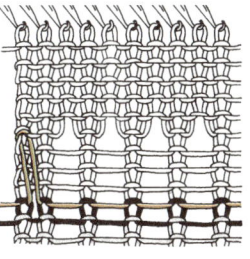

⑥ 전체 바늘을 수편기 B위치에 놓고 필요한 단수만큼 뜬다.

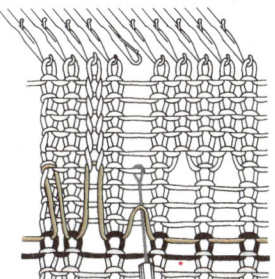

⑦ 고무뜨기 할 코의 단을 푼 다음 1째 단에 타피를 놓고 5째 단을 끌어당겨 겉뜨기로 만든다.

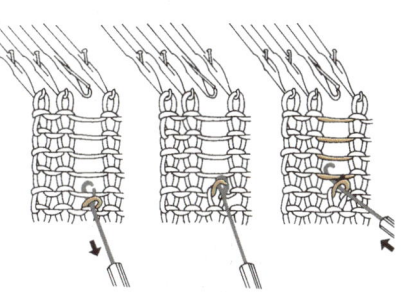

⑧ 1단씩 타피를 옮겨가며 실을 당겨 겉뜨기를 만들면서 고무뜨기 단을 완성한다. 고무뜨기 후 돗바늘 마무리까지 끝내고 피아노줄을 빼면 본실과 버림실이 분리된다.

Plus info

돗바늘로 고무단 잇기

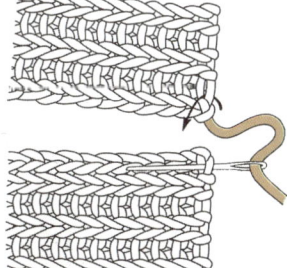

1 패턴을 겉으로 놓고 앞판의 끝에서 1코 들어간 겉코와 둘째 겉코 사이에 걸쳐 있는 실을 1단 뜬다.

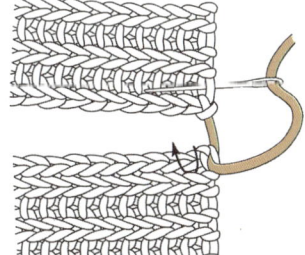

2 뒤판은 끝에서 1코 들어간 겉코와 둘째 안코 사이에 걸쳐 있는 실을 1단 뜬다.

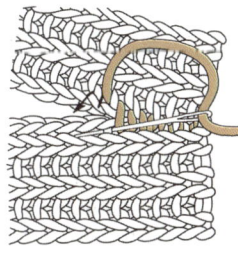

3 앞뒤판을 교대로 1단씩 뜨면서 마무리한다.

 ## 무늬뜨기

수편기에서는 펀치 카드를 이용하여 배색 무늬, 끌어올림 무늬, 스레트 무늬, 위빙 무늬, 레이스 등 다양한 뜨개조직을 손쉽게 뜰 수 있다.

싱글 모티브

레이스 캐리지를 이용한 구멍무늬

끌어올림(터크) 무늬

동시배색 무늬

펀치 카드

≫ 늘리기

 코 세우지 않고 늘리기

끝코를 늘려가는 패턴의 디자인에 많이 응용된다. 끝코 옆의 빈 바늘을 앞으로 내놓고 캐리지를 움직이면 실이 빈 바늘에 걸려 1코가 만들어진다.

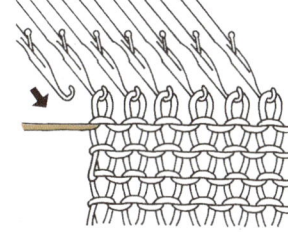

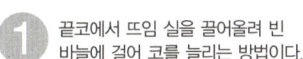

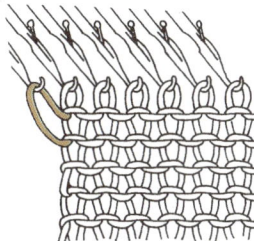

1 끝코에서 뜨임 실을 끌어올려 빈 바늘에 걸어 코를 늘리는 방법이다.

2 코를 끌어올려 늘린 모습.

 코 세워 늘리기

1코 세워 늘리기

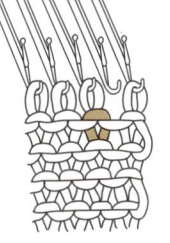

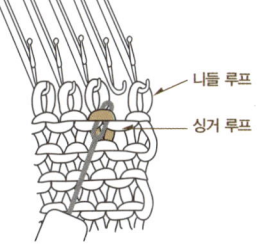

니들 루프
싱거 루프

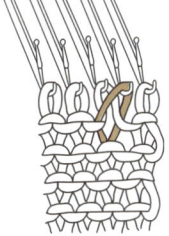

1 맨 끝코를 옮김바늘을 사용하여 옆의 비어 있는 바늘에 옮긴다.

2 옆 코의 니들 루프를 끌어올려 비어 있는 바늘에 걸어 1코를 늘린다.

3 완성된 모습.

2코 세워 늘리기

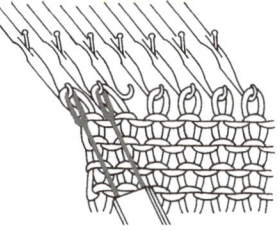

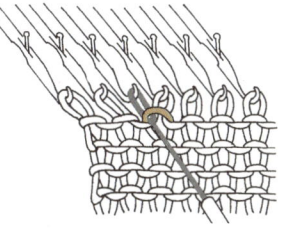

1 옮김바늘을 사용하여 2코를 나란히 옆의 빈 바늘에 옮겨둔다.

2 옆 코의 니들 루프를 끌어올려 1코를 늘린다.

뜨는 도중에 늘리기

뜨는 도중에 코를 늘리는 방법에는 밑코를 주워서 늘리는 방법과, 옆으로 지나는 실을 돌려뜨기로 코를 걸어 만드는 방법이 있다.

밑코 주워서 늘리기

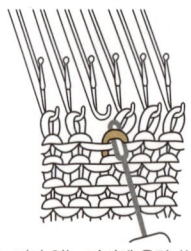

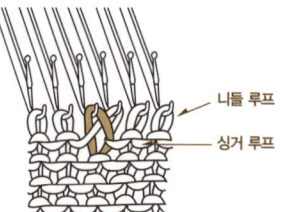

니들 루프
싱거 루프

1 비어 있는 자리에 옮김바늘로 니들 루프를 걸어 준다.

2 밑코 주워 늘리기가 완성된 모습.

돌려뜨기로 늘리기

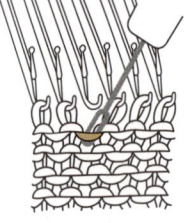

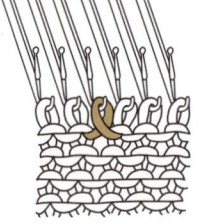

1 비어 있는 자리에 싱거 루프를 꼬아서 걸어 준다.

2 코를 감아 래치 바늘에 걸어 완성한 모습.

2코 이상 늘리기

한번에 여러코를 늘릴때는 그림과 같이 감아서 코 만들거나 별도로 버림뜨기를 떠서 래치 바늘에 늘릴 콧수만큼 코를 걸어 늘린다.

감아코로 늘리기

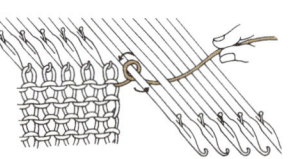

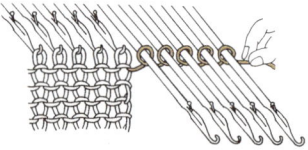

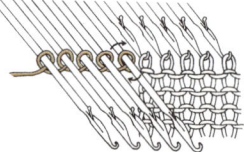

1 그림과 같이 화살표 방향으로 래치 바늘에 실을 감아 감아코를 만든다.

2 원하는 수치만큼 코를 감아 늘림코를 만든다.

3 왼쪽으로 감아코를 만들 경우 화살표 방향으로 실을 감아 준다.

버림뜨기로 늘리기

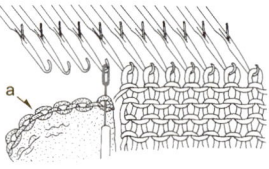

a

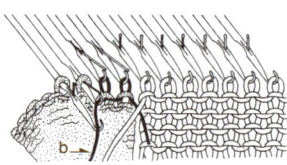

b

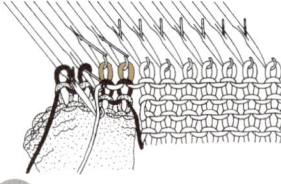

1 a처럼 버림실로 미리 코를 만들어 놓는다.

2 옮김바늘을 이용해 코를 래치바늘에 걸어준 후 피아노줄로 1단을 뜬다.

3 피아노줄 위에 본실이 걸려있는 경우는 본실로 1단을 떠 콧수를 늘린다.

줄이기

 끝코 줄이기

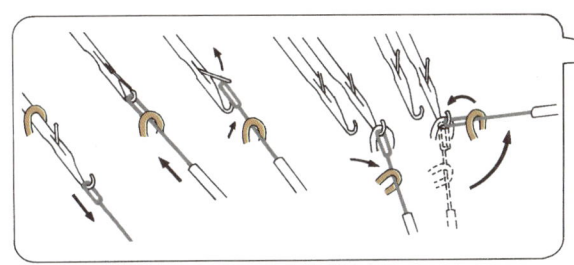

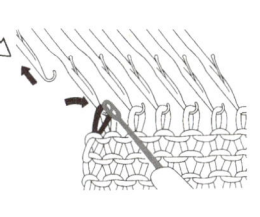

끝코를 옮김바늘로 뺀 다음 옆의 래치 바늘에 이동시켜 1코를 줄인다.

 코 세워 줄이기

1코 세워 줄이기

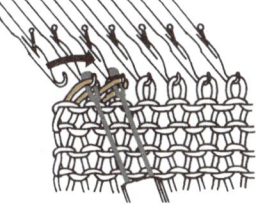

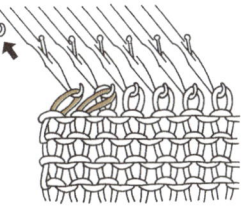

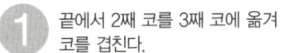

① 끝에서 2째 코를 3째 코에 옮겨 코를 겹친다.

② 끝 래치 바늘을 뒤로 밀어 떠지지 않게 하고 단을 떠 콧수를 줄인다.

래글런 소매 줄이기

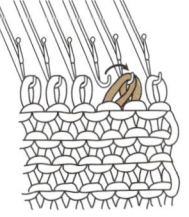

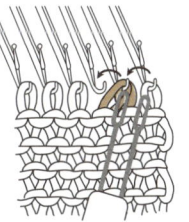

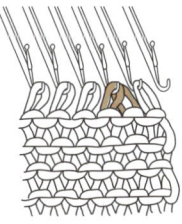

① 3째 코를 2째 코로 옮겨 놓는다.

② 옮긴 코와 옆 코를 옮김바늘 2개짜리를 이용해 빼낸 다음 비어 있는 자리로 다시 옮겨 준다.

③ 비어 있는 바늘을 수편기 A위치로 밀어 준다.

✖✖✖✖✖✖✖✖✖✖ 2코 이상 줄이기 ✖✖✖✖✖✖✖✖✖✖✖✖✖

같은 단 내에서 여러 코를 줄일 때는 실이 있는 쪽과 없는 쪽에 따라 줄이는 방법이 다르다. 실이 있는 쪽에서 줄이는 방법은 그림과 같이 타피로 마무리하거나 씌워빼기로 줄인다.

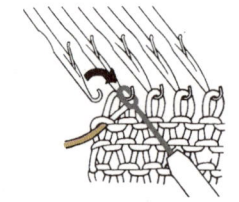

1 첫 바늘을 2째 코에 옮겨 준다.

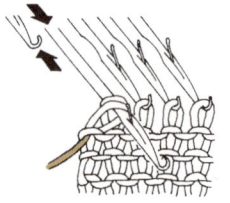

2 첫 바늘을 수편기 A위치로 밀어넣는다.

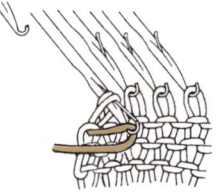

3 겹쳐진 코를 남아 있는 실로 1단 떠 준다.

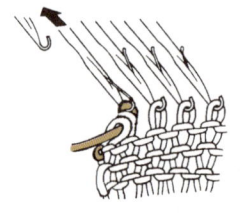

4 ②~③을 반복해 1단을 떠 준다.

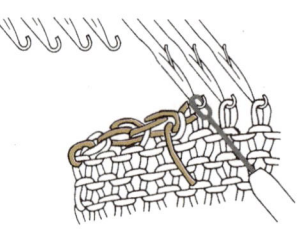

5 2코 이상 줄이기가 완성된 모습.

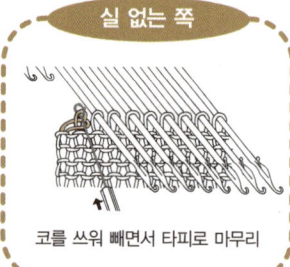

실 없는 쪽

코를 씌워 빼면서 타피로 마무리

▶▶ 되돌아뜨기

되돌아뜨기는 일종의 늘리기와 줄이기 기법으로, 되돌아 넓혀뜨기와 되돌아 좁혀뜨기가 있다. 이것은 사선이나 곡선의 일부를 떠 나가는 단의 도중에서 되돌아감으로써 늘리거나 줄이는 방법이다.
되돌아뜨기는 1단마다 되돌아뜨는 경우와 2단마다 되돌아뜨는 경우로 구분되는데, 1단마다 되돌아뜨기는 되돌아간 자리의 실이 남기 때문에 특별한 무늬뜨기 외에는 2단마다 되돌아뜨기를 많이 이용한다. 어느 경우라도 되돌아뜨기는 되돌아간 끝코에서 실을 그림과 같이 걸어 주어 되돌아간 코와 그 옆 코 사이에 구멍이 생기는 것을 막아야 한다.
안뜨기를 겉으로 사용할 경우에는 되돌아갈 때 걸어 준 실과 코를 자리바꿈하여 걸어 준 실이 겉으로 나타나지 않도록 주의해야 한다.
러셀 레버는 항상 |로 맞춘다.

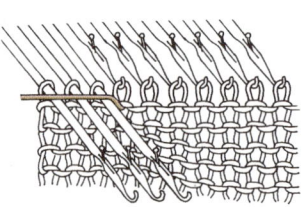

1 줄이고자 하는 콧수만큼 바늘을 수편기 D위치로 빼놓고 1단을 뜬다.

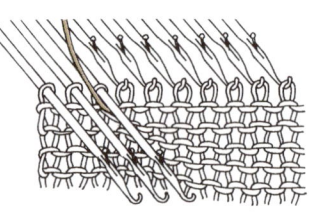

2 D위치로 뺀 바늘 중 첫 바늘에서 실을 화살표 방향으로 빼 준 다음 1단을 뜬다.

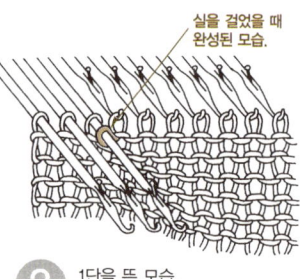

실을 걸었을 때 완성된 모습.

3 1단을 뜬 모습.

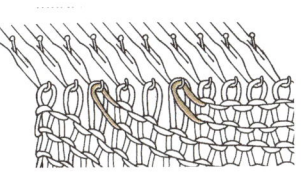

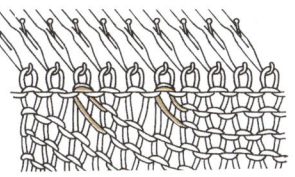

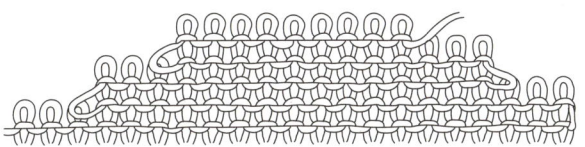

④ 수치대로 ①~③을 반복해
되돌아뜨기를 한다.

⑤ 완성된 모습.

⑥ 버림실을 풀어내고 되돌아뜨기가 완성된 모습.

>> 코 줍기

버림실에서 코 줍기

안뜨기 단

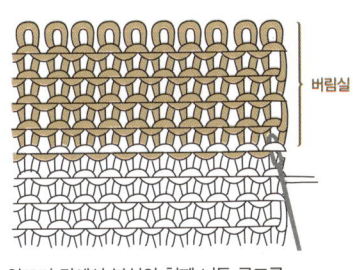

① 안뜨기 단에서 본실의 첫째 니들 루프를
옮김바늘로 옮겨 래치 바늘에 건다.

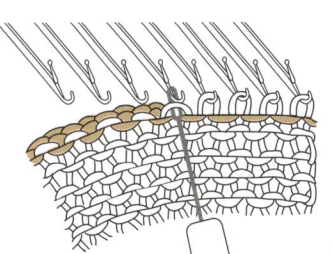

② 버림단을 안으로 접어, 버림코에서 코를 주운
모습.

걸뜨기 단

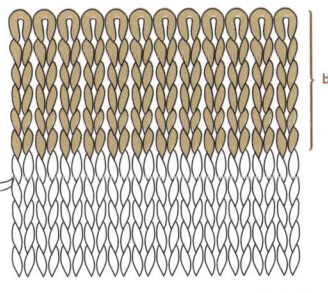

① 걸뜨기 단에서 본실의 니들 루프를 옮김바늘로
옮겨 래치 바늘에 건다.

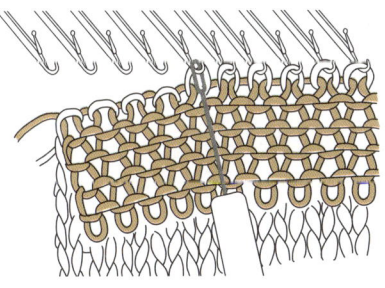

② 버림단을 겉으로 접어 본실 코를 잡는다.

단에서 코 줍기

겉뜨기 단

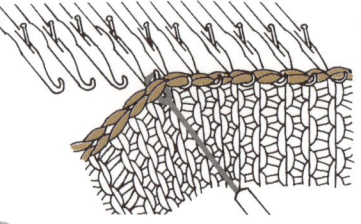

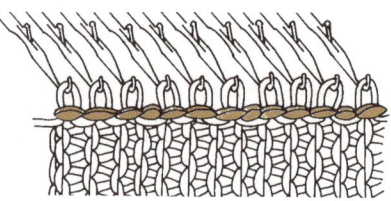

1 겉뜨기 쪽을 겉으로 사용할 경우에는 안뜨기 쪽으로 뜨개를 잡고, 끝코의 반 코나 또는 완전한 1코를 바늘에 건다.

2 단에서 코를 주운 모습.

안뜨기 단

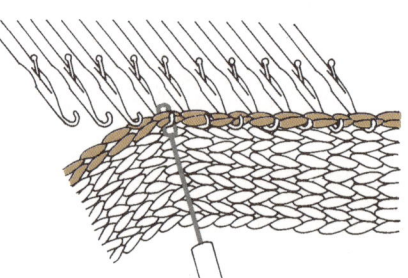

안뜨기 쪽을 겉으로 사용할 경우에는 그림에 나타난 것과 같이 겉뜨기 쪽으로 뜨개를 잡고 끝코의 완전한 1코를 바늘에 건다.

Plus info

단과 코 연결하기

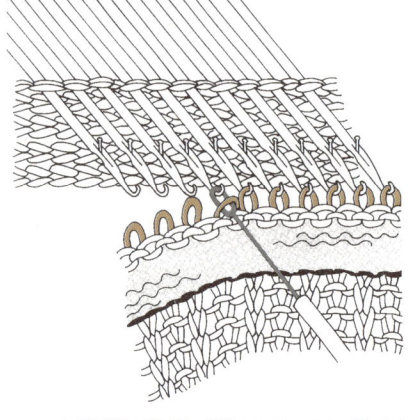

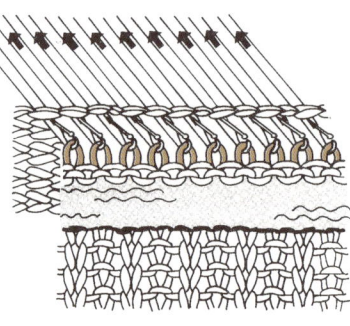

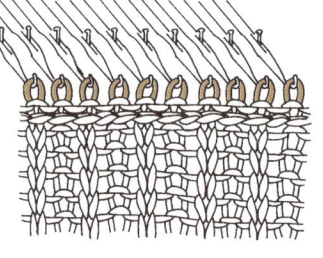

1 단에서 코를 줍는 방법으로 겉뜨기의 단을 래치 바늘에 건 다음 바늘을 수편기 D위치로 빼놓는다. 버림실이 걸려 있는 편물의 본실 코를 그림과 같이 단과 함께 바늘에 건다.

2 래치 바늘을 B위치로 밀어 코 안으로 통과시킨 다음 1단을 뜬다.

3 단과 코를 연결해 완성한 모습.

➤➤ 마무리하기

코를 마무리하는 방법은 뜨개 편물이 수편기에 걸린 채로 마무리하는 방법과
대바늘이나 버림뜨기로 떼어낸 다음 마무리하는 방법이 있다.
편물이 수편기에 걸린 채 마무리하는 방법에는 돗바늘 마무리, 감아코 마무리,
씌워빼기, 타피 마무리 등이 있고, 기계에서 떼어내어 마무리하는 방법에는 고무뜨기
마무리나 코바늘로 빼뜨기 마무리가 있다. 이 방법은 대바늘 마무리 법과 동일하다.

돗바늘로 마무리

수편기에 걸려 있는 코를 신축성 있게 마무리하는 방법이다. 실을 마무리할 폭의 2.5배 정도 남기고 자른 다음 그림과 같이
돗바늘로 2코씩 코를 꿰어 감아간다. 어쩔 수 없이 실 끝이 오른쪽에 남게 되면 그림과 같이 한다.

왼쪽에서 마무리하기

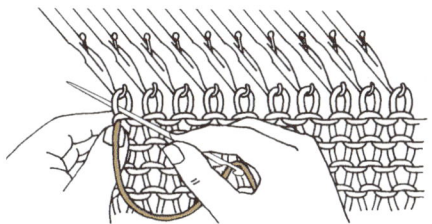

① 첫째 래치 바늘에 그림과 같이 돗바늘을 끼워 준다.

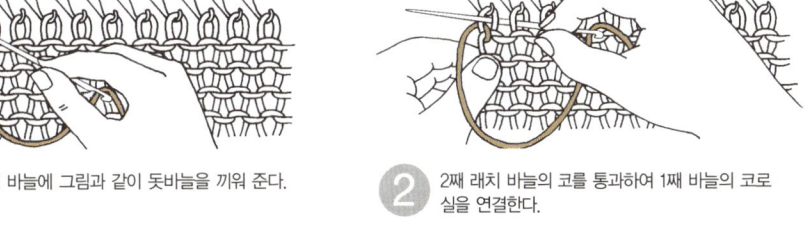

② 2째 래치 바늘의 코를 통과하여 1째 바늘의 코로
실을 연결한다.

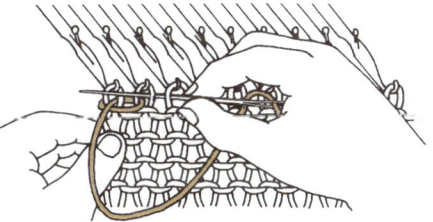

③ 3째 코에서 다시 1째 코로 돗바늘을 넣어
마무리한다.

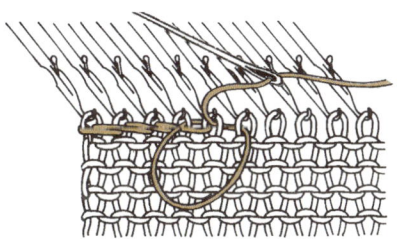

④ ①~③을 반복해 돗바늘로 마무리를 한다.

오른쪽에서 마무리하기

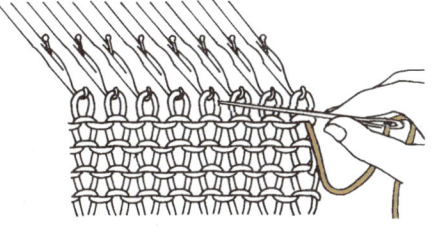

① 남은 실에 돗바늘을 꿰어 1째 코에서 2째 코로
통과시킨다.

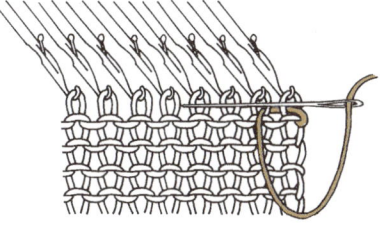

② 다시 1째 코로 돌아와 3째 코를 통과시켜 빼낸다.

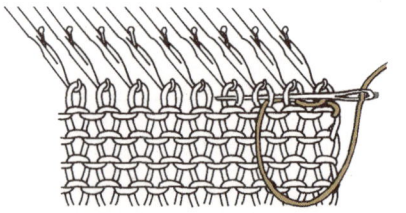

③ 2째 코에서 4째 코를 통과시켜 감침질하듯
마무리해 나간다.

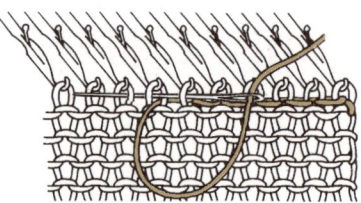

④ ①~③을 반복해 돗바늘로 마무리한다.

씌워빼기와 타피 마무리

씌워빼기와 타피 마무리는 신축성이 적을 뿐만 아니라 마무리한 자리의 치수가 줄어들기 쉽다.
때문에 씌워빼기 마무리는 별도의 실을 이용하여 씌워빼기를 하고, 타피 마무리는 셀렉터 다이얼의 눈금을 큰 쪽으로 돌려 1단을 뜬 다음
타피 마무리를 하면 코끼리 이어 줄어드는 단점을 막을 수 있다.

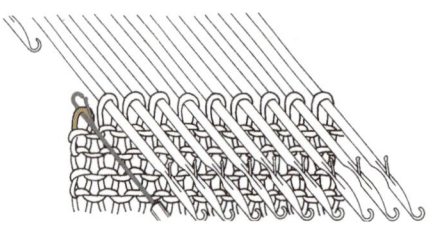

① 1째 코를 타피 바늘에 옮긴다.

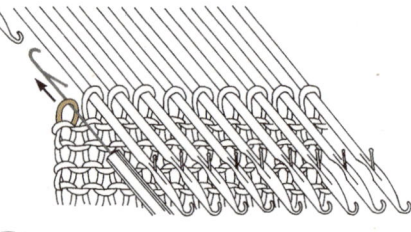

② 1째 코는 래치 바늘과 훅 밖에 있어야 한다.

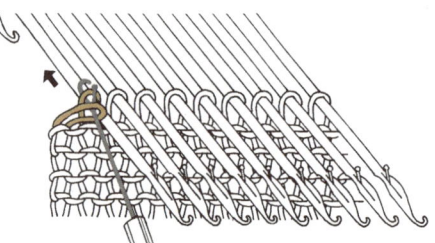

③ 2째 코를 당겨오며, 1째 코가 래치를 당기면서 1째
코 안으로 통과시켜 래치 바늘에서 뺀다.

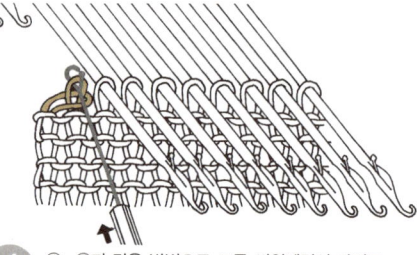

④ ①~③과 같은 방법으로 코를 씌워빼면서 타피로
마무리를 한다.

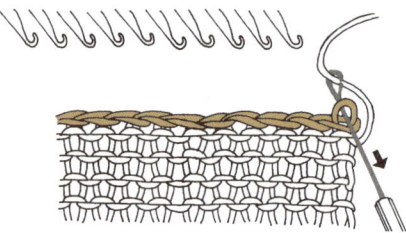

⑤ 남아 있는 실을 마지막 코에 통과시킨다.

중급 과정

☑ 조끼를 뜨면서 뜨개 기법을 익힌다.
☑ 바지를 뜨면서 뜨개 기법을 익힌다.
☑ 게이지 산출법을 익힌다.

기계편물 중급 단계에서 익혀야 할 과정

게이지 산출하기
진동 줄이기
뒷목 줄이기
어깨 붙이기
V네크라인 고무단 만들기
겹단 뜨기

V네크라인 조끼

≫ V네크라인 조끼 게이지 산출법

C = cm
K = 코
D = 단
H = 횟수

*도안번호와 게이지 산출번호가 동일함

✖✖✖ 뒤판

① **시작단** $30^C \times 2.8^K = 82^K$ 버림실로 시작

② **몸판** $15^C \times 4.2^D = 64^D$평 본실로 평단

③ **진동 시작**

$$4^C \times 2.8^K = 11^K \times \frac{1}{3} = 4^K \rightarrow 4코\ 막음$$

$$\begin{array}{r} -4 \leftarrow \\ \hline 7 \times \frac{1}{2} = 3 \rightarrow 1^D - 1^K - 3^H \\ -3 \leftarrow \\ \hline 4 \times \frac{2}{3} = 3 \rightarrow 2^D - 1^K - 3^H \\ -3 \leftarrow \\ \hline 1 \rightarrow 3^D - 1^K - 1^H \end{array}$$

④ **진동** $13.5^C \times 4.2^D = 58^D$

⑤ **뒷목 되돌아뜨기**

$$1.5^C \times 4.2^D = 6^D \div 2 = 3^H$$
$$5.5^C \times 2.8^K = 15^K \left.\right\} \rightarrow (12^K, 2^K, 1^K)$$

⑥ **밑단** $4^C \times 4.2^D = 17 + 2 = 19^D$ 고무단

✖✖ 앞판

① **시작단** $30^C \times 2.8^K = 82^K$

$\qquad 82^K + 1(중심코) = 83^K$

② **몸판** $15^C \times 4.2^D = 64^D$평

③ **진동** 뒤판 진동과 동일

④ **V파임**(사선 계산)

$\qquad 13^C \times 4.2^D = 55^D$

$\qquad 5.5^C \times 2.8^K = 15^K$

만물 계산

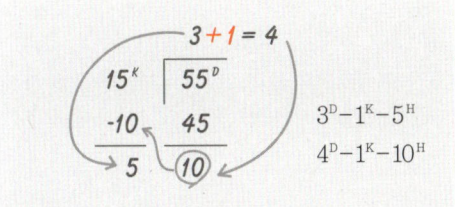

$$\begin{array}{r} 3+1 = 4 \\ 15^K \overline{\smash{\big)}\, 55^D} \\ -10 \quad 45 \\ \hline 5 \quad \textcircled{10} \end{array}$$

$3^D - 1^K - 5^H$

$4^D - 1^K - 10^H$

⑤ **평단** $2^C \times 4.2^D = 9^D$평

⑥ **밑단 고무단** $4^C \times 4.2^D = 17 + 2 = 19^D$

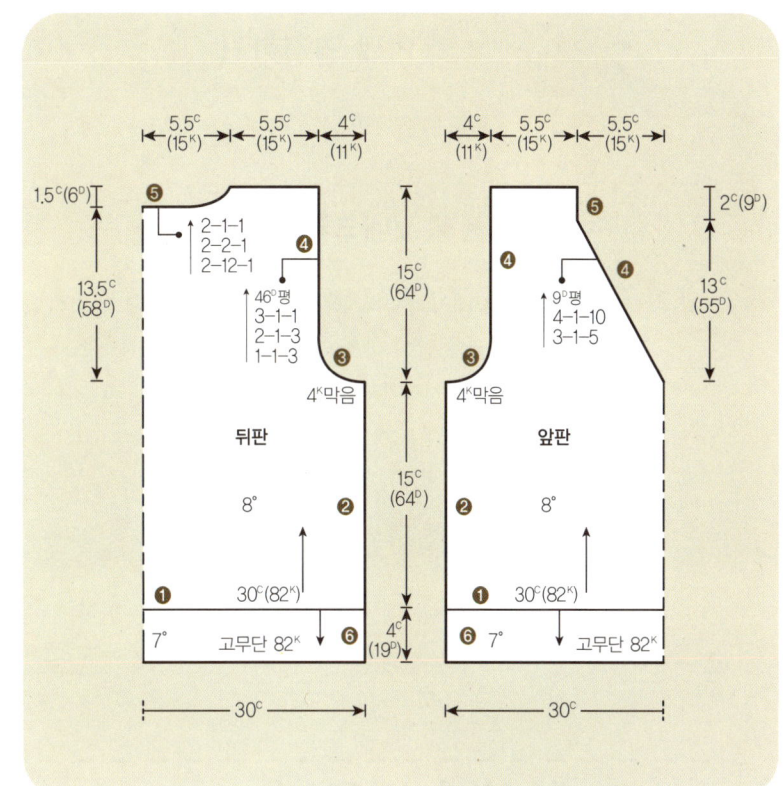

➤➤ V네크라인 조끼 만들기

✖✖ 뒤판 뜨기

1 82코를 버림실로 잡아 시작한다.

2 본실로 64단을 편직한다.

3 진동은 4코 코막음을 한 뒤 수치대로 총 11코
를 줄이고 46단을 평단으로 뜬다.

4 뒷목둘레는 줄이면서 되돌아뜨기를 한다.

5 처음 시작한 부분에서 코를 잡아 바늘에 끼워
서 19단을 뜬 후 1×1고무뜨기 한다. 고무단
을 마무리할 수 있는 여분의 실을 오른쪽에
남긴다.

6 버림실로 걸어 정리한다.

✖✖ 앞판 뜨기

1 82코를 버림실로 잡아 시작한다.

2 본실로 바꾸어 64단을 편직한다.

3 중심코를 버림실로 묶어 빼 놓는다.

4 진동은 뒤판과 같은 방법으로 줄이고 동시에
V네크라인 줄임을 한다.

5 V네크라인 줄임은 1코 세워 줄이기 방법으로
총 15코를 줄인 후 9단을 평단으로 뜬다.

6 처음 시작한 부분에서 코를 잡는다. 앞판은
1코를 줄여 82코를 바늘에 끼워서 19단을 뜬
후 1×1고무뜨기 한 다음 버림실로 정리한다.

211

❌❌ 어깨 연결하기

뒤판과 앞판의 한쪽 어깨선을 잇는다.

❌❌ V네크라인 만들기

V네크라인의 좌우와 뒷목둘레선을 연결하여 코를 잡아 바늘에 건 다음 2단마다 3코중심 모아뜨기를 한다. 중심 모아뜨기는 타피를 이용해 고무뜨기를 하면서 완성한다.

❌❌ 진동단 만들기

1 앞목둘레를 완성한 다음 남아있는 한쪽 어깨

선을 마저 잇는다.
2 진동에서 코를 줍는다.
3 게이지를 조절하여 편직하고 1×1고무뜨기로 뜬 다음 버림실로 뺀다.

❌❌ 봉접 및 마무리하기

1 전체 고무뜨기의 마무리 실을 몸판 너비의 약 3배 정도의 길이로 남겨 1×1고무뜨기 한 고무단을 돗바늘로 마무리한다.
2 옆 선을 돗바늘로 잇는다.
3 봉접이 끝나면 전체 실밥처리를 해 깔끔하게 마무리한다.

≫ 뜨개 기법 배우기

❌❌❌❌❌❌❌❌❌❌❌ **진동 줄이기** ❌❌❌❌❌❌❌❌❌❌❌

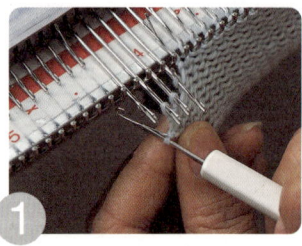

1 줄이는 콧수만큼 바늘을 빼 놓은 다음 줄이는 첫 코를 타피를 이용해 빼낸다.

2 타피를 이용해 2째 코를 첫 코 안으로 통과시킨다.

3 같은 방법으로 원하는 콧수만큼 타피로 코막음을 한다.

4 실이 걸려 있는 쪽은 손으로 1단을 뜬다.

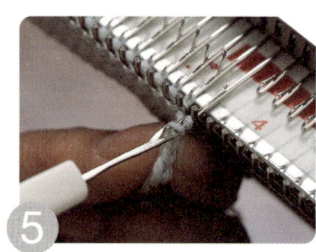

5 타피를 이용해 왼쪽과 같은 방법으로 타피 막음을 한다.

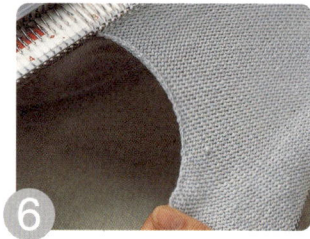

6 타피 막음 후 나머지 코는 끝코 줄이기를 한다.

✕✕✕✕✕✕✕✕✕✕✕ 뒷목 되돌아뜨기 ✕✕✕✕✕✕✕✕✕✕✕

1 러셀 레버를 I로 맞추고 왼쪽 어깨 코만 남겨 두고 바늘을 D위치로 빼 단이 떠지지 않게 준비한다.

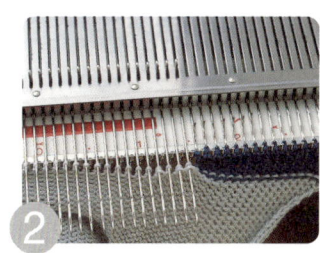

2 왼쪽 어깨를 되돌아뜨기로 표시된 단수만큼 뜬 다음 버림실로 뜨고 바늘을 A위치로 넣어 떠지지 않게 한다.

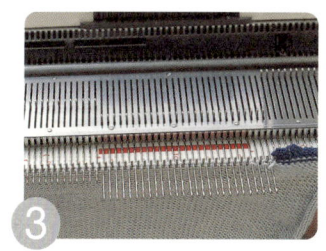

3 같은 방법으로 오른쪽 어깨 코를 제외한 나머지 코의 바늘을 D위치로 빼 준 다음 오른쪽 어깨를 되돌아뜨기 한다.

4 되돌아뜨기 한 어깨코에 버림실을 걸어 5~6단 뜬다.

5 목둘레에 버림실을 걸어 뜬 다음 편물을 떨어뜨려 마무리한다.

6 양 어깨와 목을 각각 3군데로 나눠 버림실로 정리한 모습.

✕✕✕✕✕✕✕✕✕✕✕ V네크라인 만들기 ✕✕✕✕✕✕✕✕✕✕✕

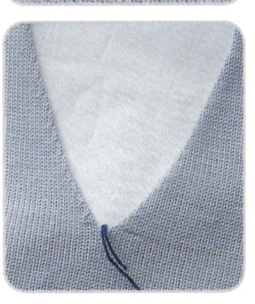

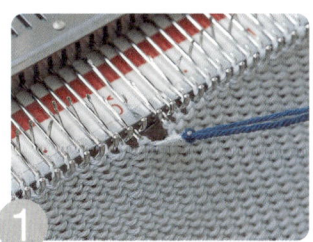

1 V네크라인 조끼 가운데 중심코를 바늘에서 빼 버림실로 묶어 표시해 둔다.

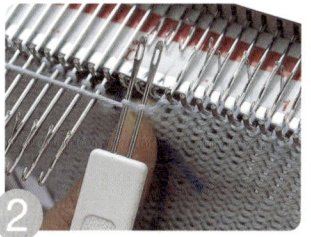

2 옮김바늘로 2코를 빼낸다

3 2코 뺀 코를 줄이는 방향으로 옮겨 준다. (사진에선 오른쪽)

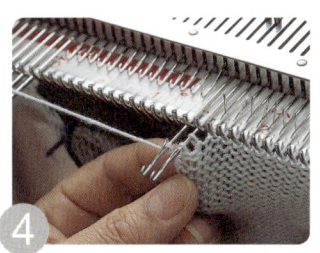

4 도안의 수치대로 코를 옮겨 가면서 콧수를 줄여 완성한다.

1 앞뒤판의 겉과 겉이 마주보도록 방향을 잡은 다음 앞판의 본실 마지막 단에서 코를 잡아 바늘에 건다.

2 뒤판도 같은 방법으로 본실 마지막 단에서 코를 잡아 바늘에 포개어 넣는다.

3 뒤판의 코를 앞판의 코 안으로 통과시킨다.

4 래치 바늘 위로 실을 걸쳐 손으로 1코씩 떠 준다.

5 타피 막음 방법으로 마무리해 어깨를 연결한다.

6 어깨 붙이기가 완성된 모습.

어깨 붙이기

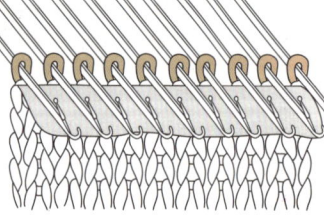

1 버림실을 겉쪽으로 접은 다음 어깨단의 본실을 래치 바늘에 건다.

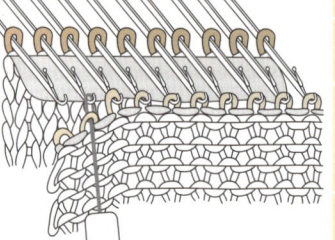

2 어깨코의 겉과 겉이 마주보도록 먼저 걸어 놓은 코는 래치 바늘 밖에, 반대쪽 코는 래치와 훅 안에 건다.

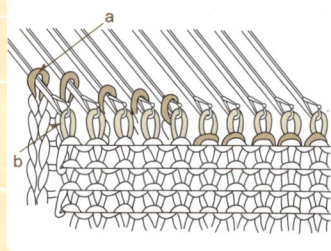

3 b코를 a코 속으로 통과시켜 2코가 1코가 되게 만든다.

V네크라인 고무단 만들기

단에서 코 잡기

1 사선의 안쪽에서 단과 단 사이에 옮김 바늘을 넣어 코를 줍는다.

전체 코 잡기

1 목둘레 전체에서 코를 잡아 바늘에 넣고 중심코 양 옆은 사진과 같이 중심코와 같은 단에서 양쪽으로 1코씩 더 잡는다.

2 뒷목에서는 되돌아뜨기 할 때 걸어 두었던 버림실의 양 끝코도 같이 걸어 준다. 이는 완성 후 목둘레의 이음을 깔끔하게 해 주는 역할을 한다.

3 목둘레 전체에서 코를 잡은 모습.

3코중심 모아뜨기

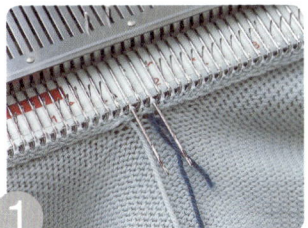

1 텐션 다이얼의 콧수를 조정하여 2단을 뜬다.

2 타피를 이용해 중심코의 양 옆코를 겉뜨기로 바꿔 준다.

3 겉뜨기로 바꾼 양 옆고를 중심고에 모아 준다.

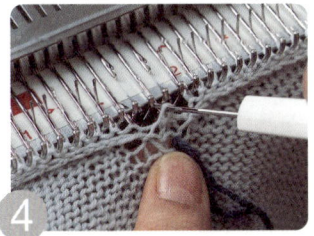

4 겉뜨기로 바꿔 모아 건 중심코를 한쪽으로 이동시킨다.

5 비어 있는 래치 바늘을 메우면서 전체 코를 이동시킨다.

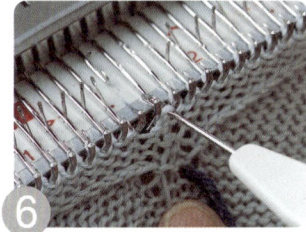

6 2단을 뜬 다음 ②~⑤와 같은 방법으로 중심코의 양 옆코를 안뜨기 상태로 모아 준다.

⑤와 같이 다시 코를 이동시켜 빈 래치 바늘을 메운다.

다시 2단을 뜨고 중심코 양쪽의 코를 겉뜨기로 바꿔 중심에서 모아 준다.

2코마다 겉뜨기와 안뜨기를 반복하면서 중심에서 코를 모아가면서 이동시킨다.

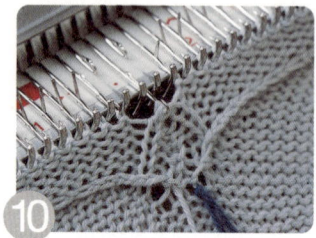

3코중심 모아뜨기가 완성된 모습.

✖✖✖✖✖✖✖✖✖ 돗바늘로 마무리하기 ✖✖✖✖✖✖✖✖✖✖

a번 겉뜨기와 b번 안뜨기를 화살표 방향으로 바늘을 넣어 뺀다.

다시 a번 겉뜨기와 c번 겉뜨기를 일자로 바늘을 넣어 뺀다.

b번 안뜨기 바깥쪽에서 안쪽으로 바늘을 넣고, d번 안뜨기는 안쪽에서 바깥쪽으로 바늘을 넣어 뺀다. ①~③을 반복하여 마무리한다.

Zoom in

V네크라인 고무단 버림실 빼기

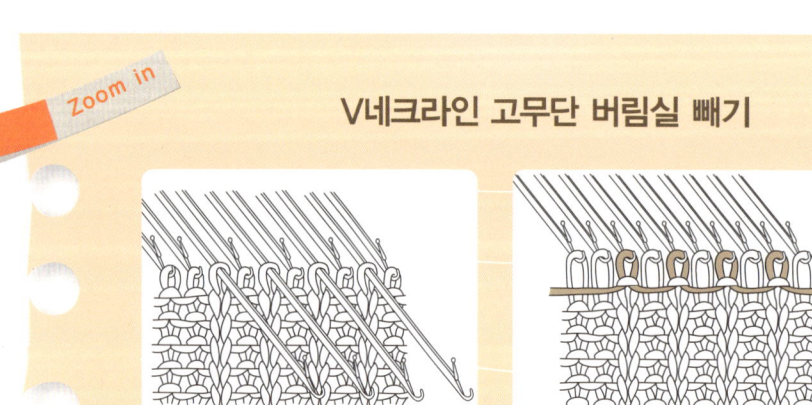

1 고무단을 만든 다음 겉뜨기로 만든 코는 수편기 D위치로 빼 놓고 사이드 레버를 ▼→●로, 캠 레버를 S.J로 놓고 1단을 뜬다.

2 겉뜨기 코에만 버림실이 떠진다.

3 사이드 레버를 ●→▼로, 캠 레버를 SJ−0 로 놓고 버림실로 6~7단 뜨면 전체 코가 떠진다.

아이바지

목표
① 바지 밑 부분의 형태를 알고 밑 너비 만들기를 한다.
② 바지 앞뒤 차이의 필요성을 알고 편직한다.
③ 되돌아뜨기를 한다.

사용재료 중세사

사용기계 및 공구 수편기, 옮김바늘, 타피, 돗바늘

게이지 8˚, 2.8코, 4.2단

▶▶ 바지 게이지 산출법

① **시작단** $30^C \times 2.8^K = 84^K$ 버림실로 시작

② **허리겹단** $3^C \times 4.2^D = 13 + 2 = 15^D$ 본실로 평단

③ **뒤올림** $3^C \times 4.2^D = 13^D \div 2 = 6^H$

전체 시작 콧수 중 $\frac{2}{3}$ 를 가지고 되돌아뜨기

$86^K \times \frac{2}{3} = 57^K$ 편물 계산

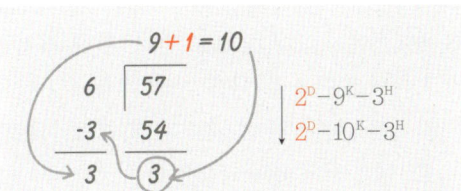

④ **옆선 늘리기**

$2^C \times 2.8^K = 6^K + 1(평단) = 7^K$ 편물 계산

$16^C \times 4.2^D = 67^D$

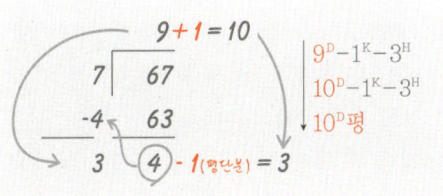

⑤ **밑 너비**

$3^C \times 2.8^K = 8^K$ 를 버림실로 새로 만든다.

C = cm
K = 코
D = 단
H = 횟수

217

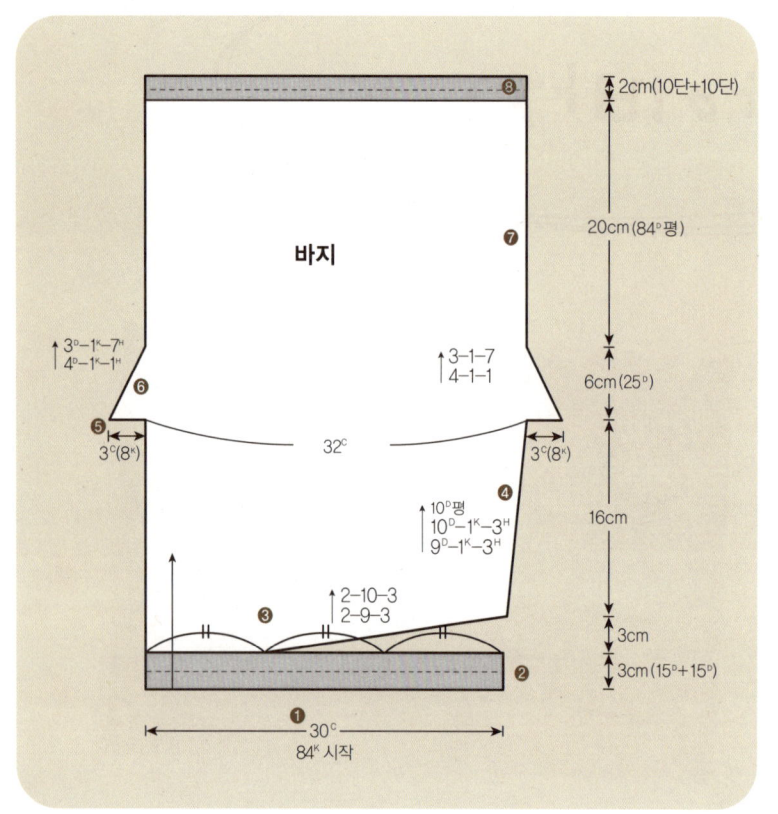

⑥ 밑 너비 길이

$6^C \times 4.2^D = 25^D$ 〔편물 계산〕

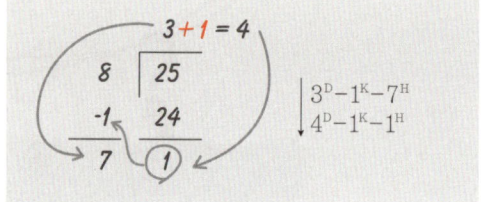

⑦ **바지 옆선** $20^C \times 4.2^D = 84^D$평
⑧ **바짓단** $2^C \times 4.2^D = 8^D + 2 = 10^D$
　7°로 10단 / 피코무늬 / 6°로 10단 / 겹치기
　손으로 1단 떠서 타피 막음

≫ 바지 만들기

✕✕ 바지 뜨기

1 84코를 버림실로 잡아 허릿단부터 시작한다.
2 허릿단은 고무줄을 넣을 수 있도록 메리야스 겹단으로 6cm를 뜬다. 이때 텐션 다이얼 6°에서 15단, 7°로 변경 후 15단을 뜬 다음 바늘에 겹쳐서 꿰어 준다.
3 겹단 후 러셀 레버 ∥→∣, 텐션 다이얼 8°로 놓고 바늘을 모두 D 위에 놓은 상태에서 2단마다 9코씩 3회, 10코씩 3회를 C위치로 밀어 넣으면서 되돌아뜨기를 한다.
4 되돌아뜨기 후 뒤올림 쪽에서 수치대로 6코를 늘려 주고 10단을 평으로 뜬다.
5 바지 밑 너비는 왼쪽, 오른쪽 모두 8코씩을 새로 만든다.
6 새로 만든 8코를 4-1-1, 3-1-7로 줄여 준다.
7 바지 옆선은 84단을 평으로 뜬다.
8 바짓단은 피코 겹단으로 한다. 텐션 다이얼 7°에서 10단을 뜬 다음 피코 무늬 내고 다시 6°에서 10단을 뜬 후 겹친다. 겹치기 후 손으로 1단을 떠서 타피 막음을 한다.
9 같은 방법으로 대칭이 되게 1장을 더 뜬다.

✖✖ 봉접 및 마무리하기

1 바짓단에서 밑 너비를 만든 곳까지 왼쪽은 왼
  쪽끼리, 오른쪽은 오른쪽끼리 잇는다.

2 왼쪽 밑과 오른쪽 밑을 마주대고 'ㄷ'자 형태
  로 봉접하고 앞과 앞, 뒤와 뒤를 연결한다.
  엉덩이 쪽에서 배 쪽으로 봉접한다.

3 실밥을 정리해 깔끔하게 마무리한다.

▶▶ 뜨개 기법 배우기

메리야스(허리) 겹단 뜨기

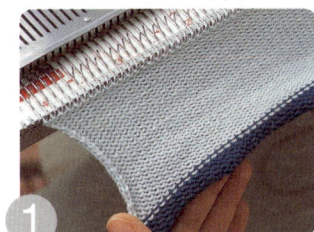

① 버림실로 코를 잡은 다음 도안의 단수만큼
   메리야스뜨기를 한다.

② 본실 시작단의 코를 잡아 바늘에 걸려
   있는 코와 겹쳐 둔다.

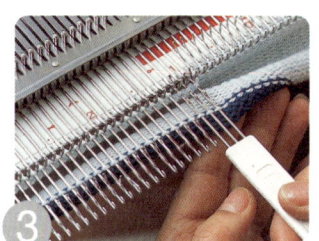

③ 코를 맞춰가면서 바늘에 걸려 있는 코와
   겹친 다음 캐리지를 이동시켜 1단으로
   합친다.

Zoom in

메리야스 겹단 뜨기

단을 겹으로 만들어 안쪽에서 코와 코를 이어 주는 방법으로 뜨개지보다 겹단의
꺾임서에서 접혀 들어가는 단 부분의 텐션 다이얼 번호를 작게 해 주는 것이 좋다.

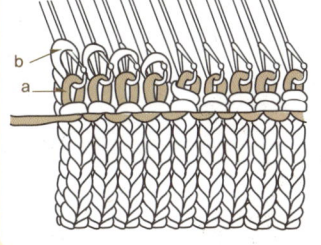

1 뜨개지의 코(a)가 겹단 안쪽 단 부분의
  코(b)에 들어 가도록 단을 떠준다.

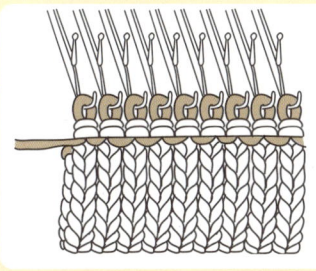

2 겹단이 완성된 모습.

되돌아뜨기

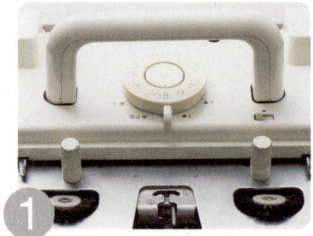

1 러셀 레버를 ∥에서 Ⅰ의 위치로 옮겨 되돌아뜨기 매뉴얼로 맞춘다.

2 바늘을 모두 D위치에 놓은 다음 도안의 수치대로 되돌아뜨기 할 콧수를 1cm 정도 밀어넣으면서 되돌아뜨기를 시작한다.

3 바늘을 빼 놓은 쪽으로 1단 뜨고, 바늘 위로 실이 걸리면 사진과 같이 1코만 바늘 밑으로 내려 주고 1단을 뜬다.

4 바늘을 밀어넣으면서 도안의 수치대로 되돌아뜨기를 떠 나간다.

5 되돌아뜨기가 완성된 모습.

코 늘리기

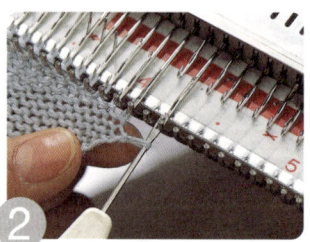

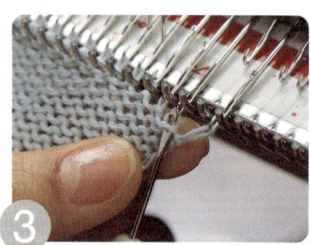

1 수치에 따라 늘릴 단까지 뜬 다음 끝코를 옮김바늘로 뺀다.

2 래치 바늘에서 뺀 코를 1칸 옆으로 옮겨 래치 바늘에 건다.

3 옮긴 옆코의 싱글 루프에서 코를 잡는다.

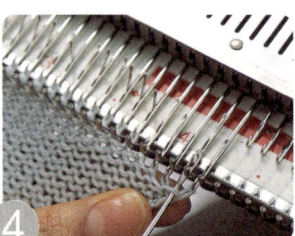

4 잡은 코를 비워 놓은 래치 바늘에 걸어 준다.

5 코 늘리기가 완성된 모습.

바지 밑 너비 만들기

① 도안의 수치대로 8코를 버림실로 만들어 래치 바늘에 건다.

② 실이 있는 쪽은 손으로 1단을 떠 준다.

③ 버림실을 연결해 3단을 뜬 상태.

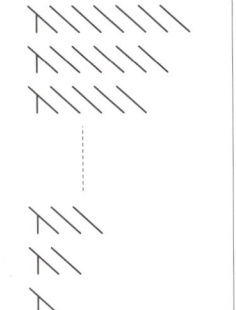

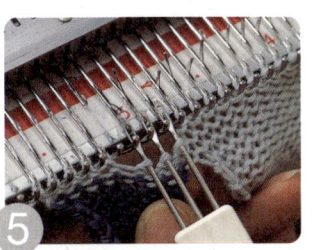

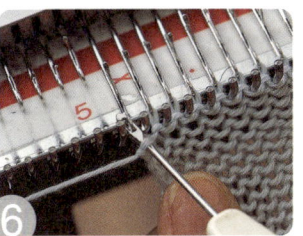

④ 1코를 줄이기 위해 8코를 몸판쪽으로 1코씩 이동한다.

⑤ 1단씩 뜨면서 1코씩 바지 몸판으로 코를 겹쳐가면서 뜬다.

⑥ 마지막 코는 몸판으로 옮겨 삼각형이 되도록 밑 너비를 완성한 다음 마무리한다.

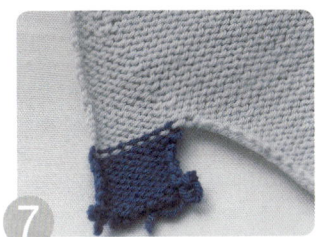

⑦ 바지 밑 너비가 완성된 모습.

피코 겹단 뜨기

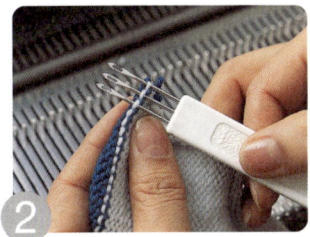

① 바지 밑단의 평단이 끝나면 버림실로 정리해 기계에서 편물을 떨어뜨린다.

② 떼어낸 편물의 본실에서 코를 잡아 준다.

③ 겹단을 만들기 위해 잡은 코를 다시 기계에 건다.

코바늘뜨기

기계편물과정

실전편!

221

4 기계에 걸어 바짓단의 수치대로 2cm, 10단을 뜬다.

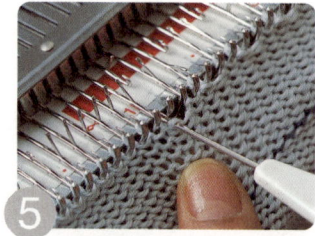

5 바늘의 코를 옮김바늘로 빼 준 다음 코를 옆으로 옮겨 코 비우기를 한다.

6 코를 비워 피코뜨기가 완성된 모습. 비어 있는 바늘을 수편기 B위치로 옮긴다.

7 코가 모두 옮겨지면 나머지 바짓단 2cm, 10단을 뜬다.

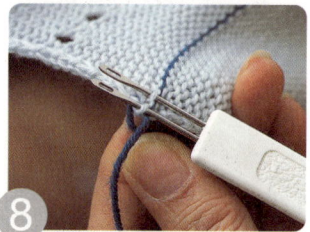

8 ④의 본실로 뜬 첫 단에서 코를 잡는다.

9 코를 잡은 본실의 단을 끌어올려 걸려 있는 바늘 위로 코를 겹친다.

10 겹쳐진 코를 손으로 1단 뜬다.

11 실이 없는 쪽에서 타피로 코막음을 한다.

12 타피 막음을 한 다음 남은 실을 마지막 코에 통과시켜 마무리한다.

13 피코 겹단의 버림실을 풀어내 마무리한다.

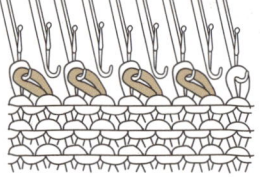

14 피코 겹단이 완성된 모습.

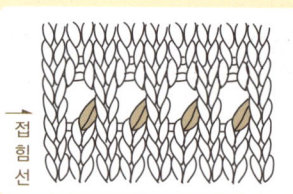

15 바지 옆단을 이어 완성한 모습.

Zoom in **피코뜨기** 겹단의 접힘선에 피코뜨기를 하여 단의 가장자리를 장식하는 방법이다.

→ 접힘선

1 필요한 단수의 1/2만 뜨고 1코씩 옆 바늘로 옮겨 코를 합쳐 놓는다.

2 코를 합한 상태에서 나머지 1/2분량의 단수를 뜨면 코를 옮긴 빈 자리에 구멍이 생긴다.

고급 과정

학습목표

☑ 래글런 풀오버를 뜨면서 뜨개 기법을 익힌다.
☑ V카디건을 뜨면서 뜨개 기법을 익힌다.
☑ 게이지 산출법을 익힌다.

기계편물 고급 단계에서 익혀야 할 과정

게이지 산출하기
되돌아뜨기를 하면서 사선 줄이기
소매산 만들기
단춧구멍 만들기
주머니 만들기

대바늘뜨기

코바늘뜨기

기계편물과정

실전편!

래글런 풀오버

목표
① 래글런 소매 풀오버의 진동 줄임법을 알고 편직할 수 있다.
② 래글런 소매 풀오버의 라운드 네크라인을 편직할 수 있다

사용재료 중세사
사용기계 및 공구 수편기, 옮김바늘, 타피, 돗바늘
게이지 $8°$, 2.8코, 4.2단

≫ 래글런 풀오버 게이지 산출법

C = cm
K = 코
D = 단
H = 횟수

✖✖ 뒤판

① **시작단** $37^C \times 2.8^K = 104^K$ 버림실 시작
② **몸판** $20^C \times 4.2^D = 84^D$ 본실로 평단
③ **진동** $2^C \times 2.8^K = 6^K$ 양쪽 동시에 타피 막음
④ **진동사선 줄임** $10.5^C \times 2.8^K = 29 + 1($평단분$) = 30^K$
$\qquad 13.5^C \times 4.2^D = 58^D$

커브선 공식

21코 (6 5 4 3 2 1)
15코 (5 4 3 2 1)
10코 (4 3 2 1)

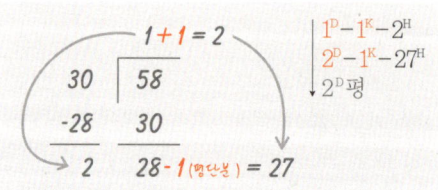

⑤ **고무단** $3.5^C \times 4.2^D = 15 + 2 = 17^D$ 뜬 후 고무단

✖✖ 앞판

① **시작단** $37^C \times 2.8^K = 104^K$ 버림실 시작
② **몸판** $20^C \times 4.2^D = 84^D$ 본실로 평단
③ **진동** $2^C \times 2.8^K = 6^K$ 양쪽 동시에 타피 막음
④ **진동 사선줄임**
$\qquad 11.5^C \times 4.2^D = 48^D$
$\qquad 9.5^C \times 2.8^K = 27^K + 1($평단분$)$
$\qquad\qquad = 28 - 2 (2^K$ 세우기분$)$
$\qquad\qquad = 26^K$

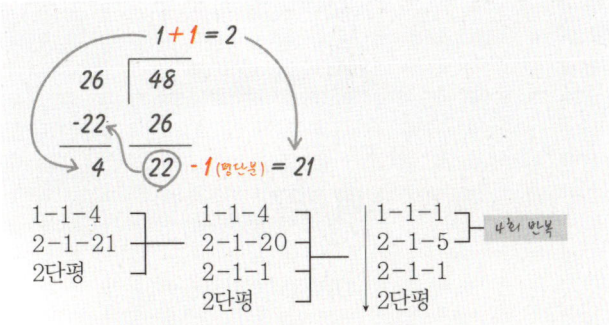

$$1+1=2$$

$$26\ \overline{)\ 48}$$
$$-22\quad 26$$
$$4\quad (22)\ -1\,(\text{평단봉}) = 21$$

1-1-4	1-1-4	1-1-1
2-1-21	2-1-20	2-1-5
2단평	2-1-1	2-1-1
	2단평	2-1-1
		2단평

4회 반복

⑤ 앞처짐(되돌아뜨기)

$$4^c \times 4.2^D = 16^D \div 2 = 8^H$$
$$7^c \times 2.8^K = 19^K$$

→ 5, 4, 3, 2, 2, 1, 1, 1

⑥ 되돌아뜨기

$$58^D \div 48^D = 10^D \div 2 = 5^H$$
$$6^c \times 2.8^K = 16^K$$

→ 6, 4, 3, 2, 1

✖✖ 소매

① **시작단** $20^c \times 2.8^K = 56^K$ 버림실로 시작

② **옆선** $22^c \times 4.2^H = 92^D$

$$5^c \times 2.8^K = 14+1 = 15$$

③ **진동** $2^c \times 2.8^K = 6^K$ 양쪽 모두 타피 막음

$$6+1=7$$
$$15\ \overline{)\ 92}$$
$$-2\quad 90$$
$$13\quad 2-1\,(\text{평단봉}) = 1$$

$6^D - 1^K + 13^H$
$7^D - 1^K + 1^H$
7단평

④ 뒤판과 붙는 사선(뒤판 계산과 동일)

$$13.5^c \times 4.2^D = 58^D$$
$$10.5^c \times 2.8^K = 29^K + 1 = 30^K$$

⑤ 앞판과 붙는 사선(앞판 계산과 동일)

$$11.5^c \times 4.2^D = 48^D$$
$$9.5^c \times 2.8^K = 27(+1) - 2 = (26^K)$$

✖✖ 네크라인 겹단

① 뒷목코(34^K)+앞목코(38^K)+소매코(16^K+16^K) = 104^K 시작

② $3^c \times 4.2^D = 13+2 = 15^D \times 2 = 30^D$을 뜬다

(7^D로 15단, 6^D로 15단)

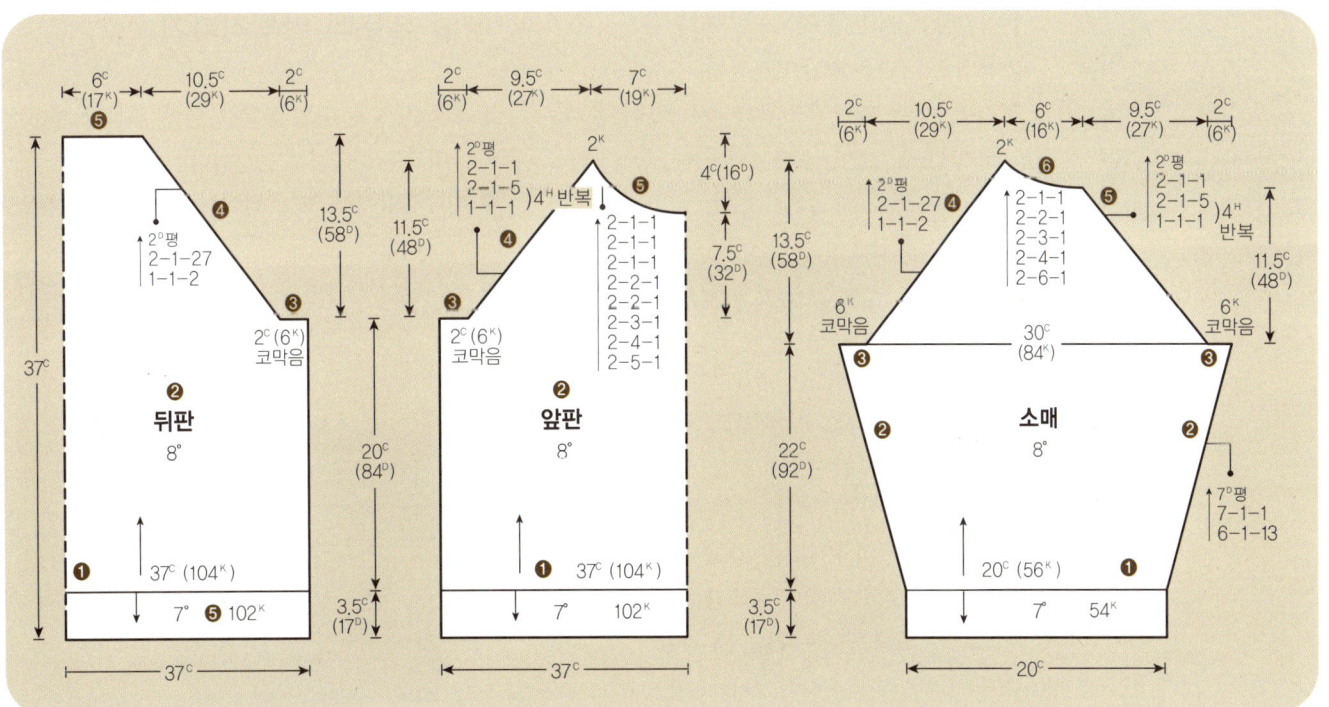

래글런 풀오버 만들기

뒤판 뜨기

1 버림실로 104코를 잡아 시작한다.

2 본실로 84단을 평단으로 뜬다.

3 진동줄임은 양쪽 6코씩 타피로 코막음을 하고 도안대로 2코 세워 줄이기로 29코를 줄인 다음 2단을 평단으로 뜬다.

4 완성된 뒤판에 버림실을 걸어서 뜬 후 마무리한다.

5 처음 시작단의 104코를 2×2고무단을 만들기 위해 102코로 줄여서 코를 잡은 후 2×2 고무뜨기로 17단 뜬 다음 마무리한다.

앞판 뜨기

1 버림실로 104코를 잡아 시작한다.

2 본실로 84단을 평단으로 뜬다.

3 진동줄임은 양쪽 6코씩 타피로 코막음을 하고 1-1-1, 2-1-5를 4번 반복, 2-1-1로 줄인 후 2단을 평단으로 뜬다.

4 진동 32째 단에서는 도안의 수치대로 앞목둘레 줄임을 같이 한다. 중심에서 절반을 코만 가지고 커브선으로 2-5-1, 2-4-1, 2-3-1, 2-2-2-, 2-1-3번을 줄여가며 되돌아뜨기를 한다. 되돌아뜨기를 하면서 진동줄임을 동시에 한다.

5 버림실에 걸어 마무리한 다음 기계에서 뺀다.

6 처음 시작단의 104코를 2×2고무단을 만들기 위해 102코로 줄여서 코를 잡은 후 2×2 고무뜨기로 17단 뜬 다음 마무리한다.

소매 뜨기

1 버림실로 56코를 잡아 시작한다.

2 소매 옆선은 수치대로 7단은 평단으로 뜬다.

3 진동줄임은 6코씩 타피로 코막음을 하고 한쪽은 뒷줄임과 같이 1-1-2, 2-1-27, 2단 평으로 줄이고, 다른 한 쪽은 앞줄임과 같이 1-1-1, 2-1-5을 4번 반복, 2-1-1, 2단 평으로 줄인다.

4 뒤와 앞쪽을 2-6-1, 2-4-1, 2-3-1, 2-2-1, 2-1-1로 되돌아뜨기를 한다.

5 소맷단에서 54^{K}코를 잡아 2×2고무뜨기로 17단을 뜬 후 버림실로 뺀다.

6 같은 방법으로 대칭이 되게 1장을 더 뜬다.

목둘레 마무리하기

1 래글런 진동 줄임 부분을 한쪽 부분만 두고 나머지는 돗바늘로 봉접한다.

2 네크라인에서 코를 잡아 2×1겹고무뜨기로 마무리한다.

3 고무단이 끝나면 버림실을 빼서 'ㄷ'자 봉접으로 마무리한다.

되돌아뜨기 하면서 사선 줄이기

왼쪽 되돌아뜨기

1 러셀레버를 ||에서 | 의 위치로 놓는다.

2 캐리지 반대쪽의 바늘을 D위치로 빼놓는다.

3 1단을 떠서 캐리지 있는 쪽으로 실이 생기면 D위치에 있는 첫 바늘에 실을 걸고 1단을 뜬다.

4 되돌아뜨기가 완성된 모습.

왼쪽 사선 줄이기

1 3째 코를 옮김바늘로 뺀다.

2 옮김바늘로 뺀 코를 2째 바늘에 겹친다.

3 1째 코와 2째 코를 비어 있는 3째코 자리로 옮긴다.

4 사선 줄이기가 완성된 모습.

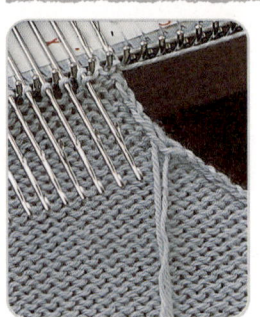

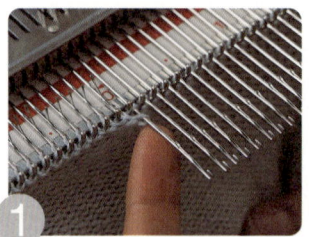

1 떠지지 않았던 반대쪽 바늘을 D위치로 옮긴다.

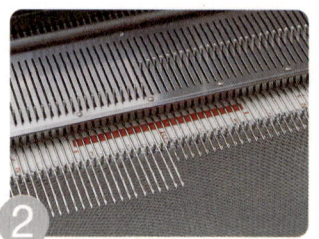

2 왼쪽 되돌아뜨기 방법으로 떠 나간다.

오른쪽 사선 줄이기

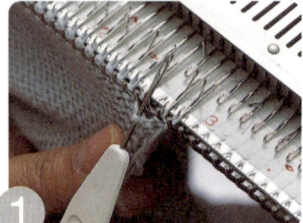

1 끝에서 3째 코를 옮김바늘에 옮긴다.

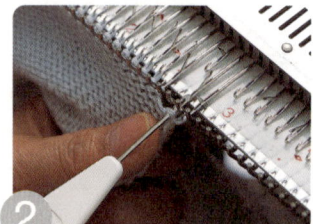

2 옮김바늘에 옮긴 코를 2째 코로 겹친다.

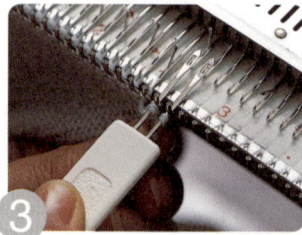

3 겹쳐진 끝 2코를 비어 있는 3째 래치 바늘로 옮긴다.

4 오른쪽 사선과 되돌아뜨기가 완성된 모습.

라운드 네크라인 만들기

2×1고무뜨기

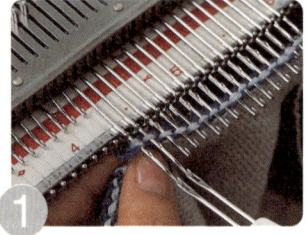

1 되돌아뜨기가 끝나고 버림실로 마무리된 네크라인의 코를 옮김바늘로 기계에 모두 건다.

2 전체 코를 걸어 고무뜨기 분량만큼의 단을 뜬다.

3 2×1고무뜨기일 경우 2코 걸러 1코씩 고무뜨기 한다.

④ 바늘을 뺀 코의 실을 그림과 같이 손가락으로 살짝 눌러 풀어 준다.

⑤ 타피로 맨 아랫단 본실의 코를 잡는다.

⑥ 타피를 이용해 겉뜨기로 조직을 바꾼다.

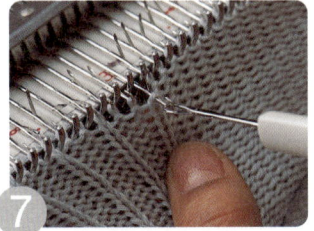

⑦ 윗단을 타피로 뺀 다음 빼 놓은 바늘을 타피로 당겨 코를 다음 바늘에 다시 걸어 준다.

⑧ 고무단이 모두 끝나면 버림실로 6~7단을 떠 마무리한 다음 편물을 뺀다.

겹고무단 만들기

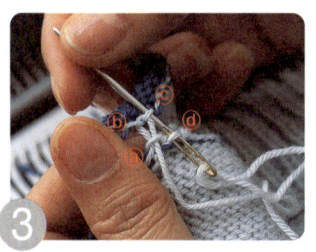

① 버림실로 정리한 다음 돗바늘을 이용해 'ㄷ' 자로 봉접을 마무리한다.

② 돗바늘을 a에서 b로 통과시킨 다음 c에서 다시 a로 통과시킨다.

③ 같은 방법으로 a로 통과시킨 실을 다시 d에서 b로 통과시켜 'ㄷ' 자로 돗바늘로 마무리한다.

④ 돗바늘 마무리가 끝나면 버림실을 풀어낸다.

⑤ 'ㄷ' 자 봉접 마무리가 끝난 후 버림실을 풀어 완성한 모습.

V네크라인 카디건

★☆☆
목표 ① 앞단의 단춧구멍을 만들고 단 달기를 할 수 있다.
② 주머니 위치를 절개식으로 만들 수 있다.

사용재료 중세사

사용기계 및 공구 수편기, 옮김바늘, 타피

게이지 8°, 2.8코, 4.2단

≫ V네크라인 카디건 게이지 산출법

C = cm
K = 코
D = 단
H = 횟수

▨▨ 뒤판

① **시작단** $30^C \times 2.8^K = 84^K$ 버림실로 시작

② **몸판** $15^C \times 4.2^D = 63^K$ 본실로 평단

③ **진동**

$$3^C \times 2.8^K = 8^K \times \frac{1}{3} = 2 \rightarrow 2^K \text{막음}$$

$$\underline{-2} \longleftarrow$$

$$6 \times \frac{1}{2} = 3 \rightarrow 1^D - 1^K - 3^H$$

$$\underline{-3} \longleftarrow$$

$$3 \times \frac{2}{3} = 2 \rightarrow 2^D - 1^K - 2^H$$

$$\underline{-2} \longleftarrow$$

$$1 \qquad\qquad \rightarrow 3^D - 1^K - 1^H$$

$$11.5^C \times 4.2^H = 48^D \text{평}$$

④ 뒷목 되돌아짜기

$$1.5^C \times 4.2^D = 6^D \div 2 = 3^H \quad \boxed{12.\ 3.\ 2}$$

$$6^C \times 2.8^K = 17^K \ \rule[0.5ex]{2cm}{0.4pt}$$

⑤ **고무단** $3.5^C \times 4.2^D = 15^D + 2 = 17^D$

▨▨ 앞판

① **시작단** $15^C \times 2.8^K = 42^K$ 버림실로 시작

② **몸판** $15^C \times 4.2^D = 63^D$ 중 본실로

$$\left.\begin{array}{l} 6^C \times 4.2^D = 25^D \\ 2.5^C \times 2.8^K = 7^K \\ 64^D - 25^D = 39^D \end{array}\right\} \text{주머니 위치 표시}$$

③ **진동** 뒤판 진동과 동일

④ **V-사선 계산**

$$11^c \times 4.2^D = 46^D$$

$$6^c \times 2.8^K = 17^K - 1 = 16$$

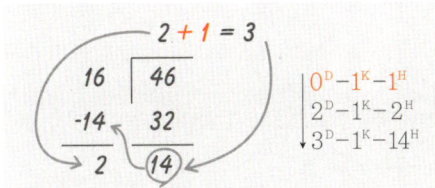

$$0^D - 1^K - 1^H$$
$$2^D - 1^K - 2^H$$
$$3^D - 1^K - 14^H$$

⑤ **어깨 평단** $2^c \times 4.2^D = 8^D$평

⑥ **고무단** $3.5^c \times 4.2^D = 15^D + 2 = 17^D$

✕✕ 소매

① **시작단** $20^c \times 2.8^K = 56^K$ 시작

② **소매 옆선**

$$15^c \times 4.2^D = 63^D$$

$$2^c \times 2.8^K = 6 + 1(\text{평단분}) = 7$$

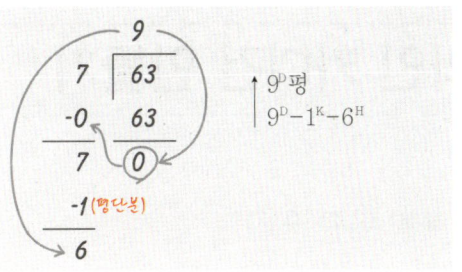

9^D평
$9^D - 1^K - 6^H$

③ **진동** $24^c \times 2.8^K = 68^K \times \dfrac{1}{28} = 3$

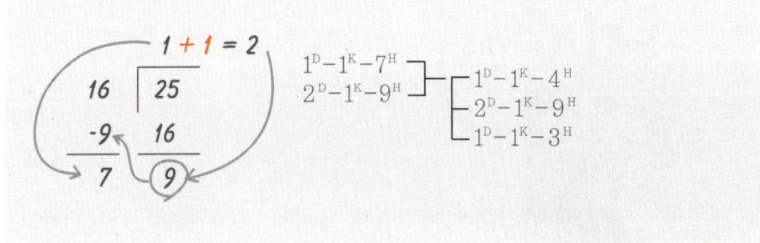

1-2-1
1-1-1
1-1-4
2-1-9
1-1-3
1-1-1
1-2-1
3*막음 코막음

④ **소매산**

$$7^c \times 4.2^D = 29^D - (1+1+1+1) = 25^D$$

$$9^c \times 2.8^K = 25^K - (3+3+3) = 16^K$$

$1^D - 1^K - 7^H$
$2^D - 1^K - 9^H$

$1^D - 1^K - 4^H$
$2^D - 1^K - 9^H$
$1^D - 1^K - 3^H$

⑤ **소매 고무단** $2.5^c \times 4.2^D = 11 + 2 = 13^D$ 뜬 후 고무단

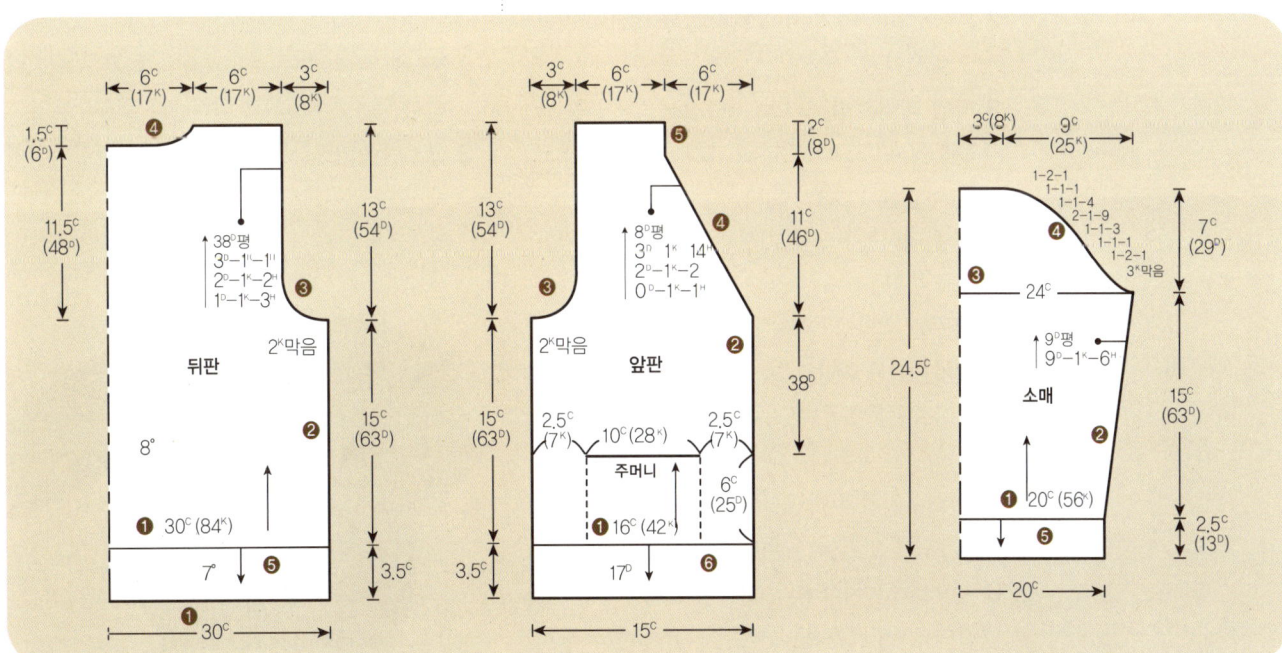

231

V네크라인 카디건 만들기

❌❌ 뒤판 뜨기

1 84코를 버림실로 시작한다.

2 본실로 64단을 평단으로 뜬다.

3 진동은 2코를 타피로 코막음한 다음 끝코 줄이기로 수치만큼 줄인 후 38단을 평단으로 뜬다.

4 뒷목을 줄일 때는 중심에서 코를 반으로 나누어 실이 있는 쪽부터 되돌아뜨기를 한다.

5 버림실로 시작한 84코를 바늘에 걸어 1×1고무뜨기를 한다.

6 버림실로 빼낸다.

❌❌ 앞판 뜨기

1 42코를 버림실로 시작한다.

2 본실로 바꾸어 주머니 위치인 25단까지 평단으로 뜬다.

3 러셀 레버를 ‖→│ 로 놓고 바늘을 양쪽 끝부분에서 7코씩 D위치로 놓고, 가운데 28코를 버림실로 2단만 뜬다.

4 러셀 레버를 │→‖ 로 돌려놓고 39단을 평단으로 뜬다.

5 진동은 뒤와 동일하게 줄인다. 이때 동시에 앞목줄임을 한다.

6 앞목줄임은 도안의 수치대로 줄인 다음 8단을 평단으로 뜬다.

7 주머니 위치의 버림실에서 속주머니를 뜨고, 고무단을 만들어서 달아 준다.

8 처음 42코 시작코와 속 주머니 부분의 코를 같이 잡아서 고무단을 연결한다. (234p box 참고)

❌❌ 소매 뜨기

1 56코를 버림실로 시작한다.

2 소매 옆선은 도안의 수치대로 늘린 다음 9단을 평단으로 뜬다.

3 소매산은 3코를 타피로 코막음한 후 도안의 수치만큼 줄이고 남은 코는 손으로 1단 떠서 타피로 코막음한다.

4 소매 밑단을 다시 바늘에 걸어 13단을 1×1 고무뜨기로 13단을 뜬다.

5 버림실로 빼낸다.

6 같은 방법으로 1장을 더 뜬다.

❌❌ 마무리하기

1 앞단의 코에 1/4분량의 코를 더해 116코를 잡는다.

2 5단을 뜬 후 단춧구멍을 내준 다음 5단을 더 떠서 1×1고무뜨기를 한다.

3 고무단을 버림실로 빼낸 후 돗바늘로 마무리해 앞단 고무뜨기를 완성한다.

>> 뜨개 기법 배우기

❌❌❌❌❌❌❌❌❌❌❌ 소매산 만들기 ❌❌❌❌❌❌❌❌❌❌❌

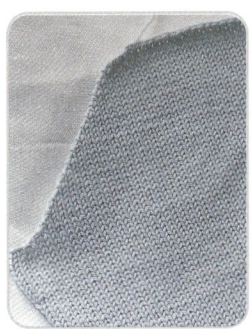

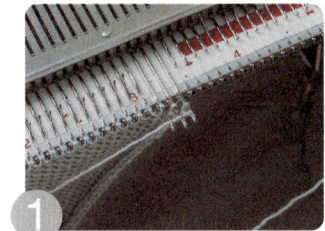

1 소매를 뜨면서 소매산을 도안의 수치대로 타피로 코막음을 한다. 이때 실이 있는 쪽은 손으로 1단을 뜬다.

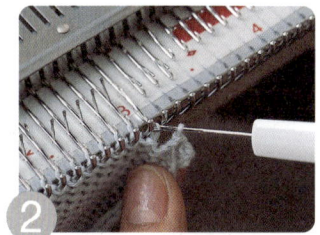

2 손으로 뜬 단을 타피로 코막음 한다.

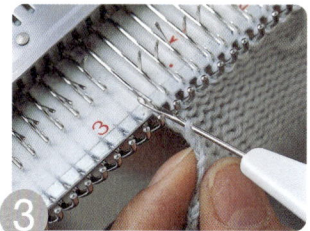

3 1코씩 줄일 때는 끝코 줄임 방법으로 콧수를 줄인다.

4 소매산 줄임 시 편물이 말리는 것을 막기 위해 추를 달아 편직한다.

5 소매산의 마지막 단에서는 남아 있는 코를 손으로 1단 떠 준다.

6 마지막 남은 코는 타피로 코막음하여 마무리한다.

❌❌❌❌❌❌❌❌❌❌❌ 단춧구멍 만들기 ❌❌❌❌❌❌❌❌❌❌❌

1 단춧구멍 단의 1/2만 뜬 다음 고무단을 만든다. (예, 고무뜨기 12단일 경우 6단만 떠 고무단으로 만든다.)

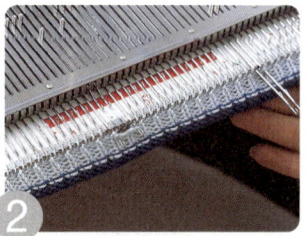

2 단춧구멍을 만들 위치의 바늘을 2개씩 빼 준 다음 각 바늘에 걸려 있는 코를 양 옆으로 이동시킨다.

3 코를 이동시킨 상태에서 나머지 단을 뜬다. (예, 나머지 6단을 뜬다)

④ 먼저 뜬 단과 마찬가지로 고무단을 만든다.

⑤ 2코가 겹쳐져 있는 곳은 타피에 2코를 걸어서 고무뜨기 한다.

⑥ 고무단 할 부분의 코를 풀어낸다.

⑦ 6째 단과 7째 단 사이에 타피를 끼우고 8째 코를 끌어당겨 고무단으로 만든다.

⑧ 단춧구멍을 낸 부분의 단을 주의하면서 고무단을 만든다. 고무단이 완성되면 돗바늘로 마무리한다.

⑨ 단춧구멍이 완성된 모습.

주머니 만들기

=== **1단계** ✖ **주머니 만들기** ===

버림실 걸기

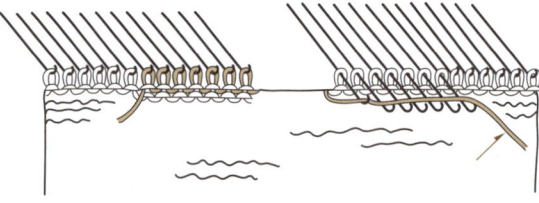

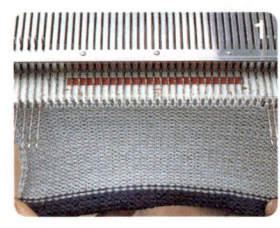

1 앞판을 버림실로 코를 잡아 도안의 수치대로 진행해 떠 나간다. **2** 주머니 위치에 버림실로 2단을 떠 주머니가 들어갈 공간을 만든다. **3** 버림실로 2단을 뜬 후 나머지 분량을 완성한다.

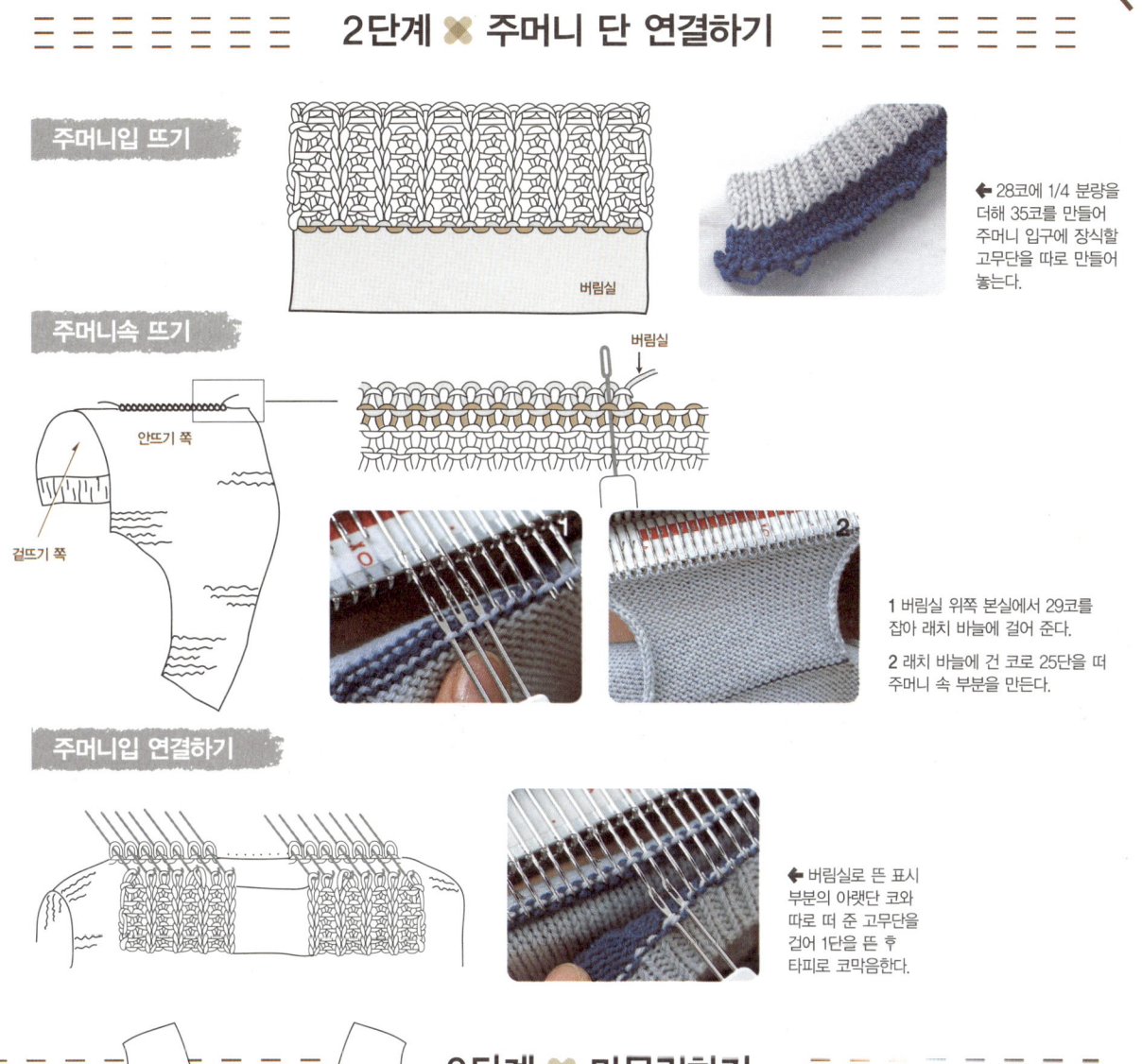

2단계 ✖ 주머니 단 연결하기

주머니입 뜨기

버림실

← 28코에 1/4 분량을 더해 35코를 만들어 주머니 입구에 장식할 고무단을 따로 만들어 놓는다.

주머니속 뜨기

버림실

안뜨기 쪽

걸뜨기 쪽

1 버림실 위쪽 본실에서 29코를 잡아 래치 바늘에 걸어 준다.

2 래치 바늘에 건 코로 25단을 떠 주머니 속 부분을 만든다.

주머니입 연결하기

← 버림실로 뜬 표시 부분의 아랫단 코와 따로 떠 준 고무단을 걸어 1단을 뜬 후 타피로 코막음한다.

3단계 ✖ 마무리하기

❏ 주머니 입과 안쪽 주머니 옆선을 돗바늘로 마무리한다.

❏ 앞실 시작코와 속주머니 코를 함께 걸어 밑단 고무뜨기를 같이 한다.

뜨기 실전편

4

대바늘뜨기, 코바늘뜨기, 기계편물뜨기로 나누어 앞에서
배운 과정들을 활용해 실물을 제작할 수 있다.

대바늘 *라운드 베스트 / 앞트임 스웨터 / 집업 스웨터 / 래글런 스웨터 / 망토 /
휴드코트 / 숄칼라 카디건

코바늘 *배색 모자 / V 네크라인 조끼 / 레이스 원피스 / 모티브 볼레로 / 판쵸

기계편물 *구멍무늬 카디건 / 투피스

》 라운드 베스트

재료 및 공구 실 … 울혼방사 400g
바늘 … 대바늘 3.5mm·4mm

필요치수 가슴둘레 90cm, 어깨너비 39cm,
옷길이 60cm
게이지 20코 31단

★ 뒤판 뜨기

1 3.5mm대바늘을 사용하여 나중에 풀어낼 실
로 47코를 잡는다.

2 진행 실로 바꾸어 끌어올리기 코로 92코를
만들어 1×1고무뜨기로 24단을 뜬다.

3 4mm대바늘로 바꾸어 진동 전까지 88단을
메리야스뜨기로 뜬다.

4 진동줄임은 도안과 같이 12코씩 줄이고 59단
을 평으로 뜬다.

5 어깨코는 16코를 뜨고 뒤로 돌려 뒷목둘레
를 2코 줄인 다음 나머지 코는 수치대로 되
돌아뜨기를 한다. 남은 코는 쉼코로 둔다.

6 목둘레 첫 코에 새 실을 걸어 36코 코막음을 하고 오른쪽과 같은 방법으로 대칭이 되게 뜬다. 남은 코는 쉼코로 둔다.

⭐ 앞판 뜨기

1 3.5mm대바늘을 사용하여 나중에 풀어낼 실로 47코를 잡는다.

2 진행 실로 바꾸어 끌어올리기 코로 92코를 만들어 1×1고무뜨기로 24단을 뜬다.

3 4mm대바늘로 바꾸어 진동 전까지 88단을 메리야스뜨기로 뜬다.

4 진동줄임은 도안과 같이 12코씩 줄이고 25단을 평으로 뜬다.

5 31째 단부터는 앞목둘레를 줄인다. 먼저 29코를 뜬 다음 뒤로 돌려 도안과 같이 15코를 줄인 후 18 단을 평으로 뜨고 어깨 되돌아뜨기를 한다. 남은 코는 쉼코로 둔다.

6 목둘레 첫 코에 새 실을 걸어 10코 코막음을 하고 오른쪽과 같은 방법으로 대칭이 되게 뜬다. 남은 코는 쉼코로 둔다.

뒤판 뜨기

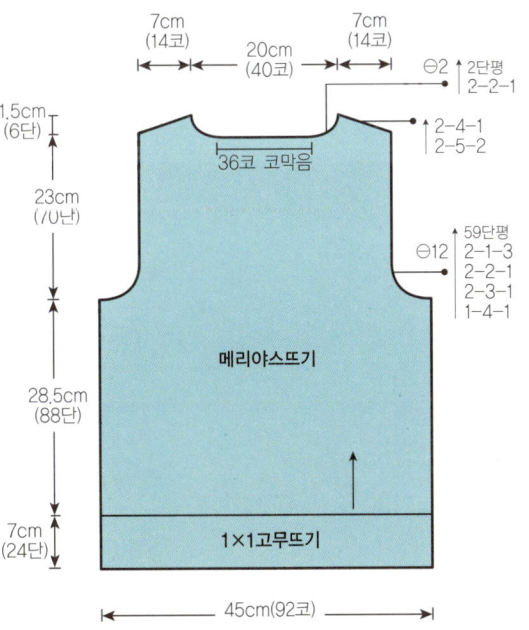

앞판 뜨기

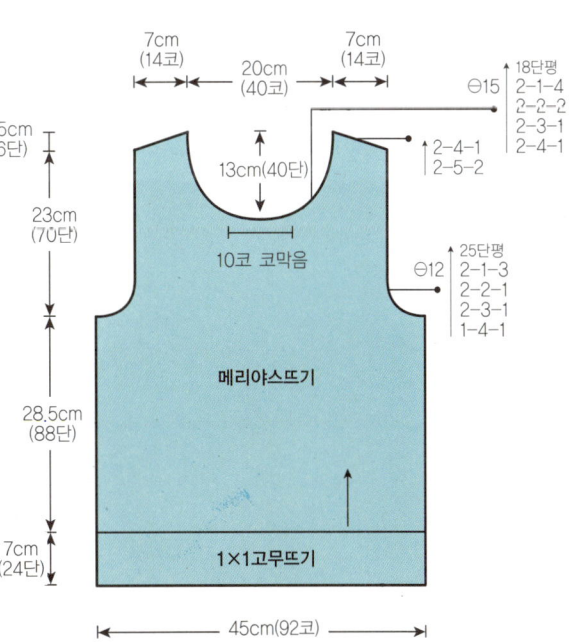

끌어올리기 코 만들기

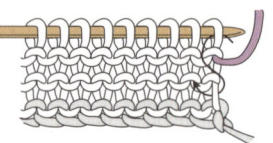

1 화살표 방향으로 바늘을 넣어 반코를 끌어올려 첫 코와 같이 한꺼번에 뜬다.

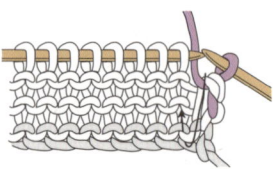

2 화살표 방향으로 바늘을 넣어 코를 끌어올려 왼쪽 바늘에 걸어 겉뜨기 한다.

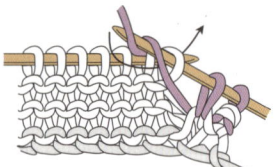

3 안뜨기는 바늘에 걸려 있는 코를 뜬다.

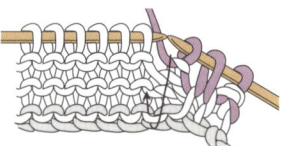

4 ②와 같은 방법으로 끌어올려 겉뜨기로 뜬다. ①~④의 방법을 반복해 고무단을 만든다.

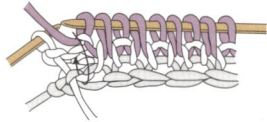

5 마지막 코는 화살표 방향으로 바늘을 넣어 끌어올려 왼쪽 바늘에 걸어 겉뜨기로 뜬다.

✫ 마무리하기

1 앞뒤판의 겉과 겉을 맞댄 후 코막음의 방법으로 어깨를 잇는다.

2 몸판의 양 옆선을 잇는다.

3 3.5mm대바늘을 사용하여 목둘레에서 128코를 잡아 1×1고무뜨기로 8단을 뜬 후 돗바늘로 마무리 한다.

4 진동둘레에서 118코를 잡아 1×1고무뜨기로 8단을 뜬 후 돗바늘로 마무리한다. 다른 한 쪽도 같은 방법으로 뜬다.

마무리하기

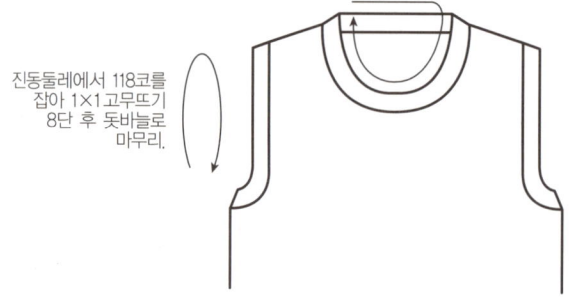

목둘레에서 128코 잡아 8단을 1×1고무뜨기로 뜬 후 돗바늘로 마무리한다.

진동둘레에서 118코를 잡아 1×1고무뜨기 8단 후 돗바늘로 마무리.

≫ 앞트임 스웨터

재료 및 공구　실 ⋯ 혼방사 600g

바늘 ⋯ 대바늘 4.5mm, 4mm

기타 ⋯ 단추 5개

필요치수　가슴둘레 96cm, 어깨너비 40cm,

옷길이 58cm, 소매길이 18cm

게이지　메리야스뜨기 21코 31단, 무늬뜨기 29코 31단

목 표

1. 앞트임을 할 수 있다.
2. 단춧구멍을 낼 수 있다.
3. 무늬뜨기를 할 수 있다.

☆ 뒤판뜨기

1. 4mm대바늘을 사용하여 일반코잡기로 102코
를 잡아 2×2고무뜨기로 24단을 뜬다.

2. 4.5mm대바늘로 바꾸고 메리야스뜨기로 88
단을 뜬다.

3. 도안과 같이 양옆 진동을 9코씩 줄여 주고 57
단을 뜬다.

4. 어깨코는 23코를 뜬 후 뒤로 돌려 2코를 줄인
다음 2-11-1, 2-10-1의 수치로 되돌아뜨기
를 한다. 남은 코는 쉼코로 둔다.

5. 목둘레 첫 코에 새 실을 걸어 38코 코막음을
하고 오른쪽과 같은 방법으로 어깨를 뜬다.

241

대바늘을 이용한 작품

뒤판 뜨기

10cm
(21코)
20cm
(42코)
10cm
(21코)

⊖2 2단평
2-2-1

2-10-1
2-11-1

38코 코막음

1.5cm
(4단)

21cm
(66단)

⊖9 57단평
2-1-2
2-2-2
1-3-1

28.5cm
(88단)

무늬뜨기

7cm
(24단)

2×2고무뜨기

48cm(102코)

앞판 뜨기

10cm
(21코)
20cm
(58코)
10cm
(21코)

9단평
2-1-4
2-2-3
2-3-2
2-4-1
1-5-1
⊖25

11cm(34단)

2-10-1
2-11-1

1.5cm
(4단)

21cm
(66단)

17cm
(52단)

23단평
2-1-1
2-2-2
2-3-2
2-4-1
1-5-1
⊖20

8코 코막음

28.5cm
(88단)

무늬뜨기

23cm
(72단)

140코

7cm
(24단)

2×2고무뜨기

⊕38코

48cm(102코)

⭐ 앞판 뜨기

1 4mm대바늘을 사용하여 일반코잡기로 102코를 잡아 2×2고무뜨기로 24단을 뜬다.

2 4.5mm대바늘로 바꾸고 38코를 균등하게 늘려 무늬뜨기로 72단을 뜬다.

3 73째 단부터는 코를 나눠 66코만 잡아 무늬뜨기로 16단을 뜨고, 진동은 도안과 같이 20코를 줄이고 23단을 뜬다.

4 진동줄임으로부터 37째 단부터는 도안과 같이 앞목둘레 줄임을 하고 9단을 뜬 다음 어깨 되돌아뜨기를 한다. 남은 코는 쉼코로 둔다.

5 앞판의 남은 첫 코에 새 실을 걸어 8코 코막음을 하고 오른쪽과 같은 방법으로 대칭이 되게 뜬다. 남은 코는 쉼코로 둔다.

✖ 앞판 무늬뜨기 ✖

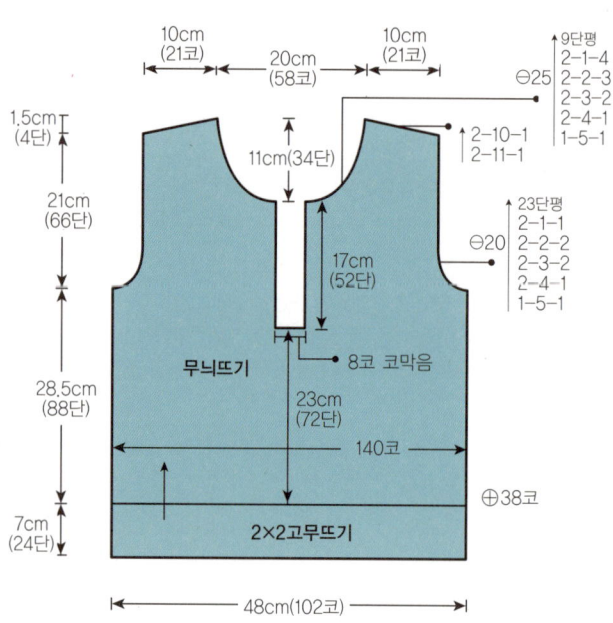

□ = 1

소매 뜨기

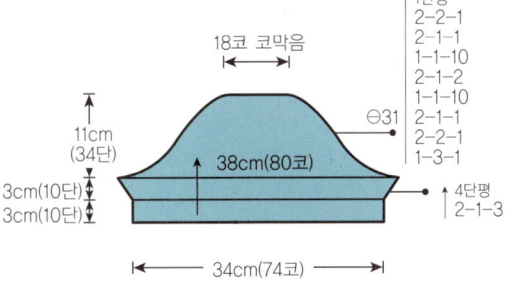

18코 코막음

1단평
2-2-1
2-1-1
1-1-10
2-1-2
1-1-10
2-1-1
2-2-1
1-3-1

⊖31

11cm
(34단)

38cm(80코)

3cm(10단)
3cm(10단)

4단평
2-1-3

34cm(74코)

마무리하기

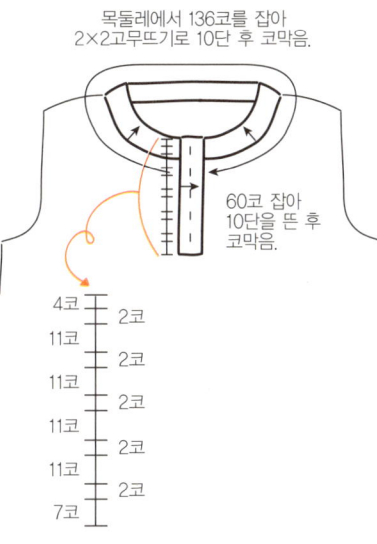

목둘레에서 136코를 잡아
2×2고무뜨기로 10단 후 코막음.

60코 잡아
10단을 뜬 후
코막음.

4코   2코
11코   2코
11코   2코
11코   2코
11코   2코
7코

⭐ 소매 뜨기

1 4mm대바늘을 사용하여 일반코잡기로 74코를 잡아 2×2고무뜨기로 10단을 뜬다.

2 4.5mm대바늘로 바꾸어 메리야스뜨기로 옆선을 늘리며 10단을 뜬다.

3 소매산은 두안과 같이 31코씩 줄이고 남은 코는 코막음한다.

4 같은 방법으로 1장을 더 뜬다.

⭐ 마무리하기

1 앞뒤판의 겉과 겉을 맞댄 후 코막음 방법으로 어깨를 잇는다.

2 몸판의 양 옆선을 잇는다.

3 소매의 옆선을 이어 원통형으로 만든다.

4 몸판의 진동에 소매를 맞추어 코바늘 빼뜨기로 잇는다. 다른 쪽도 같은 방법으로 이어준다.

5 4mm대바늘로 목둘레에서 136코를 잡아 2×2고무뜨기로 10단을 뜬 후 코막음한다.

6 양쪽 앞단에서 각 60코를 잡아 2×2고무뜨기로 10단을 뜬 후 코막음한다. 도안과 같이 한쪽은 단
  춧구멍을 내면서 뜬다.

7 단추를 달아 완성한다.

가로 단춧구멍 내기

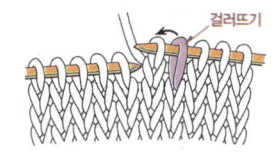

걸러뜨기

1 단춧구멍의 위치까지 뜨고 첫 코는
  그냥 옮기고, 다음 코를 떠서 첫 코를
  덮어씌운다.

왼코 겹치기

2 단춧구멍의 콧수만큼 덮어씌우기로
  코를 막고, 마지막 1코는 왼코
  겹치기로 뜬다.

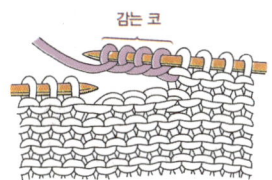

감는 코

3 다음 단에서 단춧구멍의 콧수만큼
  감아서 코를 만든다.

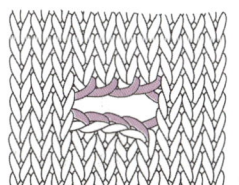

4 단춧구멍이 완성된 모습.

243

집업 스웨터

재료 및 공구 **실** ··· 면혼방사 흰색 150g · 검정색 75g
바늘 ··· 대바늘 3.5mm · 4mm
기타 ··· 지퍼 1개

필요치수 가슴둘레 80cm, 어깨너비 31cm,
옷길이 42cm, 소매길이 36cm
게이지 22코 30단

목표

1. 사선주머니를 뜰 수 있다.
2. 배색을 할 수 있다.
3. 지퍼단을 만들 수 있다.

⭐ 뒤판 뜨기

1 3.5mm대바늘을 사용하여 나중에 풀어낼 실
로 46코를 잡는다.

2 흰색 실로 바꿔 끌어올리기 90코를 만든 뒤
1×1고무뜨기로 도안과 같이 배색하여 6단을
뜬다.

3 4mm대바늘로 바꾸어 메리야스뜨기로 배색
무늬 60단을 뜬다.

4 진동둘레에서 도안과 같이 11코씩 줄이고 39
단을 평으로 뜬다.

5 어깨코는 22코를 뜨고 뒤로 돌려 뒷목둘레를
2코 줄인 다음 수치대로 되돌아뜨기를 한다.

뒤판 뜨기

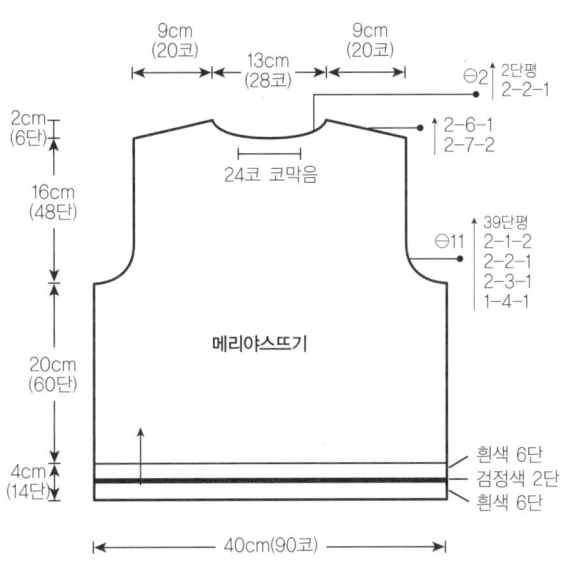

9cm
(20코)

13cm
(28코)

9cm
(20코)

⊖2 | 2단평
2-2-1

2-6-1
2-7-2

24코 코막음

2cm
(6단)

16cm
(48단)

⊖11 | 39단평
2-1-2
2-2-1
2-3-1
1-4-1

20cm
(60단)

메리야스뜨기

4cm
(14단)

흰색 6단
검정색 2단
흰색 6단

40cm(90코)

앞판 뜨기

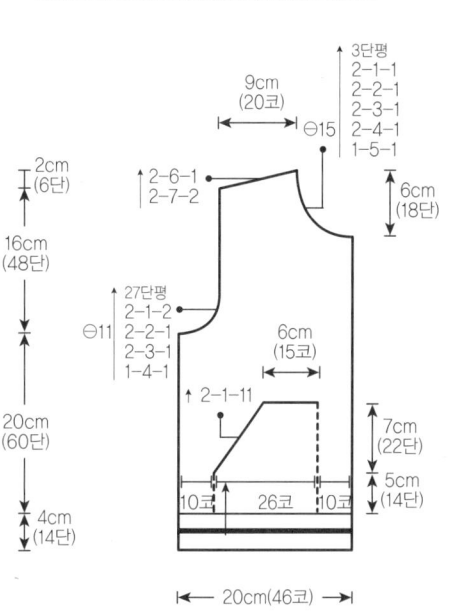

3단평
2-1-1
2-2-1
2-3-1
2-4-1
1-5-1

9cm
(20코)

⊖15

6cm
(18단)

2cm
(6단)

2-6-1
2-7-2

16cm
(48단)

⊖11 | 27단평
2-1-2
2-2-1
2-3-1
1-4-1

6cm
(15코)

20cm
(60단)

2-1-11

7cm
(22단)

4cm
(14단)

10코 | 26코 | 10코

5cm
(14단)

20cm(46코)

6 목둘레 시작고에 새 실을 걸어 24코 코막음을 한 다음 오른쪽과 같은
   방법으로 대칭이 되게 뜬다.

★ **배색 무늬뜨기** ★

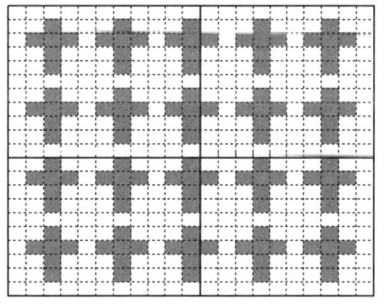

★ 앞판 뜨기

1 3.5mm대바늘을 사용하여 나중에 풀어낼 실로 24코를 잡는다.

2 흰색 실로 바꾸어 끌어올리기로 46코를 만든 다음 1×1고무뜨기로 흰색
   6단, 검정색 2단, 흰색 6단을 뜬다.

3 14단을 뜬 후 왼쪽 10코를 쉼코로 두고 나머지 36코만 가지고 22단을 뜨면서 2-1-11로 줄인다. 남
   은 25코는 쉼코로 둔다.

4 고무뜨기와 몸판 뜨기 경계선에서 26코를 주워 14단을 뜬 후 쉼코로 두었던 왼쪽 10코를 한꺼번에
   잡아 22단을 뜬다.

5 오른쪽 쉼코로 두었던 25코와 속주머니 26코를 겹쳐서 2코를 한꺼번에 뜬다. 34단을 평단으로 뜬다.

윈코 세워 줄이기

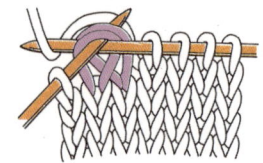

1 끝에서 3코 앞까지 뜨고 다음 2코는 왼쪽 코가 겉으로 드러나게 2코를 한꺼번에 뜬다.

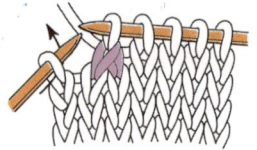

2 계속해서 끝코를 뜬다.

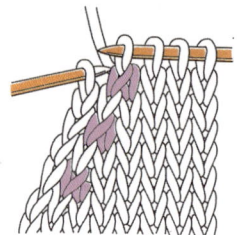

3 완성된 모습.

소매 뜨기

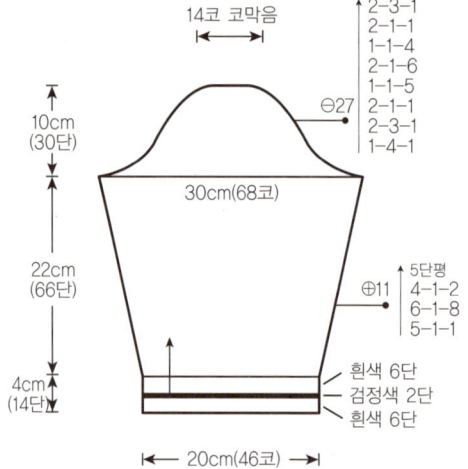

14코 코막음

10cm (30단)

⊖27

30cm(68코)

2-3-1
2-1-1
1-1-4
2-1-6
1-1-5
2-1-1
2-3-1
1-4-1

22cm (66단)

⊕11

5단평
4-1-2
6-1-8
5-1-1

4cm (14단)

흰색 6단
검정색 2단
흰색 6단

20cm(46코)

마무리하기

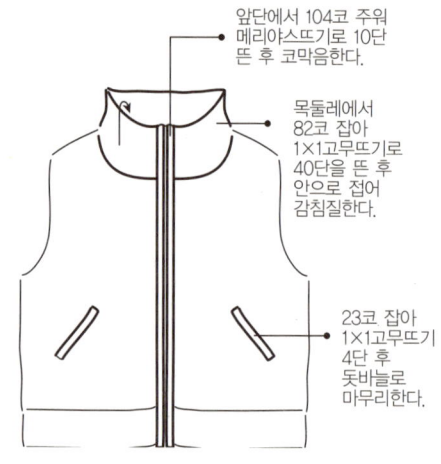

앞단에서 104코 주워 메리야스뜨기로 10단 뜬 후 코막음한다.

목둘레에서 82코 잡아 1×1고무뜨기로 40단을 뜬 후 안으로 접어 감침질한다.

23코 잡아 1×1고무뜨기 4단 후 돗바늘로 마무리한다.

6 진동줄임은 뒤판과 같이 11코씩 줄인 후 27단을 평으로 뜬다.

7 37째 단부터는 앞목둘레줄임을 한다. 도안과 같이 15코를 줄인 후 3단을 평단으로 뜬다.

8 나머지 코로 도안과 같이 되돌아뜨기를 한다.

9 같은 방법으로 대칭이 되게 1장을 더 뜬다.

☆ 소매 뜨기

1 3.5mm대바늘을 사용하여 나중에 풀어낼 실로 24코를 잡는다.

2 흰색 실로 바꾸어 끌어올리기로 46코를 만들어 1×1고무뜨기로 흰색 6단, 검정색 2단, 흰색 6단을 뜬다.

3 4mm대바늘로 바꾸어 양 옆선을 도안과 같이 5-1-1, 6-1-8, 4-1-2로 늘리고 5단은 평으로 뜬다.

4 소매산은 도안과 같이 27코씩 줄이고 남은 코는 코막음한다.

5 같은 방법으로 1장을 더 뜬다.

 마무리하기

1 앞판과 뒤판의 겉과 겉을 맞대어 어깨코를 덮어 씌워 코막음하는 방법으로 잇는다.

2 몸판의 옆선을 돗바늘로 연결한다.

3 소매의 옆선을 원통형으로 연결한다.

4 몸판의 진동둘레에 소매를 잘 맞추어 코바늘 빼뜨기로 연결한다.

5 4mm대바늘로 흰색 실을 사용하여 목둘레에서 82코를 잡아 1×1고무뜨기로 10단을 뜬 후 3.5mm
로 바꾸어 1×1고무뜨기로 20단을 뜬다. 다시 4mm대바늘로 바꾸어 1×1고무뜨기로 10단을 뜬다.

6 떠 놓은 칼라의 반을 안으로 접어 감침질한다.

7 3.5mm대바늘로 검정색을 사용하여 앞단 전체에서 104코 주워서 메리야스뜨기로 10단을 뜬 후 코
막음한다. 안으로 반을 접어 감침질한다.

8 주머니 입구에서 3.5mm대바늘로 23코 잡아 1×1고무뜨기 4단을 뜬 후 검정색 실로 바꾸어 돗바
늘로 마무리한다.

9 지퍼를 달아 완성한다.

돗바늘 마무리 법

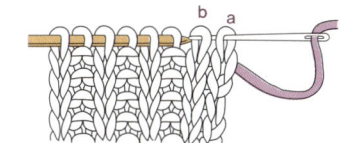

1 a와 b코에 그림과 같이 돗바늘을
일자로 넣는다.

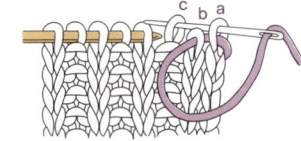

2 b코는 앞쪽으로 두고 a코의 앞쪽에서
뒤쪽으로, 안뜨기 c의 앞쪽에서
뒤쪽으로 실을 빼낸다.

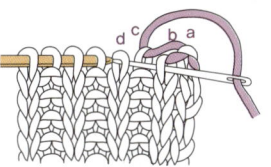

3 b의 겉뜨기와 d의 겉뜨기에 일자로
돗바늘을 넣어 실을 빼낸다.

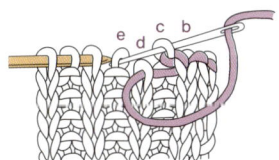

4 c의 안뜨기와 e의 안뜨기에 일자로
돗바늘을 넣어 실을 빼낸다. 같은
방법으로 마무리한다.

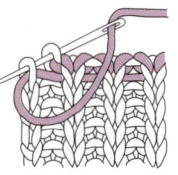

5 마지막 겉뜨기와 겉뜨기끼리 연결한
다음 겉뜨기와 안뜨기를 그림과 같이
한번 더 연결하여 마무리한다.

대바늘을 이용한 작품

>> 래글런 스웨터

재료 및 공구 실 … 면혼방사 700g

바늘 … 대바늘 3mm · 3.5mm, 코바늘 3/0호

필요치수 가슴둘레 90cm, 옷길이 58cm, 소매길이 66cm

게이지 24코 30단

목 표

래글런 소매의 사선 줄임을
할 수 있다.

☆ 뒤판 뜨기

1 3mm대바늘을 사용하여 일반코잡기로 110코
　를 잡는다.

2 밑단 무늬뜨기로 16단을 뜬다.

3 3.5mm대바늘로 바꾸어 몸판 무늬뜨기로
　108단을 뜬다.

4 양쪽 진동은 5코씩 코막음하고 어깨 사선을
　도안의 수치대로 줄인다.

5 남은 코는 코막음한다.

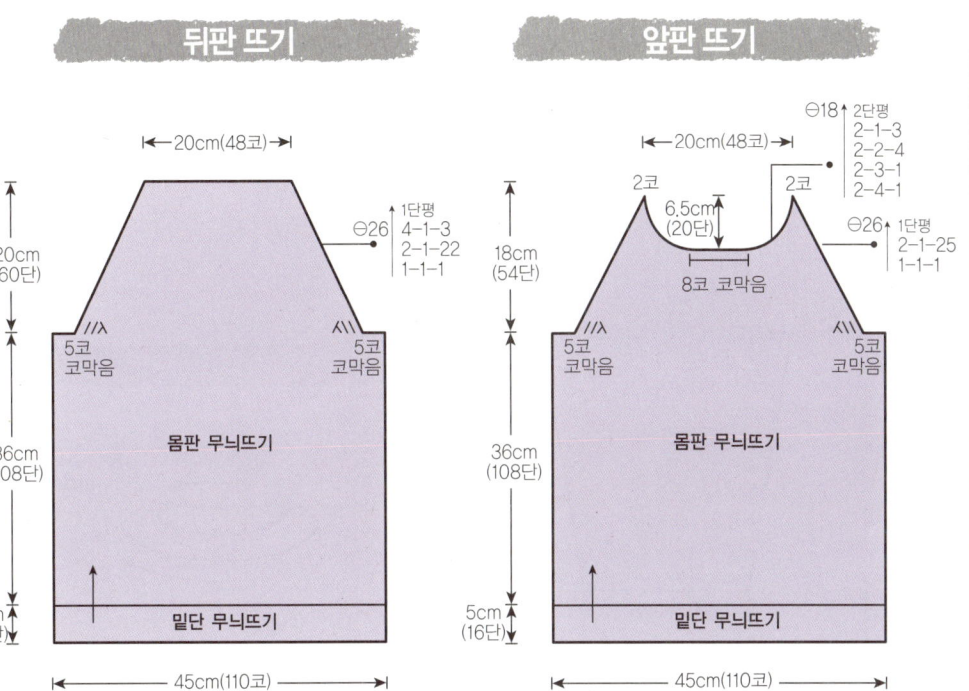

뒤판 뜨기

20cm(48코)

20cm
(60단)

⊖26
1단평
4-1-3
2-1-22
1-1-1

///λ
5코
코막음

λ\\\
5코
코막음

몸판 무늬뜨기

36cm
(108단)

5cm
(16단)

밑단 무늬뜨기

45cm(110코)

앞판 뜨기

⊖18
2단평
2-1-3
2-2-4
2-3-1
2-4-1

20cm(48코)

2코

2코

6.5cm
(20단)

8코 코막음

⊖26
1단평
2-1-25
1-1-1

///λ
5코
코막음

λ\\\
5코
코막음

18cm
(54단)

몸판 무늬뜨기

36cm
(108단)

5cm
(16단)

밑단 무늬뜨기

45cm(110코)

✫ 앞판 뜨기

1 3mm대바늘을 사용하여 일반코잡기로 110코를 잡는다.

2 밑단 무늬뜨기로 16단을 뜬다.

3 3.5mm대바늘로 바꾸어 몸판 무늬뜨기로 108단을 뜬다.

4 양쪽 진동은 5코씩 코막음하고 도안의 수치대로 어깨 사선을 줄인다.

5 35째 단부터는 어깨 사선을 줄이면서 앞목둘레 줄임을 동시에 한다.

✫ 소매 뜨기

1 3mm대바늘을 사용하여 일반코잡기로 58코를 잡는다.

2 밑단 무늬뜨기로 소매를 22단을 뜬다.

3 3.5mm대바늘로 바꾸어 몸판 무늬뜨기를 뜬다. 도안과 같이 양 옆선
을 늘리면서 106단을 뜬다.

✻ 몸판 무늬뜨기 ✻

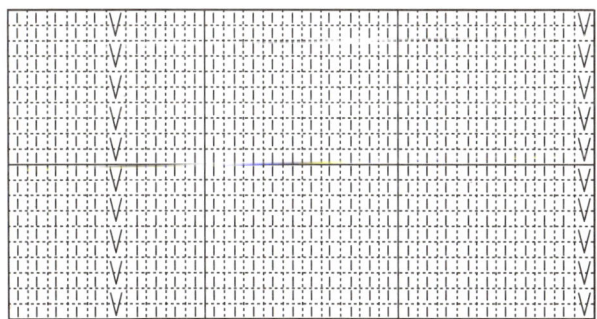

✻ 밑단, 목둘레 무늬뜨기 ✻

대바늘을 이용한 작품

걸러뜨기

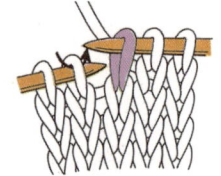

1 겉뜨기 뜨는 방법으로 1코를 오른쪽 바늘로 옮긴 다음 코를 걸뜨기로 뜬다.

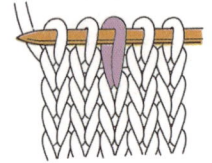

2 완성된 모습.

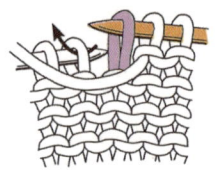

3 안뜨기에서는 1코를 왼쪽 바늘로 옮겨 놓고 그림과 같이 실을 걸쳐 다음 코를 안뜨기로 뜬다.

소매 뜨기

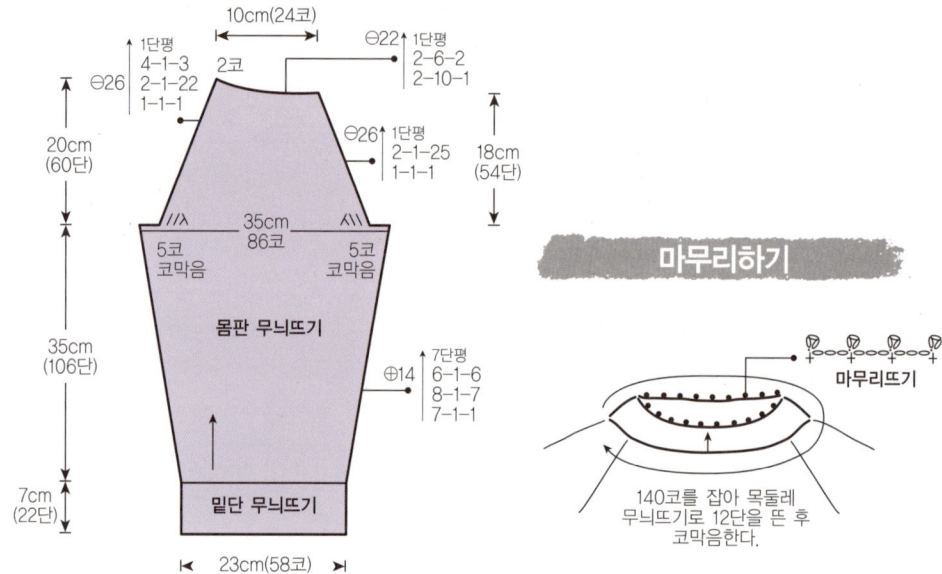

10cm(24코)

2코

1단평
4-1-3
2-1-22
1-1-1

⊖26

20cm
(60단)

⊖22 1단평
2-6-2
2-10-1

⊖26 1단평
2-1-25
1-1-1

18cm
(54단)

35cm
86코

5코
코막음

5코
코막음

///λ   λ\\\

몸판 무늬뜨기

35cm
(106단)

⊕14
6-1-6
8-1-7
7-1-1

7단평

밑단 무늬뜨기

7cm
(22단)

23cm(58코)

마무리하기

마무리뜨기

140코를 잡아 목둘레 무늬뜨기로 12단을 뜬 후 코막음한다.

4 양쪽 소매산은 5코씩 코막음하고 도안과 같이 줄임을 하고 남은 2코는 코막음한다.

5 같은 방법으로 대칭이 되게 1장을 뜬다.

⭐ 마무리하기

1 몸판의 양 옆선을 잇는다.

2 소매의 옆선을 이어 원통형으로 만든다.

3 몸판의 진동에 소매를 잘 맞추어 돗바늘로 꿰매어 잇는다. 이때 긴 쪽은 뒤판, 짧은 쪽은 앞판에 맞춰서 잇는다.

4 목둘레에서 140코를 잡아 목둘레 무늬뜨기로 12단을 뜬 후 코막음한다.

5 코바늘 3/0호를 사용하여 도안의 무늬대로 마무리뜨기를 한 다음 마무리한다.

>> 망토

재료 및 공구 실 … 울혼방사 400g

바늘 … 대바늘 4.5mm · 5mm · 5.5mm

코바늘 5/0호

필요치수 옷길이 47cm
게이지 18코 24단

목표

1. 세로선 분해를 할 수 있다.
2. 칼라를 뜰 수 있다.

⭐ 몸판 뜨기

1 4.5mm대바늘을 사용하여 일반코잡기로 242
코를 잡아 무늬뜨기 B로 14단을 뜬다.

2 5mm대바늘로 바꾸어 A무늬의 $\frac{1}{2}$, B무늬,
A무늬, B무늬, A무늬, B무늬, A무늬, B무늬,
A무늬의 $\frac{1}{2}$로 도안과 같이 줄임을 하면서
106단을 뜬다.

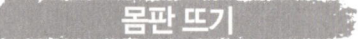
대바늘을 이용한 작품

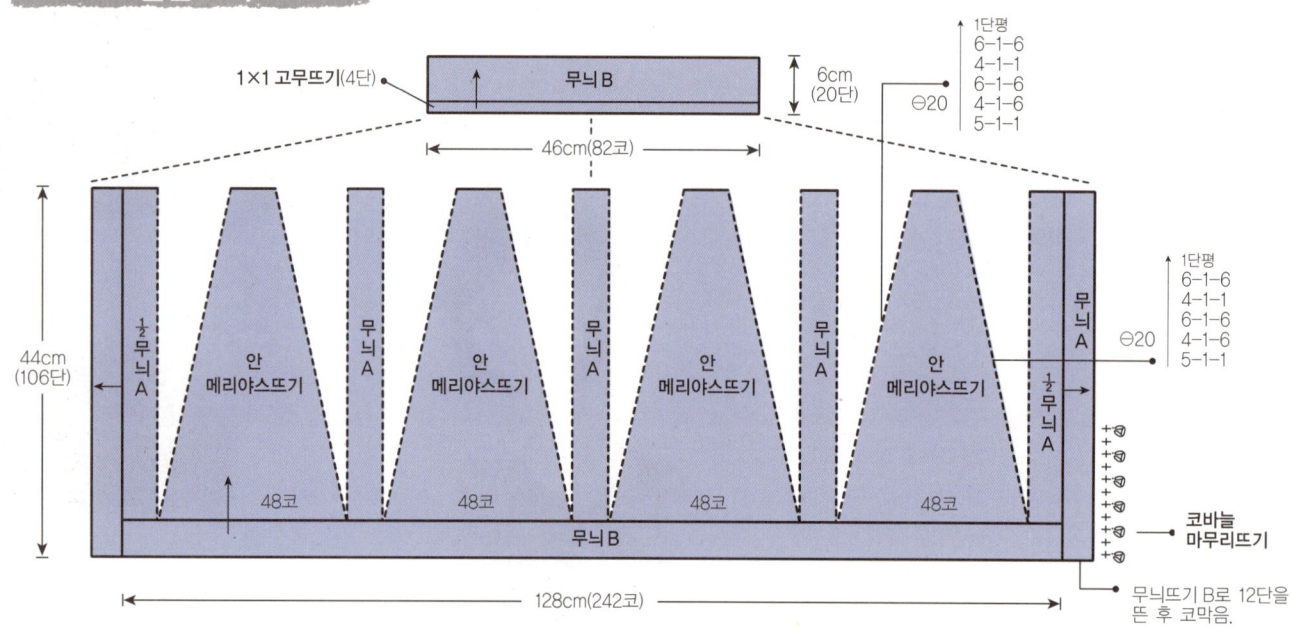

1×1 고무뜨기(4단) • 무늬 B
6cm (20단)

1단평
6-1-6
4-1-1
6-1-6
4-1-6
5-1-1
⊖20

46cm(82코)

½무늬 A
안 메리야스뜨기
무늬 A
안 메리야스뜨기
무늬 A
안 메리야스뜨기
무늬 A
안 메리야스뜨기
무늬 A
½무늬 A

44cm (106단)

1단평
6-1-6
4-1-1
6-1-6
4-1-6
5-1-1
⊖20

48코   48코   48코   48코

무늬 B

코바늘 마무리뜨기

128cm(242코)

무늬뜨기 B로 12단을 뜬 후 코막음.

✱ 무늬뜨기 A ✱

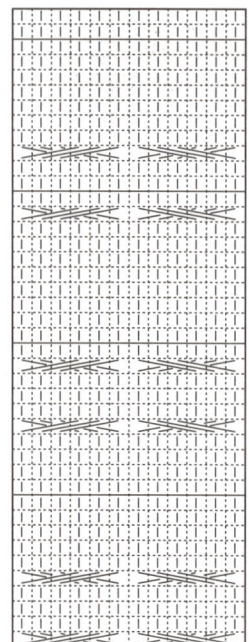

⭐ 마무리하기

1 4.5mm대바늘로 양 옆선에서 86코 잡아 무늬뜨기 A로 12단을 뜬 후 코막음한다.

2 목둘레에서 96코를 잡아 1×1고무뜨기로 4단을 뜬다.

3 계속해서 무늬뜨기 B로 6단, 5mm로 바꾸어 8단, 5.5mm로 바꾸어 6단을 뜬 후 코막음한다.

4 코바늘 5/0호를 사용해 코바늘 마무리뜨기로 전체 둘레를 뜬다.

5 이중사슬뜨기 방법으로 120cm의 끈을 뜬 다음 양쪽에 방울을 달아 완성한다.

✱ 무늬뜨기 B ✱

✱ 끈 뜨기 ✱

120cm(200코)

>> 후드코트

재료 및 공구 실 ··· 울혼방사 1200g

바늘 ··· 대바늘 4.5mm · 5mm

기타 ··· 단추 8개

필요치수 가슴둘레 112cm, 어깨너비 42cm, 옷길이 74cm,
소매길이 61cm

게이지 15코 22단

목 표

1. 후드를 만들 수 있다.
2. 주머니를 만들 수 있다.
3. 구멍 무늬를 뜰 수 있다.

⭐ 뒤판 뜨기

1 4.5mm대바늘을 사용하여 일반코잡기로 86
   코를 잡아 밑단 무늬뜨기로 24단을 뜬다.

2 5mm 대바늘로 바꾸어 A무늬로 52단을 뜬
   다음 B무늬로 바꾸어 40단을 더 뜬다.

3 계속해서 B무늬로 뜨면서 도안과 같이 진동
   을 12코씩 줄인 후 33단을 평으로 뜬다.

4 어깨코 18코를 뜬 다음 뒤로 돌려 뒷목둘레를
   2코 줄이고 2-8-2로 되돌아뜨기 한다. 남은
   코는 쉼코로 둔다.

5 목둘레 첫 코에 새 실을 걸어 26코 코막음을
   하고 오른쪽과 같이 대칭이 되게 뜬다. 남은
   코는 쉼코로 둔다.

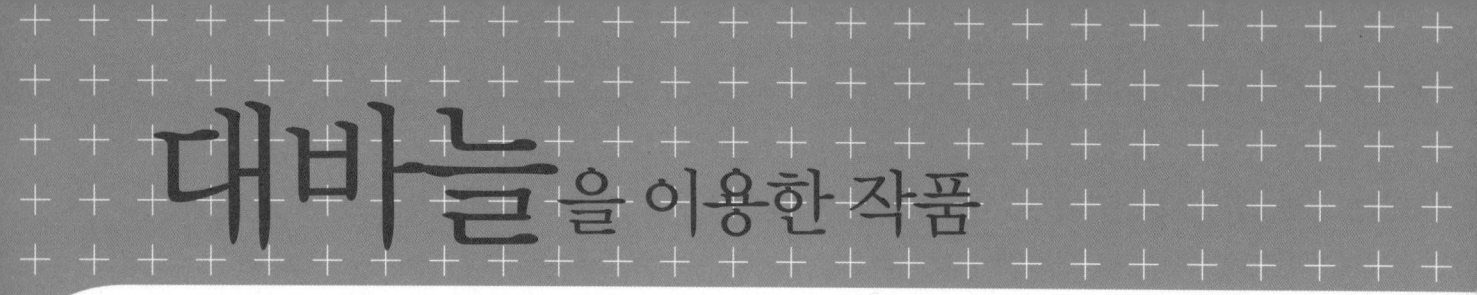

대바늘을 이용한 작품

뒤판 뜨기

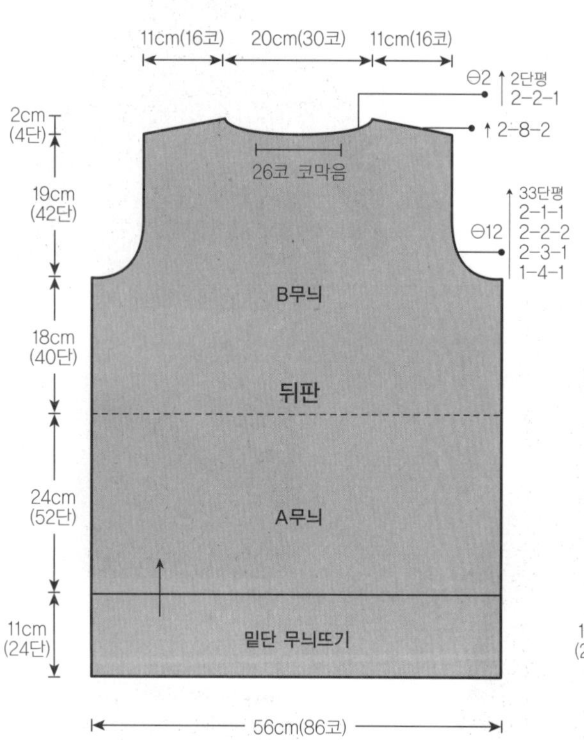

11cm(16코) 20cm(30코) 11cm(16코)

⊖2 2단평
2-2-1

● ↑2-8-2

2cm
(4단)

26코 코막음

19cm
(42단)

33단평
2-1-1
2-2-2
2-3-1
1-4-1
⊖12

B무늬

18cm
(40단)

뒤판

24cm
(52단)

A무늬

11cm
(24단)

밑단 무늬뜨기

56cm(86코)

앞판 뜨기

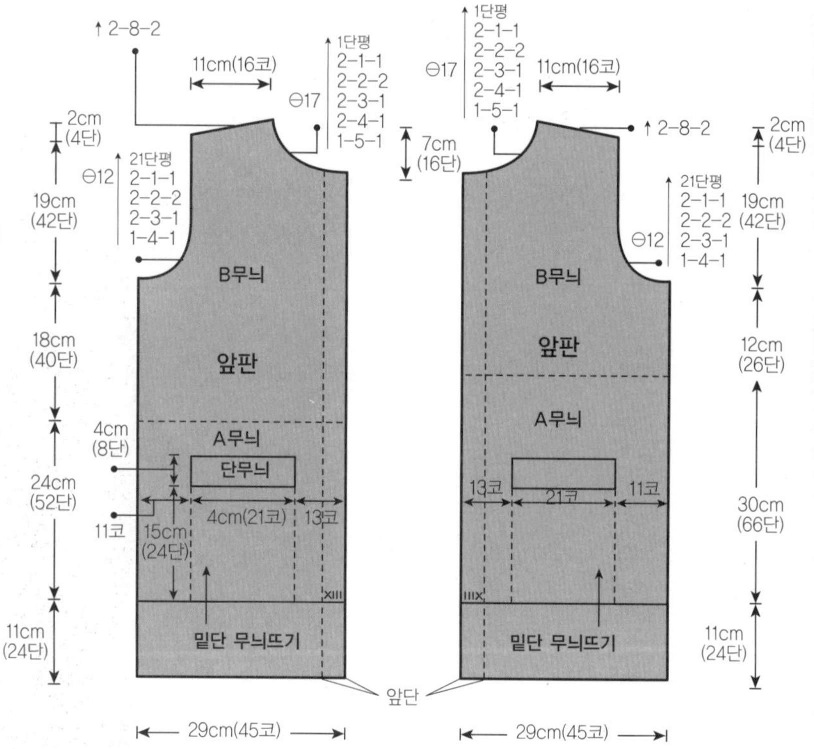

↑2-8-2

11cm(16코)

⊖17

1단평
2-1-1
2-2-2
2-3-1
2-4-1
1-5-1

2cm
(4단)

1단평
2-1-1
2-2-2
2-3-1
2-4-1
1-5-1
⊖17

11cm(16코)

↑2-8-2

2cm
(4단)

7cm
(16단)

⊖12

21단평
2-1-1
2-2-2
2-3-1
1-4-1

19cm
(42단)

B무늬

B무늬

21단평
2-1-1
2-2-2
2-3-1
1-4-1
⊖12

19cm
(42단)

앞판

앞판

18cm
(40단)

4cm
(8단)

A무늬

단무늬

A무늬

12cm
(26단)

24cm
(52단)

11코

15cm
(24단)

4cm(21코) 13코

13코 21코 11코

30cm
(66단)

XIII   IIIX

밑단 무늬뜨기

밑단 무늬뜨기

11cm
(24단)

29cm(45코)

앞단

29cm(45코)

⭐ 앞판 뜨기

1. 4.5mm대바늘을 사용하여 일반코잡기로 45코를 잡아 밑단 무늬뜨기로 24단을 뜬다.

2. 5mm대바늘로 바꾸어 앞단 부분은 겉뜨기 3코, 1×1교차뜨기로 뜨고, 나머지는 A무늬로 24단을 뜬다. 이 부분에서 주머니를 만들어 준다.

3. 도안과 같이 앞에서 13코를 뜬 다음 풀어낼 실로 21코를 뜨고 11코는 다시 몸판 실로 뜬다. 안쪽에서도 같은 방법으로 1단을 더 뜬다. 다시 몸판 실로 도안의 점선 부분인 52단까지 뜬다.

4. B무늬로 40단을 뜨고 진동은 12코씩 줄인 후 21단을 뜬다.

5. 진동 31째 단부터는 앞목둘레 줄임을 해 준다. 도안과 같이 17코를 줄이고 1단을 뜬 다음 어깨 되돌아뜨기를 한다. 남은 코는 쉼코로 둔다.

6. 주머니 부분의 풀어낼 실을 풀어내고 위쪽에서 21코를 잡아 메리야스뜨기로 34단을 뜬 후 코막음

254

한다. 다시 풀어낸 부분의 아래쪽에서 21코를 잡아 밑단 무늬뜨기로 8단을 뜬 후 코막음한다.

6 같은 방법으로 대칭이 되게 도안과 같이 1장을 더 뜬다. 단, A무늬를 B무늬보다 14단 더 뜬다.

☆ 소매 뜨기

1 4.5mm대바늘을 사용하여 일반코잡기로 46코를 잡아 밑단 무늬뜨기로 24단을 뜬다.

2 5mm대바늘로 바꾸어 A무늬로 28단을 뜬 다음 B무늬로 52단을 뜬다. 이때 동시에 소매 옆선을 도
  안과 같이 5코씩 늘려 준다.

3 계속해서 B무늬로 뜨면서 도안과 같이 소매산을 줄인다. 남은 코는 코막음한다.

4 같은 방법으로 1장을 더 뜬다.

✖ 밑단 무늬뜨기 ✖

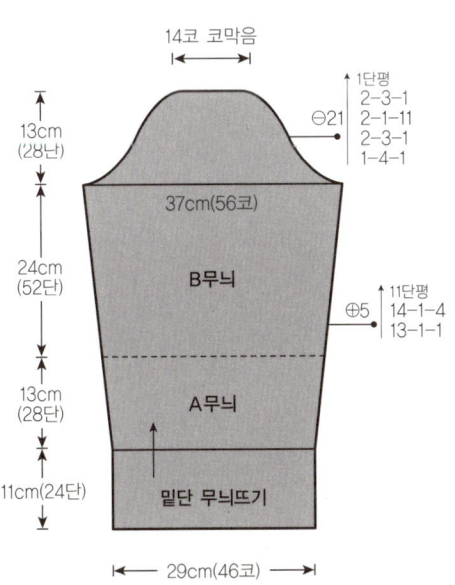

소매 뜨기

✖ 무늬뜨기 ✖

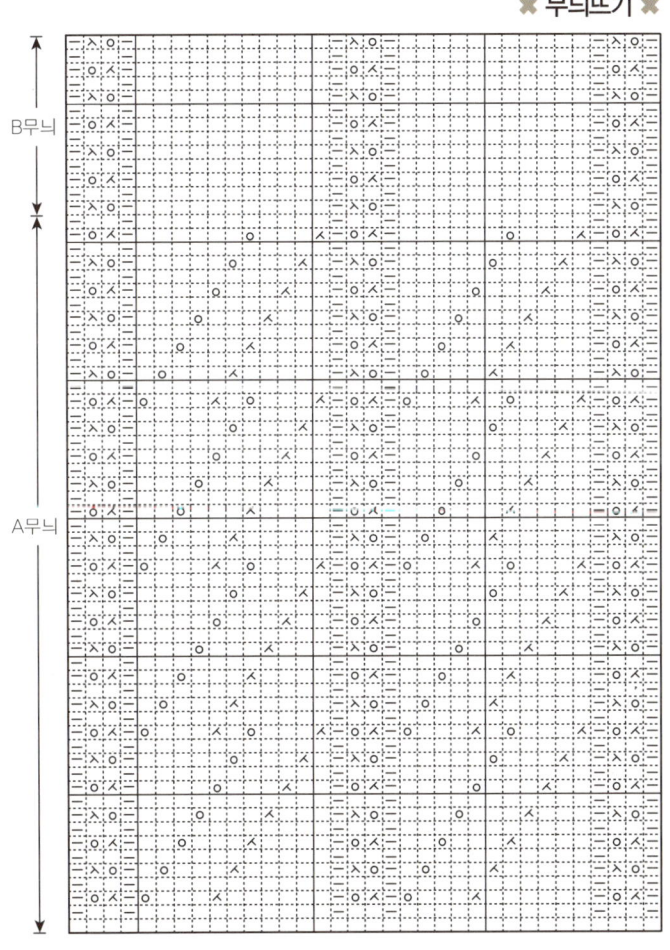

대바늘을 이용한 작품

대바늘로 잇기

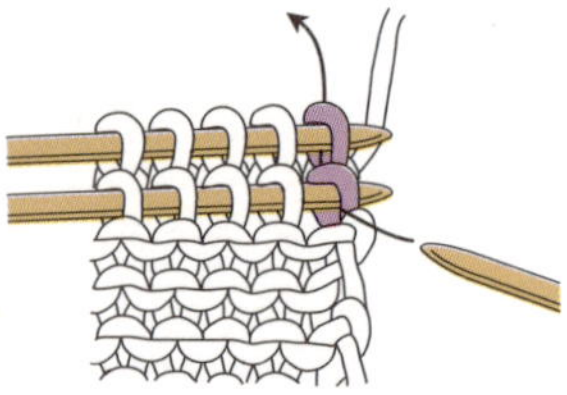

1 뜨는 편물을 겉과 겉이 마주보게 뒤로 합하여 화살표 방향으로 바늘을 넣어 준다.

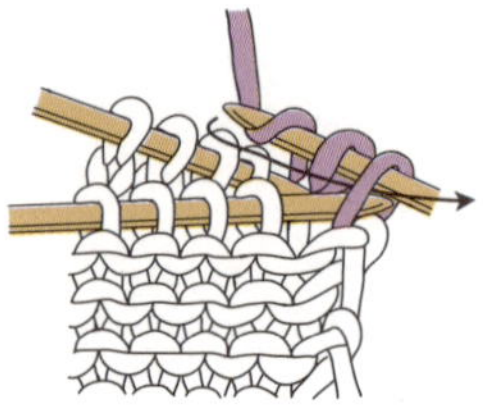

2 겉뜨기로 떠서 화살표 방향으로 실을 빼낸다.

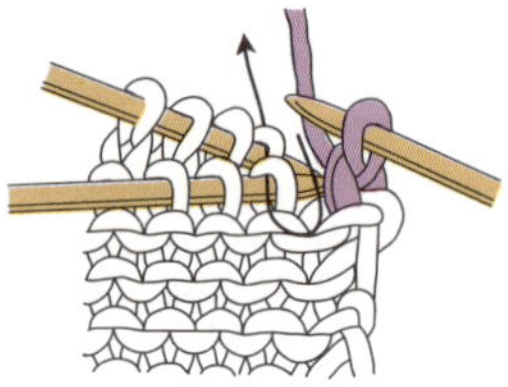

3 ①~②와 같은 방법으로 반복해 뜬 다음 마지막 2코가 되면 덮어씌우기 방법으로 마무리한다.

모자 뜨기

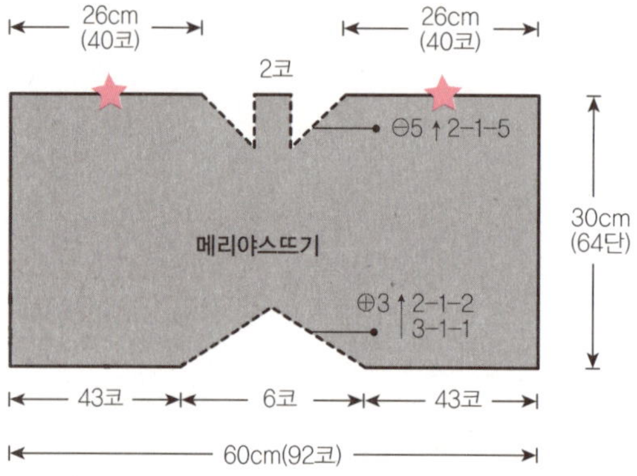

26cm
(40코)
26cm
(40코)
2코
⊖5 ↑2-1-5
메리야스뜨기
30cm
(64단)
⊕3 ↑2-1-2
3-1-1
43코
6코
43코
60cm(92코)

✖ 벨트 뜨기 ✖

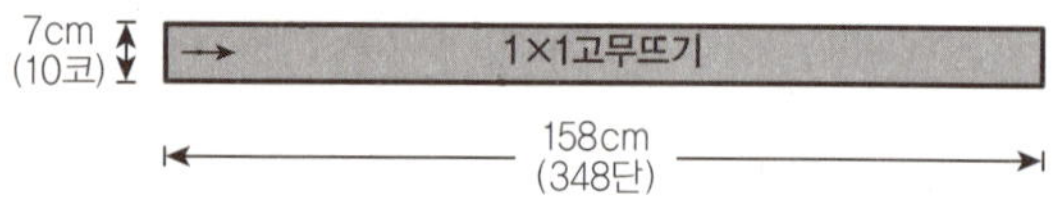

7cm
(10코)
1×1고무뜨기
158cm
(348단)

마무리하기

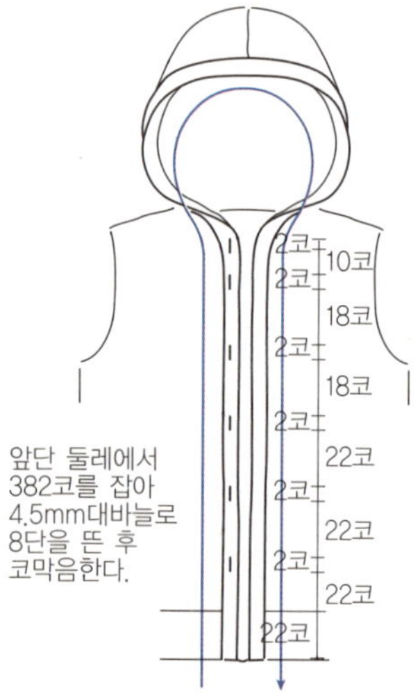

앞단 둘레에서
382코를 잡아
4.5mm대바늘로
8단을 뜬 후
코막음한다.
2코
10코
2코
18코
2코
18코
2코
22코
2코
22코
2코
22코
2코

모자 뜨기

1 5mm대바늘을 사용하여 일반코잡기로 43코를 잡아 B무늬로 한쪽 옆선을 3코 늘리면서 7단을 뜬다. 남은 코를 쉼코로 둔 다음 같은 방법으로 대칭이 되게 1장을 더 뜬다.

2 떠 놓은 2장을 한 바늘에 꿰어 계속해서 B무늬로 47단을 더 뜬다.

3 도안과 같이 중앙의 2코를 뺀 후 양쪽으로 5코씩 줄이고, 남은 코는 코막음한다.

마무리하기

1 앞뒤판의 겉과 겉을 맞댄 후 코막음 방법으로 어깨를 이은 다음 몸판의 양 옆선을 잇는다.

3 소매의 옆선을 이어 원통형으로 만든다.

4 몸판 진동에 소매를 맞추어 코바늘 빼뜨기 방법으로 잇는다. 다른 쪽도 같은 방법으로 이어 준다.

5 모자 도안의 같은 표시끼리 맞대어 코막음 방법으로 이은 다음 목둘레선에 모자를 맞추어 잇는다.

6 주머니입과 안주머니를 돗바늘로 감침질해 몸판에 꿰매어 준다.

7 앞단 전체 둘레에서 382코를 주워 4.5mm대바늘로 4단을 뜬다. 5째 단에는 도안과 같이 단춧구멍을 내주고 다시 4단을 더 떠 코막음한다.

8 도안과 같이 벨트를 뜬 다음 앞단에 단추를 달아 완성한다.

숄칼라 카디건

재료 및 공구 **실** … 울혼방사 500g
         바늘 … 대바늘 6mm · 6.5mm,
               코바늘 7/0호
         기타 … 단추

필요치수 가슴둘레 94cm, 어깨 넓이 36cm,
          옷길이 56cm, 소매길이 58cm

게이지 13코 19단

목 표

1. 단춧구멍을 낼 수 있다.
2. 숄칼라를 뜰 수 있다.

⭐ 뒤판 뜨기

1 6mm대바늘로 일반코잡기 62코를 잡아 무늬
   뜨기로 8단을 뜬다.

2 6.5mm대바늘로 바꾸어 도안과 같이 양 옆선
   을 3코씩 줄이고 5단을 평으로 뜬다.

3 양 옆선을 3코 늘린 후 9단을 평으로 뜬다.

4 양쪽 진동은 도안과 같이 9코씩 줄이고 23단
   을 평으로 뜬다.

5 어깨코는 12코를 뜨고 뒤로 돌려 2코를 줄인
   다음 도안의 수치대로 되돌아뜨기를 한다.

6 목둘레 첫 코에 새 실을 걸어 22코 코막음을
   하고 오른쪽과 같이 대칭이 되게 뜬다.

257

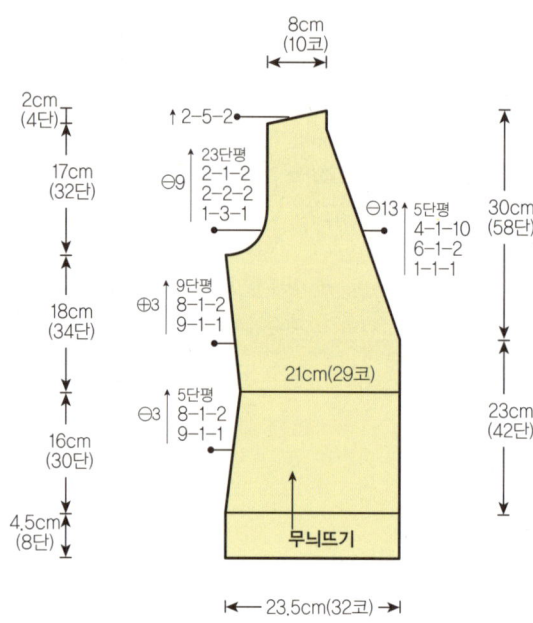

뒤판 뜨기

8cm (10코)　20cm (26코)　8cm (10코)

2cm (4단)

17cm (32단)

⊖2 ↑ 2단평
2-2-1

↑ 2-5-2

22코 코막음

⊖9 ↑ 23단평
2-1-2
2-2-2
1-3-1

47cm(62코)

18cm (34단)

43cm(56코)

⊕3 ↑ 9단평
8-1-2
9-1-1

16cm (30단)

⊖3 ↑ 5단평
8-1-2
9-1-1

4.5cm (8단)

무늬뜨기

47cm(62코)

앞판 뜨기

8cm (10코)

2cm (4단)

↑ 2-5-2

17cm (32단)

⊖9 ↑ 23단평
2-1-2
2-2-2
1-3-1

⊖13 ↑ 5단평
4-1-10
6-1-2
1-1-1

30cm (58단)

⊕3 ↑ 9단평
8-1-2
9-1-1

18cm (34단)

21cm(29코)

23cm (42단)

16cm (30단)

⊖3 ↑ 5단평
8-1-2
9-1-1

4.5cm (8단)

무늬뜨기

23.5cm(32코)

☆ 앞판 뜨기

1 6mm대바늘로 일반코잡기 32코를 잡아 무늬뜨기로 8단을 뜬다.

2 옆선과 진동은 뒤판과 같은 방법으로 뜬다.

3 앞목둘레는 43째 단부터 도안과 같이 13코를 줄이고 5단을 평으로 뜬 다음 2-5-2로 어깨 되돌아
　뜨기를 한다.

4 같은 방법으로 대칭이 되게 1장을 더 뜬다.

☆ 소매 뜨기

1 6.5mm대바늘로 일반코잡기 32코를 잡아 양 옆선은 도안의 수치대로 5코를 늘리고 11단은 평으로
　뜬다.

2 소매산은 도안과 같이 17코를 줄이고 남은 코는 코막음한다.

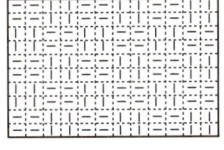

✗ 무늬뜨기 ✗

✗ 단추 뜨기 ✗

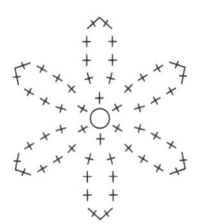

소매 뜨기

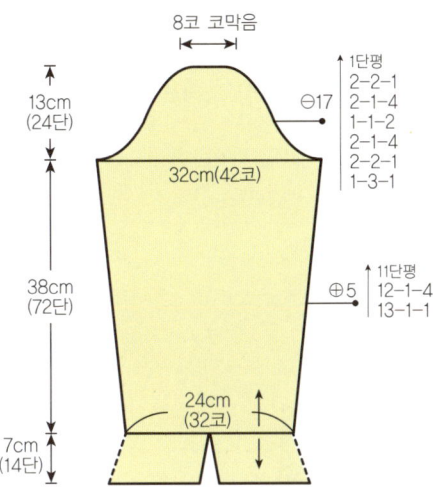

8코 코막음

13cm
(24단)

32cm(42코)

1단평
⊖17   2-2-1
      2-1-4
      1-1-2
      2-2-1
      2-1-1
      1-3-1

38cm
(72단)

11단평
⊕5   12-1-4
     13-1-1

24cm
(32코)

7cm
(14단)

마무리하기

249코 잡아
1×1고무뜨기로 10단을
뜬 후 칼라 부분만
되돌아뜨기 한다.

2-2-12
되돌아뜨기

2코
24코
2코
24코

4단 ┠╂┨ 4단
2단

3 소매 시작 부분에서 6mm대바늘로 32코를 잡아 무늬뜨기로 14단을 뜬 후 코막음한다. 이때 소매
중심에서 코를 잡아 뜨며 중심 부분에 트임이 생기도록 한다.

4 같은 방법으로 1장을 더 뜬다.

⭐ 마무리하기

1 앞판과 뒤판의 겉과 겉끼리 맞대고 어깨코를 덮어씌워 코막음하는 방법으로 잇는다.

2 몸판의 옆선을 돗바늘로 연결한다.

3 소매의 옆선을 원통형으로 연결한다.

4 몸판의 진동에 소매를 맞추어 코바늘의 빼뜨기 방법으로 연결한다.

5 칼라는 6mm대바늘로 앞목둘레 전체에서 249코를 잡아 1×1고무뜨기로 뜬다. 4단을 뜬 후 5째 단
에서 단춧구멍을 만들고 5단을 더 뜬다. 앞단 부분 52코를 제외하고 칼라 부분에서만 2단마다 2코
씩 되돌아뜨기를 12번 한다.

6 앞단 전체를 1×1고무뜨기로 1단을 더 뜬 후 돗바늘로 마무리한다.

7 7/0호 코바늘로 도안과 같이 단추를 떠서 앞단에 달아 완성한다.

>> 배색 모자

재료 및 공구 실 … 면사 연두색 · 진한 연두색 각 80g
바늘 … 코바늘 5/0호

필요치수 머리둘레 58cm
게이지 2무늬 13단

목표

1. 무늬를 응용하여 모자를 뜰 수 있다.
2. 코를 늘려가면서 무늬를 낼 수 있다.

★ 모자 뜨기

1 연두색 면사로 2겹을 합사하여 코바늘 5/0호를 사용하여 원형 코를 만들어 도안과 같이 1길 긴뜨기, 사슬뜨기로 각 8코씩 뜬다.

2 도안과 같이 8각으로 나누어 코를 늘리면서 10단까지 뜬다.

3 도안의 무늬대로 13무늬를 만들어서 8단을 뜬다.

4 진한 연두색으로 실을 바꾸어 4단을 더 뜬다. 이 부분이 모자 옆선이 된다.

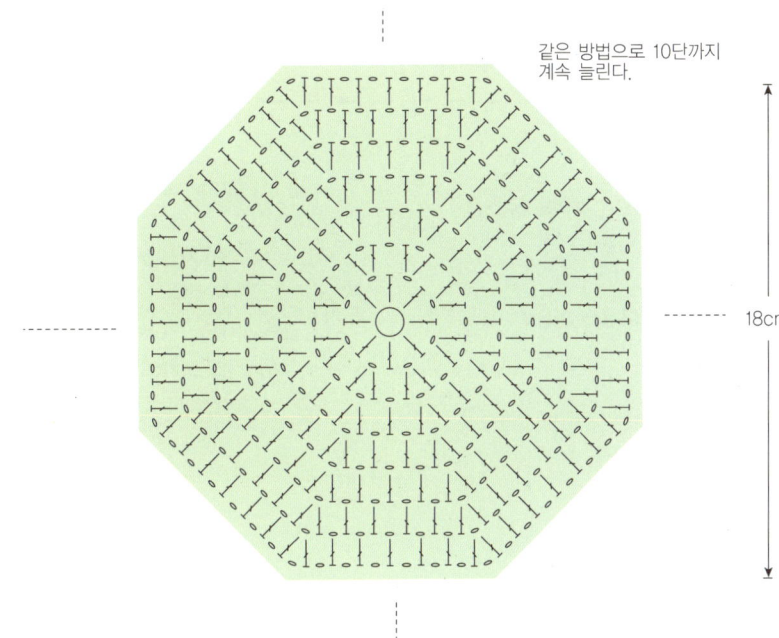

같은 방법으로 10단까지
계속 늘린다.

18cm

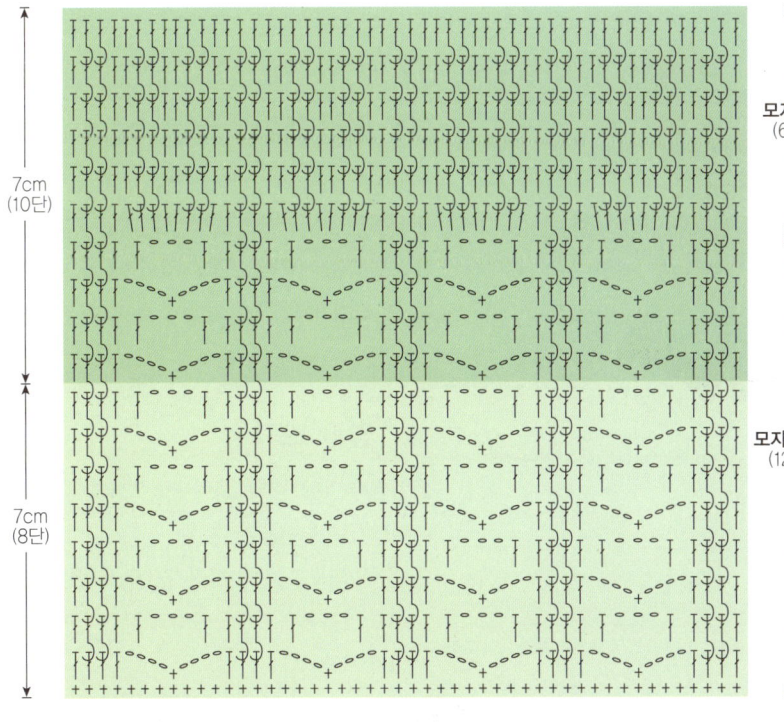

7cm
(10단)

7cm
(8단)

모자 챙
(6단)

모자 옆선
(12단)

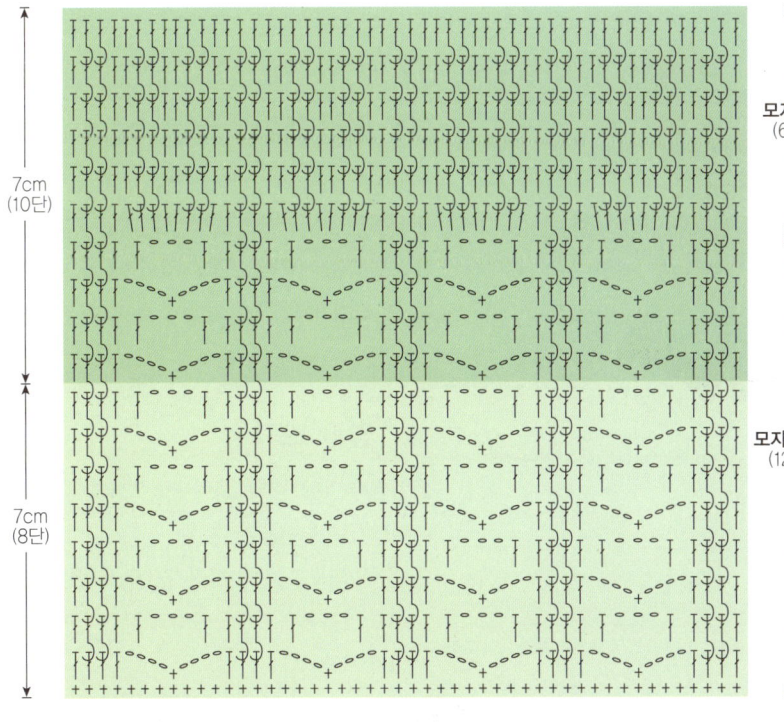

⭐ **마무리하기**

1 진한 연두색 실로 도안과 같이 모자챙 6단을
떠서 마무리한다.

마무리하기

24cm

58cm

>> V네크라인 조끼

재료 및 공구　실 … 모사(5p) 200g, 배색용 실 조금
　　　　　　　　바늘 … 코바늘 5/0호

필요치수　가슴둘레 56cm, 등길이 24~25cm
　　　　　　옷길이 38cm
게이지　28코 11단

목표

1. V네크라인 사선줄임을
   할 수 있다.
2. 진동과 네크라인 부분을
   이중 짧은뜨기로
   완성한다.

⭐ 뒤판 뜨기

1 5/0호 코바늘로 73코를 사슬뜨기한다.

2 도안의 무늬뜨기로 26단을 뜬다.

3 도안과 같이 진동 12코를 줄이면서 16단을 뜨
　고, 어깨처짐과 목둘레를 함께 1단만 뜬다.

⭐ 앞판 뜨기

1 뒤판과 마찬가지로 코바늘로 73코를 잡아 무
　늬뜨기로 26단을 뜬다.

2 진동줄임도 뒤판과 마찬가지로 도안대로 줄
　이고 앞목둘레도 진동줄임과 같은 단에서 줄
　이기 시작한다.

뒤판 뜨기

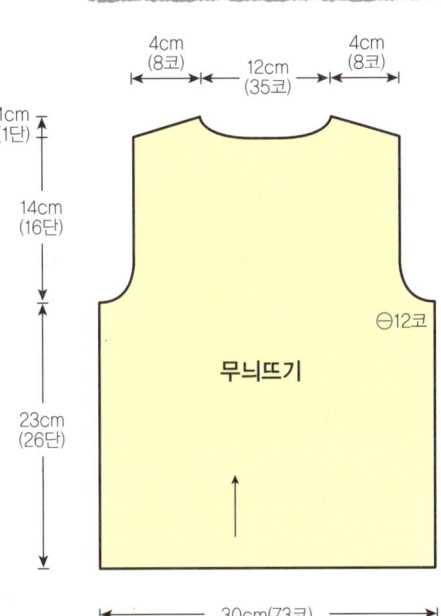

4cm (8코) 12cm (35코) 4cm (8코)

1cm (1단)

14cm (16단)

23cm (26단)

무늬뜨기

⊖12코

30cm(73코)

앞판 뜨기

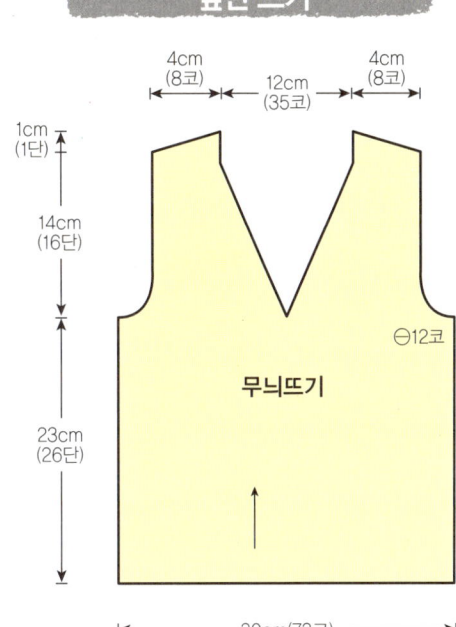

4cm (8코) 12cm (35코) 4cm (8코)

1cm (1단)

14cm (16단)

23cm (26단)

무늬뜨기

⊖12코

30cm(73코)

✳ 무늬뜨기 ✳

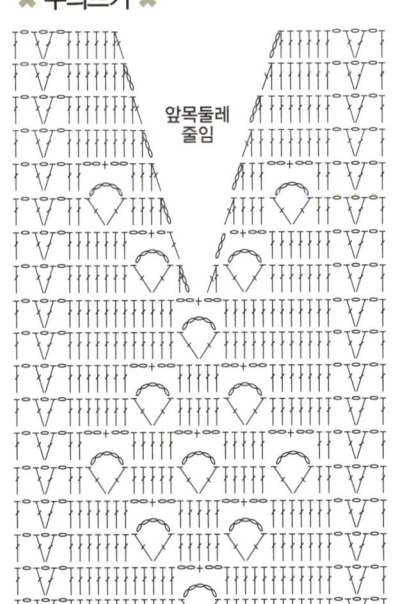

앞목둘레 줄임

뒷목줄임   어깨 경사

진동줄임

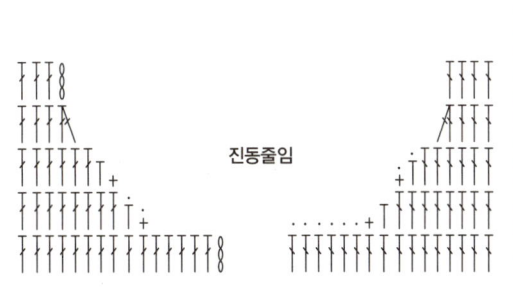

사선 줄이기

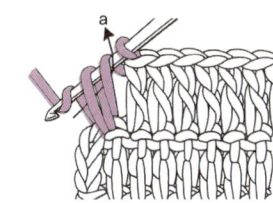

1 바늘에 실을 걸어 a 방향으로 실을 뺀다.

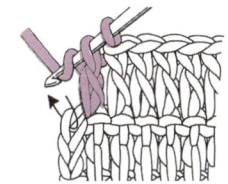

2 끝코에 바늘을 넣어 실을 잡아 뺀다.

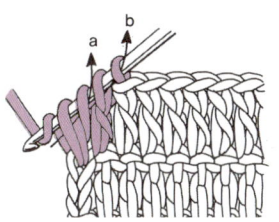

3 바늘에 실을 감아 a로 한번, b로 한번 실을 빼 준다.

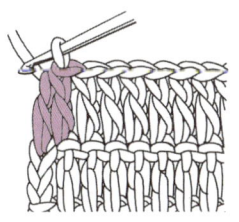

4 사선 코 줄이기가 완성된 모습.

263

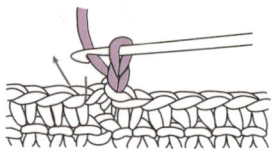

1 화살표 방향으로 바늘을 넣어 실을 건다.

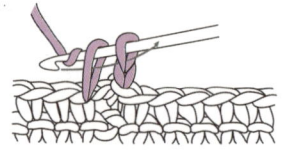

2 걸어낸 실을 짧은뜨기로 1코 뜬다.

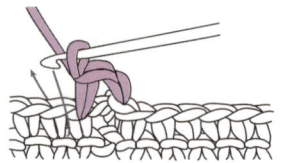

3 다음 코는 1단 밑에 바늘을 넣어 실을 길게 건다.

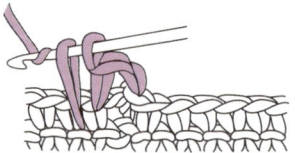

4 걸어낸 실을 짧은뜨기로 뜬다.

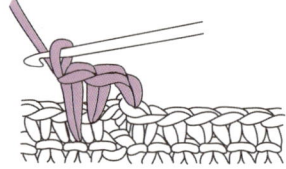

5 짧은 뜨기 1코, 길게 짧은뜨기 1코를 반복하면서 뜬다. 다음 단에서는 짧은뜨기에 길게 짧은뜨기, 길게 짧은뜨기에는 짧은뜨기를 뜬다.

3 앞목둘레는 앞중심선에서 1코를 남기고 매단 1길 긴뜨기 2코 모아뜨기로 17회 반복해 줄여 간다.

4 앞목둘레를 17회 줄이는 동시에 어깨처짐 1단을 떠 양쪽 어깨 8코만 남긴다.

☆ 마무리하기

1 어깨선과 옆선을 몸판 무늬에 따라 짧은뜨기와 사슬뜨기를 사용하여 잇는다.

2 목둘레에서 113코를 잡아 목둘레 무늬뜨기로 5단을 뜬다. 이때 앞중심은 매단마다 중심3코 모아뜨기를 해 V네크라인을 만들어준다. 네크라인을 만들면서 원하는 색상을 배합하여 뜬다.

3 진동둘레에서 76코를 잡아 진동둘레 무늬뜨기인 이중 짧은뜨기 5단을 뜬다.

마무리하기

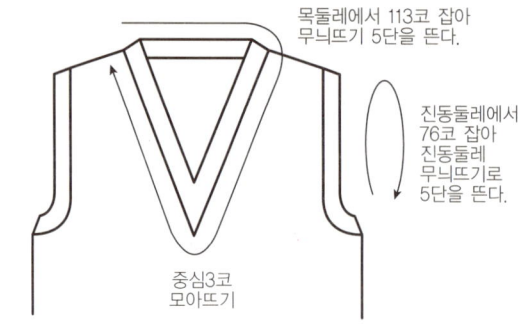

목둘레에서 113코 잡아 무늬뜨기 5단을 뜬다.

진동둘레에서 76코 잡아 진동둘레 무늬뜨기로 5단을 뜬다.

중심3코 모아뜨기

✹ 목 · 진동둘레 무늬뜨기 ✹

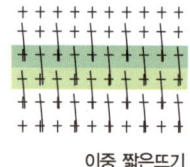

이중 짧은뜨기

레이스 원피스

목표

1. 허리선 위에서 진동과 앞목둘레 줄임을 한다.
2. 허리에서 밑으로 프릴 모양의 치마를 완성한다.
3. 소매산 모양을 뜬다.
4. 모든 연결을 코바늘로 완성한다.

재료 및 공구 실 … 면사 420g, 배색용 실 조금
바늘 … 코바늘 2/0호

필요치수 가슴둘레 56cm, 등길이 24~25cm,
옷길이 48cm

게이지 31코 15단

⭐ 뒤판 뜨기

1 레이스 2/0호 코바늘로 사슬뜨기를 50코 한다.

2 1길 긴뜨기로 5단을 뜬다.

3 진동은 16코 줄이면서 16단을 뜬다.

4 도안과 같이 어깨처짐과 뒷목둘레를 같이 줄이면서 4단을 뜬다.

5 같은 방법으로 대칭이 되게 1장을 더 뜬다.

⭐ 앞판 뜨기

1 레이스 2/0호 코바늘을 사용하여 사슬뜨기 104코를 한다.

치마 뜨기

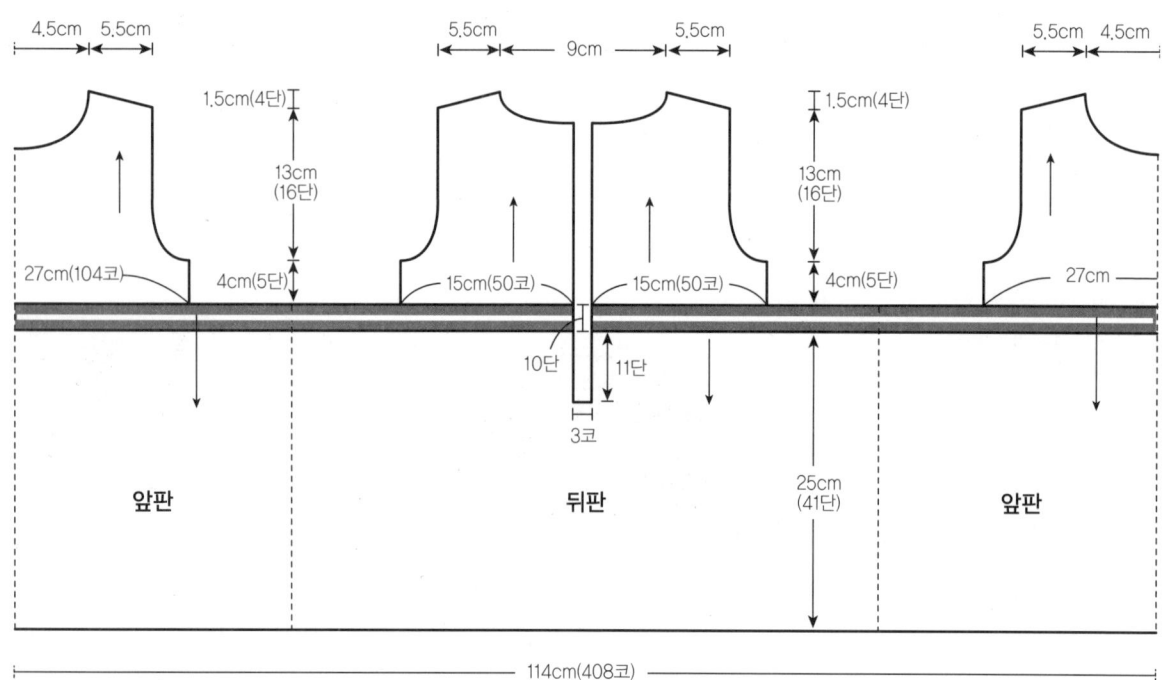

2 1길 긴뜨기로 2단을 뜨고 3째 단부터 앞판중심 모아뜨기를 하면서 3단을 더 뜬다.

3 중심에 무늬뜨기는 계속해서 뜨고 진동은 16코 줄이면서 16단을 뜬다.

4 어깨처짐과 앞목둘레를 함께 줄이면서 6단을 더 뜬다.

☆ 치마 뜨기

1 떠놓은 앞판과 뒤판의 어깨와 옆선을 연결한다.

2 앞판과 뒤판을 연결한 몸통둘레에서 204코를 잡아 짧은뜨기로 뜬다. 검정색으로 4단, 흰색으로 2단, 검정색 4단으로 배색하여 허릿단 10단을 뜬다.

3 다시 흰색으로 바꾸어 각 코에 2번씩 1길 긴뜨기를 뜬다. 뒤 트임 부분까지 11단을 뜬 후 트임 부분은 사슬 3코를 떠 주고 다시 1길 긴뜨기로 뜬다. 12째 단부터는 둘레뜨기로 뜨고 30단을 더 뜬다.

✳ 무늬뜨기 ✳

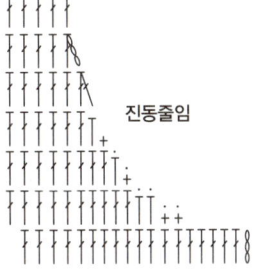

진동줄임

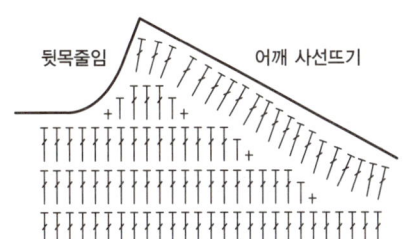

뒷목줄임   어깨 사선뜨기

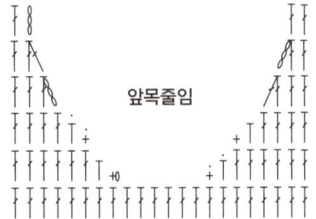

앞목줄임

앞판 중심 무늬

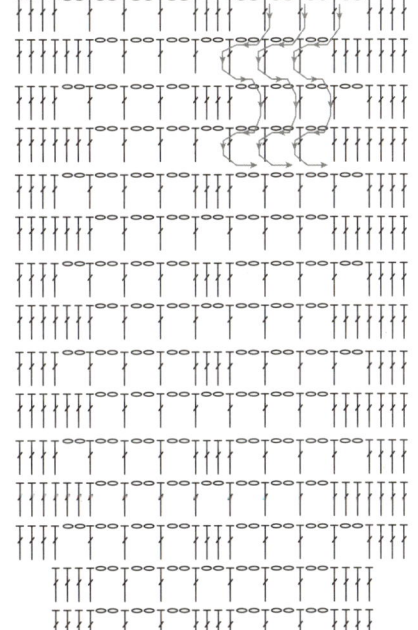

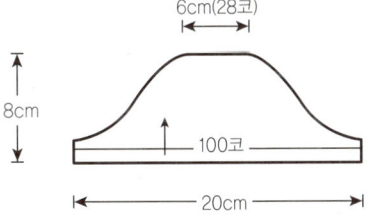

소매 뜨기

6cm(28코)

8cm

100코

20cm

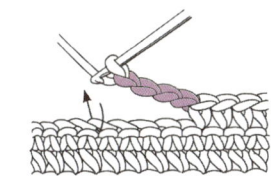

1 단추 직경만큼을 사슬뜨기로 뜨고 다음 코에서 짧은뜨기를 한다.

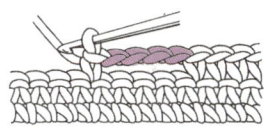

2 짧은뜨기를 한 모습. 계속해서 짧은뜨기로 1단을 뜬다.

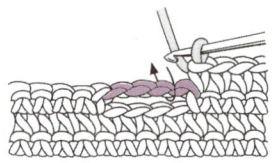

3 사슬코의 실 3겹을 모두 떠서 짧은뜨기를 4번 한다.

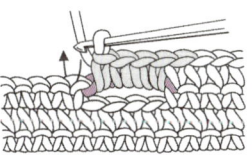

4 사슬코 위에 짧은뜨기를 한 모습. 계속해서 짧은뜨기를 한다.

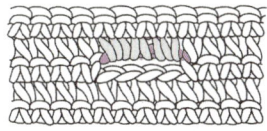

5 가로 단춧구멍이 완성된 모습.

⭐ 소매 뜨기

1 레이스 2/0호 코바늘을 사용하여 70코 사슬뜨기로 뜬다.

2 1길 긴뜨기로 1단을 뜨는데 이때 1코는 그냥 뜨고 그 다음 1코 는 2코를 뜬다. 1코씩 걸러서 코를 늘려 100코를 만든다.

3 도안과 같이 36코를 줄이면서 소매산을 만든다.

4 같은 방법으로 1장을 더 뜬다.

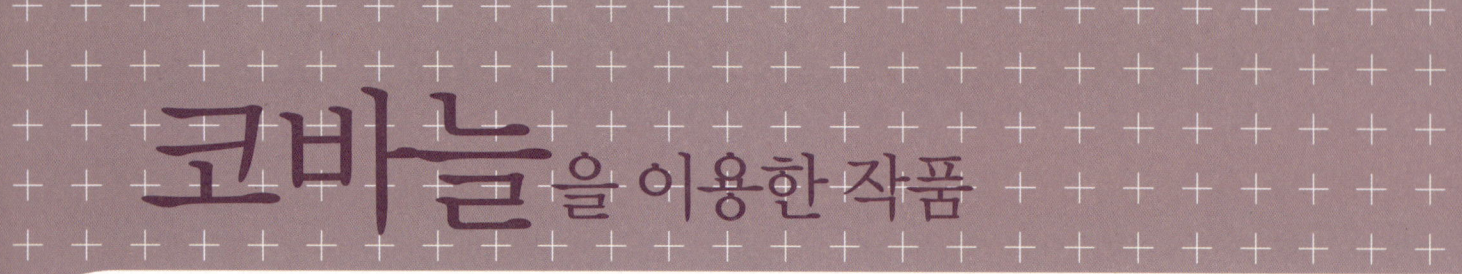

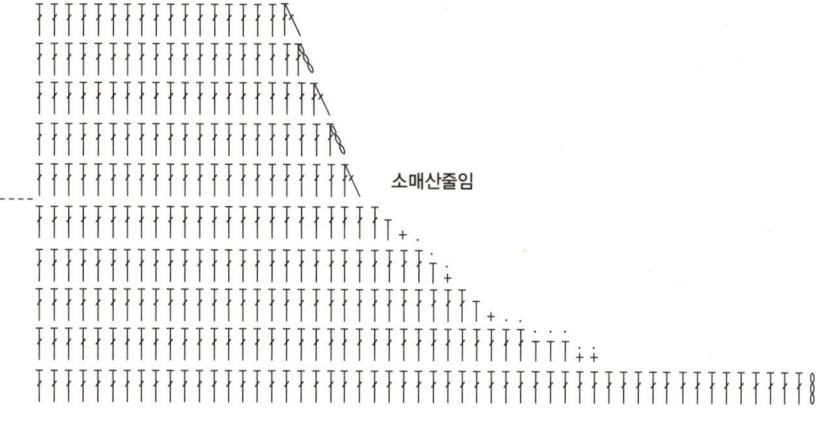

✪ 마무리하기

1 뒤 트임 부분에서 코를 잡아 짧은뜨기로 4단을 뜬다. 한쪽은 도안과 같이 단춧구멍을 내면서 뜬다.

2 목둘레에서 코를 잡아 짧은뜨기로 3단을 뜬다.

3 치맛단의 39째 단에서 1코에 2코씩 1길 긴뜨기를 해서 레이스 모양을 만들어 준다.

4 마지막 단에서도 같은 방법으로 뜬 다음 마무리뜨기를 한다.

5 앞판 중심 무늬뜨기에서 도안의 화살표 방향대로 각 칸마다 1길 긴뜨기 3코씩을 떠서 레이스 장식을 만든다.

6 소매의 옆선을 이어 준 다음 몸판의 진동에 잘 맞추어 짧은뜨기로 연결한다.

7 소매 밑단에서 코를 잡아 검정색 2단, 흰색 2단, 검정색 2단을 배색하면서 짧은뜨기로 뜨고 다시 흰색으로 각 코마다 2번씩 1길 긴뜨기로 떠서 마무리한다. 다른 한쪽도 같은 방법으로 뜬다.

8 단추를 달아 완성한다.

» 모티브 볼레로

재료 및 공구　실 ··· 플로라사 200g, 메탈사 100g
　　　　　　　　바늘 ··· 코바늘 2/0호
　　　　　　　　기타 ··· 큐빅 단추 3개

필요치수　가슴둘레 80cm, 옷길이 42cm
게이지　모티브 가로 · 세로 10cm×23장
　　　　　반 무늬 모티브 가로 · 세로 10cm×4장

목표

1. 모티브 뜨기와 잇기를 할 수 있다.
2. 모티브를 이용한 진동둘레와 목둘레 뜨기를 계산할 수 있다.

⭐ 몸판 뜨기

1 플로라사 1겹과 메탈사 1겹을 합시히여 2/0호 코바늘을 사용하여 도안의 모티브를 뜬다.
2 도안과 같이 모티브를 뜨면서 짧은뜨기로 연결한다.

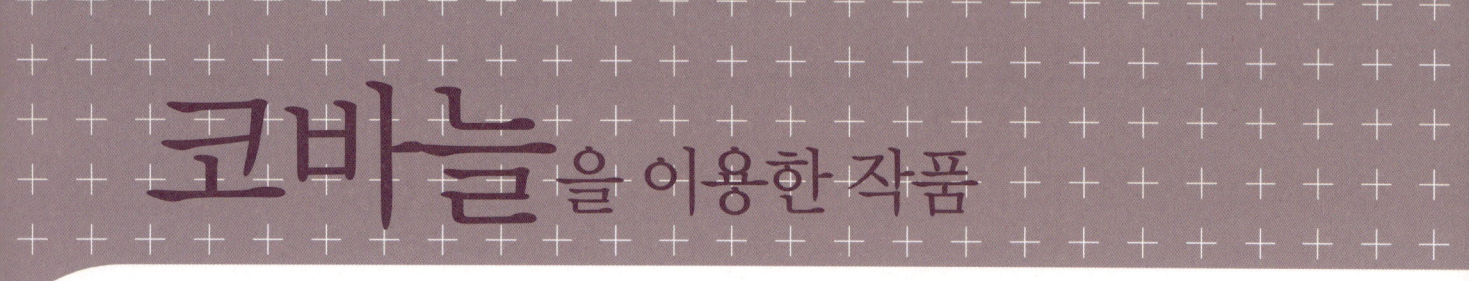

몸판 뜨기

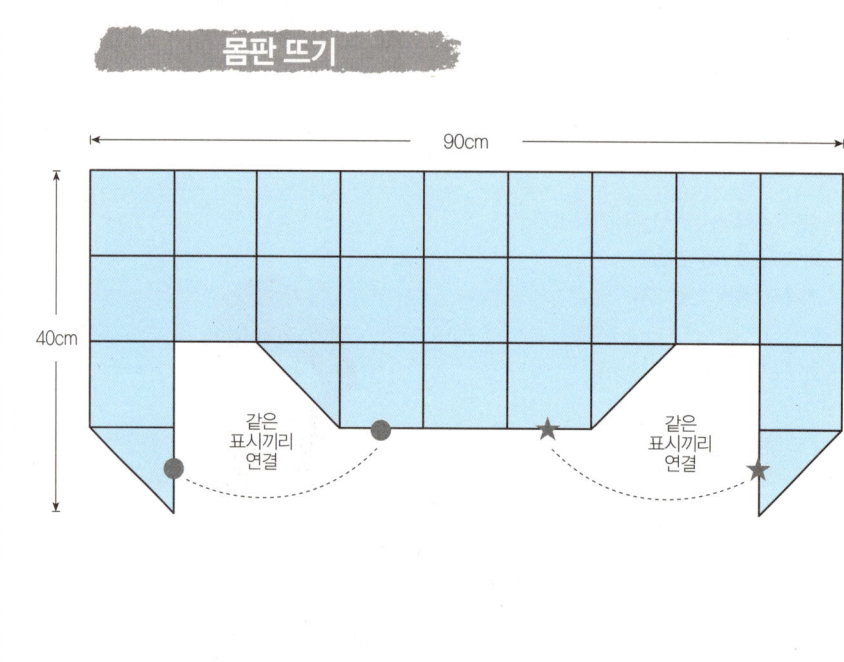

90cm

40cm

같은
표시끼리
연결

같은
표시끼리
연결

✖ 모티브 뜨기 ✖   ✖ 모티브 잇기 ✖

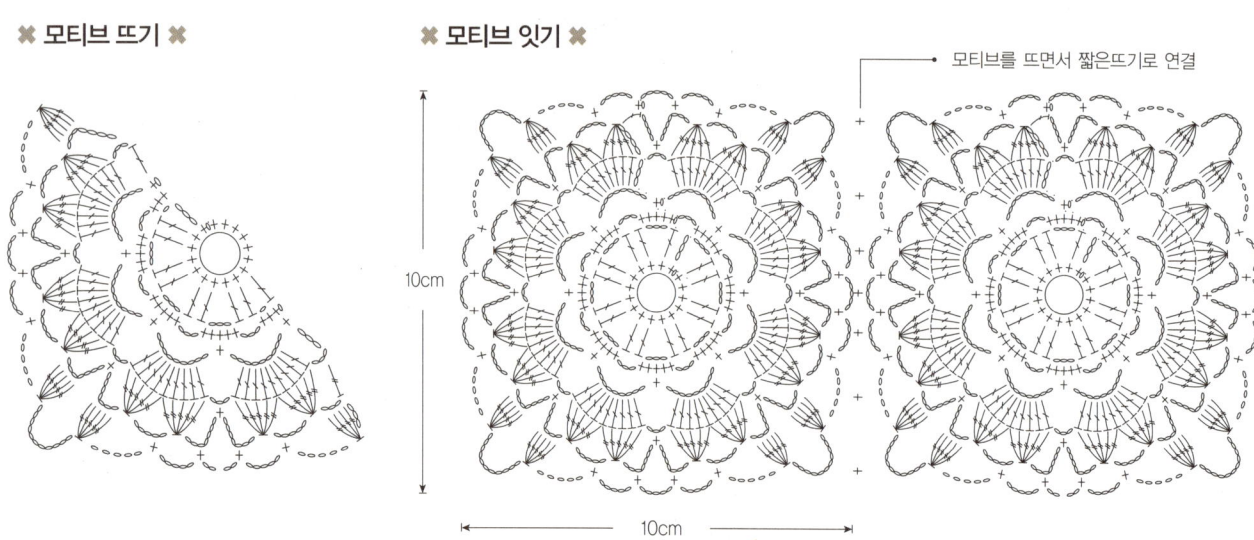

• 모티브를 뜨면서 짧은뜨기로 연결

10cm

10cm

마무리하기

단추 달기

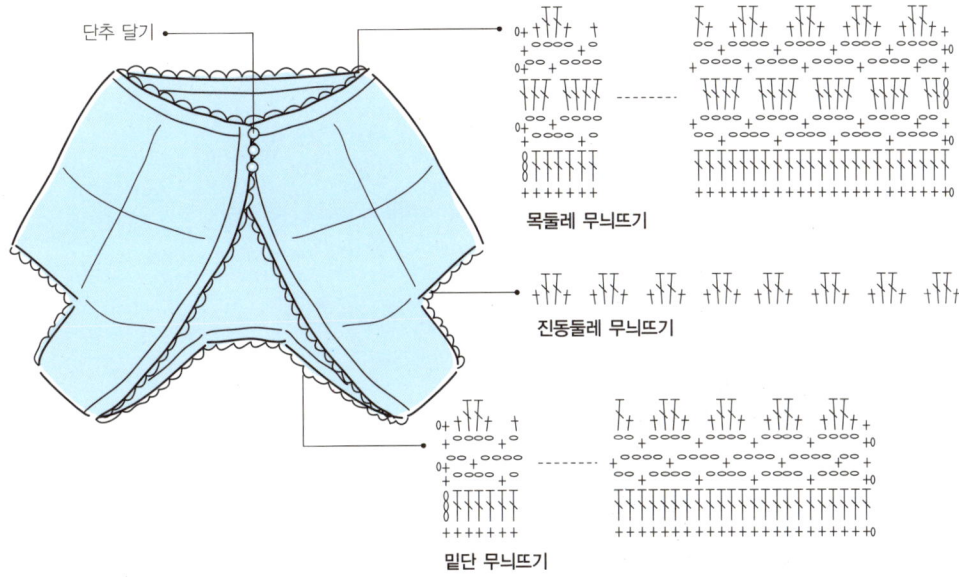

목둘레 무늬뜨기

진동둘레 무늬뜨기

밑단 무늬뜨기

⭐ 마무리하기

1 모티브를 연결한 뒤 도안의 같은 표시 부분끼리 연결한다.

2 목둘레 무늬뜨기로 목둘레를 뜬다.

3 밑단 뜨기로 밑단둘레를 뜬다.

4 진동을 진동둘레 무늬뜨기로 뜬다.

5 볼레로 앞섶에 단추를 달아 완성한다.

모티브 뜨면서 잇기

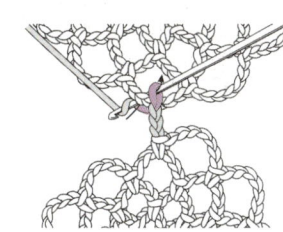

1 모티브 위쪽으로 바늘을 넣어 화살표 방향으로 빼뜨기를 한다.

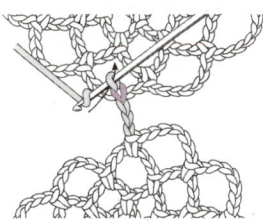

2 사슬뜨기를 2코 뜬다.

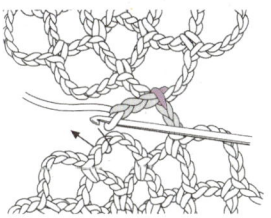

3 화살표대로 바늘을 넣어 실을 빼 짧은뜨기를 한다.

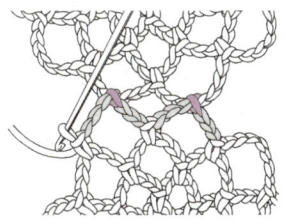

4 도안의 마지막 단을 뜨면서 짧은뜨기로 연결한다.

≫ 판쵸

재료 및 공구 실 … 모사 350g

바늘 … 코바늘 5/0호

기타 … 고리, 금색 리본(밑단 장식용)

필요치수 가슴둘레 90cm, 옷길이 38cm

게이지 6무늬 7단

목표

1. 무늬의 늘림을 익힐 수 있다.
2. 코바늘로 끝단 장식무늬를 뜰 수 있다.

☆ 몸판 뜨기

1 코바늘 5/0호를 사용하여 사슬코 156코를 잡는다.

2 도안같이 1길 긴뜨기 38코를 뜨고 1코에 1길 긴뜨기, 사슬뜨기 2코, 1길 긴뜨기를 뜬다. 이 부분을 3번 더 반복하여 4각으로 나눈다.

3 도안같이 4군데에서 계속 코를 늘려 주며 25단까지 뜬다.

몸판 뜨기

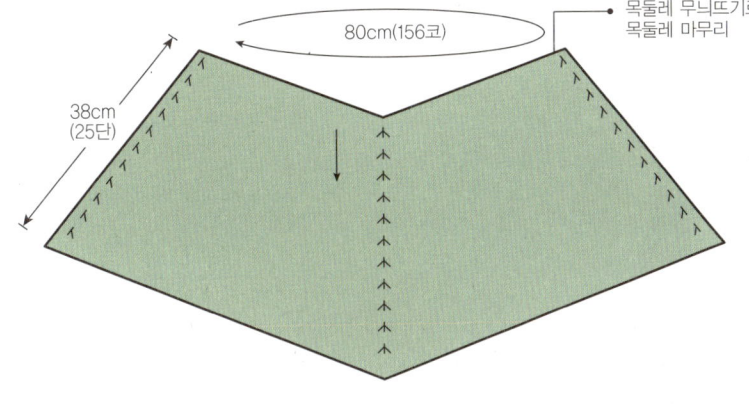

80cm(156코)

38cm
(25단)

● 목둘레 무늬뜨기로
　목둘레 마무리

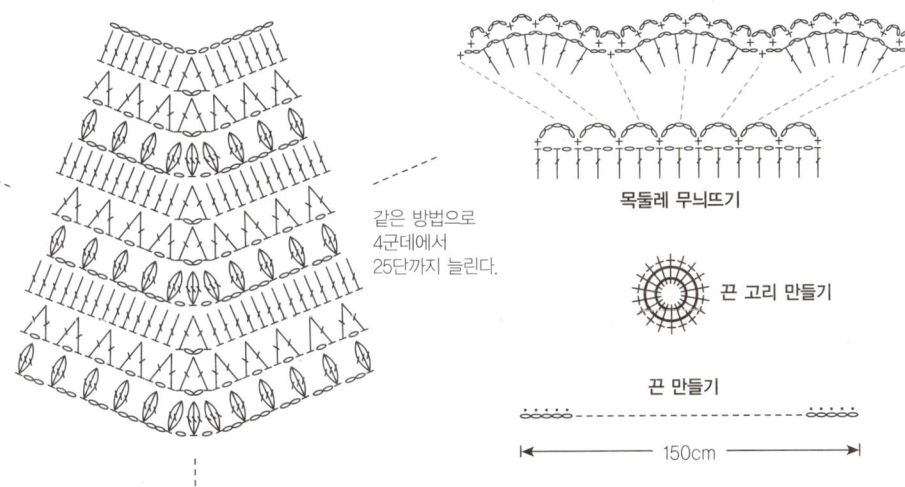

같은 방법으로
4군데에서
25단까지 늘린다.

목둘레 무늬뜨기

끈 고리 만들기

끈 만들기

150cm

구슬뜨기

1 1길 긴뜨기를 한 다음 같은 코에
바늘을 넣어 실을 감아 뺀다.

2 바늘에 실을 감아 화살표 방향으로
다시 넣어 준다.

3 3코의 길이를 같게 한다.

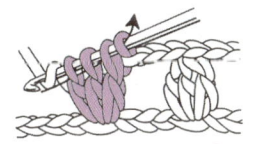

4 바늘에 실을 걸어 한꺼번에 4코를
빼낸다.

✫ 마무리하기

1 목둘레 부분에서 코를 잡아 목둘레 무늬뜨기를 뜬다.

2 나무 링 2개에 도안대로 짧은뜨기를 한다. 이중 사슬뜨기로 150cm의 끈을 뜬다.

3 망토의 목둘레에 끈을 꿰어 주고 끈 끝에 고리를 달아 장식한다.

4 망토의 밑단에 금색 리본을 꿰어 장식한다.

≫ 구멍무늬 카디건

목표

1. 무늬를 넣을 수 있다.
2. 겹단을 할 수 있다.

재료 및 공구 실 ⋯ 실크사 400g

사용기계 및 공구 수편기, 옮김바늘, 타피

필요치수 가슴둘레 84cm 어깨너비 38cm
옷길이 47cm 소매길이 46cm

게이지 텐션 다이얼 10° 22코 31단

게이지 계산하기

✖✖ 뒤판

① 몸판

42cm×2.2코 = 92코 버림실로 시작

26cm×3.1단 = 80단 본실로 뜨기

② 진동

17cm×3.1단 = 52단

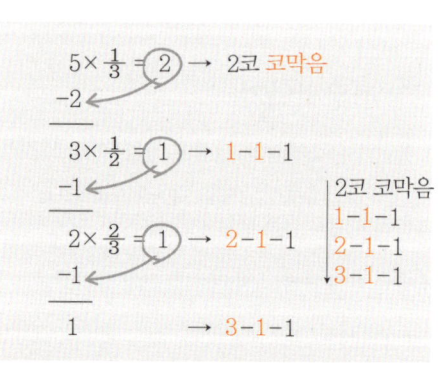

$$5 \times \frac{1}{3} = 2 \rightarrow 2코\ 코막음$$
$$-2$$

$$3 \times \frac{1}{2} = 1 \rightarrow 1\text{-}1\text{-}1$$
$$-1$$

$$2 \times \frac{2}{3} = 1 \rightarrow 2\text{-}1\text{-}1$$
$$-1$$

$$1 \rightarrow 3\text{-}1\text{-}1$$

2코 코막음
1-1-1
2-1-1
3-1-1

뒤판 뜨기

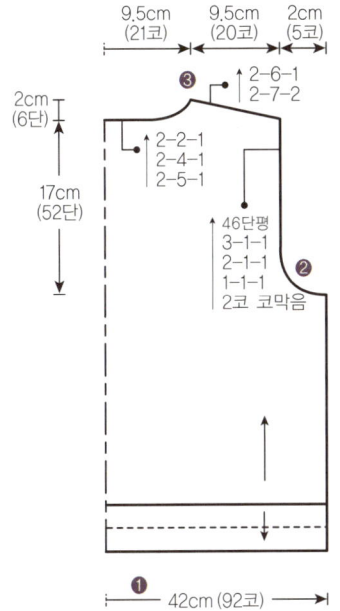

9.5cm (21코)   9.5cm (20코)   2cm (5코)

2cm (6단)

17cm (52단)

③

↑ 2-6-1
2-7-2

2-2-1
2-4-1
2-5-1

↑ 46단평
3-1-1
2-1-1
1-1-1
2코 코막음

②

① ◀— 42cm (92코) —▶

앞판 뜨기

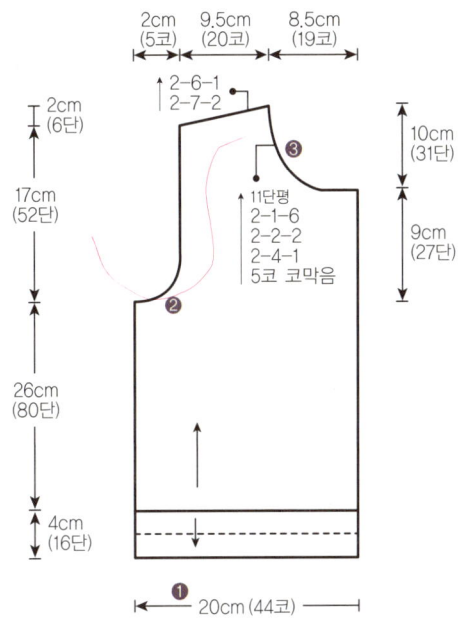

2cm (5코)   9.5cm (20코)   8.5cm (19코)

2cm (6단)

↑ 2-6-1
2-7-2

10cm (31단)

9cm (27단)

③

11단평
2-1-6
2-2-2
2-4-1
5코 코막음

②

17cm (52단)

26cm (80단)

4cm (16단)

① ◀— 20cm (44코) —▶

---

③ 뒷목 · 어깨 되돌아뜨기

뒷목   2cm × 3.1단 = 6단 ÷ 2 = 3회

9.5cm × 2.2코 = 21코

어깨   2cm × 3.1단 = 6단 ÷ 2 = 3회

9.5cm × 2.2코 = 20코

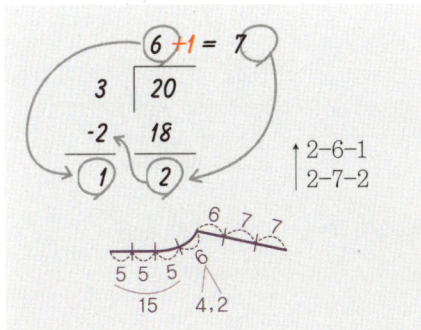

✖✖ 앞판

① 몸판

20cm × 2.2코 = 44코 버림실로 시작

26cm × 3.1단 = 80단 본실로 뜨기

② 진동   뒤판과 동일

③ 앞목둘레   10cm × 3.1단 = 31단

8.5cm × 2.2코 = 19코

커브선공식 (4.2.2.1.1.1.1.1.1)14코

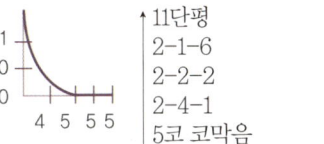

↑ 11단평
2-1-6
2-2-2
2-4-1
5코 코막음

메리야스 겹단뜨기

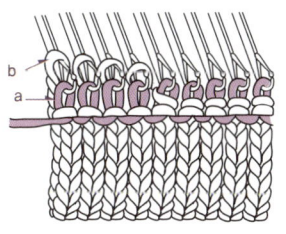

b
a

1 뜨개지의 코(a)가 겹단 안쪽 단 부분의 코(b)에 들어가도록 단을 떠준다.

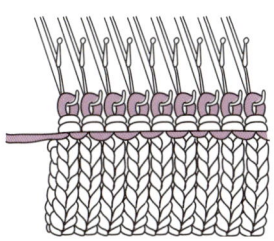

2 겹단이 완성된 모습.

소매 뜨기

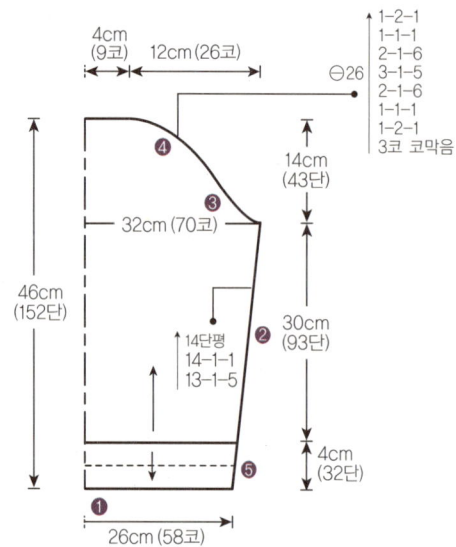

```
4cm    12cm (26코)
(9코)
              ⊖26        1-2-1
                         1-1-1
                         2-1-6
                         3-1-5
         ❹              2-1-6
                  14cm   2-1-6
              ❸   (43단)  1-1-1
     32cm (70코)          1-2-1
                         3코 코막음
46cm
(152단)           30cm
          ❷      (93단)
     ↑14단평
      14-1-1
      13-1-5
                  4cm
              ❺  (32단)
❶
     26cm (58코)
```

❈ 몸판 · 소매 무늬뜨기 ❈

□=☐

❈❈ 소매

① 소매 시작단

26cm × 2.2코 = 58코 버림실로 시작

② 소매

30cm × 3.1단 = 93단 본실로 뜨기

32cm × 2.2코 = 70코

(70코 − 58코) ÷ 2 = 6 +1(평단분) = 7 (늘림코)

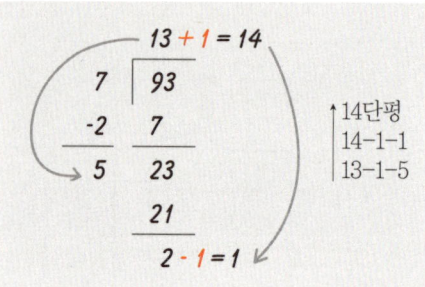

```
        13 + 1 = 14
     7 | 93
    -2   7          ↑14단평
     5   23          14-1-1
         21          13-1-5
        2 - 1 = 1
```

③ 소매산

$70코 \times \dfrac{1}{28} = 3코$ 타피 막음

14cm × 3.1단 = 43단 − 4단 = 39단

4cm × 2.2코 = 9코

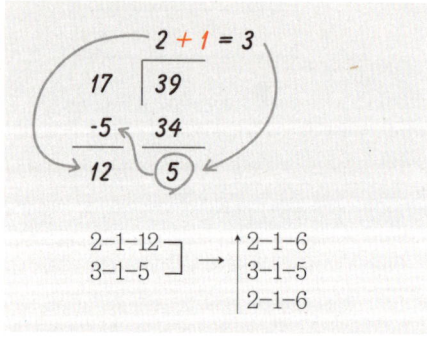

```
        2 + 1 = 3
    17 | 39
    -5   34
    12   ⑤
```

2-1-12 ┐   → 2-1-6
3-1-5 ┘   3-1-5
              2-1-6

④ 소매산줄임 12cm × 2.2코 = 26코 − 9코 = 17코

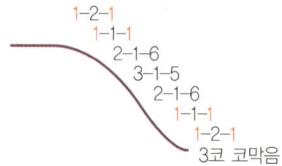

```
        1-2-1
        1-1-1
        2-1-6
        3-1-5
        2-1-6
        1-1-1
        1-2-1
        3코 코막음
```

⑤ 소매 고무단 26cm × 2.2^K = 58^K

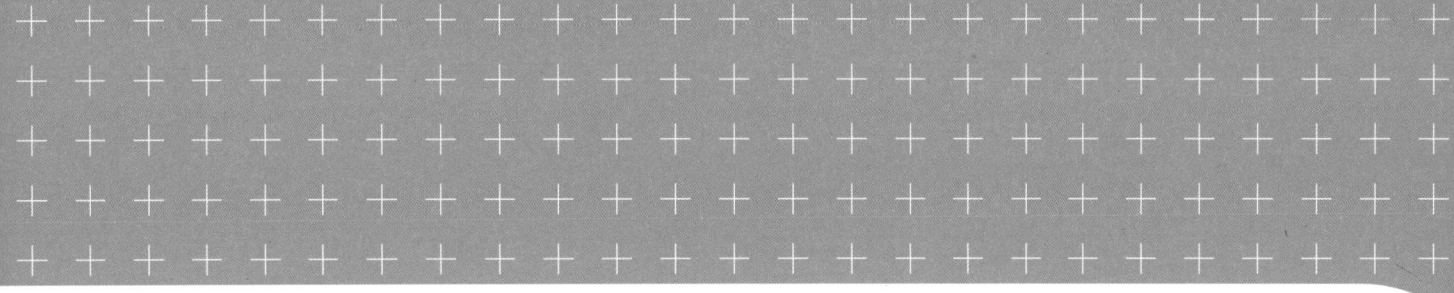

카디건 뜨기

⭐ 뒤판 뜨기

1 92코를 버림실로 시작한다.

2 본실로 80단을 무늬뜨기로 뜬다.

3 진동은 2코 타피 막음을 하고 도안의 수치대로 끝코를 줄인 다음 48단을 평단으로 뜬다.

4 중심에서 코를 반으로 나누어 실이 있는 쪽부터 뒷목을 되돌아뜨기 한다. 동시에 어깨 되돌아 뜨기를 한 다음 버림실로 뺀다.

5 처음 시작 부분에서 코를 잡아 16단을 겹단 메리야스뜨기로 뜬 후 타피 막음을 한다.

6 반대쪽도 같은 방법으로 대칭이 되게 뜬다.

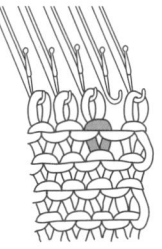

⭐ 앞판 뜨기

1 44코를 버림실로 시작한다.

2 본실로 80단을 무늬뜨기로 뜬다.

3 진동은 2코 타피 막음을 하고 도안의 수치대로 끝코 줄이기로 총 5코를 줄인 다음 21단을 평단으로 뜬다. 28째 단부터 동시에 앞목둘레 줄임을 한다.

4 처음 시작 부분에서 코를 잡아 16단을 뜬 후 안쪽으로 접어 겹단 처리를 한 다음 타피 막음을 한다.

5 반대쪽도 같은 방법으로 대칭이 되도록 1장을 더 뜬다.

⭐ 소매 뜨기

1 58코를 버림실로 시작해 본실로 바꾸어 뜬다.

2 소매 옆선은 13-1-5, 14-1-1로 늘이기 후 14단을 평단으로 뜬다.

3 소매산은 3코 타피 막음을 한 다음 도안의 수치대로 줄인 후 나머지 코는 손으로 1단 떠서 타피 막음을 한다.

4 처음 시작 부분에서 코를 잡아 16단을 뜬 후 안쪽으로 접어 타피 막음을 한다.

5 같은 방법으로 1장을 더 뜬다.

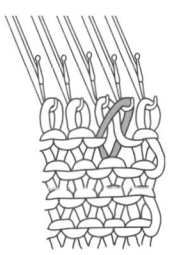

코 늘리기

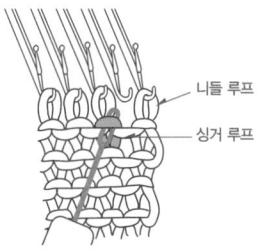

1 맨 끝코를 옮김바늘을 사용하여 옆의 비어 있는 바늘에 옮긴다.

니들 루프
싱거 루프

2 옆 코의 니들 루프를 끌어올려 비어 있는 바늘에 걸어 1코를 늘린다.

3 완성된 모습.

어깨붙이기

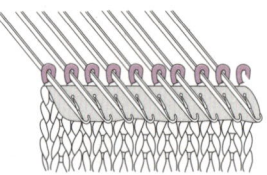

1 어깨코를 겉과 겉이 마주보게 래치
바늘에 걸어준다.

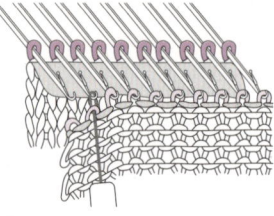

2 먼저 걸어 놓은 코는 래치 바늘 밖에,
반대쪽 코는 래치와 훅 안에 건다.

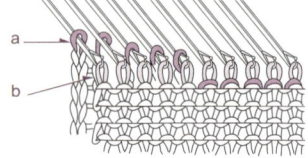

3 b코를 a코 속으로 통과시켜 2코가
1코가 되게 만든다.

⭐ 마무리하기

1 어깨를 잇는다.

2 몸판의 옆선을 잇는다.

3 소매 옆선을 이어 주고 몸판에 진동에 맞추어 코바늘 빼뜨기로 이어 준다.

4 앞판의 시작코에서 7cm를 띠어 뒷목, 앞판까지 코를 잡는다. 총 102코를 잡아 양 끝을 2단에 1코씩
줄이면서 16단을 뜨고 다시 2단에 1코씩 늘리면서 16단을 뜬다. 반으로 접어 안쪽에서 타피 막음한다.

5 앞판의 남겨두었던 7cm의 시작코에서 23코를 잡아 16단을 뜬
후 반으로 접어 안쪽에서 타피 막음한다.

6 앞단에서 114코를 잡아 16단을 뜬 후 반으로 접어 안쪽에서 타피
막음을 한다. 다른 쪽도 같은 방법으로 떠서 마무리한다.

≫ 투피스

목 표

1. 사선줄임을 할 수 있다.
2. 되돌아뜨기를 할 수 있다.
3. 고무단을 뜰 수 있다.

재료 및 공구 모사 연노란색 400g · 오렌지색 300g,
진주황색 100g

사용기계 및 공구 수편기, 옮김바늘, 타피

필요치수 가슴둘레 88cm, 어깨너비 39cm
옷길이 53cm, 소매길이 57cm

게이지 텐션 다이얼 9° 26코 37단

≫ 카디건

게이지 계산하기

 뒤판

① **몸판**

44cm×2.6코 = 116코 버림실로 시작

13cm×3.7단 = 48단 본실로 뜨기

3cm×3.7단 = 11단 겹단 처리

15cm×3.7단 = 55단

기계를 이용한 작품

② 진동

2.5cm × 2.6코 = 7코

$$7 \times \frac{1}{3} = ② \rightarrow \text{2코 코막음}$$
$$-2$$
$$5 \times \frac{1}{2} = ② \rightarrow 1\text{-}1\text{-}2$$
$$-2$$
$$3 \times \frac{2}{3} = ② \rightarrow 2\text{-}1\text{-}2$$
$$-2$$
$$1 \rightarrow 3\text{-}1\text{-}1$$

2코 코막음
1-1-2
2-1-2
3-1-1

③ 뒷목 · 어깨 되돌아뜨기

뒷목 2cm × 3.7단 = 8단 ÷ 2 = 4회

7.5cm × 2.6코 = 20코 ÷ 4 = 5.5.5.5

15코
3코, 2코

어깨 2cm × 3.7단 = 8단 ÷ 2 = 4회

31 ÷ 4 = 8.8.8.7

7 8 8 8
5 5 5 5
15 3,2

↑ 2-7-1
  2-8-3

끝코 줄이기

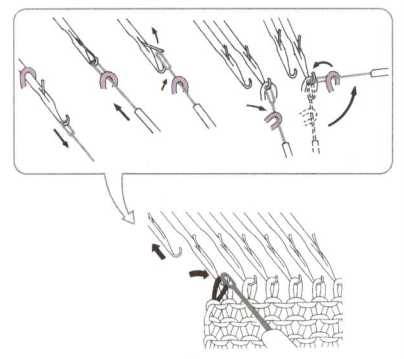

끝코를 옮김바늘로 뺀 다음 옆의 래치
바늘에 이동시켜 끝코를 줄인다.

뒤판 뜨기

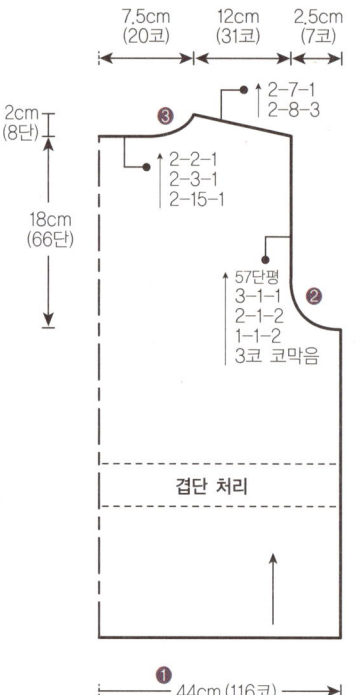

7.5cm (20코) 12cm (31코) 2.5cm (7코)

2cm (8단)

18cm (66단)

③

↑ 2-7-1
  2-8-3

2-2-1
2-3-1
2-15-1

57단평
3-1-1
2-1-2
1-1-2
3코 코막음

②

44cm (116코)

①

겹단 처리

앞판 뜨기

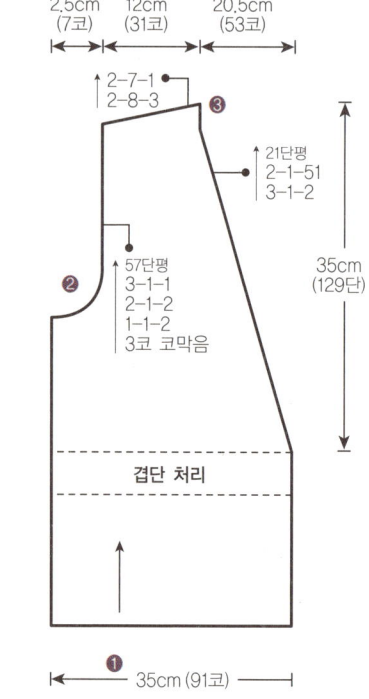

2.5cm (7코) 12cm (31코) 20.5cm (53코)

2cm (8단)

18cm (66단)

15cm (55단)

3cm (11단)

14cm (48단)

↑ 2-7-1
  2-8-3

③

21단평
2-1-51
3-1-2

35cm (129단)

②

57단평
3-1-1
2-1-2
1-1-2
3코 코막음

겹단 처리

①

35cm (91코)

280

✖✖✖ 앞판

① 몸판

3.5cm × 2.6코 = 91코 버림실로 시작

13cm × 3.7단 = 48단 본실로 평단

3cm × 3.7단 = 11단 겹단 처리

15cm × 3.7단 = 55단

② 진동 뒤판과 동일

③ 앞목둘레

93코 − (7 + 31) = 53코 (앞목줄임코)

15cm + 18cm + 2cm = 129단
(55단) (66단) (8단)

$129단 \times \frac{1}{6} = 21단평$

129단 − 21단 = 108단

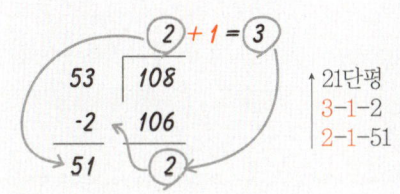

✖✖✖ 소매

① 소매 시작단

23cm × 2.6코 = 60코 버림실로 시작

② 소매

34cm × 2.6코 = 88코

(88코 − 60코) ÷ 2 = 14코 + 1(평단분) = 15코

41cm × 3.7단 = 151단

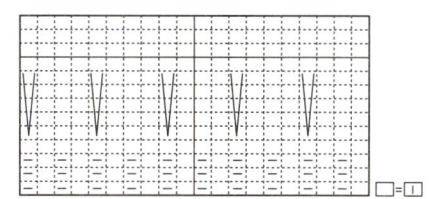

③ 소매산

$34cm \times 2.6코 = 88코 \times \frac{1}{28} = 3코$

14cm × 3.7단 = 52단 − (1+1+1+1) = 48단

12cm × 2.6코 = 31코 − (3+3+3) = 22코

(88코 − 22코) ÷ 2 = 33코 (줄임 콧수)

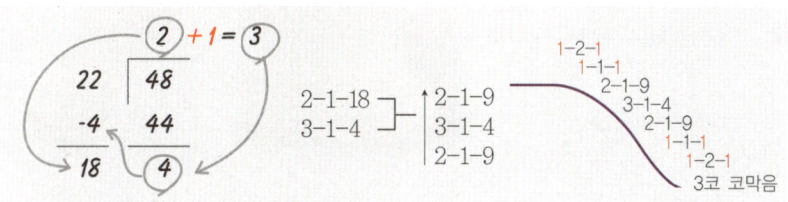

소매 뜨기

✖ 밑단 · 앞단둘레 무늬뜨기 ✖

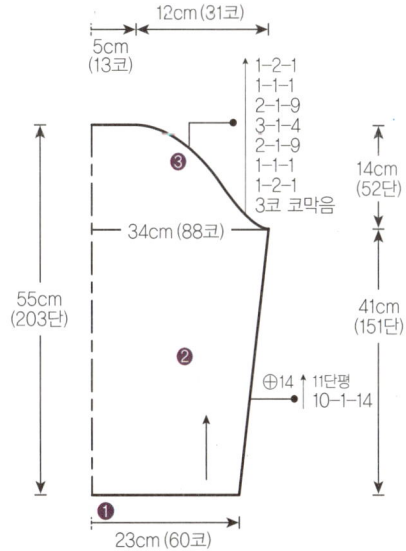

기계를 이용한 작품

고무뜨기 - 1단계

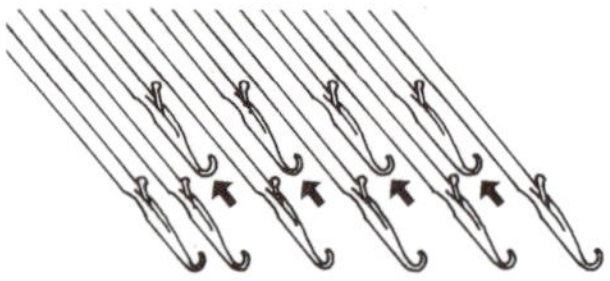

1 래치 바늘은 1/2만 빼놓고 1/2은 수편기의 A위치에 놓는다.

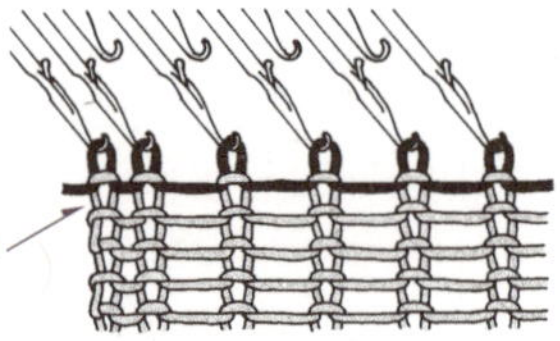

2 버림실로 코를 잡고 피아노줄 (a)로 1단 뜬다.

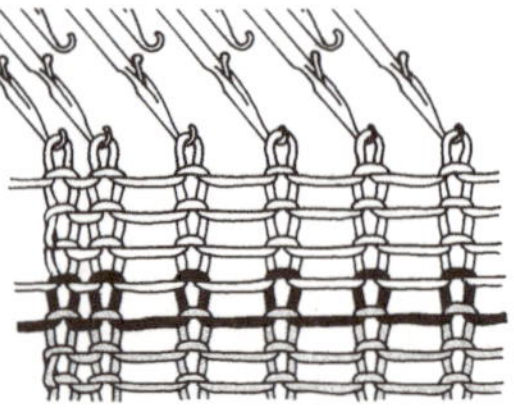

3 텐션 다이얼을 0~3°로 맞춘 다음 4단을 뜬다.

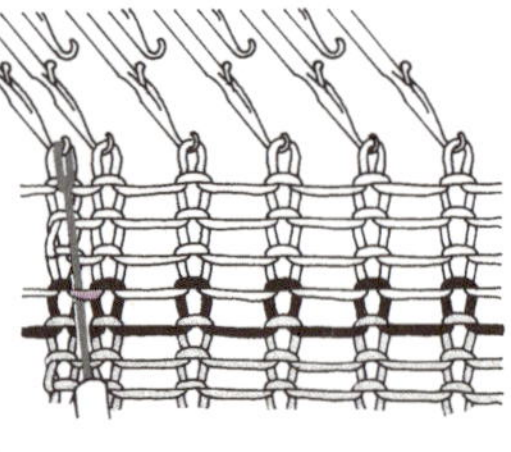

4 옮김바늘로 본실 1째 단의 싱거 루프를 1째 코에만 걸어 준다.

카디건 뜨기

뒤판 뜨기

1 116코를 버림실로 시작한다.

2 몸판 실로 48단을 뜬다. 이 부분에 버림실로 표시를 하고 연노랑색으로 11단을 뜬다. 표시한 부분의 안쪽에서 116코를 잡아 몸판 실로 11단을 뜨고 버림실로 뺀다. 떠 놓은 2겹을 겹쳐서 옮김바늘을 이용해 기계에 꿴다.

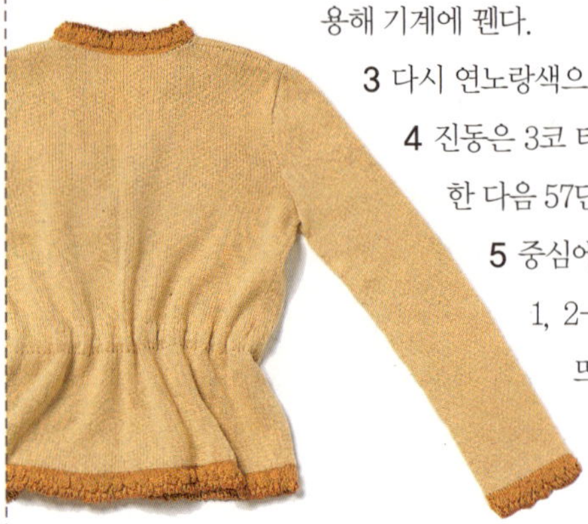

3 다시 연노랑색으로 55단을 뜬다.

4 진동은 3코 타피 막음을 하고 1-1-2, 2-1-2, 3-1-1로 끝코 줄이기를 한 다음 57단을 평단으로 뜬다.

5 중심에서 코를 반으로 나누어 실이 있는 쪽부터 뒷목을 2-15-1, 2-3-1, 2-2-1로 되돌아뜨기를 한다. 동시에 어깨 되돌아뜨기를 2-8-3, 2-7-1로 한 다음 버림실로 뺀다.

6 반대쪽 진동과 뒷목둘레도 같은 방법으로 대칭이 되게 뜬다.

앞판 뜨기

1 91코를 버림실로 시작한다.

2 몸판 실로 48단을 뜬다. 이 부분에 버림실로 표시를 하고 몸판 실로 11단을 뜬다. 안쪽에서 91코를 잡아 연노랑색으로 11단을 뜨고 버림실로 뺀다. 떠 놓은 2겹을 겹쳐서 옮김바늘을 이용해 기계에 꿴다.

3 다시 연노랑색으로 55단을 뜬다.

4 진동은 3코 타피 막음을 하고 1-1-2, 2-1-2, 3-1-1로 끝코 줄이기를 한 다음 57단을 평단으로 뜬다.

5 진동을 뜨면서 동시에 3-1-2, 2-1-51로 앞목둘레 줄임을 하고 21단을 평단으로 뜬다.

6 반대쪽도 같은 방법으로 대칭이 되게 1장을 더 뜬다.

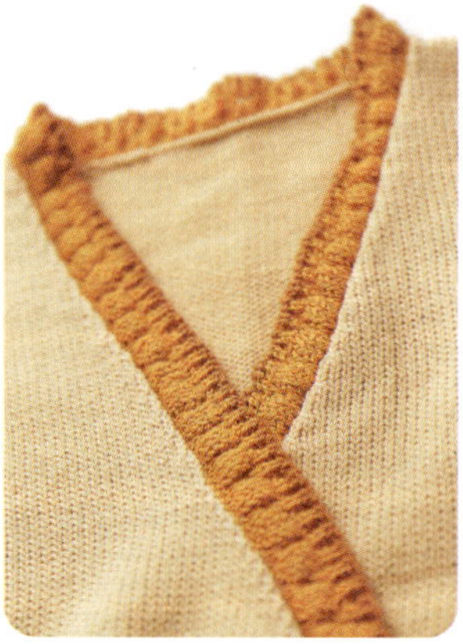

⭐ 소매 뜨기

1 60코를 버림실로 시작한다.

2 소매 옆선은 10-1-14로 늘이기 후 11단을 평단으로 뜬다.

3 소매산은 3코 타피 막음 후 도안의 수치대로 줄이고, 나머지 코는 손으로 1단 떠서 타피 막음을 한다.

4 버림실로 빼낸다.

5 같은 방법으로 1장을 더 뜬다.

⭐ 마무리하기

1 진주황색으로 뒤판의 시작 콧수만큼 116코를 잡아 1×1고무뜨기로 1단을 뜬다. 연노랑색으로 바꾸어 2단을 더 뜬다. 도안의 무늬뜨기로 10단을 더 뜬 후 버림실로 뺀다.

2 뒤판의 시작 부분과 떠 놓은 무늬를 2겹으로 겹쳐 기계에 건 다음 손으로 1단을 떠 타피 막음을 한다. 앞판, 소매도 같은 방법으로 무늬뜨기를 떠 달아 준다.

3 앞목둘레는 157코를 잡아서 같은 방법으로 무늬뜨기를 2장 뜨고, 같은 방법으로 1장을 더 뜬다.

4 뒷목도 41코를 잡아서 무늬를 뜬 다음 앞목둘레와 뒷목둘레에 무늬뜨기한 것을 꿰매어 달아 준다.

5 어깨와 옆선을 잇는다.

6 소매의 옆선을 잇고 몸판의 진동둘레에 맞춰 코바늘 빼뜨기의 방법으로 달아 준다.

7 코바늘 끈 뜨기 방법으로 124cm 길이의 끈을 떠서 허리에 꿰어 준다.

고무뜨기 - 2단계

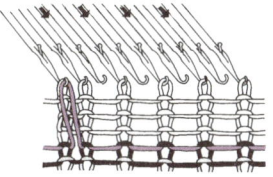

5 수편기 A위치의 바늘을 B위치로 뺀다.

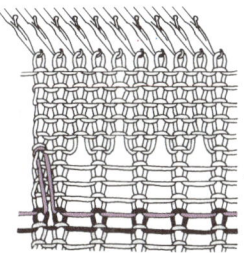

6 전체 바늘을 수편기 B위치에 놓고 필요한 단수만큼 뜬다.

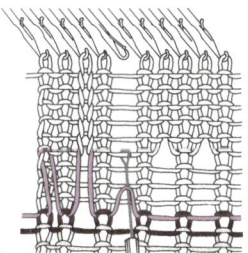

7 고무뜨기 할 코의 단을 푼 다음 1째 단에 타피를 놓고 5째 단을 끌어당겨 겉뜨기로 만든다. 1단씩 타피를 옮겨가며 고무단을 만든다.

돗바늘 마무리하기

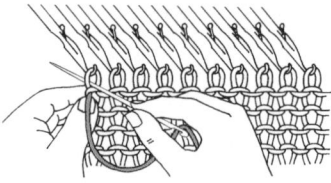

1 첫째 래치 바늘에 그림과 같이
돗바늘을 끼워 준다.

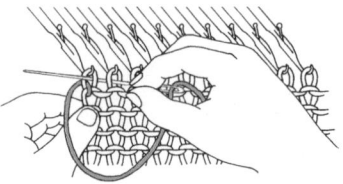

2 2째 래치 바늘의 코를 통과하여 1째
바늘의 코로 실을 연결한다.

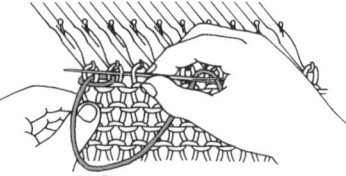

3 3째 코에서 다시 1째 코로 돗바늘을
넣어 마무리한다.

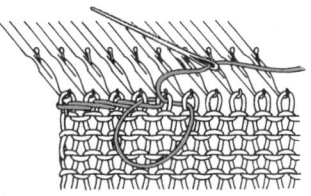

4 ①~③과 같은 방법으로 마무리하는
모습.

》》 스커트

게이지 계산하기

① 스커트

57cm×2.6코 = 148코 버림실로 시작

4cm×3.7단 = 14단 오렌지색 실로 시작

2-20-6
2-28-1 ⌐ 줄이는 되돌아뜨기 2단씩 배색

2-20-6
2-28-1 ⌐ 늘리는 되돌아뜨기 2단씩 배색

이 과정을 15번 반복 후 버림실로 빼기

② 허리 겹단

허릿단에서 160코를 잡아 8cm(28단)를 떠
겹단 처리한다.

스커트 뜨기

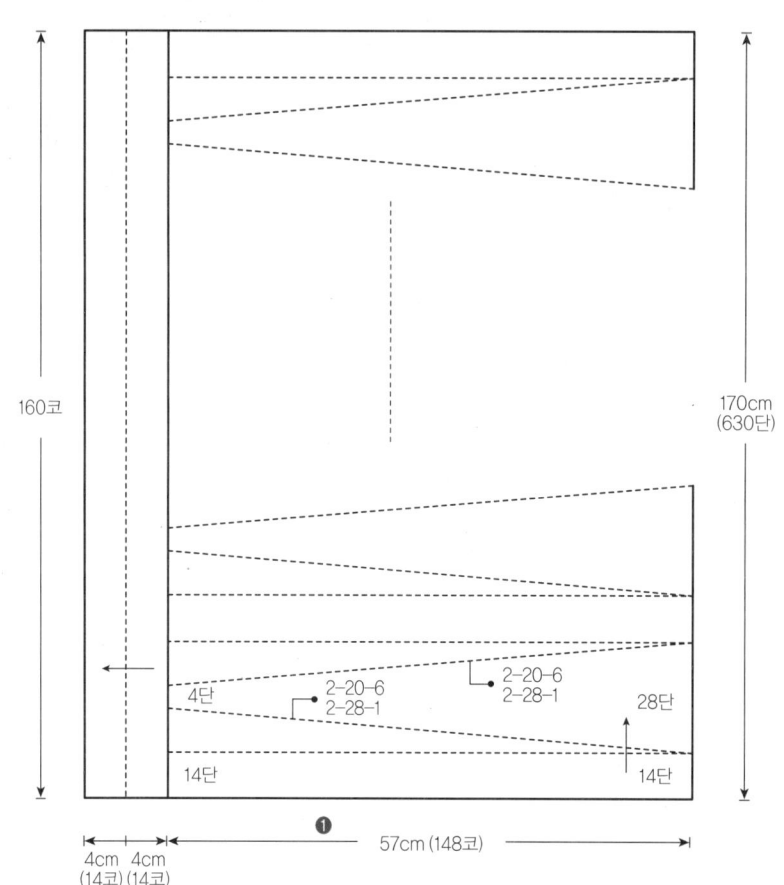

스커트 뜨기

 스커트 뜨기

1 버림실로 148코를 잡아 시작한다.

2 주황색으로 14단을 뜬다. 줄이는 되돌아뜨기로 진한 주황색과 주황색을
  2단씩 배색하면서 2-28-1, 2-20-6으로 뜬다.

3 다시 늘리는 되돌아뜨기로 진한 주황색과 주황색을 2단씩 배색하면서
  2-28-1, 2-20-6으로 뜬다.

4 ②~③번의 방법으로 14번을 더 뜬 후 버림실로 뺀다.

 마무리하기

1 허릿단에서 160코를 잡아 1×1고무뜨기로 28단을 뜬 후 반으로 접어 겹단을 만든 뒤 안쪽
  에서 타피 막음을 한다.

2 스커트의 시작 부분과 끝 부분을 맞대어 놓고 이어 메리야스 잇기로 마무리한다. 이 부분이 스커트
  옆선이 된다.

3 허릿단에 고무줄을 꿰어 준다.

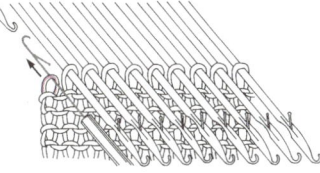

1 첫 코는 래치와 훅 밖에 있어야 한다.

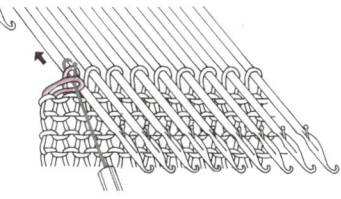

2 2째 코를 당겨오며, 첫 코 안으로
  통과시켜 래치 바늘에서 뺀다.

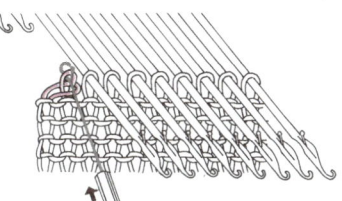

3 ①~③과 같은 방법으로 코를
  씌워빼면서 타피로 코막음을 한다.

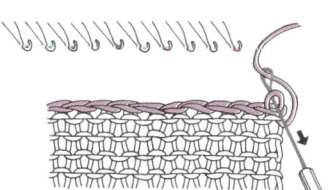

4 남아 있는 실을 마지막 코에
  통과시킨다.

I N D E X

특별부록

〈니트 디자이너 자격증시험〉 대비

기출문제
예상문제

지급된 도면을 참고하여 다음과 같이 7~8세용 V네크라인 조끼를 계산하시오.

1) 도면에 표시된 게이지와 사이즈를 참고하여 V네크라인 베스트를 계산하시오.

도면 ①

완성 치수표 (단위 cm)

옷길이	가슴둘레	등너비	진동높이
41cm	76cm	25cm	16cm

게이지 : 2.7코, 3.4단

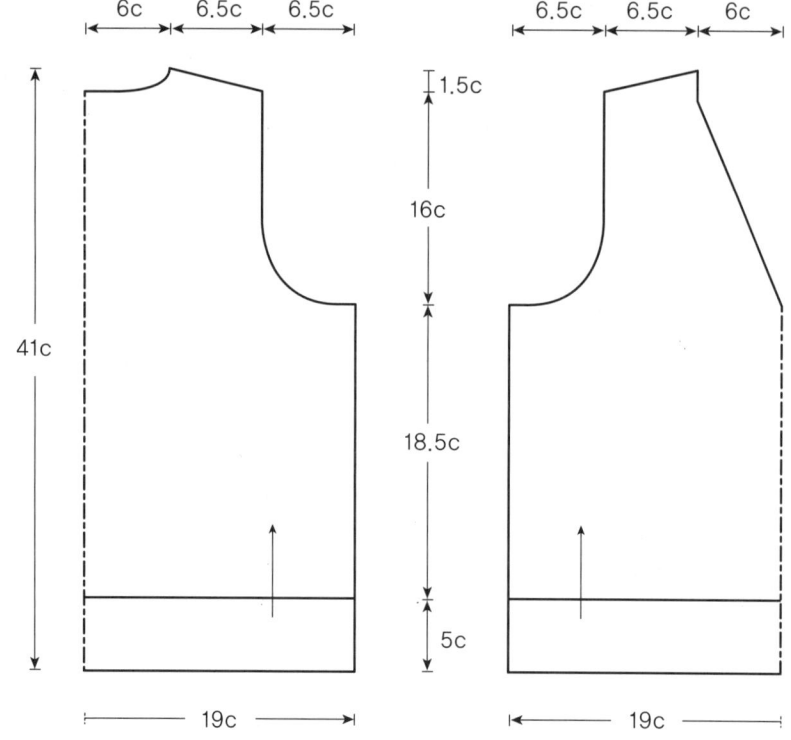

 **지급된 재료와 도면을 사용하여 다음과 같이 0~1세용 풀오버를 제작하시오.**

1) 앞판과 뒤판은 대바늘 메리야스뜨기로 하시오.

2) 목둘레는 1×1고무뜨기로 2cm를 뜨고 돗바늘 마무리하시오.

3) 밑단, 진동둘레는 표시된 코바늘 무늬뜨기로 하시오.

도면 ②

완성 치수표   (단위 cm)

옷길이	가슴둘레	등너비	진동높이
26cm	52cm	20cm	12cm

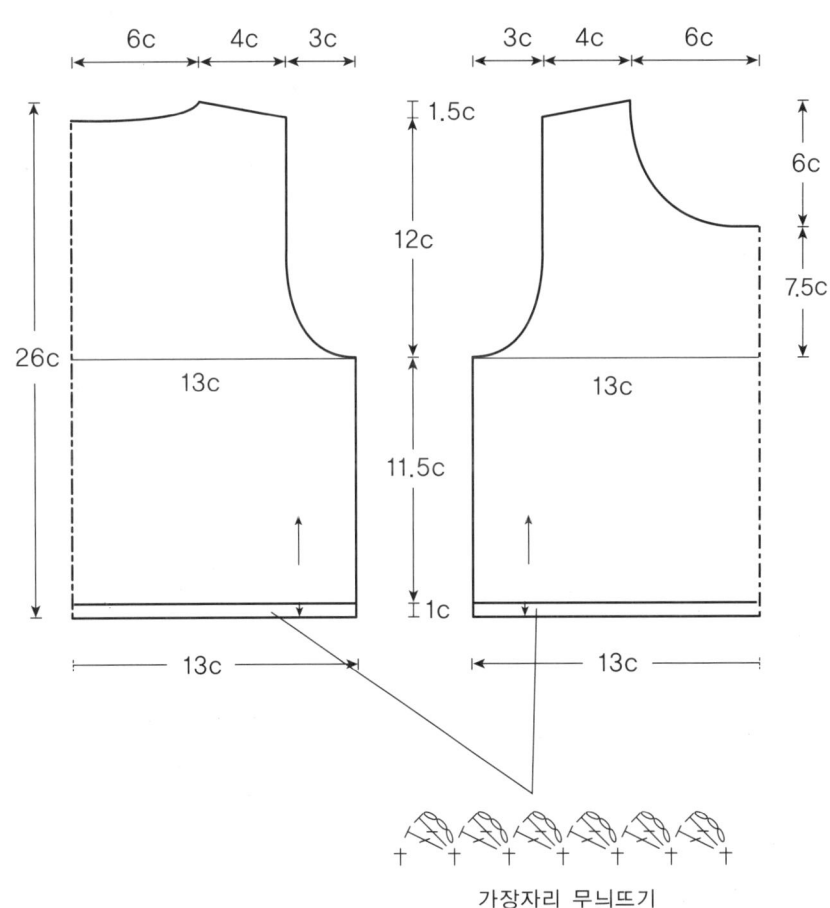

가장자리 무늬뜨기

❶ V네크라인 조끼

1. 도안 제도 수치 산출하기

● 뒤판

① **시작단** $38cm \times 2.7$코 $= 102 + 2$(시접코) $= 104$코

② **고무단** $5cm \times 3.4$단 $= 18$단

③ **몸판** $18.5cm \times 3.4$단 $= 62$단

④ **진동** $6.5cm \times 2.7$코 $= 18$코

$16cm \times 3.4$단 $= 54$단

$$18코 \times \frac{1}{3} = 6코 \quad \rightarrow \quad 6코 \ 코막음$$
$$-6$$
$$12코 \times \frac{1}{2} = 6코 \quad \rightarrow \quad 1\text{-}1\text{-}6$$
$$-6$$
$$6코 \times \frac{2}{3} = 4코 \quad \rightarrow \quad 2\text{-}1\text{-}4$$
$$-4$$
$$2 \quad \rightarrow \quad 3\text{-}1\text{-}2$$

또는
↑ 6코 코막음
2-3-1
2-2-1
2-1-5
4-1-2

⑤ **뒷목줄임** $6cm \times 2.7$코 $= 16$코

$1.5cm \times 3.4 = 6$단

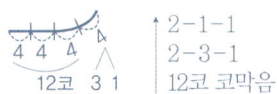

↑ 2-1-1
2-3-1
12코 코막음

4 4 4 ∧
12코 3 1

6단 $\div 2 = 3$번

$18 \div 3 = 6$번

2-6-3 되돌아뜨기

● 앞판

① **시작단** $38cm \times 2.7 = 102$코$+2$(시접코) $= 104 +1$(중심코) $= 105$코

② **고무단** $5cm \times 3.4$단 $= 18$단

③ **몸판** 18.5×3.4단 $= 62$단

④ **진동** $6.5cm \times 2.7$코 $= 18$코

$16cm \times 3.4$단 $= 54$단

$$18코 \times \frac{1}{3} = 6코 \quad \rightarrow \quad 6코 \ 코막음$$
$$-6$$
$$12코 \times \frac{1}{2} = 6코 \quad \rightarrow \quad 1\text{-}1\text{-}6$$
$$-6$$
$$6코 \times \frac{2}{3} = 4코 \quad \rightarrow \quad 2\text{-}1\text{-}4$$
$$-4$$
$$2 \quad \rightarrow \quad 3\text{-}1\text{-}2$$

또는
↑ 6코 코막음
2-3-1
2-2-1
2-1-5
4-1-2

⑤ **앞목둘레** 54단$+6$단 $= 60$단

60단 $\times \frac{1}{6} = 10$단 평단

50단에서-16코 줄임

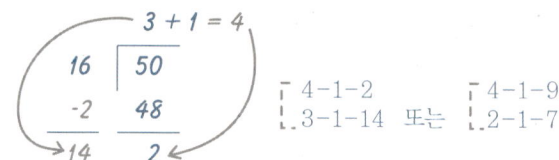

$3 + 1 = 4$

16 | 50
-2 | 48
14 | 2

4-1-2   4-1-9
3-1-14 또는 2-1-7

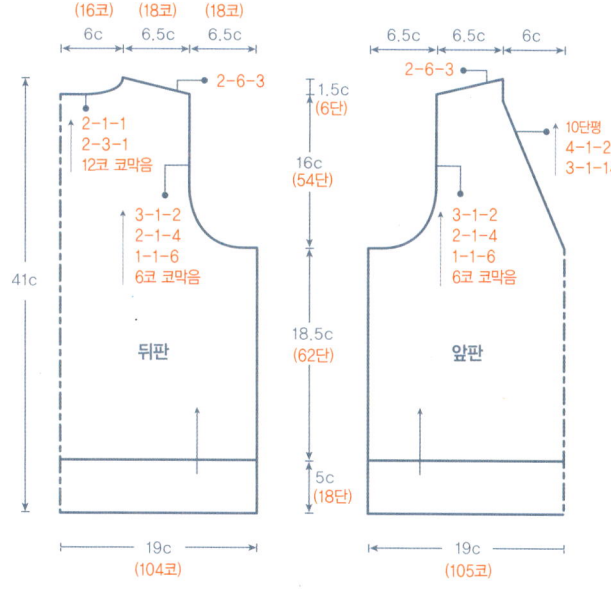

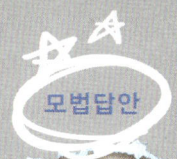

② 라운드 베스트 계산법 & 뜨기

1. 도안 제도 수치 산출하기

게이지 = 1.9코, 2.3단

● 뒤판

① **시작단** 26cm×1.9코 = 50코

11.5cm×2.3단 = 26단

② **진동** 3cm×1.9코 = 6코

12cm×2.3단 = 28단

$$6코 \times \frac{1}{3} = 2코 \rightarrow 2코 코막음$$
$$-2$$
$$4코 \times \frac{1}{2} = 2코 \rightarrow 1-1-2$$
$$-2$$
$$2코 \times \frac{2}{3} = 1코 \rightarrow 2-1-1$$
$$-1$$
$$1 \rightarrow 3-1-1$$

또는
2코 코막음
2-2-1
2-1-1
4-1-1

③ **뒷목줄임** 6cm×1.9코 – 11코

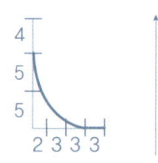

1단평
1-1-2
9코 코막음

④ **어깨 경사** 1.5cm×2.3단 = 4단

4단÷2 = 2번

8단÷2 = 4번

2-4-2 되돌아 뜨기

● 앞판

① **시작단** 26cm×1.9코 = 50코

11.5cm×2.3단 = 26단

② **진동** 3cm×1.9코 = 6코

12cm×2.3단 = 28단

$$6코 \times \frac{1}{3} = 2코 \rightarrow 2코 코막음$$
$$-2$$
$$4코 \times \frac{1}{2} = 2코 \rightarrow 1-1-2$$
$$-2$$
$$2코 \times \frac{2}{3} = 1코 \rightarrow 2-1-1$$
$$-1$$
$$1 \rightarrow 3-1-1$$

또는
2코 코막음
2-2-1
2-1-1
4-1-1

③ **앞목줄임** 6cm×2.3단 = 14단

14단에서 – 11코 줄임

커브선 공식 10(3, 2, 2, 1)

4단평
2-1-1
2-2-2
2-3-1
3코 코막음

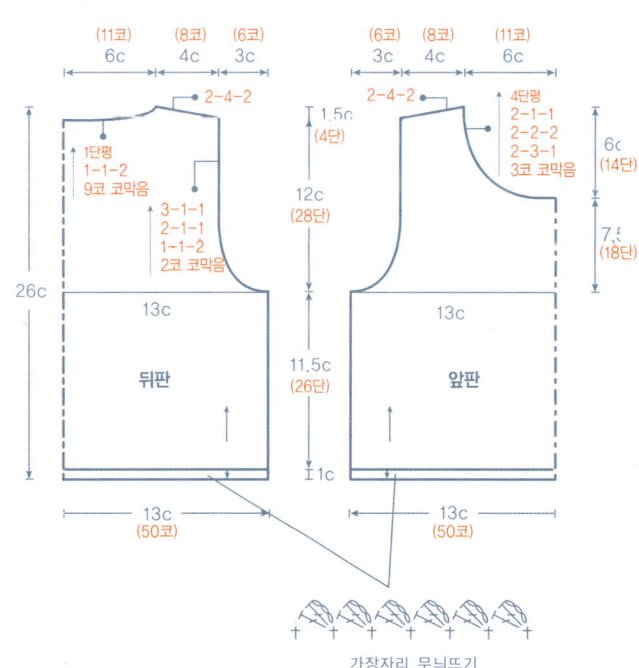

가장자리 무늬뜨기

2. 실전 뜨기

● 뒤판 뜨기

1. 5mm대바늘을 사용하여
   일반코잡기로 50코를 잡는다.

2. 메리야스뜨기로 26단을 뜬다.

3. 진동줄임은 2코 코막음, 1-1-2, 2-1-1, 3-1-1로 하고 28단을
   뜬다.

4. 어깨코는 10코를 뜨고 뒤로 돌려 뒷목둘레 2코를 줄이면서 어깨
   되돌아뜨기를 같이 한다. 남은 코는 쉼코로 둔다.

5. 목둘레 첫 코에 새 실을 걸어 18코 코막음을 하고 오른쪽과 같은
   방법으로 대칭이 되게 뜬 다음 남은 코는 쉼코로 둔다.

● 앞판 뜨기

1. 5mm대바늘을 사용하여 일반코잡기로 50코를 잡는다.

2. 메리야스뜨기로 26단을 뜬다.

3. 진동줄임은 2코 코막음, 1-1-2, 2-1-1, 3-1-1로 줄이면서
   18단을 뜬다.

4. 19째 단부터는 도안과 같이 앞목둘레를 줄이며 뜬다. 4단을
   평으로 뜨면서 어깨 되돌아뜨기도 동시에 한다. 남은 코는
   쉼코로 둔다.

5. 목둘레 첫 코에 새 실을 걸어 6코 코막음을 하고 오른쪽과 같은
   방법으로 대칭이 되게 뜬 다음 남은 코는 쉼코로 둔다.

● 마무리하기

1. 앞뒤판의 겉과 겉을 맞댄 후 코막음의 방법으로 어깨를 잇는다.

2. 몸판의 양 옆선을 잇는다.

3. 4.5mm대바늘을 사용하여 목둘레에서 52코 잡아
   1×1고무뜨기로 6단을 뜬 후 돗바늘로 마무리한다.

4. 진동둘레와 밑단은 6/0호 코바늘을 사용하여 마무리뜨기를
   한다.

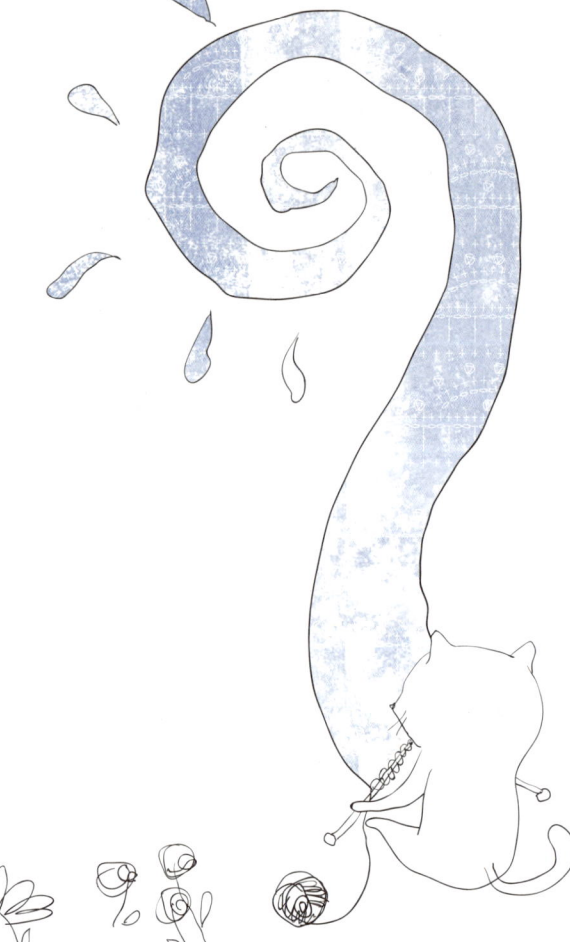

지급된 재료로 도면을 보고 어린이 조끼를 완성하여 다림질을 하여 제출하시오.

1) 목둘레와 진동둘레는 곡선 표현이 잘되게 하시오.

2) 옆 솔기는 1단 1단씩 어깨선은 1코 1코씩을 봉접 하시오.

3) 실 끝처리는 깨끗하게 하시오.

4) 도면 수치에 의하여 게이지를 산출한 것을 완성작품과 함께 제출하시오.

5) 도면을 보고 충분히 이해한 다음 먼저 적정 게이지를 산출하여 콧수와 단수를 정하시오.

6) 등판은 앞판과 동일하게 편성, 뒷고대 터진 부분은 그림❷ 와 같이 루우프뜨기로 하시오.

7) 밑단 둘레와 진동 둘레는 그림❶ 과 같이 작업하시오.

8) 앞판과 등판의 옆구리 부분은 돗바늘로 봉접하여 어린이 조끼를 완성하시오.

9) 완성된 조끼를 다림질하여 제출하시오.

완성 치수표 (단위 cm)

옷길이	가슴둘레	등너비	진동높이
26cm	58cm	17cm	12cm

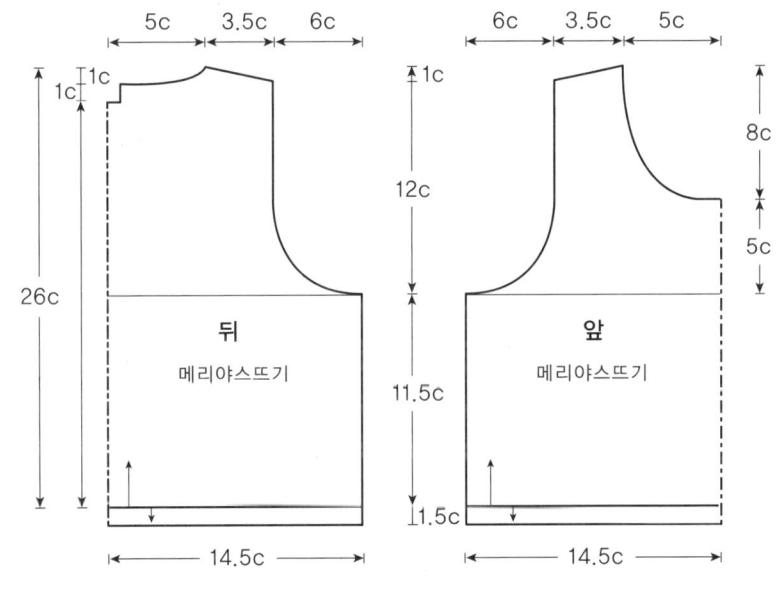

 가장자리뜨기

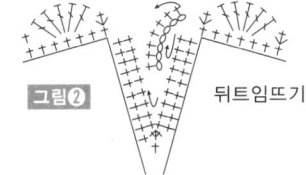 뒤트임뜨기

 제시된 도면을 보고 코바늘을 이용해 모티브를 떠 완성하시오.

<2회>
기출문제
실기편

❶ 조끼 게이지 계산법

1. 도안 제도 수치 산출하기

게이지 = 1.9코, 2.3단

● 뒤판

① **시작단** 29cm×1.9코 = 56코

11.5cm×2.3단 = 26단

② **진동** 6cm×1.9코 = 11코

12cm×2.3단 = 28단

$$11코 \times \frac{1}{3} = 3코 \rightarrow 3코 코막음$$
$$-3$$
$$8코 \times \frac{1}{2} = 4코 \rightarrow 1-1-4$$
$$-4$$
$$4코 \times \frac{2}{3} = 2코 \rightarrow 2-1-2$$
$$-2$$
$$2 \rightarrow 3-1-2$$

또는

3코 코막음
2-2-2
2-1-3
4-1-1

③ **뒷목줄임** 5cm×1.9코 = 10코

1단평
1-1-2
8코 코막음

④ **어깨경사** 1cm×2.3단 = 4단

4단 ÷ 2 = 2번

8단 ÷ 2 = 4번

2-4-2 되돌아뜨기

⑤ **뒤트임** 1cm×2.3단 = 4단(짝수단으로 계산)

● 앞판

① **시작단** 29cm×1.9코 = 56코

11.5cm×2.3단 = 26단

② **진동** 뒤와 동일

③ **앞목줄임** 8cm×2.3단 = 18단

5cm×1.9코 = 10코

18단에서 − 10코 줄임

커브선 공식 7 (2, 2, 1, 1, 1)

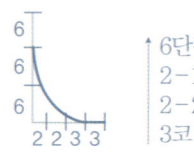

6단평
2-1-3
2-2-2
3코 코막음

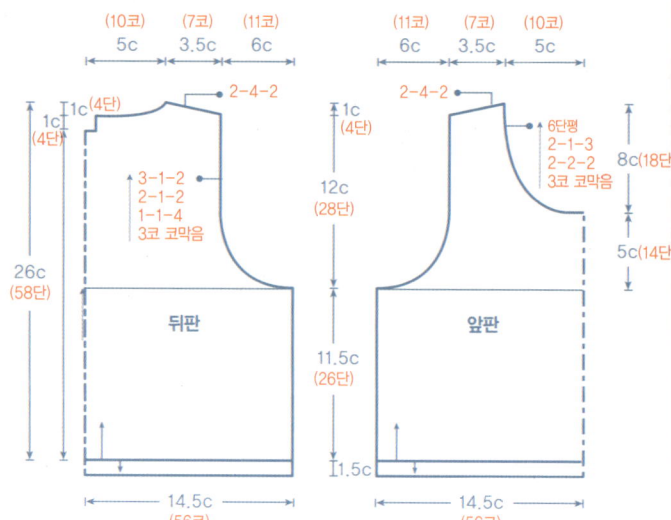

뒤판

앞판

가장자리뜨기

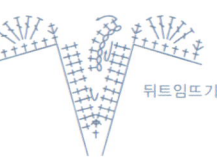
뒤트임뜨기

● 완성작

앞

뒤

2. 실전 뜨기

● 뒤판 뜨기

1. 5mm대바늘을 사용하여 일반코잡기로 56코를 잡는다.

2. 메리야스뜨기로 26단을 뜬다.

3. 진동줄임은 뒤트임을 하기 전 24단까지 3코 코막음, 1-1-4, 2-1-2, 3-1-2로 뜬다.

4. 진동을 줄이고 남은 34코를 반으로 나누어 17코만 가지고 뜬다. 반대쪽 17코는 쉼코로 둔다.

5. 반으로 나눈 17코는 4단을 뜨고 뒷목둘레 2코를 줄이면서 어깨 되돌아뜨기를 같이 한다. 남은 코는 쉼코로 둔다.

6. 쉼코로 두었던 반대쪽도 같은 방법으로 뜬 후 남은 코는 쉼코로 둔다.

● 앞판 뜨기

1. 5mm대바늘을 사용하여 일반코잡기로 56코를 잡는다.

2. 메리야스뜨기로 26단을 뜬다.

3. 진동줄임은 3코 코막음, 1-1-4, 2-1-2, 3-1-2로 하고 14단을 뜬다.

4. 15번째 단 부터는 도안과 같이 앞목둘레를 줄이며 뜬다. 6단을 병으로 뜨면서 어깨 되돌아뜨기도 동시에 한다. 남은 코는 쉼코로 둔다.

5. 목둘레 첫 코에 새 실을 걸어 6코 코막음을 하고 오른쪽과 같은 방법으로 대칭이 되게 뜬 다음 남은 코는 쉼코로 둔다.

● 마무리하기

1. 앞·뒤판의 겉과 겉을 맞댄 후 코막음의 방법으로 어깨를 잇는다.

2. 몸판의 양 옆선을 잇는다.

3. 목둘레는 6/0호 코바늘을 사용하여 가장자리 뜨기로 마무리 한다. 뒷목 트임은 도안과 같이 뜬다.

4. 밑단과 진동둘레도 같은 방법의 코바늘 가장자리 뜨기로 마무리한다.

❷ 무늬뜨기

● 코바늘 ⋯ 사각 모티브 뜨기

1단 – 원형코를 만들어 짧은뜨기로 8코를 뜬 다음 빼뜨기로 연결한다.

2단 – 사슬코 3코 뜨고 1길 긴뜨기 2코를 모아뜨기로 뜬다. 다시 사슬 3코를 뜬 뒤 1길 긴뜨기, 3코 모아뜨기를 뜬다. 6번 더 반복한 뒤 사슬 3코를 뜨고 빼뜨기로 잇는다.

3단 – 사슬코 3코 뜨고, 1길 긴뜨기 1코를 모아뜨기로 뜬다. 다시 1길 긴뜨기, 2코 모아뜨기로 뜨고 사슬 5코를 뜬 뒤 1길 긴뜨기, 2코 모아뜨기를 뜬다. 6번을 더 반복을 하고 1길 긴뜨기, 2코 모아뜨기, 사슬 5코를 뜬 뒤 빼뜨기로 연결한다.

4단 – 빼뜨기로 2코를 뜬 후 사슬뜨기 7코, 반복뜨기(짧은뜨기 1코, 사슬 3코, 1길 긴뜨기 1코, 사슬 3코)를 7번 뜨고 짧은뜨기 1코, 사슬뜨기 4코를 뜬 후 빼뜨기로 연결한다.

5단 – 사슬 1코, 짧은뜨기 1코, 사슬 4코, 2길 긴뜨기 1코, 사슬 4코, 반복뜨기(2길 긴뜨기 1코, 사슬 4코, 짧은뜨기 1코, 사슬 4코, 긴뜨기 1코, 사슬 4코, 짧은뜨기 1코, 사슬 4코)를 3번 뜨고, 2길 긴뜨기 1코, 사슬 4코, 2길 긴뜨기 1코, 사슬 4코, 짧은뜨기 1코, 사슬 4코, 긴뜨기 1코, 사슬뜨기 4코를 뜬 후 빼뜨기로 연결한다.

1. 다음 세계 편물의 역사에 대한 설명 중 옳은 것은?

① 편물의 기원은 이탈리아에서 시작되었다.
② 편물의 기계화는 영국에서 시작되었다.
③ 현재와 같은 뜨개바늘로 뜨는 수편물은 13세기 이집트에서 시작되었다.
④ 편물기계의 보편화는 프랑스 헨리4세 지원을 받아 보편화되었다.

2. 다음 우리나라 편물의 설명 중 맞지 옳지 않은 것은?

① 우리나라 편물의 전파는 기독교 전파와 선교사에 의해 전해졌다.
② 1970년대 편물들은 우리나라 중요 수출품중의 하나이다.
③ 1970년대 우리나라 기계편물의 발달은 외국에 많이 의존하였다.
④ 우리나라 편물 최초의 기계화는 자동양말 기계의 도입이다.

3. 제포의 설명으로 옳은 것은?

① 실을 뽑아내 방사, 염색, 가공 등의 과정을 거쳐 제품을 만들어 내는 과정.
② 양털로 된 굵은 수방모사를 써서 손으로 짠 모직물.
③ 실의 수분 함량.
④ 실을 일정한 형태 및 수량으로 감는 것.

4. 권축이 발달되어 있어서 흡수성이 가장 크지만, 표면은 물을 튀기는 성질을 가지고 있는 섬유는 무엇인가?

① 면섬유   ② 견섬유   ③ 마섬유   ④ 모섬유

5. 면섬유의 특징으로 옳지 않은 것은?

① 흡습·흡수성이 좋다.
② 내열성은 뛰어나나 젖은 상태에서 섬유의 강도가 감소한다.
③ 탄성 회복율이 낮아 수축되기 쉽다.
④ 원료는 목화씨의 솜이다.

6. 다음 섬유의 종류 중 분류의 방법이 다른 하나는 무엇인가?

① 앙고라   ② 옥양목   ③ 아마   ④ 루프얀

7. 실의 굵기와 비늘의 종류가 잘못 연결된 것을 고르시오.

① 세   사 : 대바늘 2m / 레이스바늘 0-2호
② 중세사 : 대바늘 3.5-4m / 코바늘 2-4호

③ 태　사 : 대바늘 7m / 코바늘 6-8호
④ 극태사 : 대바늘 10m이상 / 코바늘 10호이상

8. 홈스펀이란? 아는 대로 기술하시오.

----

9. 견섬유에 대하여 아는 대로 기술하시오.

----

10. 플레이크얀에 대하여 아는 대로 기술하시오.

모범답안

1. ② 편물의 기계화는 영국에서 시작되었다.

2. ③ 1970년대 우리나라 기계편물의 발달은 외국에
　　많이 의존하였다.

　정답 : 편물기계들을 이용한 맞춤전문점이 생길 정도로 붐을
　　　　이루었다.

3. ① 실을 뽑아내 방사, 염색, 가공 등의 과정을 거쳐
　　제품을 만들어 내는 과정

4. ④ 모섬유

5. ② 내열성은 뛰어나나 젖은 상태에서 섬유의 강도가
　　감소한다.

　정답 : 젖은 상태에서 강도와 신도가 증대되며, 내열성과
　　　　내일광성이 강하다.

6. ④ 루프얀

7. ① 세사 : 대바늘 2m / 레이스바늘 0-2호
　 ③ 태사 : 대바늘 7m / 코바늘 6-8호

　정답 : 세사 – 대바늘 2.5mm / 레이스바늘 0~3호,
　　　　태사 – 대바늘 5mm / 코바늘 6~8호

8. 양털로 된 굵은 수방모사를 써서 손으로 짠 모직물.

9. 누에고치에서 뽑아낸 실로 피브로인과 세리신으로
　　이루어져 있으며, 가잠견과 야잠견이 있다. 탄성
　　회복률이 우수하고, 보온성이 높으며, 젖으면 강도가
　　저하되고, 자외선에 변색이 된다.

10. 질기고 유연한 끈으로 굵은 것은 수렵용으로
　　쓰였으며, 가는 것은 견이나 마섬유로 만들어 국가
　　서류의 봉인용으로도 사용되었다.

① 지급된 재료와 도면을 가지고 다음과 같이 0~1세용 풀오버를 제작하시오.

1) 앞판과 뒤판, 소매는 대바늘 메리야스뜨기로 하시오.
2) 목둘레, 밑단, 소맷단은 가장자리뜨기로 하시오.

도면 ①
완성치수표   (단위 cm)

옷길이	가슴둘레	등너비	진동높이	소매길이	소매산 높이
26cm	26cm	18cm	12cm	11cm	7cm

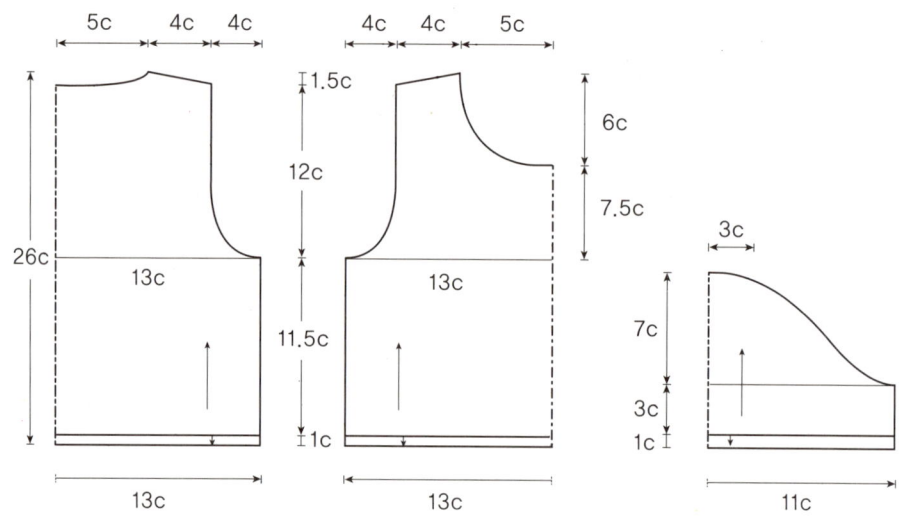

가장자리 무늬뜨기

② 지급된 도안의 대바늘 무늬뜨기와 코바늘 모티브를 뜨시오.

1) 대바늘 무늬뜨기   2) 코바늘 모티브뜨기

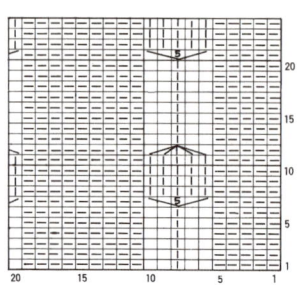

❶ 라운드 풀오버

1. 도안 제도수치 산출하기

게이지 = 1.9코, 2.3단

● 뒤판

① 뒷판 26cm×2코 = 52코

11.5cm×2.3단 = 26단

② 진동줄임 4cm×2코 = 8코

12cm×2.3단 = 28단

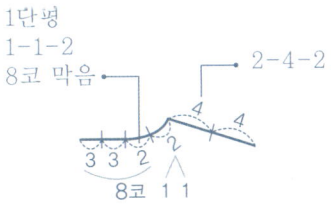

$$8코 \times \frac{1}{3} = 2코 \rightarrow 2코 \ 코막음$$
$$-2$$
$$\overline{6코 \times \frac{1}{2} = 3코} \rightarrow 1-1-3$$
$$-3$$
$$\overline{3코 \times \frac{2}{3} = 2코} \rightarrow 2-1-2$$
$$-2$$
$$\overline{1} \rightarrow 3-1-1$$

또는

2코 코막음
2-2-1
1-1-1
2-1-2
4-1-1

③ 뒷목줄임 5cm×2고 = 10코

④ 어깨 되돌아뜨기 1.5×2.3단 = 4단

1단평
1-1-2
8코 막음   2-4-2

3 3 2 2 4 4
8코 1 1

⑤ 어깨코 4cm×2코 = 8코

4단 ÷ 2 = 2회

8 ÷ 2 = 4

2-4-2회 되돌아뜨기

● 앞판

① 앞판 26cm×2코 = 52코

11.5cm×2.3단 = 26단

② 진동 뒤판과 동일

③ 앞목줄이기 7.5cm×2.3단 = 18단

6cm×2.3단 = 14단

5cm×2코 = 10코

커브선공식 7코 (2.2.1.1.1)

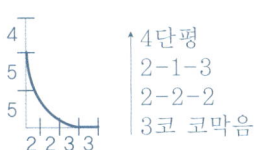

4
5
5
2 2 3 3

4단평
2-1-3
2-2-2
3코 코막음

● 소매

① 소매 22cm×2코 = 44코

3cm×2.3단 = 8단

② 소매산 7cm×2.3단 = 16단

3cm×2코 = 6코

22코 - 6코 = 16코(소매산 줄임 콧수)

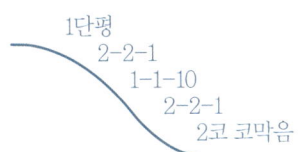

1단평
2-2-1
1-1-10
2-2-1
2코 코막음

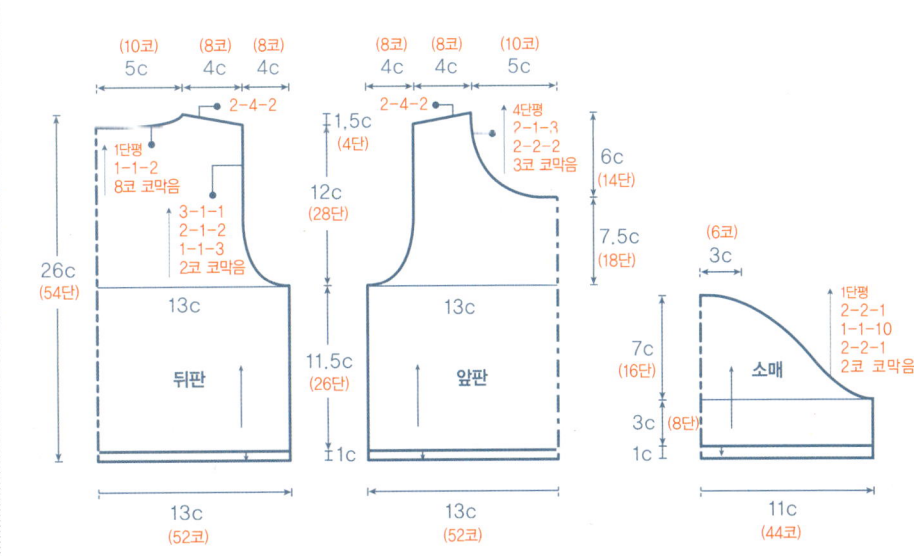

(10코) (8코) (8코)   (8코) (8코) (10코)
5c   4c   4c   4c   4c   5c

뒤판: 2-4-2, 1단평 1-1-2 8코 코막음, 3-1-1 2-1-2 1-1-3 2코 코막음, 26c (54단), 13c, 뒤판, 13c (52코)

앞판: 1.5c (4단), 2-4-2, 12c (28단), 4단평 2-1-3 2-2-2 3코 코막음, 6c (14단), 7.5c (18단), 11.5c (26단), 13c, 앞판, 13c (52코), 1c

소매: (6코) 3c, 1단평 2-2-1 1-1-10 2-2-1 2코 코막음, 7c (16단), 소매, 3c (8단), 1c, 11c (44코)

2. 실전 뜨기

● 뒤판 뜨기

1. 5mm대바늘을 사용하여 일반코잡기로 52코를 잡는다.

2. 메리야스뜨기로 26단을 뜬다.

3. 진동줄임은 2코 코막음, 1-1-3, 2-1-3, 3-1-1로 하고 28단을 뜬다.

4. 어깨코는 10코를 뜨고 뒤로 돌려 뒷목둘레 2코를 줄이면서 어깨 되돌아뜨기를 같이 한다. 남은 코는 쉼코로 둔다.

5. 목둘레 첫 코에 새 실을 걸어 16코 코막음을 하고 오른쪽과 같은 방법으로 대칭이 되게 뜬 다음 남은 코는 쉼코로 둔다.

● 앞판 뜨기

1. 5mm대바늘을 사용하여 일반코잡기로 52코를 잡는다.

2. 메리야스뜨기로 26단을 뜬다.

3. 진동줄임은 2코 코막음, 1-1-3, 2-1-2, 3-1-1로 줄이면서 18단을 뜬다.

4. 19째 단부터는 도안과 같이 앞목둘레를 줄이며 뜬다. 4단을 평으로 뜨면서 어깨 되돌아뜨기도 동시에 한다. 남은 코는 쉼코로 둔다.

5. 목둘레 첫 코에 새 실을 걸어 6코 코막음을 하고 오른쪽과 같은 방법으로 대칭이 되게 뜬 다음 남은 코는 쉼코로 둔다.

● 소매 뜨기

1. 5mm대바늘을 사용하여 일반코잡기로 44코를 잡는다.

2. 메리야스뜨기로 8단을 뜬다.

3. 소매산은 도안처럼 16코를 줄이면서 뜬다. 남은 코는 코막음한다.

4. 같은 방법으로 1장을 더 뜬다.

● 마무리하기

1. 앞뒤판의 겉과 겉을 맞댄 후 코막음의 방법으로 어깨를 잇는다.

2. 몸판의 양 옆선을 잇는다.

3. 소매의 옆선을 이어서 원통형으로 만든다.

4. 몸판의 진동에 맞추어 코바늘 빼뜨기로 잇는다.

5. 진동둘레와 밑단, 목둘레는 6/0호 코바늘을 사용하여 마무리뜨기를 한다.

❷ 무늬뜨기

● 대바늘 … 구슬무늬 뜨기

1단 – 안뜨기로 5코, 겉뜨기 1코, 안뜨기 9코를 뜬다.

2단 – 겉뜨기로 9코, 안뜨기 1코, 겉뜨기 5코를 뜬다.

3~6단 – 1, 2단을 2번 반복한다.

7단 – 안뜨기 5코를 뜨고 겉뜨기에서 5코로 늘려서 뜬다. 안뜨기 9코를 뜬다.

8단 – 겉뜨기 9코, 안뜨기 5코, 겉뜨기 5코를 뜬다.

9단 – 안뜨기 5코, 겉뜨기 5코, 안뜨기 9코를 뜬다.

10~11단 – 8~9단을 반복한다.

12단 – 겉뜨기 9코를 뜨고 늘려 주었던 5코를 모아서 1코로 뜬다. 겉뜨기 5코를 뜬다.

13단~20단 – 1~2단을 계속 반복한다.

● 코바늘 … 원 모티브뜨기

1단 – 사슬코 6코를 뜬 다음 빼뜨기로 원형으로 잇는다.

2단 – 사슬코 3코 뜨고 1길 긴뜨기 2코를 모아뜨기로 뜬다. 다시 사슬 3코를 뜬 뒤 1길 긴뜨기 3코 모아뜨기를 뜬다. 6번 더 반복한 뒤 사슬 3코를 뜨고 빼뜨기로 잇는다.

3단 – 빼뜨기로 2코를 뜬 후 사슬 1코, 반복뜨기(짧은뜨기 1코, 사슬뜨기 5코)를 8번을 뜨고 사슬 5코를 뜬 후 빼뜨기로 연결한다.

4단 – 짧은뜨기를 1단 뜬다.

5단 – 빼뜨기로 2코를 뜬후 사슬 1코, 반복뜨기(짧은뜨기 1코, 사슬뜨기 7코) 8번을 뜨고 사슬 7코를 뜬후 빼뜨기로 연결한다.

6단 – 반복뜨기(짧은뜨기 4코, 사슬 3코) 8번을 뜨고 짧은뜨기 4코를 뜬 후 빼뜨기로 연결한다.

1. 편물의 발달에 관한 내용이다. 맞는 것을 고르시오.

가) 기계화에 쇠퇴하였던 수편물이 19세기 레이스뜨기의 유행으로 부활되었다.
나) 수편물의 기계화는 19세기 영국의 목사 윌리엄 리가 발로 밟아서 뜨는 양말편기를 발명하면서
　　부터이다.
다) 전자식 환편기의 및 횡편기의 개발 및 발달은 20세기에 시작되었다.
라) 근대 편물의 황금기는 1849년부터 50년간이다.

2. 다음 손뜨개의 탄생 및 유래에 관한 내용 중 틀린 것을 고르시오.

가) 손뜨개는 도안(무늬도안)이 표준화되어 있어 세계적으로 공용으로 쓰이고 있다.
나) 손뜨개의 무늬중 배나, 돛 등의 무늬도안이 많은 것은 영국의 어부들에 의해 손뜨개가 시작되었기
　　때문이다.
다) 손뜨개가 근대화 산업화에 맞지 않았던 것은 뜨는 사람의 솜씨, 각각의 소재의 특성 및 성분이
　　달라 뜨는 사람마다 각각 다른 작품이 나와, 대량화에 실패했기 때문이다.
라) 손뜨개는 일본의 직조(실크직조)기를 개발하면서 파생되어져 전 세계적으로 전파되었다.

3. 편물교육의 필요성에 관한 내용이다. 맞는 것을 고르시오.

가) 빠른 시간 내에 완성도 있는 작품을 완성하기 위해 편물교육이 필요하다.
나) 작품의 개성과 예술성을 부여, 구현하려면 체계적인 이론교육과 실기교육이 병행되어야 한다.
다) 다양한 무늬를 편물에 표현하기 위해 기호를 배우는 것이 편물교육이다.
라) 대량생산을 하기 위해 체계화 된 교육을 받아, 짧은 시간 생산량을 늘리기 위해 편물교육이
　　필수이다.

4. 다음 원료에 대한 설명 중 옳은 것을 고르시오.

가) 앙고라는 비단과 같은 광톤이 돌며 중국, 프랑스, 체코가 주산지이다.
나) 면섬유는 장섬유, 단섬유로 분류가 되며 장섬유는 인견 등의 가공품에 쓰인다.
다) 견섬유는 탄성회복률이 매우 낮아서 보온성이 좋지 않다.
라) 알파카는 인도, 중국, 터키가 주산지이다.

5. 다음 모섬유에 대한 설명 중 옳은 것을 고르시오.

가) 모섬유는 캐시미어, 알파카, 아세테이트로 크게 나눌 수 있다.
나) 앙고라는 긴 털을 가진 토끼에서 유래되었다.
다) 알파카는 내구성이 강하고, 소재가 무게감이 느껴지는 단점이 있다.
라) 캐시미어는 촉감이 부드럽고, 내구성이 강한 섬유로, 중저가 원료이다.

예
상
문
제

필기편

6. 다음은 권축에 관한 설명이다. 옳은 것을 고르시오.

가) 권축이란 합섬섬유를 만들 때 임의적으로 공기 함유량을
   높이기 위해 화학작용으로 생성시킨다.
나) 권축이란 곱게 뺀 털로 편물로 만들어 놓으면 부드러운
   촉감을 향상시켜준다.
다) 권축은 곱슬털로 함기량이 많아 보온성을 좋게 한다.
라) 권축은 탄력을 주는 탄성을 많이 지니고 있어서, 옷이 완성된
   다음 신축성이 좋다.

7. 다음 실과 바늘에 대한 설명 중 틀린 것을 고르시오.

가) 극태사는 굵은 실로, 대바늘 4mm를 사용하면 적합하다.
나) 중세사는 이너웨어에 가장 적합한 굵기의 실이다.
다) 극세사는 대바늘 2mm를 사용하며 코바늘은 0-2호가
   적합하다.
라) 극태사는 대바늘 5mm 사용이 적합하며 코바늘은 6-8호가
   적합하다.

8. 다음은 실의 형태에 의한 분류이다. 맞는 것을 고르시오.

가) 세사류는 춘추복용에 많이 사용되며, 사용바늘은 4mm가
   적합하다.
나) 극태사는 손뜨개용 실로, 사용범위가 가장 큰 굵기의 실이다.
다) 극태사는 손뜨개용 실로, 이너웨어에 적합한 굵기의 실이다.
라) 극세사는 극히 가는 실로 하절기용 제품에 많이 사용된다.

9. 트위드 얀(tweed yarn)에 대해 아는대로 서술하시오.

----

10. 모헤어 얀(mohair yarn)에 대해 아는대로 서술하시오.

----

1. 가) 기계화에 쇠퇴하였던 수편물이 19세기 레이스
   뜨기의 유행으로 부활되었다.
2. 라) 손뜨개는 일본의 직조(실크직조)기를 개발하면서
   파생되어져 전 세계적으로 전파되었다.
   정답 : 1936년 스위스에서 개발된 수편기계로 인해 기계화에
       눌려있던 손뜨개는 제 2의 전성기를 맞이하게 되었다.
3. 나) 작품의 개성과 예술성을 부여, 구현하려면
   체계적인 이론교육과 실기교육이 병행되어야
   한다.
4. 가) 앙고라는 비단과 같은 광톤이 돌며 중국, 프랑스,
   체코가 주산지이다.
5. 나) 앙고라는 긴 털을 가진 토끼에서 유래되었다.
6. 다) 권축은 곱슬 털로 함기량이 많아 보온성을 좋게
   한다.
7. 가) 극태사는 굵은 실로, 대바늘 4mm를 사용하면
   적합하다.
   정답 : 극태사는 대바늘 10mm를 사용한다.
8. 라) 극세사는 극히 가는 실로 하절기용 제품에 많이
   사용된다.
9. 색색의 실이 합사되어진 실로 스웨터에서 투피스까지
   이용할 수 있는 범위가 넓다.
10. 털의 길이가 긴 실로 뜨개지 표면에 모피와 같이
   털의 형태가 생긴다.